本书精彩案例欣赏

▲ 实战 5-3 路径文字动画

▲ 实战 5-4 利用可见字符制作机打字动画

▲ 实战 5-5 旋转文字动画

▲ 实战 5-7 文字动画

▲ 实战 5-8 绚丽文字

▲ 实战 6-1 墨滴扩散

▲ 实战 6-2 国画诗词

▲ 实战 7-1 卡片拼图

▲ 实战 7-3 七彩泡泡

▲ 实战 7-4 水底出字

▲ 实战 8-1 利用液化制作滴血文字

▲ 实战 8-2 利用极坐标制作图腾动画

▲ 实战 8-4 利用无线电波制作绽放的光带

▲ 实战 8-5 利用残影制作掉落的文字

▲ 实战 8-7 利用CC径向缩放擦除制作玻璃球

▲ 实战 9-1 制作随机动画

▲ 实战 9-2 利用动态草图制作彩蝶飞舞

▲ 实战 9-3 位移跟踪动画

▲ 11.1 爱心之旅

▲ 11.2

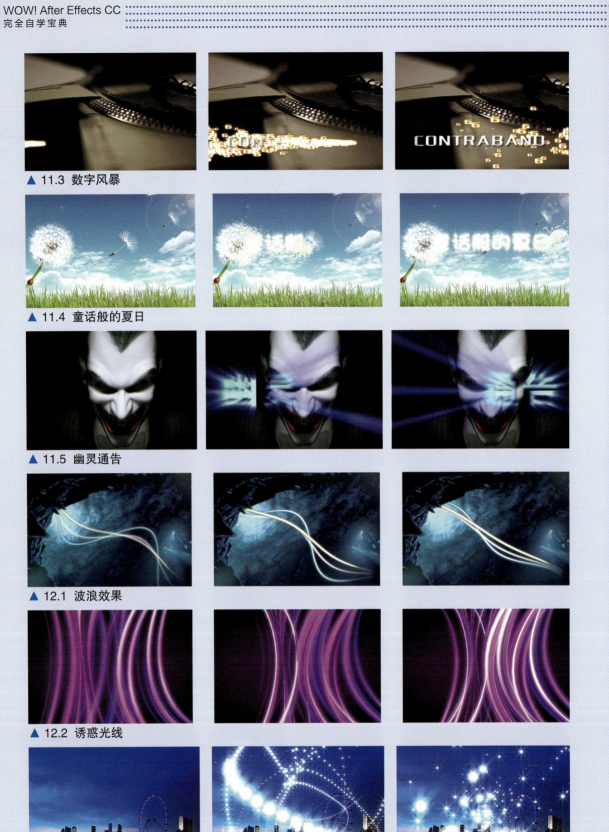

▲ 11.3 数字风暴

▲ 11.4 童话般的夏日

▲ 11.5 幽灵通告

▲ 12.1 波浪效果

▲ 12.2 诱惑光线

▲ 12.3 多彩霓虹灯

▲ 12.4 飞舞的精灵

▲ 12.5 描边光线动画

▲ 12.6 线条拼贴文字

▲ 12.7 绚丽光带

▲ 13.1 烟雾效果

▲ 13.2 闪电字

▲ 13.3 夕阳

▲ 13.4 占卜未来

▲ 14.1 影视宣传片——旅游宣传片

▲ 14.2 影视节目包装——影视剧场

WOW!
After Effects CC
完全自学宝典

王红卫 邵保国 编著

电子工业出版社
Publishing House of Electronics Industry
北京·BEIJING

内容提要

本书根据多位业界资深设计师的教学与实践经验,完全针对零基础读者而开发,是一本帮助读者从入门到精通的教材大全。本书在基础知识的讲解中插入实例应用,有助于学习和巩固基础知识并提高实战技能。在写作上由浅入深,由简到繁,在讲解上模式新颖,注重激发读者兴趣和培养动手能力,非常符合读者学习新知识的思维习惯,结合具体实例让读者快速成为影视制作高手。

本书附带的光盘中不但提供了本书所有案例的素材和源文件,而且还提供了所有案例的高清视频,手把手帮助读者迅速掌握使用 After Effects CC 进行影视后期合成与特效制作的精髓,让新手零点起飞并跨入高手行列。

本书适合欲从事影视制作、栏目包装、电视广告、后期编缉与合成的广大初、中级从业人员作为自学教材,也可作为社会培训学校、大中专院校相关专业的教学参考书或上机实践指导用书。

未经许可,不得以任何方式复制或抄袭本书之部分或全部内容。
版权所有,侵权必究。

图书在版编目(CIP)数据

WOW! After Effects CC 完全自学宝典 / 王红卫,邵保国编著. -- 北京:电子工业出版社,2015.3
ISBN 978-7-121-25194-8

Ⅰ. ①W… Ⅱ. ①王… ②邵… Ⅲ. ①图像处理软件 Ⅳ. ①TP391.41

中国版本图书馆 CIP 数据核字 (2014) 第 297894 号

责任编辑:田 蕾
文字编辑:赵英华
印　　刷:北京千鹤印刷有限公司
装　　订:北京千鹤印刷有限公司
出版发行:电子工业出版社
　　　　　北京市海淀区万寿路 173 信箱　邮编:100036
开　　本:787×1092　1/16　印张:25.25　字数:727.2 千字　彩插:2
版　　次:2015 年 3 月第 1 版
印　　次:2015 年 3 月第 1 次印刷
定　　价:99.80 元(含光盘 1 张)

凡所购买电子工业出版社图书有缺损问题,请向购买书店调换。若书店售缺,请与本社发行部联系,联系及邮购电话:(010)88254888。
质量投诉请发邮件至 zlts@phei.com.cn,盗版侵权举报请发邮件至 dbqq@phei.com.cn。
服务热线:(010)88258888。

软件简介

After Effects CC是非常高端的视频特效处理软件,像《钢铁侠》、《幽灵骑士》、《加勒比海盗》、《绿灯侠》等大片都使用After Effects制作各种特效。After Effects CC也几乎成为影视后期编辑人员必备的技能之一。Adobe After Effects CC是Adobe公司首次直接内置官方简体中文语言,安装即中文。可以看到Adobe开始对中国市场非常重视。

现在,After Effects已经被广泛地应用于数字和电影的后期制作中,而新兴的多媒体和互联网也为After Effects软件提供了宽广的发展空间。

Adobe After Effects CC使用业界的动画和构图标准呈现电影般的视觉效果和细腻动态图形,一手掌控你的创意,并同时提供前所未见的出色效能。

本书特色

1. **一线作者团队**　本书作者曾任北京理工大学电脑部高级讲师,为入门级用户量身定制,以深入浅出、平实幽默的风格,将After Effects CC化繁为简,浓缩精华,让读者彻底掌握。

2. **超完备的基础功能及商业案例详解**　14章超全内容,包括10章基础内容,4章案例进阶及商业动漫栏目包装表现,从基础到案例,将After Effects CC全盘解析,让读者从入门到入行,从新手变高手。

3. **实用的速查及快捷键**　本书的附录中,详细列出了本书的所有内容索引,方便读者根据自身要求进行查阅。并附有After Effects CC的快捷键列表,让读者在掌握软件的同时,掌握更加快捷的命令操作技法。

4. **丰富的特色段落**　作者根据多年的教学经验,将After Effects CC中常见的问题及解决方法以提示和技巧的形式显现出来,让读者轻松轻掌握核心技法。

5. **1DVD超大容量教学录像**　本书附带1张高清语音多媒体教学录像,包括软件功能类、绚丽光效、影视仿真类、文字特效类、蒙版与遮罩类、跟踪与稳定类、颜色校正类、键控抠图类、插件特效类、ID标识及公益宣传片类、动漫及场景合成类、电视栏目包装类,真正做到多媒体教学与图书互动,使读者从零起飞,快速跨入高手行列!

本书版面结构说明

为了方便读者快速阅读进而掌握本书内容,下面将本书的版面结构进行剖析说明,使读者了解本书的特色,以达到轻松自学的目的,本书设计了"视频讲座"、"提示"、"技巧"等特色专题,本书的版面结构说明如下。

前言

附录B快捷键说明：

为方便读者快速步入高手行列，在本书的附录B部分还为读者安排了快捷键列表，并将快捷键进行了不同的分类，方便读者查阅，进而学习到快捷的操作方法，快捷键使用说明如下。

表6 层操作（合成窗口和时间线窗口）

操作	Windows 快捷键
拷贝	Ctrl + C
复制	Ctrl + D
剪切	Ctrl + X
粘贴	Ctrl + V
撤消	Ctrl + Z
重做	Ctrl + Shift + Z
选择全部	Ctrl + A
取消全部选择	Ctrl + Shift + A 或 F2

创作团队：

本书由王红卫、邵保国编著，同时参与编写的还有崔鹏、崔文龙、张彩霞、张刚峰、崔倩倩、崔东洋、张明杰、石改军、石珍珍、张永飞、吕保成、王香、夏红军，在此感谢所有创作人员对本书付出的艰辛。

在创作的过程中，由于时间仓促，错误在所难免，希望广大读者批评指正。对本书及光盘中的任何疑问和技术问题，可扫一扫关注微信公众账号与作者联系。

答疑解惑公众账号

编　者
2014年12月

目录 contens

第 1 章
影视基础与镜头表现 1
- 1.1 数码影视视频基础 2
  - 1.1.1 帧的概念 2
  - 1.1.2 帧率和帧长度比 2
  - 1.1.3 像素长宽比 2
  - 1.1.4 场的概念 2
  - 1.1.5 电视的制式 2
  - 1.1.6 视频时间码 3
- 1.2 镜头的一般表现手法 3
  - 1.2.1 推镜头 3
  - 1.2.2 移镜头 4
  - 1.2.3 跟镜头 4
  - 1.2.4 摇镜头 4
  - 1.2.5 旋转镜头 4
  - 1.2.6 拉镜头 4
  - 1.2.7 甩镜头 5
  - 1.2.8 晃镜头 5

第 2 章
After Effects CC快速入门 6
- 2.1 After Effects CC 操作界面简介 7
  - 2.1.1 启动 After Effects CC 7
  - 2.1.2 After Effects CC 工作界面介绍 7
  - 2.1.3 自定义工作模式 8
  - 2.1.4 工具栏的介绍 9
  - 2.1.5 浮动面板的介绍 10
  - 2.1.6 图层的显示、锁定与重命名 12
- 2.2 项目、合成文件的操作 14
  - 2.2.1 创建项目及合成文件 14
  - 2.2.2 保存项目文件 15
- 2.3 素材的导入 15
  - 2.3.1 几种常见素材的导入介绍 15
  - 2.3.2 JPG 格式静态图片的导入 16
  - 2.3.3 序列素材的导入 16
  - 2.3.4 PSD 格式素材的导入 17
- 2.4 素材的管理 18
  - 2.4.1 创建文件夹 18
  - 2.4.2 重命名文件夹 18
  - 2.4.3 添加素材 19
  - 2.4.4 查看和移动素材 20
  - 2.4.5 设置入点和出点 20
- 2.5 使用辅助功能 21
  - 2.5.1 应用缩放功能 21
  - 2.5.2 安全框 22
  - 2.5.3 网格的使用 23
  - 2.5.4 参考线 23
  - 2.5.5 标尺的使用 24
  - 2.5.6 快照 24
  - 2.5.7 显示通道 25
  - 2.5.8 分辨率解析 25
  - 2.5.9 设置区域预览 25

第 3 章
认识After Effects CC各种层 27
- 3.1 层的使用 28
  - 3.1.1 层的类型介绍 28
  - 3.1.2 修改灯光层 30
  - 实战 3-1 聚光灯的创建及投影设置 31
  - 3.1.3 查看当前视图 33
  - 3.1.4 摄像机视图 33
  - 实战 3-2 摄像机的使用 34

目录

  3.1.5 层的基本操作 36
  实战 3-3 自动排序 38
 3.2 层混合模式 38
  3.2.1 层混合模式的含义 38
  3.2.2 层混合模式的应用 40
 3.3 层属性设置 41
  3.3.1 层列表 41
  3.3.2 锚点 41
  实战 3-4 锚点动画 42
  3.3.3 位置 44
  实战 3-5 位移动画 45
  3.3.4 缩放 46
  实战 3-6 缩放动画 47
  3.3.5 旋转 47
  实战 3-7 旋转动画 48
  3.3.6 不透明度 49
  实战 3-8 透明度动画 49

第 4 章
关键帧与蒙版动画 52

 4.1 创建及查看关键帧 53
  4.1.1 如何创建关键帧 53
  4.1.2 查看关键帧 53
 4.2 编辑关键帧 54
  4.2.1 选择关键帧 54
  4.2.2 移动关键帧 55
  4.2.3 删除关键帧 55
 4.3 使用关键帧辅助 55
  4.3.1 缓动 55
  4.3.2 缓入 56
  4.3.3 缓出 56
 4.4 创建蒙版 57
  4.4.1 利用矩形工具创建方形蒙版 57
  4.4.2 利用椭圆工具创建椭圆形蒙版 57
  4.4.3 利用钢笔工具创建自由蒙版 58
 4.5 改变蒙版的形状 58
  4.5.1 节点的选择 58
  4.5.2 添加 / 删除节点 59
  4.5.3 节点的转换技巧 59

 4.6 修改蒙版属性 60
  4.6.1 蒙版的混合模式 60
  4.6.2 蒙版的锁定 61
  4.6.3 蒙版的羽化操作 61
  4.6.4 蒙版的不透明度 61
  4.6.5 蒙版区域的扩展和收缩 62
  实战 4-1 位移动画 62
  实战 4-2 过光效果 64

第 5 章
文字与文字动画 68

 5.1 文字工具 69
  5.1.1 文字的创建 69
  5.1.2 [字符] 和 [段落] 面板 69
 5.2 文字属性 69
  实战 5-1 文字随机透明动画 70
  实战 5-2 路径 72
  实战 5-3 路径文字动画 73
 5.3 其他文字的应用 75
  5.3.1 基本文字 75
  5.3.2 路径文本 76
  实战 5-4 利用可见字符制作机打字动画 78
  实战 5-5 旋转文字动画 79
  实战 5-6 螺旋飞入的文字 81
  实战 5-7 文字动画 84
  实战 5-8 绚丽文字 86
  实战 5-9 小清新字 90

第 6 章
色彩校正与键控抠像 93

 6.1 色彩调整的应用方法 94
 6.2 使用[颜色校正]特效组 94
  6.2.1 自动颜色 94
  6.2.2 自动对比度 94
  6.2.3 自动色阶 95
  6.2.4 黑色和白色 95
  6.2.5 亮度和对比度 95
  6.2.6 广播颜色 95
  6.2.7 CC Color Neutralizer（颜色中和剂） 96

目录

6.2.8 CC Color Offset（CC 色彩偏移）........96	
6.2.9 CC Kernel（CC 内核）........96	
6.2.10 CC Toner（CC 调色）........96	
6.2.11 更改颜色........97	
6.2.12 更改为颜色........97	
6.2.13 通道混合器........97	
6.2.14 颜色平衡........98	
6.2.15 颜色平衡（HLS）........98	
6.2.16 颜色链接........98	
6.2.17 颜色稳定器........98	
6.2.18 色光........99	
6.2.19 曲线........99	
6.2.20 色调均化........99	
6.2.21 曝光度........100	
6.2.22 灰度系数/基值/增益........100	
6.2.23 色相/饱和度........100	
6.2.24 保留颜色........101	
6.2.25 色阶........101	
6.2.26 色阶（单独控件）........101	
6.2.27 照片滤镜........101	
6.2.28 PS 任意映射........102	
6.2.29 可选颜色........102	
6.2.30 阴影/高光........102	
6.2.31 色调........102	
6.2.32 三色调........102	
6.2.33 自然饱和度........103
6.3 素材抠像——[键控]........103
6.3.1 CC Simple Wire Removal（CC 擦钢丝）...103
6.3.2 颜色差值键........103
6.3.3 颜色键........104
6.3.4 颜色范围........104
6.3.5 差值遮罩........104
6.3.6 提取........105
6.3.7 内部/外部键........105
6.3.8 Keylight 1.2（抠像 1.2）........105
6.3.9 线性颜色键控........106
6.3.10 亮度键........106
6.3.11 溢出抑制........107
实战 6-1 墨滴扩散........107
实战 6-2 国画诗词........109

第 7 章
仿真模拟特效........113

7.1 仿真模拟特效的应用方法........114
7.2 仿真特效——[模拟]........114
    7.2.1 卡片动画........114
    7.2.2 焦散........115
    7.2.3 CC Ball Action（CC 滚珠操作）........116
    7.2.4 CC Bubbles（CC 吹泡泡）........116
    7.2.5 CC Drizzle（CC 细雨滴）........116
    7.2.6 CC Hair（CC 毛发）........117
    7.2.7 CC Mr.Mercury（CC 水银滴落）........117
    7.2.8 CC Particle Systems Ⅱ（CC 仿真粒子系统Ⅱ）........118
    7.2.9 CC Particle World（CC 仿真粒子世界）....119
    7.2.10 CC Pixel Polly（CC 像素多边形）........120
    7.2.11 CC Rainfall（CC 下雨）........120
    7.2.12 CC Scatterize（CC 散射）........120
    7.2.13 CC Snowfall（CC 下雪）........121
    7.2.14 CC Star Burst（CC 星爆）........121
    7.2.15 泡沫........122
    7.2.16 粒子运动场........123
    7.2.17 碎片........124
    7.2.18 波形环境........125
实战 7-1 卡片拼图........126
实战 7-2 雨滴效果........128
实战 7-3 七彩泡泡........129
实战 7-4 水底出字........131

第 8 章
强大的视频特效........137

8.1 视频特效的使用方法........138
8.2 视频特效的编辑技巧........138
    8.2.1 特效参数的调整........138
    8.2.2 特效的复制与粘贴........139
8.3 [3D 通道]特效组........140
    8.3.1 3D 通道提取........140
    8.3.2 深度遮罩........140
    8.3.3 场深度........140

8.3.4	EXtractoR（提取）	140
8.3.5	雾 3D	141
8.3.6	ID 遮罩	141
8.3.7	IDentifier（标识符）	141

8.4 [音频]特效组 141

8.4.1	倒放	142
8.4.2	低音和高音	142
8.4.3	延迟	142
8.4.4	变调与合声	142
8.4.5	高通 / 低通	143
8.4.6	调制器	143
8.4.7	参数均衡	143
8.4.8	混响	144
8.4.9	立体声混合器	144
8.4.10	音调	145

8.5 [模糊和锐化]特效组 145

8.5.1	双向模糊	145
8.5.2	方框模糊	145
8.5.3	摄像机镜头模糊	146
8.5.4	CC Cross Blur（CC 交叉模糊）	146
8.5.5	CC Radial Blur（CC 放射模糊）	146
8.5.6	CC Radial Fast Blur（CC 快速放射模糊）	147
8.5.7	CC Vector Blur（CC 矢量模糊）	147
8.5.8	通道模糊	147
8.5.9	复合模糊	147
8.5.10	定向模糊	148
8.5.11	快速模糊	148
8.5.12	高斯模糊	148
8.5.13	径向模糊	148
8.5.14	减少交错模糊	149
8.5.15	锐化	149
8.5.16	智能模糊	149
8.5.17	钝化蒙版	149

8.6 [通道]特效组 149

8.6.1	算术	149
8.6.2	混合	150
8.6.3	计算	150
8.6.4	CC Composite（CC 组合）	151
8.6.5	通道组合器	151
8.6.6	复合运算	151
8.6.7	反转	151
8.6.8	最小 / 最大	152
8.6.9	移除颜色遮罩	152
8.6.10	设置通道	152
8.6.11	设置遮罩	152
8.6.12	转换通道	153
8.6.13	固态层合成	153

8.7 [扭曲]特效组 153

8.7.1	贝塞尔曲线变形	153
8.7.2	凸出	154
8.7.3	CC Bend It（CC 2 点弯曲）	155
8.7.4	CC Bender（CC 弯曲）	155
8.7.5	CC Blobbylize（CC 融化）	155
8.7.6	CC Flo Motion（CC 液化流动）	155
8.7.7	CC Griddler（CC 网格变形）	156
8.7.8	CC Lens（CC 镜头）	156
8.7.9	CC Page Turn（CC 卷页）	156
8.7.10	CC Power Pin（CC 四角缩放）	157
8.7.11	CC Ripple Pulse（CC 波纹扩散）	157
8.7.12	CC Slant（CC 倾斜）	157
8.7.13	CC Smear（CC 涂抹）	157
8.7.14	CC Split（CC 分裂）	158
8.7.15	CC Split2（CC 分裂 2）	158
8.7.16	CC Tiler（CC 拼贴）	158
8.7.17	边角定位	158
8.7.18	置换图	158
8.7.19	液化	159

实战 8-1 利用液化制作滴血文字 160

8.7.20	放大	162
8.7.21	网格变形	162
8.7.22	镜像	162
8.7.23	偏移	163
8.7.24	光学补偿	163
8.7.25	极坐标	163

实战 8-2 利用极坐标制作图腾动画 163

8.7.26	改变形状	166
8.7.27	波纹	167
8.7.28	漩涡条纹	167
8.7.29	球面化	167

8.7.30	变换	167
8.7.31	湍流置换	168
8.7.32	旋转扭曲	168
8.7.33	变形	168
8.7.34	变形稳定器 VFX	168
8.7.35	波浪变形	169

8.8 [生成]特效组 169

8.8.1	四色渐变	170
8.8.2	高级闪电	170
8.8.3	音频频谱	171
8.8.4	音频波形	172

实战 8-3 利用声波制作跳动的音符 172

8.8.5	光束	173
8.8.6	CC Glue Gun（CC 喷胶器）	174
8.8.7	CC Light Burst 2.5（CC 光线爆裂 2.5）	174
8.8.8	CC Light Rays（CC 光芒放射）	174
8.8.9	CC Light Sweep（CC 扫光效果）	175
8.8.10	CC Threads（CC 线状穿梭）	175
8.8.11	单元格图案	175
8.8.12	棋盘	176
8.8.13	圆形	176
8.8.14	椭圆	176
8.8.15	吸管填充	177
8.8.16	填充	177
8.8.17	分形	177
8.8.18	网格	177
8.8.19	镜头光晕	178
8.8.20	油漆桶	178
8.8.21	无线电波	178

实战 8-4 利用无线电波制作绽放的光带 180

8.8.22	梯度渐变	181
8.8.23	涂写	181
8.8.24	描边	182
8.8.25	勾画	182
8.8.26	写入	183

8.9 [遮罩]特效组 184

8.9.1	遮罩阻塞工具	184
8.9.2	Unnamed layer（指定蒙版）	184
8.9.3	调整柔和遮罩	184
8.9.4	简单阻塞工具	184

8.10 [杂色和颗粒]特效组 185

8.10.1	添加颗粒	185
8.10.2	蒙尘与划痕	185
8.10.3	分形杂色	185
8.10.4	匹配颗粒	186
8.10.5	中间值	187
8.10.6	杂色	187
8.10.7	杂色 Alpha	187
8.10.8	杂色 HLS	187
8.10.9	杂色 HLS 自动	187
8.10.10	移除颗粒	188
8.10.11	湍流杂色	188

8.11 [过时]特效组 188

8.11.1	基本 3D	188
8.11.2	基本文字	188
8.11.3	闪光	189
8.11.4	路径文本	189

8.12 [透视]特效组 190

8.12.1	3D 摄像机跟踪器	190
8.12.2	3D 眼镜	190
8.12.3	斜面 Alpha	190
8.12.4	边缘斜面	191
8.12.5	CC Cylinder（CC 圆柱体）	191
8.12.6	CC Sphere（CC 球体）	191
8.12.7	CC Spotlight（CC 聚光灯）	191
8.12.8	投影	192
8.12.9	径向阴影	192

8.13 [风格化]特效组 192

8.13.1	画笔描边	192
8.13.2	卡通	193
8.13.3	CC Block Load（CC 障碍物读取）	193
8.13.4	CC Burn Film（CC 燃烧效果）	193
8.13.5	CC Glass（CC 玻璃）	193
8.13.6	CC Kaleida（CC 万花筒）	194
8.13.7	CC Mr.Smoothie（CC 平滑）	194
8.13.8	CC Plastic（CC 塑料）	194
8.13.9	CC RepeTile（CC 边缘拼贴）	194
8.13.10	CC Threshold（CC 阈值）	195
8.13.11	CC Threshold RGB（CC 阈值 RGB）	195
8.13.12	彩色浮雕	195

目录

- 8.13.13 浮雕 196
- 8.13.14 查找边缘 196
- 8.13.15 发光 196
- 8.13.16 马赛克 196
- 8.13.17 动态拼贴 196
- 8.13.18 色调分离 197
- 8.13.19 毛边 197
- 8.13.20 散布 197
- 8.13.21 闪光灯 197
- 8.13.22 纹理化 198
- 8.13.23 阈值 198
- 8.14 [文本]特效组 198
  - 8.14.1 编号 198
  - 8.14.2 时间码 199
- 8.15 [时间]特效组 199
  - 8.15.1 CC Force Motion Blur（CC 强力运动模糊）..........................199
  - 8.15.2 CC Time Blend（CC 时间混合）..........................199
  - 8.15.3 CC Time Blend FX（CC 时间混合 FX）.......200
  - 8.15.4 CC Wide Time（CC 时间工具）...........200
  - 8.15.5 残影 200
  - 实战 8-5 利用残影制作掉落的文字 200
  - 8.15.6 色调分离时间 202
  - 8.15.7 时差 202
  - 8.15.8 时间置换 202
  - 8.15.9 时间扭曲 203
- 8.16 [过渡]特效组 203
  - 8.16.1 块溶解 203
  - 8.16.2 卡片擦除 203
  - 8.16.3 CC Glass Wipe（CC 玻璃擦除）...........204
  - 实战 8-6 利用 CC 玻璃擦除制作色彩恢复效果 204
  - 8.16.4 CC Grid Wipe（CC 网格擦除）............205
  - 8.16.5 CC Image Wipe（CC 图像擦除）..........206
  - 8.16.6 CC Jaws（CC 锯齿）...........................206
  - 8.16.7 CC Light Wipe（CC 光线擦除）..........206
  - 8.16.8 CC Line Sweep（CC 线扫描）.............207
  - 8.16.9 CC Radial ScaleWipe（CC 径向缩放擦除）...........207
  - 实战 8-7 利用 CC 径向缩放擦除制作玻璃球 207
- 8.16.10 CC Scale Wipe（CC 缩放擦除）..........208
- 8.16.11 CC Twister（CC 扭曲）......................209
- 8.16.12 CC WarpoMatic（CC 溶解）..............209
- 8.16.13 渐变擦除 209
- 8.16.14 光圈擦除 209
- 8.16.15 线性擦除 209
- 8.16.16 径向擦除 210
- 8.16.17 百叶窗 210
- 8.17 [实用工具]特效组 210
  - 8.17.1 CC Overbrights（CC 亮度信息）.......210
  - 8.17.2 Cineon 转换器 210
  - 8.17.3 颜色配置文件转换器 211
  - 8.17.4 范围扩散 211
  - 8.17.5 DHR 压缩扩展器 211
  - 8.17.6 DHR 高光压缩 211

第 9 章
跟踪运动与运动稳定 212

- 9.1 摇摆器 213
  - 实战 9-1 制作随机动画 213
- 9.2 动态草图 215
  - 实战 9-2 利用动态草图制作彩蝶飞舞 215
- 9.3 跟踪运动与运动稳定 217
  - 9.3.1 [跟踪器]面板 218
  - 9.3.2 跟踪范围框 219
  - 实战 9-3 位移跟踪动画 219
  - 实战 9-4 旋转跟踪动画 221
  - 实战 9-5 透视跟踪动画 223
  - 实战 9-6 稳定动画效果 224

第 10 章
视频的渲染及输出 226

- 10.1 数字视频压缩 227
  - 10.1.1 压缩的类别 227
  - 10.1.2 压缩的方式 227
- 10.2 图像格式 227
  - 10.2.1 静态图像格式 228
  - 10.2.2 视频格式 228

10.2.3 音频的格式 229	11.5 幽灵通告 256
10.3 渲染工作区的设置 229	11.5.1 新建合成 256
10.3.1 手动调整渲染工作区 229	11.5.2 添加光特效 257
10.3.2 利用快捷键调整渲染工作区 230	

第12章
超炫光效动画风暴 259

- 10.4 渲染队列窗口的启用 230
- 10.5 渲染队列窗口参数详解 230
  - 10.5.1 当前渲染 230
  - 10.5.2 渲染组 231
  - 10.5.3 所有渲染 232
- 10.6 设置渲染模板 233
  - 10.6.1 更改渲染模板 233
  - 10.6.2 渲染设置 234
  - 10.6.3 创建渲染模板 235
  - 10.6.4 创建输出模块模板 236
- 10.7 影片的输出 236
  - 10.7.1 输出 SWF 格式文件 237
  - 实战 10-1 将旋转动画输出成 SWF 格式文件 237
  - 实战 10-2 将位移动画输出成 AVI 格式文件 239
  - 实战 10-3 输出单帧图像 240
  - 实战 10-4 输出序列图片 241
  - 实战 10-5 输出音频文件 242

- 12.1 波浪效果 260
  - 12.1.1 建立合成并绘制矩形 260
  - 12.1.2 制作曲线动画 261
  - 12.1.3 复制层并修改属性 262
- 12.2 诱惑光线 263
  - 12.2.1 新建总合成并制作背景 ... 264
  - 12.2.2 制作流光动画 264
- 12.3 多彩霓虹灯 267
  - 12.3.1 创建合成与纯色层 267
  - 12.3.2 绘制正圆并添加特效 268
  - 12.3.3 添加星光特效 271
- 12.4 飞舞的精灵 271
  - 12.4.1 建立合成并制作描绘 272
  - 12.4.2 复制纯色层并修改参数 ... 273
  - 12.4.3 建立总合成动画 274
- 12.5 描边光线动画 276
  - 12.5.1 建立"光线 1"和"光线 2"合成 276
  - 12.5.2 建立合成并制作光线动画 277
  - 12.5.3 设置勾画特效的输入层 ... 279
- 12.6 线条拼贴文字 280
  - 12.6.1 建立合成并添加文字 280
  - 12.6.2 制作卡片擦除动画 280
  - 12.6.3 制作镜头光晕动画 281
  - 12.6.4 为文字层添加特效 283
- 12.7 绚丽光带 284
  - 12.7.1 绘制光带运动路径 285
  - 12.7.2 制作光带特效 286
  - 12.7.3 添加发光特效 287

第11章
常见插件特效风暴 243

- 11.1 爱心之旅 244
  - 11.1.1 建立"爱心之旅"合成 244
  - 11.1.2 添加 3D Stroke（3D 笔触）特效 245
  - 11.1.3 添加 Particular（粒子）特效 245
- 11.2 雪花效果 247
  - 11.2.1 建立"雪花效果"合成 247
  - 11.2.2 添加 Particular（粒子）特效 247
- 11.3 数字风暴 248
  - 11.3.1 添加文字 249
  - 11.3.2 创建粒子特效 249
  - 11.3.3 制作文字动画 251
  - 11.3.4 添加发光特效 251
- 11.4 童话般的夏日 253
  - 11.4.1 新建合成并添加特效 253
  - 11.4.2 制作文字动画 254

第13章
实用影视特效解析 289

- 13.1 烟雾效果 290

13.1.1 建立"分形噪波"合成 290
13.1.2 建立"文字"合成 292
13.1.3 建立"烟雾字"合成 293
13.2 闪电字 294
13.2.1 新建合成 294
13.2.2 制作闪电动画 296
13.3 夕阳 297
13.3.1 制作水面动画 298
13.3.2 制作总合成 298
13.4 占卜未来 300
13.4.1 创建粒子动画 301
13.4.2 制作总合成动画 303
13.5 流星划落 303
13.5.1 创建星星 304
13.5.2 制作星星拖尾 305

第14章
商业栏目包装案例表现 308
14.1 影视宣传片——旅游宣传片 309
14.1.1 制作镜头 1 309
14.1.2 制作镜头 2 326
14.1.3 制作镜头 3 329
14.1.4 制作镜头 4 331
14.1.5 制作背景 332
14.1.6 制作镜头 5 333
14.1.7 制作圆圈扩散 338
14.1.8 制作总合成 340
14.2 影视节目包装——影视剧场 354
14.2.1 制作镜头 1 355
14.2.2 制作镜头 2 360
14.2.3 制作镜头 3 362
14.2.4 制作镜头 4 365
14.2.5 制作镜头 5 368
14.2.6 制作总合成 374

附录A
After Effects CC 外挂插件的安装 381

附录B
After Effects CC默认键盘快捷键 384

第 1 章
影视基础与镜头表现

内容摘要

本章主要讲解数字视频基础知识，包括帧的概念、帧率和帧长度比、像素长宽比、场的概念、电视的制式及视频时间码；同时详细讲解了视频编辑的镜头表现手法。

教学目标

→ 了解帧、帧率和场的概念
→ 了解电视制式及时间码
→ 掌握影视镜头的常用表现手法

1.1 数码影视视频基础

1.1.1 帧的概念

所谓视频，即是由一系列单独的静止图像组成的，如图1.1所示。每秒钟连续播放静止图像，利用人眼的视觉残留现象，在观者眼中就产生了平滑而连续活动的影像。

图1.1　单帧静止画面效果

一帧是扫描获得的一幅完整图像的模拟信号，是视频图像的最小单位。在日常看到的电视或电影中，视频画面其实就是由一系列的单帧图片构成的，将这些一系列的单帧图片以合适的速度连续播放，利用人眼的视觉残留现象，在观者眼中就产生了平滑而连续活动的影像，就产生了动态画面效果，而这些连续播放的图片中的每一帧图片，就可以称之为一帧，比如一个影片的播放速度为25帧每秒，就表示该影片每秒种播放25个单帧静态画面。

1.1.2 帧率和帧长度比

帧率有时也叫帧速或帧速率，表示在影片播放中，每秒钟所扫描的帧数，比如对于PAL制式电视系统，帧率为25帧；而NTSC制式电视系统，帧率为30帧。

帧长度比是指图像的长度和宽度的比例，平时我们常说的4∶3和16∶9，其实就是指图像的长宽比例。4∶3画面显示效果如图1.2所示；16∶9画面显示效果如图1.3所示。

图1.2　4∶3画面显示效果

图1.3　16∶9画面显示效果

1.1.3 像素长宽比

像素长宽比就是组合图像的小正方形像素在水平与垂直方向的比例。通常以电视机的长宽比为依据，即640/160和480/160之比为4∶3。因此，对于4∶3长宽比来讲，480/640Í4/3=1.067。所以，PAL制式的像素长宽比为1.067。

1.1.4 场的概念

场是视频的一个扫描过程，分为逐行扫描和隔行扫描。对于逐行扫描，一帧即是一个垂直扫描场；对于隔行扫描，一帧由两行构成：奇数场和偶数场，是用两个隔行扫描场表示一帧。

电视机由于受到信号带宽的限制，采用的就是隔行扫描，隔行扫描是目前很多电视系统的电子束采用的一种技术，它将一幅完整的图像按照水平方向分成很多细小的行，用两次扫描来交错显示，即先扫描视频图像的偶数行，再扫描奇数行而完成一帧的扫描，每扫描一次，就叫作一场。对于摄像机和显示器屏幕，获得或显示一幅图像都要扫描两遍才行，隔行扫描对于分辨率要求不高的系统比较适合。

在电视播放中，由于扫描场的作用，其实我们所看到的电视屏幕出现的画面不是完整的画面，而是一个"半帧"画面，如图1.4所示。但由于25Hz的帧频率能以最少的信号容量有效地利用人眼的视觉残留特性，所以看到的图像是完整图像，如图1.5所示,但闪烁的现象还是可以感觉出来的。我国电视画面传输率是每秒25帧、50场。50Hz的场频率隔行扫描，把一帧分为奇、偶两场，奇、偶的交错扫描相当于遮挡板的作用。

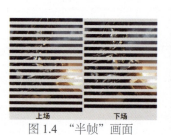

图1.4　"半帧"画面　　　图1.5　完整图像

1.1.5 电视的制式

电视的制式就是电视信号的标准。它的区分

主要在帧频、分辨率、信号带宽，以及载频、色彩空间的转换关系上。不同制式的电视机只能接收和处理相应制式的电视信号。但现在也出现了多制式或全制式的电视机，为处理不同制式的电视信号提供了极大的方便。全制式电视机可以在各个国家的不同地区使用。目前各个国家的电视制式并不统一，全世界目前有三种彩色制式。

1. PAL 制式

PAL 是 Phase Alteration Line 的英文缩写，其含义为逐行倒相，PAL 制式即逐行倒相正交平衡调幅制；它是西德在 1962 年制定的彩色电视广播标准，它克服了 NTSC 制式相对相位失真敏感而引起色彩失真的缺点；中国、新加坡、澳大利亚、新西兰和西德、英国等一些西欧国家使用 PAL 制式。根据不同的参数细节，它又可以分为 G、I、D 等制式，其中 PAL-D 是我国大陆采用的制式。PAL 制式电视的帧频为每秒 25 帧，场频为每秒 50 场。

2. NTSC 制式（N 制）

NTSC 是 Natonal Television System Committee 的英文缩写，NTSC 制式是由美国国家电视标准委员会于 1952 年制定的彩色广播标准，它采用正交平衡调幅技术（正交平衡调幅制）；NTSC 制式有色彩失真的缺陷。NTSC 制式电视的帧频为每秒 29.97 帧，场频为每秒 60 场。美国、加拿大、等大多西半球国家以及中国台湾、日本、韩国等采用这种制式。

3. SECAM 制式

SECAM 是法文 Sequentiel Couleur A Memoire 的缩写，含义为"顺序传送彩色信号与存储恢复彩色信号制"的缩写；是由法国在 1956 年提出，1966 年制定的一种新的彩色电视制式。它也克服了 NTSC 制式相位失真的缺点，它采用时间分隔法来传送两个色差信号，不怕干扰，色彩保真度高，但是兼容性较差。目前法国、东欧国家中东部分国家使用 SECAM 制式。

1.1.6 视频时间码

一段视频片段的持续时间和它的开始帧和结束帧通常用时间单位和地址来计算，这些时间和地址被称为时间码（简称时码）。时码用来识别和记录视频数据流中的每一帧，从一段视频的起始帧到终止帧，每一帧都有一个唯一的时间码地址，这样在编辑的时候利用它可以准确地在素材上定位出某一帧的位置，方便地安排编辑和实现视频和音频的同步。这种同步方式叫作帧同步。"动画和电视工程师协会"采用的时码标准为 SMPTE，其格式为：小时：分钟：秒：帧，比如一个 PAL 制式的素材片段表示为：00：01：30：13，那么意思是它持续 1 分钟 30 秒零 12 帧，换算成帧单位就是 2263 帧，如果播放的帧速率为 25 帧/秒，那么这段素材可以播放约一分零三十点五秒。

电影、电视行业中使用的帧率各不相同，但它们都有各自对应的 SMPTE 标准。如 PAL 采用 25fps 或 24fps，NTSC 制式采用 30fps 或 29.97fps。早期是黑白电视采用 29.97fps 而非 30fps，这样就会产生一个问题，即在时码与实际播放之间产生 0.1% 的误差。为了解决这个问题，于是设计出帧同步技术，这样可以保证时码与实际播放时间一致。与帧同步格式对应的是帧不同步格式，它会忽略时码与实际播放帧之间的误差。

1.2 镜头的一般表现手法

镜头是影视创作的基本单位，一个完整的影视作品，是由一个一个的镜头完成的，离开独立的镜头，也就没有了影视作品。通过多个镜头的组合与设计的表现，完成整个影视作品镜头的制作，所以说，镜头的应用技巧也直接影响影视作品的最终效果。那么在影视拍摄中，常用镜头是如何表现的呢，下面来详细讲解常用镜头的使用技巧。

1.2.1 推镜头

推镜头是拍摄中比较常用的一种拍摄手法，它主要利用摄像机前移或变焦来完成，逐渐靠近要表现的主体对象，使人感觉一步一步走进要观察的事物，近距离观看某个事物，它可以表现同一个对象从远到近变化，也可以表现一个对象到另一个对象的变化，这种镜头的运用，主要突出要拍摄的对象或是对象的某个部位，从而更清楚地看到细节的变化。比如观察一个古董，从整体通过变焦看到细部特征，也是应用推镜头。

如图 1.6 所示为推镜头的应用效果。

图 1.6　推镜头的应用效果

1.2.2　移镜头

移镜头也叫移动拍摄，它是将摄像机固定在移动的物体上作各个方向的移动来拍摄不动的物体，使不动的物体产生运动效果，摄像时将拍摄画面逐步呈现，形成巡视或展示的视觉感受，它将一些对象连贯起来加以表现，形成动态效果而组成影视动画展现出来，可以表现出逐渐认识的效果，并能使主题逐渐明了。比如我们坐在奔驰的车上，看窗外的景物，景物本来是不动的，但却感觉是景物在动，这是同一个道理，这种拍摄手法多用于表现静物动态时的拍摄。

如图 1.7 所示为移镜头的应用效果。

图 1.7　移镜头的应用效果

1.2.3　跟镜头

跟镜头也称为跟拍，在拍摄过程中找到兴趣点，然后跟随目标进行拍摄。比如在一个酒店，开始拍摄的只是整个酒店中的大场面，然后跟随一个服务员从一个位置跟随拍摄，在桌子间走来走去的镜头。跟镜头一般要表现的对象在画面中的位置保持不变，只是跟随它所走过的画面有所变化，就如一个人跟着另一个人穿过大街小巷一样，周围的事物在变化，而本身的跟随是没有变化的，跟镜头也是影视拍摄中比较常见的一种方法，它可以很好地突出主体，表现主体的运动速度、方向及体态等信息，给人一种身临其境的感觉。

如图 1.8 所示为跟镜头的应用效果。

图 1.8　跟镜头的应用效果

1.2.4　摇镜头

摇镜头也称为摇拍，在拍摄时相机不动，只摇动镜头作左右、上下、移动或旋转等运动，使人感觉从对象的一个部位到另一个部位逐渐观看，比如一个人站立不动转动脖子来观看事物，我们常说的环视四周，其实就是这个道理。

摇镜头也是影视拍摄中经常用到的，比如电影中出现一个洞穴，然后上下、左右或环周拍摄应用的就是摇镜头。摇镜头主要用来表现事物的逐渐呈现，一个又一个的画面从渐入镜头到渐出镜头来完成整个事物发展。

如图 1.9 所示为摇镜头的应用效果。

图 1.9　摇镜头的应用效果

1.2.5　旋转镜头

旋转镜头是指被拍摄对象呈旋转效果的画面，镜头沿镜头光轴或接近镜头光轴的角度旋转拍摄，摄像机快速作超过 360 度的旋转拍摄，这种拍摄手法多表现人物的晕眩感觉，是影视拍摄中常用的一种拍摄手法。

如图 1.10 所示是旋转镜头的应用效果。

图 1.10　旋转镜头的应用效果

1.2.6　拉镜头

拉镜头与推镜头正好相反，它主要利用摄像机后移或变焦来完成，逐渐远离要表现的主体对象，使人感觉正一步一步远离要观察的事物，远距离观看某个事物的整体效果，它可以表现同一个对象从近到远的变化，也可以表现一个对象到另一个对象的变化，这种镜头的应用，主要突出要拍摄对象与整体的效果，把握全局，比如常见影视中的峡谷内部拍摄到整个外部拍摄，应用的就是拉镜头。

如图 1.11 所示为拉镜头的应用效果。

图 1.11　拉镜头的应用效果

1.2.7　甩镜头

甩镜头是快速地将镜头摇动，极快地转移到另一个景物，从而将画面切换到另一个内容，而中间的过程则产生模糊一片的效果，这种拍摄可以表现一种内容的突然过渡。

如图 1.12 所示为甩镜头的应用效果。

图 1.12　甩镜头的应用效果

1.2.8　晃镜头

晃镜头的应用相对于前面的几种方式应用要少一些，它主要应用在特定的环境中，让画面产生上下、左右或前后等的摇摆效果，主要用于表现精神恍惚、头晕目眩、乘车船等摇晃效果。比如表现一个喝醉酒的人物场景时，就要用到晃镜头，再比如坐车在不平道路上所产生的颠簸效果，如图 1.13 所示。

图 1.13　晃镜头的应用效果

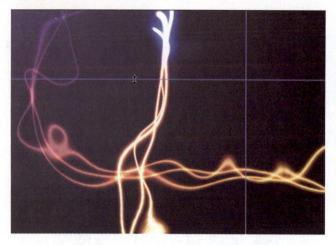

第 2 章
After Effects CC快速入门

内容摘要

本章主要介绍 After Effects CC 软件的启动方法，After Effects CC 软件的工作界面的自定义及相关工具栏的工具的应用，项目及合成文件的创建，素材的导入及管理，辅助功能的使用技巧，包括缩放、安全框、网格、参考线等常用辅助工具的使用及设置技巧。

教学目标

- ➔ 了解 After Effects CC 的操作界面
- ➔ 掌握自定义工作界面的方法
- ➔ 了解常用面板、窗口及工具栏的使用
- ➔ 掌握项目及合成文件的操作
- ➔ 掌握不同素材的导入方法及管理
- ➔ 掌握常用辅助功能的使用技巧

2.1 After Effects CC 操作界面简介

2.1.1 启动 After Effects CC

单击[开始]|[所有程序]|[After Effects CC]命令，便可启动 After Effects CC 软件。如果已经在桌面上创建了 After Effects CC 的快捷方式，则可以直接用鼠标双击桌面上的 After Effects CC 快捷图标，也可启动该软件，如图 2.1 所示。

· 经验分享 ·

如何创建桌面快捷方式

桌面快捷方式方便启用软件，创建的方法非常简单，直接单击Windows的开始菜单，从[所有程序]中找到安装的Adobe After Effects CC软件，然后在该软件名称上单击鼠标右键，从弹出的菜单中选择[发送到]|[桌面快捷方式]命令，即可在桌面上创建一个快捷图标。

图 2.1 After Effects CC 启动画面

等待一段时间后，After Effects CC 被打开，新的 After Effects CC 工作界面呈现出来，如图 2.2 所示。

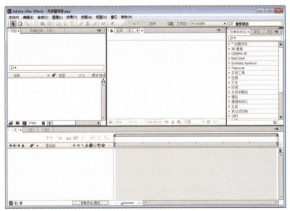

图 2.2 After Effects CC 工作界面

2.1.2 After Effects CC 工作界面介绍

After Effects CC 在界面上更加合理地分配了各个窗口的位置，根据制作内容的不同，可以将界面设置成不同的模式，如动画、绘画、效果等，执行菜单栏中的[窗口][工作区]命令，可以看到其子菜单中包含多种工作模式子选项，包括[所有面板]、[动画]、[效果]等模式，如图 2.3 所示。

图 2.3 多种工作模式

执行菜单栏中的[窗口]|[工作区]|[动画]命

令，操作界面则切换到动画工作界面中，整个界面排列以动画相关的面板和窗口为主，突出显示动画控制区，如突出显示[预览]面板，如图2.4所示。

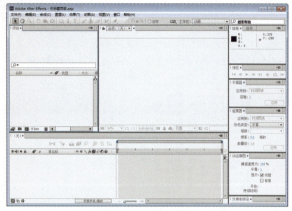

图 2.4 动画控制界面

执行菜单栏中的[窗口]|[工作区]|[绘画]命令，操作界面则切换到绘图控制界面中，整个界面排列以绘图相关的面板和窗口为主，突出显示了绘图控制区域，如突出显示[绘画]、[画笔]面板，如图2.5所示。

图 2.5 绘图控制界面

· 经验分享 ·

如何修改界面颜色

After Effects CC的界面在默认状态下是黑色的，而对于习惯灰白色的用户来说，可能更希望使用以前的灰白色界面，此时就可以自己来定义界面的颜色。执行菜单栏中的[编辑]|[首选项]|[外观]命令，打开[首选项]对话框，拖动[亮度]滑块即可修改界面的颜色。如果想使用默认界面颜色，可以单击[默认]按钮。

2.1.3 自定义工作模式

不同的用户对于工作模式的要求也不尽相同，如果在预设的工作模式中，没有找到自己需要的模式，用户也可以根据自己的喜好来设置工作模式。

Step 1 首先，可以从窗口菜单中，选择需要的面板或窗口，然后打开它，根据需要来调整窗口和面板，调整的方法如图2.6所示。

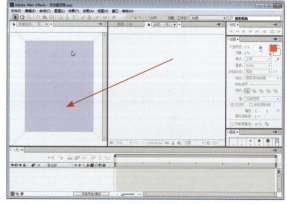

图 2.6 拖动调整面板过程

> 在拖动面板向另一个面板靠近时，在另一个面板中，将显示出不同的停靠效果，确定后释放鼠标，面板可在不同的位置停靠。

Step 2 当另一个面板中心显示停靠效果时，释放鼠标，两个面板将合并在一起，如图 2.7 所示。

图 2.7 面板合并效果

·经验分享·

面板或窗口的停靠操作

在面板或窗口停靠操作过程中，会有不同的效果显示，其中浅蓝色部分为停靠部分，不同位置也有不同的含义。比如浅蓝色显示在上方，表示上下停靠；浅蓝色显示在下方，表示下上停靠；浅蓝色显示在左方，表示左右停靠；显示在右方表示右左停靠；如果显示在中间则表示两个面板或窗口合并。

Step 3 如果想将某个面板单独地脱离出来，可以在拖动面板时，按住 Ctrl 键，释放鼠标后，就可以将面板单独地脱离出来，脱离的效果如图 2.8 所示。

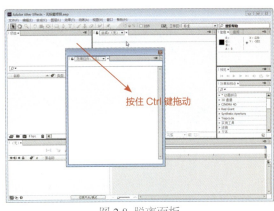

图 2.8 脱离面板

Step 4 如果想将单独脱离的面板再次合并到一个面板中，可以应用前面的方法，拖动面板到另一个可停靠的面板中，显示停靠效果时释放鼠标即可。

Step 5 当界面面板调整满意后，执行菜单栏中的 [窗口]|[工作区]|[新建工作区] 命令，在打开的 [新建工作区] 对话框中，输入一个名称，单击 [确定] 按钮，即可将新的界面保存，保存后的界面将显示在 [窗口]|[工作区] 命令后的子菜单中，如图 2.9 所示。

Step 6 如果对保存的界面不满意，可以执行菜单栏中的 [窗口]|[工作区]|[删除工作区] 命令，从打开的 [删除工作区] 对话框中，选择要删除的界面名称，单击 [删除] 按钮即可。

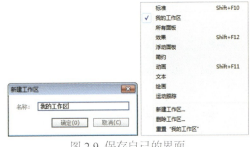

图 2.9 保存自己的界面

2.1.4 工具栏的介绍

执行菜单栏中的菜单 [窗口]|[工具] 命令，或按 Ctrl + 1 组合键，打开或关闭工具栏，工具栏中包含了常用的编辑工具，使用这些工具可以在合成窗口中对素材进行编辑操作，如移动、缩放、旋转、输入文字、创建遮罩、绘制图形等，工具栏如图 2.10 所示。

图 2.10 工具栏

· 经验分享 ·

显示隐藏的工具

在工具栏中，有些工具按钮的右下角有一个黑色的三角形箭头，表示该工具还包含有其他工具，在该工具上按住鼠标不放稍等一会即可显示出其他的工具。

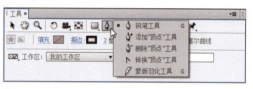

2.1.5 浮动面板的介绍

1. [对齐] 面板

执行菜单栏中的菜单 [窗口] | [对齐] 命令，可以打开或关闭 [对齐] 面板。

[对齐] 面板主要对素材进行对齐与分布处理，面板及说明如图 2.11 所示。

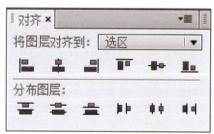

图 2.11 [对齐] 面板

2. [信息] 面板

执行菜单栏中的 [窗口] | [信息] 命令，或按 Ctrl + 2 组合键，可以打开或关闭 [信息] 面板。

[信息] 面板主要用来显示素材的相关信息，在 [信息] 面板的上部，主要显示如 RGB 值、Alpha 通道值、鼠标在合成窗口中的 X 和 Y 轴坐标位置；在 [信息] 面板的下部，根据选择素材的不同，主要显示选择素材的名称、位置、持续时间、出点和入点等信息。[信息] 面板及说明如图 2.12 所示。

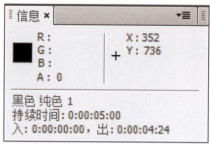

图 2.12 [信息] 面板

3. [预览] 面板

执行菜单栏中的 [窗口] | [预览] 命令，或按 Ctrl + 3 组合键，将打开或关闭 [预览] 面板。

[预览] 面板中的命令，主要用来控制素材的播放与停止，进行合成内容的预演操作，还可以进行预演的相关设置。[预览] 面板及说明如图 2.13 所示。

图 2.13 [预览] 面板

4. [项目] 面板

[项目] 面板位于界面的左上角，主要用来组织、管理视频节目中所使用的素材，视频制作所使用的素材，都要首先导入到 [项目] 面板中。在此窗口中可以对素材进行预览。

可以通过文件夹的形式来管理 [项目] 面板，将不同的素材以不同的文件夹分类导入，以方便编辑视频，文件夹可以展开也可以折叠，这样更便于 [项目] 的管理，如图 2.14 所示。

在素材目录区的上方表头，标明了素材、合成或文件夹的属性显示，显示每个素材不同的属性。

- [名称]：显示素材、合成或文件夹的名称，单击该图标，可以将素材以名称方式进行排序。

图 2.14 导入素材后的 [项目] 面板

图 2.15 时间线面板

- [标记]：可以利用不同的颜色来区分项目文件，同样单击该图标，可以将素材以标记的方式进行排序。如果要修改某个素材的标记颜色，直接单击该素材右侧的颜色按钮，在弹出的快捷菜单中，选择适合的颜色即可。
- [类型]：显示素材的类型，如合成、图像或音频文件。同样单击该图标，可以将素材以类型的方式进行排序。
- [大小]：显示素材文件的大小。同样单击该图标，可以将素材以大小的方式进行排序。
- [媒体持续时间]：显示素材的持续时间。同样单击该图标，可以将素材以持续时间的方式进行排序。
- [文件路径]：显示素材的存储路径，以便于素材的更新与查找，方便素材的管理。
- [日期]：显示素材文件创建的时间及日期，以便更精确地管理素材文件。
- [注释]：单击需要备注的素材的该位置，激活文件并输入文字对素材进行备注说明。

Tips
属性区域的显示可以自行设定，从项目菜单中的 [列数] 子菜单中，选择打开或关闭属性信息的显示。

5. 时间线面板

时间线面板是工作界面的核心部分，视频编辑工作的大部分操作都是在时间线面板中进行的。它是进行素材组织的主要操作区域。当添加不同的素材后，将产生多层效果，然后通过层的控制来完成动画的制作，如图 2.15 所示。

在时间线面板中，有时会创建多条时间轴，多条时间轴将并列排列在时间轴标签处，如果要关闭某个时间轴，可以在该时间轴标签位置，单击关闭按钮即可将其关闭，如果想再次打开该时间轴，可以在项目窗口中，双击该合成对象即可。

6. [合成] 窗口

[合成] 窗口是视频效果的预览区，在进行视频项目的安排时，它是最重要的窗口，在该窗口中可以预览到编辑时的每一帧的效果，如果要在节目窗口中显示画面，首先要将素材添加到时间轴上，并将时间滑块移动到当前素材的有效帧内，才可以显示，如图 2.16 所示。

图 2.16 [合成] 窗口

7. [素材] 窗口

在 [素材] 窗口中，默认情况下是不显示图像的，如果要在 [素材] 窗口中显示画面，直接在时间线面板中，双击该素材层。[素材] 窗口如图 2.17 所示。

[素材] 窗口是进行素材修剪的重要部分，一般素材的前期处理，比如入点和出点的设置，处理的方法有两种：一种是可以在时间线面板，直接通过拖动改变层的入点和出点；另一种是可以在 [素材] 窗口中，移动时间滑条到相应位置，单击"入点"按钮设置素材入点，单击"出点"按

钮设置素材出点。在处理完成后将素材加入到轨道中，然后在 [合成] 窗口中进行编排，以制作出符合要求的视频文件。

图 2.17　素材窗口

8. [效果和预设] 面板

　　[效果和预设] 面板中包含了 [动画预设]、[模糊和锐化]、[通道]、[颜色校正] 和 [扭曲] 等多种特效，是进行视频编辑的重要部分，主要针对时间轴上的素材进行特效处理，一般常见的特效都是利用 [效果和预设] 面板中的特效来完成，[效果和预设] 面板如图 2.18 所示。

图 2.18　[效果和预设] 面板

9. [效果控件] 面板

　　[效果控件] 面板主要用于对各种特效进行参数设置，当一种特效添加到素材上面时，该面板将显示该特效的相关参数设置，可以通过参数的设置对特效进行修改，以便达到所需要的最佳效果，如图 2.19 所示。

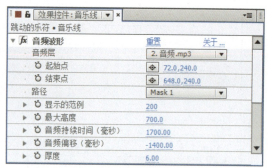

图 2.19　[效果控件] 面板

10. [字符] 面板

　　通过工具栏或是执行菜单栏中的 [窗口][字符] 命令来打开 [字符] 面板，[字符] 主要用来对输入的文字进行相关属性的设置，包括字体、字号、颜色、描边、行距等参数，[字符] 面板如图 2.20 所示。

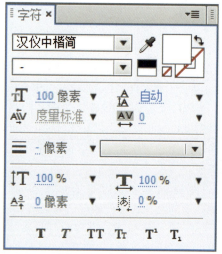

图 2.20　[字符] 面板

2.1.6　图层的显示、锁定与重命名

　　在视频编辑过程中，为了便于多图层的操作不出现错误，图层的"显示"、"锁定"与"重命名"也是经常用到的，下面来看这几种图层的设置方法。

- 图层的显示与隐藏：在图层的左侧，有一个图层显示与隐藏的图标，单击该图标，可以将图层在显示与隐藏之间切换。隐藏图层不但可以关闭该图层图像在合成窗口中的显示，还影响最终的输出效果，如果想在输出的画面中出现该图层，还要将其显示。

- 音频的显示与隐藏：在图层的左侧，有一个音频图标，添加音频层后，单击音频层左侧的音频图标，图标将会消失，在预览合成时将听不到声音。
- 图层的单独显示：在图层的左侧，有一个图层单独显示的图标，单击该图标，其他层的视频图标就会变为灰色，在合成窗口中只显示开启单独显示图标的层，其他层处于隐藏状态。
- 图层的锁定：在图层的左侧，有一个图层锁定与解锁的图标，单击该图标，可以将图层在锁定与隐藏之间切换。图层锁定后，将不能再对该图层进行编辑，要想重新选择编辑就要首先对其解除锁定。图层的锁定只影响用户对该层的选择编辑，不影响最终的输出效果。
- 重命名：首先单击选择图层，并按下键盘上的Enter键，激活输入框，然后直接输入新的名称即可。图层的重命名可以更好地对不同图层进行操作。

在时间线面板的中部，还有一个参数区，主要用来对素材层显示、质量、特效、运动模糊等属性进行设置与显示，如图2.21所示。

图2.21 属性区

- 隐藏图标：单击隐藏图标可以将选择图层隐藏，而图标样式会变为扁平，但时间线面板中的层不发生任何变化，这时要在时间线面板上方单击隐藏按钮，用于开启隐藏功能操作。
- 塌陷图标：单击塌陷图标后，嵌套层的质量会提高，渲染时间减少。
- 质量图标：可以设置合成窗口中素材的显示质量，单击图标可以切换高质量与低质量两种显示方式。
- 特效图标：在层上增加滤镜特效命令后，当前层将显示特效图标，单击特效图标后，当前层就取消了特效命令的应用。
- 帧融合图标：可以在渲染时对影片进行柔和处理，通常在调整素材播放速率后单击应用。首先在时间线面板中选择动态素材层，然后单击帧融合图标，最后在时间线面板上方开启帧融合按钮。
- 运动模糊图标：可以在After Effects CC软件中记录层位移动画时产生模糊效果。
- 图层调整图标：可以将原层制作成透明层，在开启Adjustment Layer（调整层）图标后，在调整层下方的这个层上可以同时应用其他效果。
- 三维属性图标：可以将二维层转换为三维层操作，开启三维层图标后，层将具有Z轴属性。

在时间线面板的中间部分还包含了6个开关按钮，用来对视频进行相关的属性设置，如图2.22所示。

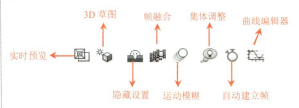

图2.22 开关按钮

- 实时预览按钮：使用鼠标左键选择并拖动图像时不会出现线框，而关闭实时预览按钮后，在合成窗口中拖动图像时将以线框模式移动。
- 3D草图按钮：在三维环境中进行制作时，可以将环境中的阴影、摄像机和模糊等功能状态进行屏蔽。

在时间线面板中，还有很多其他的参数设置，可以通过单击时间线面板右上角的时间轴菜单来打开，也可以在时间线面板中，在各属性名称上单击鼠标右键，通过Columns（列）子菜单选项来打开，如图2.23所示。

图2.23 快捷菜单

Tips

执行菜单栏中的菜单[窗口]||[时间轴]命令，打开[时间轴]面板，具体说明如图2.24所示。

图2.24 时间线面板基本功能

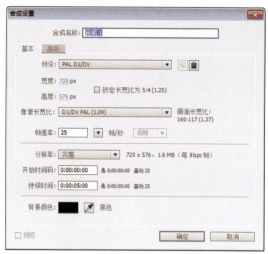

图2.25 [合成设置]对话框

2.2 项目、合成文件的操作

本节将通过几个简单实例讲解创建项目和保存项目的基本步骤。这个实例虽然效果和操作都比较简单，但是包括许多基本的操作，初步体现了使用After Effects CC的乐趣。本节的重点在于基本步骤和基本操作的熟悉和掌握，强调总体步骤的清晰明确。

2.2.1 创建项目及合成文件

在编辑视频文件时，首先要做的就是创建一个项目文件，规划好项目的名称及用途，根据不同的视频用途来创建不同的项目文件，创建项目的方法如下。

Step 1 启动After Effects CC软件，执行菜单栏中的[文件][新建][新建项目]命令，或按Ctrl+Alt+N组合键，这样就创建了一个项目文件。

Tips

创建项目文件后还不能进行视频的编辑操作，还要创建一个合成文件，这是After Effects CC软件与一般软件不同的地方。

Step 2 执行菜单栏中的[合成]|[新建合成]命令，也可以在[项目]面板中单击鼠标右键，在弹出的快捷菜单中选择[新建合成]命令，即可打开[合成设置]对话框，如图2.25所示。

· 经验分享 ·

电视制式介绍

目前各个国家的电视制式并不统一，全世界目前有三种彩色制式：PAL制式、NTSC制式（N制）和SECAM制式。PAL制式主要应用于50Hz供电的地区，如中国、新加坡、澳大利亚、新西兰和西德、英国等一些国家和地区，VCD电视画面尺寸标准为352×288，画面像素的宽高比为1.091:1，DVD电视画面尺寸标准为704×576或720×576，画面像素的宽高比为1.091:1。NTSC制式（N制）主要就用于60Hz交流电的地区，如美国、加拿大等大多西半球国家以及中国台湾、日本、韩国等，VCD电视画面尺寸标准为352×240，画面比例为0.91:1，DVD电视画面尺寸标准为704×480或720×480，画面像素的宽高比为0.91:1或0.89:1。

Step 3 在[合成设置]对话框中输入合适的名称、尺寸、帧速率、持续时间等内容后，单击[确定]按钮，即可创建一个合成文件，在[项目]面板中可以看到此文件。

· 经验分享 ·

修改合成

创建合成文件后，如果用户想在后面的操作中修改合成设置，可以选择某个合成后，执行菜单栏中的[合成]|[合成设置]命令，打开[合成设置]对话框，对其进行修改。

· 经验分享 ·

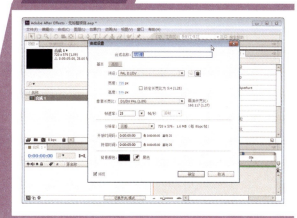

2.2.2 保存项目文件

在制作完项目及合成文件后，需要及时地将项目文件进行保存，以免电脑出错或突然停电带来不必要的损失，保存项目文件的方法有两种。

- 如果是新创建的项目文件，可以执行菜单栏中的 [文件]| [保存] 命令，或按 Ctrl + S 组合键，此时将打开 [另存为] 对话框，如图 2.26 所示。在该对话框中，设置适当的保存位置、文件名和文件类型，然后单击 [保存] 按钮即可将文件保存。

图 2.26 [另存为] 对话框

 Tips

如果是第 1 次保存图形，系统将自动打开 [保存图形] 对话框，如果已经保存过，则再次应用保存命令时，不会再打开保存对话框，而是直接将文件按原来设置的位置进行覆盖保存。

- 如果不想覆盖原文件而另外保存一个副本，此时可以执行菜单栏中的 [文件]| [另存为]| [另存为] 命令，打开 [另存为] 对话框，设置相关的参数，保存为另外的副本。

还可以将文件以拷贝的形式进行另存，这样不会影响原文件的保存效果，执行菜单栏中的 [文件]| [另存为]| [保存副本] 命令，将文件以拷贝的形式另存为一个副本，其参数设置与保存的参数相同。

· 经验分享 ·

Save As（另存为）与Save a Copy（保存副本）

[另存为]与[保存副本]的不同之处在于：使用[另存为]命令后，再次修改项目文件内容时，应用保存命令时保存的位置为另存为后的位置，而不是第1次保存的位置；而使用[保存副本]命令后，再次修改项目文件内容时，应用保存命令时保存的位置为第1次保存的位置，而不是应用保存副本后保存的位置。

2.3 素材的导入

要制作动画作品，有时候需要导入大量的素材，下面来讲解常用素材的导入方法。

2.3.1 几种常见素材的导入介绍

在 After Effects CC 中，素材的导入非常关键，要想做出丰富多彩的视觉效果，单单凭借 After Effects CC 软件是不够的，还要许多外在的软件来辅助设计，这时就要将其他软件做出的不同类型格式的图形、动画效果导入到 After Effects CC 中来应用，而对于不同类型格式，After Effects CC 又有着不同的导入设置。根据选项设置的不同，所导入的图片不同；根据格式的不同，导入的方法也不同。

在进行影片的编辑时，一般首要的任务是导入要编辑的素材文件，素材的导入主要是将素材导入到 [项目] 面板中或是相关文件夹中，[项目] 面板导入素材主要有下面几种方法。

- 执行菜单栏中的[文件]|[导入]|[文件]命令，或按 Ctrl + I 组合键，在打开的[导入文件]对话框中，选择要导入的素材，然后单击【打开】按钮即可。
- 在[项目]面板的列表空白处，单击鼠标右键，在弹出的快捷菜单中选择[导入]|[文件]命令，在打开的[导入文件]对话框中，选择要导入的素材，然后单击[打开]按钮即可。
- 在[项目]面板的列表空白处，直接双击鼠标，在打开的[导入文件]对话框中，选择要导入的素材，然后单击[打开]按钮即可。
- 在 Windows 的资源管理器中，选择需要导入的文件，直接拖动到 After Effects CC 软件的[项目]面板中即可。

·经验分享·

多个素材的导入操作

如果要同时导入多个素材，可以按住Ctrl键的同时逐个点选所需的素材；或是按住Shift键的同时，选择开始的一个素材，然后单击最后的一个素材选择多个连续的文件即可。也可以应用菜单[文件]| [导入]|[多个文件]命令，多次导入需要的文件。

2.3.2 JPG 格式静态图片的导入

执行菜单栏中的[文件]|[导入]|[文件]命令，或按 Ctrl + I 组合键，也可以应用上面讲过的任意一种其他方法，打开[导入文件]对话框，如图 2.27 所示。

选择配套光盘中的"工程文件\第 2 章\花纹.jpg"文件，然后单击[打开]按钮，即可将文件导入，此时从[项目]面板，可以看到导入的图片效果。

图 2.27 导入图片的过程及效果

 Tips

有些常用的动态素材和不分层静态素材的导入方法与JPG格式静态图片的导入方法相同，比如.avi和.tif格式的动态素材，另外，对于音频文件的导入方法也与常见不分层静态图片的导入方法相同，直接选择素材然后导入即可，导入后的素材文件将位于[项目]面板中。

2.3.3 序列素材的导入

Step 1 执行菜单栏中的[文件]|[导入]|[文件]命令，或按 Ctrl + I 组合键，也可以应用上面讲过的任意一种其他方法，打开[导入文件]对话框，选择配套光盘中的"工程文件\第 2 章\序列素材\文字动画 001.tga"文件，在对话框的下面，勾选[Targa 序列]复选框，如图 2.28 所示。

图 2.28 [导入]操作

Step 2 单击[打开]按钮，即可将图片以序列图片的形式导入，一般导入后的序列图片为动态视频文件，如图 2.29 所示。

图 2.29 导入效果

·经验分享·

导入序列的排列顺序

在导入序列图像时，选中[强制按字母顺序排列]复选框，即使图像序列内有丢帧情况，After Effects还是会按照正常的序列读入。否则，After Effects会提示你丢失的帧数，并在缺帧的地方填上彩条以补充缺失，如图2.30所示。

· 经验分享 ·

图 2.30 导入序列

2.3.4 PSD 格式素材的导入

Step 1 执行菜单栏中的 [文件]|[导入]|[文件] 命令，或按 Ctrl + I 组合键，也可以应用上面讲过的任意一种其他方法，打开 [导入文件] 对话框，选择配套光盘中的 "工程文件\第 2 章\PSD 分层.psd" 文件，如图 2.31 所示。该图片在 Photoshop 软件中的图层分布效果，如图 2.32 所示。

图 2.31 [导入文件] 对话框

图 2.32 图层分布效果

Step 2 单击 [打开] 按钮，将打开一个以图层名命名的对话框，在该对话框中，如图 2.33 所示，可以选择要导入的图层，可以是整个图层也可以是某个单独图层。

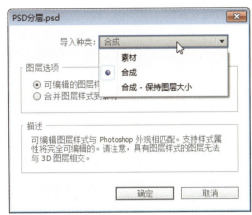

图 2.33 [PSD 分层] 对话框

Step 3 在导入类型中，选择不同的选项，会有不同的导入效果。[素材]、[合成] 和 [合成 - 保持图层大小] 导入效果，分别如图 2.34 ~ 图 2.36 所示。

图 2.34 [素材] 导入效果

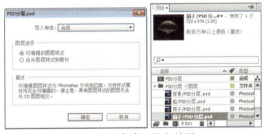
图 2.35 [合成] 导入效果

图 2.36 [合成 - 保持图层大小] 导入效果

· 经验分享 ·

不同合成导入的区别

在导入类型中，[合成] 和 [合成 - 保持图层大小] 导入素材，导入后的效果在项目面板中，看似是一样

· 经验分享 ·

的，但是其实是有很大差别的。选择[合成]选项导入素材时，每层大小都与当前文档大小相同，如下图中上面的图，选择[扇子]层，扇子显示的大小为整个合成的大小；选择[合成-保持图层大小]选项导入素材时，取每层的非透明区域作为每层的大小（即：保留每层的非透明区域）。取当前图片素材本身大小，如下图中下面的图，选择[扇子]层，扇子显示的为扇子本身的大小。

4 在选择[素材]导入类型时，[图层选项]下面的两个选项处于可用状态，选择[合并图层]单选按钮，导入的图片将是所有图层合并后的效果；选择[选择图层]单选按钮，可以从其右侧的下拉列表中，选择PSD分层文件的某个图层上的素材导入。

 Tips

[选择图层]右侧的下拉列表中的图层数量及名称，取决于在Photoshop软件中的图层及名称设置。

5 设置完成后单击[确定]按钮，即可将设置好的素材导入到[项目]面板中。

2.4 素材的管理

在使用 After Effects 软件进行视频编辑时，由于有时需要大量的素材，而且导入的素材在类型上又各不相同，如果不加以归类，将对以后的操作造成很大的麻烦，这时就需要对素材进行合理地分类与管理。

2.4.1 创建文件夹

虽然在制作视频编辑中应用的素材很多，但所使用的素材还是有规律可循的，一般来说可以分为静态图像素材、视频动画素材、声音素材、标题字幕、合成素材等，有了这些素材规律，就可以创建一些文件夹放置相同类型的文件，以便于快速地查找。

在[项目]面板中，创建文件夹的方法有多种。
- 执行菜单栏中的[文件]|[新建]|[新建文件夹]命令，即可创建一个新的文件夹。
- 在[项目]面板中单击鼠标右键，在弹出的快捷菜单中，选择[新建文件夹]命令。
- 在[项目]面板的下方，单击[新建文件夹] ■ 按钮。

2.4.2 重命名文件夹

新创建的文件夹，将以系统未命名1、2、……的形式出现，为了便于操作，需要对文件夹进行重新命名，重命名的方法如下。

1 在[项目]面板中，选择需要重命名的文件夹。

2 按键盘上的 Enter 键，激活输入框。

3 输入新的文件夹名称。如图2.37所示为重新命名文件夹后的效果。

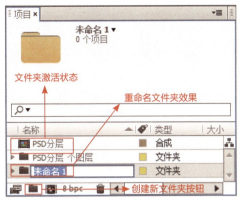

图 2.37 重命名文件夹效果

2. 素材的移动和删除

有时导入的素材或新建的图像并不是放置在所对应的文件夹中，这时就需要对它进行移动，移动的方法很简单，只需选择要移动的素材，然后将其拖动到所对应文件夹上释放鼠标就可以了。

对于不需要的素材或文件夹，可以通过下列方法来删除。

- 选择将删除的素材或文件夹，然后按键盘上的 Delete 键。
- 选择将删除的素材或文件夹，然后单击 [项目] 面板下方的 [删除所选项目项] 按钮 🗑 即可。
- 执行菜单栏中的 [文件]|[整理工程(文件)|[整合所有素材] 命令，可以将 [项目] 面板中重复导入的素材删除。
- 执行菜单栏中的 [文件]|[整理工程(文件)]|[删除未用过的素材] 命令，可以将 [项目] 面板中没有应用到的素材全部删除。
- 执行菜单栏中的 [文件]|[整理工程(文件)]|[减少项目] 命令，可以将 [项目] 面板中选择对象以外的其他素材全部删除。

3. 素材的替换

在进行视频处理过程中，如果导入 After Effects CC 软件中的素材不理想，可以通过替换方式来修改，具体操作如下。

Step 1 在 [项目] 面板中，选择要替换的图片。

Step 2 执行菜单栏中的 [文件]|[替换素材]|[文件] 命令，也可以直接在当前素材上单击鼠标右键，在弹出的快捷菜单中选择 [替换素材]|[文件] 命令，此时将打开 [替换素材文件] 对话框。

Step 3 在该对话框中，选择一个要替换的素材，然后单击【打开】按钮即可。

·经验分享·

重载入素材

如果导入素材的源素材发生了改变，而只想将当前素材改变成修改后的素材，这时，可以应用[文件]|[重新加载素材]命令，或在当前素材上单击鼠标右键，在弹出的快捷菜单中，选择[重新加载素材]命令，即可将修改后的文件重新载入来替换原文件。

2.4.3 添加素材

Step 1 执行菜单栏中的 [合成]|[新建合成] 命令，打开 [合成设置] 对话框并进行适当的参数设置，如图 2.38 所示。

图 2.38 [合成设置] 对话框

Step 2 执行菜单栏中的 [文件]|[导入]|[文件] 命令，或按 Ctrl + I 组合键打开 [导入文件] 对话框，然后选择一个合适的图片，将其导入。

Step 3 在 [项目] 面板中，选择刚导入的素材，然后按住鼠标，将其拖动到时间线面板中，拖动的过程如图 2.39 所示。

图 2.39 拖动素材的过程

Step 4 从图中可以看到，当素材拖动到时间线面板中时，鼠标会有相应的变化，此时释放鼠标，即可将素材添加到时间线面板中，如图 2.40 所示，这样在合成窗口中也将看到素材的预览效果。

图 2.40 添加素材后的效果

2.4.4 查看和移动素材

1. 查看素材

查看某个素材，可以在 [项目] 面板中直接双击这个素材，系统将根据不同类型的素材打开不同的浏览效果，如静态素材将打开 [素材] 窗口，动态素材将打开对应的视频播放软件来预览，静态和动态素材的预览效果分别如图 2.41、图 2.42 所示。

图 2.41 静态素材的预览效果

图 2.42 动态素材预览效果

如果想在 [素材] 窗口中显示动态素材，可以按住 Alt 键，然后在 [项目] 面板中双击该素材即可。

2. 移动素材

默认情况下，添加的素材起点都位于 00:00:00:00 帧的位置，如果想将起点位于其他时间帧的位置，可以通过拖动持续时间条的方法来改变，拖动的效果如图 2.43 所示。

图 2.43 移动素材

在拖动持续时间条时，不但可以将起点后移，也可以将起点前移，即持续时间条可以向前或向后随意移动。

2.4.5 设置入点和出点

视频编辑中角色的设置一般都有不同的出场顺序，有些贯穿整个影片，有些只显示数秒，这样就形成了角色的入点和出点的不同设置。所谓入点，就是影片开始的时间位置；所谓出点，就是影片结束的时间位置。设置素材的入点和出点，可以在 [图层] 窗口或时间线面板来设置。

1. 从 [图层] 窗口设置入点与出点

首先将素材添加到时间线面板，然后在时间线面板中双击该素材,将打开该层所对应的 [图层] 窗口，如图 2.44 所示。

图 2.44 [图层] 窗口

在 [图层] 窗口中，拖动时间滑块到需要设置入点的位置，然后单击 [将入点设置为当前时间] 按钮，即可在当前时间位置为素材设置入点。同样的方法，将时间滑块拖动到需要设置出点的位置，然后单击 [将出点设置为当前时间] 按钮，即可在当前时间位置为素材设置出点。入点和出点设置后的效果，如图 2.45 所示。

图 2.45 设置入点和出点效果

2. 从时间线面板设置入点与出点

在时间线面板中设置素材的入点和出点，首先也要将素材添加到时间线面板中，然后将光标放置在素材持续时间条的开始或结束位置，当光标变成双箭头 ↔ 时，向左或向右拖动鼠标，即可修改素材的入点或出点的位置，如图 2.46 所示为修改入点的操作效果。

图 2.46 修改入点的操作效果

2.5 使用辅助功能

在进行素材的编辑时，[合成] 窗口下方有一排功能菜单和功能按钮，如图 2.47 所示。它的许多功能与 [视图] 菜单中的命令相同，主要用于辅助编辑素材，包括显示比例、安全框、网格、参考线、标尺、快照、通道和区域预览等命令，如图 2.48 所示，通过这些命令，使素材编辑更加得心应手，下面来讲解这些功能的用法。

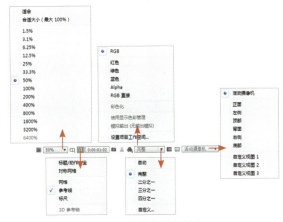

图 2.47 功能菜单和按钮

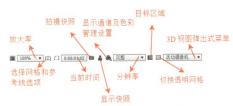

图 2.48 菜单和按钮功能说明

> **Tips**
>
> 这些在 [合成] 窗口中的图标，在 [素材] 和 [图层] 窗口中也会出现，它们的用法是相同的，后面章节将不再赘述。

2.5.1 应用缩放功能

在素材编辑过程中，为了更好地查看影片的整体效果或细微之处，往往需要对素材做放大或缩小处理，这时就需要应用缩放功能。缩放素材可以使用以下 3 种方法。

- 方法 1：选择 [工具] 栏中的 [缩放工具]，或按 Z 键，选择该工具，然后在 [合成] 窗口中的素材上单击，即可放大显示区域。如果按住 Alt 键单击，可以缩小显示区域。
- 方法 2：单击 [合成] 窗口下方的 按钮，在弹出的快捷菜单中，选择合适的缩放比例，即可按所选比例对素材进行缩放操作。
- 方法 3：按键盘上的 < 或 > 键，缩小或放大显示区域。

· 经验分享 ·

修改设置安全框

对合成窗口进行放大或缩小后，如果想让素材快速返回到原尺寸的状态，可以直接双击[缩放工具]。

2.5.2 安全框

如果制作的影片要在电视上播放，由于显像管的不同，造成显示范围也不同，这时就要注意视频图像及字幕的位置了，因为在不同的电视机上播放时，会出现少许的边缘丢失现象，这种现象叫溢出扫描。

在 After Effects CC 软件中，要防止重要信息的丢失，可以启动安全框，通过安全框来设置素材，以避免重要图像信息的丢失。

1. 显示安全框

单击[合成]窗口下方的 按钮，从弹出的快捷菜单中，选择[标题/动作安全]命令，即可显示安全框，如图 2.49 所示。

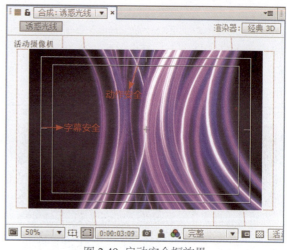

图 2.49 启动安全框效果

从启动的安全框中可能看出，有两个安全区域：[动作安全]和[字幕安全]。通常来讲，重要的图像要保持在[动作安全]内，而动态的字幕及标题文字应该保持在[字幕安全]以内。

2. 隐藏安全框

确认当前已经显示安全框，然后单击[合成]窗口下方的 按钮，从弹出的快捷菜单中，选择[标题/动作安全]命令，即可隐藏安全框。

· 经验分享 ·

修改设置安全框

执行菜单栏中的[编辑]|[首选项]|[网格与参考线]命令，打开[首选项]对话框，在[安全边距]选项组中，设置[动作安全]和[字幕安全]的大小。

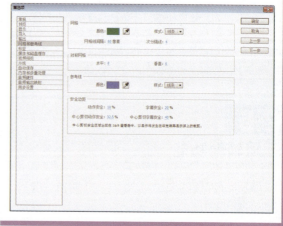

> 按住 Alt 键，然后单击 按钮，可以快速启动或关闭安全框的显示。

2.5.3 网格的使用

在素材编辑过程中，需要精确地素材定位和对齐，这时就可以借助网格来完成，在默认状态下，网格为绿色的效果。

1. 启用网格

网格的启用可以用下面 3 种方法来完成。

- 方法 1：单击菜单 [视图]| [显示网格] 命令，显示网格。
- 方法 2：单击 [合成] 窗口下方的 按钮，在弹出的快捷菜单中，选择 [网格] 命令，即可显示网格。
- 方法 3：按 Ctrl + ' 组合键，显示或关闭网格。启动网格后的效果，如图 2.50 所示。

图 2.50 网格显示效果

· 经验分享 ·

修改网格设置

为了方便网格与素材的大小匹配，还可以对网格的大小及颜色进行设置，执行菜单栏中的[编辑]| [首选项]| [网格和参考线]命令，打开[首选项]对话框，在[网格]选项组中，对网格的间距与颜色进行设置。

> 执行菜单栏中的 [视图]| [对齐到网格] 命令，启动吸附网格属性，可以在拖动对象时，在一定距离内自动吸附网格。

2.5.4 参考线

参考线也主要应用于素材的精确定位和对齐，参考线相对网格来说，操作更加灵活，设置更加随意。

1. 创建参考线

执行菜单栏中的 [视图]| [显示标尺] 命令，将标尺显示出来，然后用光标移动水平标尺或垂直标尺位置，当光标变成双箭头时，向下或向右拖动鼠标，即可拉出水平或垂直参考线，重复拖动，可以拉出多条参考线。在拖动参考线的同时，在[信息] 面板中将显示出参考线的精确位置，如图 2.51 所示。

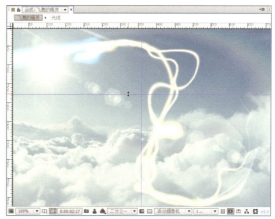

图 2.51 参考线

2. 显示与隐藏参考线

在编辑过程中，有时参考线会妨碍操作，而又不想将参考线删除，此时可以执行菜单栏中的[视图]|[显示参考线]命令，将参考线暂时隐藏。如果想再次显示参考线，执行菜单栏中的[视图]|[显示参考线]命令即可，它们的区别是，当显示参考线时，在该命令的左侧将显示一个对号。

3. 吸附参考线

执行菜单栏中的[视图]|[对齐到参考线]命令，启动参考线的吸附属性，可以在拖动素材时，在一定距离内与参考线自动对齐。

4. 锁定与取消锁定参考线

如果不想在操作中改变参考线的位置，可以执行菜单栏中的[视图]|[锁定参考线]命令，将参考线锁定，锁定后的参考线将不能再次被拖动改变位置。如果想再次修改参考线的位置，可以再次执行菜单栏中的[视图]|[锁定参考线]命令，取消参考线的锁定。

5. 清除参考线

如果不再需要参考线，可以执行菜单栏中的[视图]|[清除参考线]命令，将参考线全部删除；如果只想删除其中的一条或多条参考线，可以将光标移动到该条参考线上，当光标变成双箭头时，按住鼠标将其拖出窗口范围即可。

· 经验分享 ·

修改网格设置

执行菜单栏中的[编辑]|[首选项]|[网格与参考线]命令，打开[首选项]对话框，在[参考线]选项组中，设置参考线的[颜色]和[样式]。

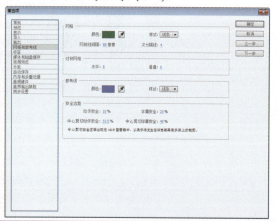

2.5.5 标尺的使用

执行菜单栏中的[视图]|[显示标尺]命令，或按Ctrl + R组合键，即可显示水平和垂直标尺。标尺内的标记可以显示鼠标光标移动时的位置，可更改标尺原点，从默认左上角标尺上的（0，0）标志位置，拖出十字线到图像上新标尺原点即可。

1. 隐藏标尺

当标尺处于显示状态时，执行菜单栏中的[视图]|[显示标尺]命令，或在打开标尺时，再按Ctrl + R组合键，即可关闭标尺的显示。

2. 修改标尺原点

标尺原点的默认位置位于窗口左上角，将光标移动到左上角标尺交叉点的位置，即原点上，然后按住鼠标拖动，此时，鼠标光标会出现一组十字线，当拖动到合适的位置时，释放鼠标，标尺上的新原点就出现在刚才释放鼠标键的位置。拖动的过程，如图 2.52 所示。

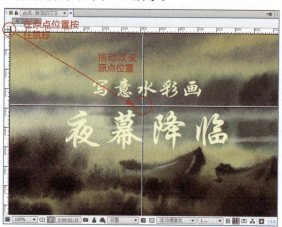

图 2.52 修改原点位置

3. 还原标尺原点

双击图像窗口左上角的标尺原点位置，可将标尺原点还原到默认位置。

2.5.6 快照

快照其实就是将当前窗口中的画面进行抓图预存，然后在编辑其他画面时，显示快照内容以进行对比，这样可以更全面地把握各个画面的效果，显示快照并不影响当前画面的图像效果。

1. 获取快照

单击 [合成] 窗口下方的 [拍摄快照] 按钮 ，将当前画面以快照形式保存起来。

2. 应用快照

将时间滑块拖动到要进行比较的画面帧位置，然后按住 [合成] 窗口下方的 [显示快照] 按钮不放，将显示最后一个快照效果画面。

> **Tips**
>
> 用户还可以利用 Shift + F5 、Shift + F6、Shift + F7 和 Shift + F8 组合键来抓拍 4 张快照并将其存储，然后分别按住 F5、F6、F7 和 F8 键来逐个显示。

2.5.7 显示通道

单击 [合成] 窗口下方的 [显示通道及色彩管理设置] 按钮，将弹出一个下拉菜单，从菜单中可以选择红色、绿色、蓝色和 Alpha（通道）等选项，选择不同的通道选项，将显示不同的通道模式效果。

在选择不同的通道时，[合成] 窗口边缘将显示不同通道颜色的标识方框，以区分通道显示，同时，在选择红色、绿色、蓝色通道时，[合成] 窗口显示的是灰色的图案效果，如果想显示出通道的颜色效果，可以在下拉菜单中，选择 [彩色化] 命令。

选择不同的通道，观察通道颜色的比例，有助于图像色彩的处理，在抠图时更加容易掌控。

2.5.8 分辨率解析

分辨率的大小直接影响图像的显示效果，在进行渲染影片时，设置的分辨率越大，影片的显示质量越好，但渲染的时间就会越长。

如果在制作影片过程中，只想查看一下影片的大概效果，而不是最终的输出，这时，就可以考虑应用低分辨率来提高渲染的速度，以更好地提高工作效率。

单击 [合成] 窗口下方的 [分辨率] 按钮，将弹出一个下拉菜单，从该菜单中选择不同的选项，可以设置不同的分辨率效果，各选项的含义如下：

- [完整]：主要在最终的输出时使用，表示在渲染影片时，以最好的分辨率效果来渲染。
- [二分之一]：在渲染影片时，只渲染影片中一半的分辨率。
- [三分之一]：在渲染影片时，只渲染影片中三分之一的分辨率。
- [四分之一]：在渲染影片时，只渲染影片中四分之一的分辨率。
- [自定义]：选择该命令，将打开 [自定义分辨率] 对话框，在该对话框中，可以设置水平和垂直每隔多少像素来渲染影片，如图 2.53 所示。

图 2.53 [自定义分辨率] 对话框

2.5.9 设置区域预览

在渲染影片时，除了使用分辨率设置来提高渲染速度外，还可以应用区域预览来快速渲染影片，区域预览与分辨率解析不同的地方在于，区域预览可以预览影片的局部，而分辨率解析则不可以。

单击 [合成] 窗口中的 [目标区域] 按钮，然后在 [合成] 窗口中单击拖动绘制一个区域，释放鼠标后可以看到区域预览的效果，如图 2.54 所示。

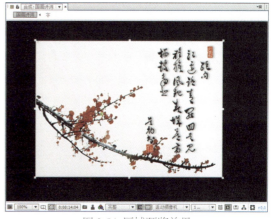

图 2.54 区域预览效果

在单击[目标区域]按钮后,如果按住Ctrl键,光标将变成钢笔状,这时,可以像使用钢笔工具一样绘制一个多边形预览区域。

· 经验分享 ·

设置不同视图

单击[合成]窗口下方的[3D视图弹出式菜单]按钮,将弹出一个下拉菜单,从该菜单中,可以选择不同的3D视图,主要包括:[活动摄像机]、[正面]、[左侧]、[顶部]、[背面]、[右侧]和[底部]等视图。

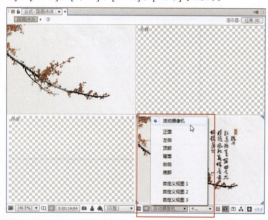

第 3 章
认识After Effects CC 各种层

内容摘要

本章主要讲解 After Effects 中层的概念及基础动画的制作，多种层的创建及使用方法，多种灯光的创建，摄像机视图的修改，层的排序设置；层列表的使用，常见层列表属性的使用及设置方法。通过本章内容，掌握层和摄像的应用，掌握层属性设置及简单动画制作。

教学目标

➔ 认识常见素材层
➔ 掌握层的创建方法
➔ 掌握常见层属性的设置技巧
➔ 掌握利用层属性制作动画技巧

3.1 层的使用

在 After Effects 软件中，层是进行特效添加和合成设置的场所，大部分的视频编辑都是在层上完成的，它的主要功能是方便图像处理操作以及显示或隐藏当前图像文件中的图像，还可以进行图像透明度、模式设置以及图像特殊效果的处理等，方便设计者对其图像的组合一目了然，并轻松地对图像进行编辑和修改。

3.1.1 层的类型介绍

在编辑图像过程中，运用不同的图层类型产生的图像效果也各不相同，After Effects 软件中的图层类型主要有[素材]层、[文本]层、[纯色]层、[灯光]层、[摄像机]层、[空对象]层和[调整图层]，如图 3.1 所示。下面分别对其进行讲解。

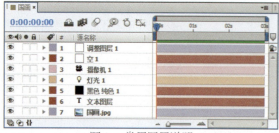

图 3.1 常用图层说明

1. 素材层

素材层主要包括从外部导入到 After Effects 软件中，然后添加到时间线面板中的素材形成的层；其实，文本层、纯色层等，也可以称为素材层，这里为了更好地说明，将素材层分离了出来，以便更好的理解。

2. 文本层

在工具栏中选择文字工具，或执行菜单栏中的[图层]|[新建]|[文本]命令，都可以创建一个文本层。当选择[文本]命令后，在[合成]窗口中将出现一个闪动的光标符号，此时可以应用相应的输入法直接输入文字。

文本层主要用来输入横排或竖排的说明文字，用来制作如字幕、影片对白等文字性的东西，它

是影片中不可缺少的部分。

3. 纯色层

执行菜单栏中的[图层]|[新建]|[纯色]命令，即可创建一个纯色层，它主要用来制作影片中的蒙版效果，有时添加特效制作出影片的动态背景。当选择[纯色]命令时，将打开[纯色设置]对话框，如图 3.2 所示。在该对话框中，可以对纯色层的名称、大小、颜色等参数进行设置。

 Skill

按 Ctrl＋Y 组合键，可以快速打开[纯色设置]对话框，创建新的纯色层。

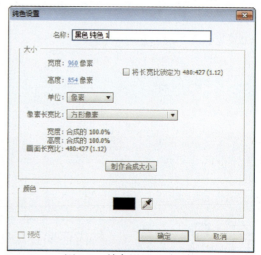

图 3.2 [纯色设置]对话框

· 经验分享 ·

修改纯色层设置

如果想修改创建后的纯色层，可以首先选择该纯色层，然后执行菜单栏中的[图层]|[纯色设置]命令，打开[纯色设置]对话框，再次对该纯色层进行修改设置。

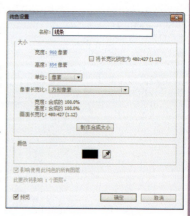

选择纯色层后，按 Ctrl + Shift + Y 组合键，可以快速打开 [纯色设置] 对话框。

4. 灯光层

执行菜单栏中的 [图层]|[新建]|[灯光] 命令，将打开 [灯光设置] 对话框，在该对话框中，可以通过 [灯光类型] 来创建不同的灯光效果，如图 3.3 所示。

图 3.3 [灯光设置] 对话框

5. 摄像机层

执行菜单栏中的 [图层]|[新建]|[摄像机] 命令，将打开 [摄像机设置] 对话框，在该对话框中，可以设置摄像机的名称、缩放、视角、镜头类型等多种参数，对话框及说明如图 3.4 所示。

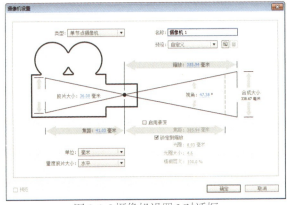

图 3.4 [摄像机设置] 对话框

·经验分享·

预设镜头的操作

在摄像机的镜头类型中，可以从预设的列表中选择合适的类型，也可以通过修改相关参数自定义摄像机镜头类型。如果想保存自定义类型，可以在设置好参数后，单击[预设]右侧的 按钮，可以保存自定义镜头类型。也可以单击[预设]右侧的 按钮，将选择的类型删除。

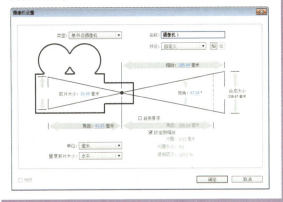

摄像机是 After Effects 中制作三维景深效果的重要工具之一，配合灯光的投影可以轻松实现三维立体效果，通过设置摄像机的焦距、景深、缩放等参数，可以使三维效果更加逼真。

摄像机具有方向性，可以直接通过拖动摄像机和目标点来改变摄像机的视角，从而更好地操控三维画面。在工具栏中，包含众多的摄像机控制工具，使得摄像机的应用更加理想。如图 3.5 所示为创建 [摄像机] 后，经过调整参数，素材在 [4 个视图] 中的显示效果。

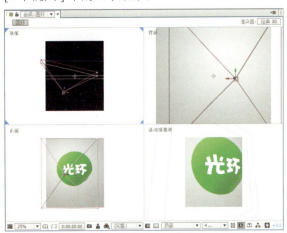

图 3.5 [摄像机] 效果

6. 空对象层

执行菜单栏中的 [图层]| [新建]| [空对象] 命令，在时间线面板中，将创建一个空对象。

空对象是一个线框体，它有名称和基本的参数，但不能渲染。它主要用于层次链接，辅助多层同时变化，通过它可以与不同的对象链接，也可以将空对象用作修改的中心。当修改空对象参数时，其链接的所有子对象与它一起变化。通常空对象使用这种方式设置链接运动的动画。

空对象的另一个常用用法是在摄影机的动画中。可以创建一个空对象并且在空对象内定位目标摄影机。然后可以将摄影机和其目标链接到空对象，并且使用路径约束设置空对象的动画。摄影机将沿路径跟随空对象运动。

7. 调整图层

执行菜单栏中的 [图层]| [新建]| [调整图层] 命令，在时间线面板中，将创建一个 [调整图层]。

调整图层主要辅助场景影片进行色彩和特效的调整，创建调整图层后，直接在调整图层上应用特效，可以让调整图层下方的所有图层同时产生该特效，这样就避免了不同图层应用相同特效时一个个单独设置的麻烦操作。

3.1.2 修改灯光层

创建灯光后，如果再想对灯光的参数进行修改，可以在时间线面板中，双击该灯光，再次打开 [灯光设置] 对话框，对灯光的相关参数进行修改。

灯光是基于计算机的对象，其模拟灯光，如家用或办公室灯，舞台和电影工作时使用的灯光设备以及太阳光本身。不同种类的灯光对象可用不同的方式投射灯光，用于模拟真实世界不同种类的光源。在 [灯光类型] 右侧的下拉菜单中，包括 4 种灯光类型，分别为 [平行]、[聚光]、[点]、[环境]，应用不同的灯光将产生不同的光照效果。

- [平行]：平行光主要用于模拟太阳光，当太阳在地球表面上投射时，所有平行光以一个方向投射平行光线，光线亮度均匀，没有明显的亮暗分别。平行光具有一定的方向性，还具有投射阴影的能力，选择平行光后，可以看到一条直线，连接灯光和目标点，可以移动目标点，

来改变灯光照射的方向。如图 3.6 所示为选择 [平行] 后，经过调整参数后，素材在 [4 个视图] 中的显示效果。

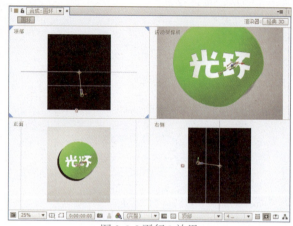

图 3.6 [平行] 效果

> · 经验分享 ·
>
> **投影设置的方法**
>
> 在应用灯光的投影效果时，要注意打开[灯光设置]对话框中的[投影]复选框。在要投射阴影的层中，打开[材质选项]下的[投影]参数，即启动为[开]。在接受投影的层中，打开[材质选项]下的[接受阴影]参数，即启动为[开]，这样才能看到投影效果。

- [聚光]：聚光灯有时也叫目标聚光灯，像舞台上的投影灯一样投射聚焦的光束。可以通过 [锥形角度] 参数和 [锥形柔化] 来改变聚光灯的照射范围和边缘柔和程度，可以在 [合成] 窗口中，通过拖动聚光灯和目标点来改变聚光灯的位置和照射效果。选择 [聚光] 灯，可以看到聚光灯和目标点，聚光灯不但具有方向性，并可以投射阴影，还具有范围性，并可以通过 [灯光设置] 对话框中的 [阴影深度] 和 [阴影扩散] 调整阴影颜色的浓度和阴影的柔和程度。如图 3.7 所示为选择 [聚光] 后，经过调整参数后，素材在 [4 个视图] 中的显示效果。

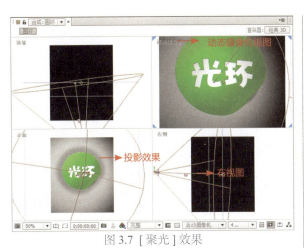

图 3.7 [聚光] 效果

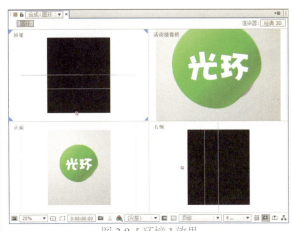

图 3.9 [环境] 效果

- [点]：点光模拟点光源从单个光源向各个方向投射光线。类似于家庭中常见的灯泡，点光没有方向性，但具有投射阴影的能力，点光的强弱与距离物体的远近有关，具有近亮远暗的特点，即离点近的地方更亮些，离点远的地方会暗些。如图 3.8 所示为选择 [点] 后，经过调整参数后，素材在 [4 个视图] 中的显示效果。

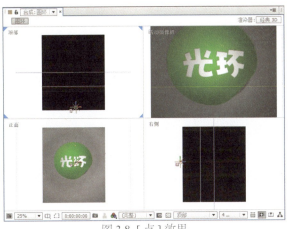

图 3.8 [点] 效果

- [环境]：它与 [平行] 非常相似，但 [环境] 没有光源可以调整，没有明暗的层次感，直接照亮所有对象，不具有方向性，也不能投射阴影，一般只用来加亮场景，与其他灯光混合使用。如图 3.9 所示为选择 [环境] 后，经过调整参数后，素材在 [4 个视图] 中的显示效果。

实战 3-1 聚光灯的创建及投影设置

通过上面的知识讲解，读者应该可以理解灯光的基本知识，下面来通过实例，讲解聚光灯的创建及投影设置，以加深对灯光创建及阴影表现的理解。

Step 1 导入素材。执行菜单栏中的 [文件]| [导入]| [文件] 命令，或按 Ctrl + I 组合键，打开 [导入文件] 对话框，选择配套光盘中的"工程文件\第 3 章\聚光灯的创建及投影设置\圆环.psd"文件，如图 3.10 所示。

Step 2 在 [导入文件] 对话框中，单击"打开"按钮，将打开"圆环.psd"对话框，在 [导入类型] 右侧的下拉列表中，选择 [合成] 命令，如图 3.11 所示。

图 3.10 [导入文件] 对话框　　图 3.11 合成设置

Step 3 单击 [确定] 按钮，将素材导入到 [项目] 面板中，导入后的合成素材效果如图 3.12 所示。从图中可以看到导入的合成文件"圆环"和一个文件夹。

Step 4 在 [项目] 面板中，双击圆环合成文件，从 [合成] 窗口可以看到层素材的显示效果，如图 3.13 所示。

图 3.12 导入的素材效果

图 3.13 素材显示效果

Step 5 在时间线面板中,单击"光环"和"背景"层右侧的 3D 层开关位置,打开这两个图层的三维属性,如图 3.14 所示。

图 3.14 打开三维属性

 Tips

灯光和摄像机一样,只能在三维层中使用,所以,在应用灯光和摄像机时,一定要先打开层的三维属性。

Step 6 执行菜单栏中的 [图层]|[新建]|[灯光] 命令,将打开 [灯光设置] 对话框,在该对话框中,设置灯的 [名称] 为"聚光灯",设置 [灯光类型] 为 [聚光] 灯,其他设置如图 3.15 所示。

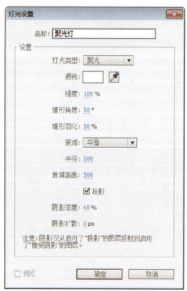
图 3.15 [灯光设置] 对话框

Step 7 单击 [确定] 按钮,即可创建一个聚光灯,此时,从 [合成] 窗口中可以看到创建聚光灯后的效果,如图 3.16 所示。

图 3.16 聚光灯效果

 Tips

在创建灯光时,如果不为灯光命名,灯光将默认按灯光 1、灯光 2……依次命名,这与摄像机、纯色层、空对象等的创建名称方法是相同的。

Step 8 切换视图。首先,为了更好地观察视图,将视图切换为 [4 个视图],在 [合成] 窗口中,单击其下方的 [选择视图布局] 按钮,然后从弹出的下拉菜单中,选择 [4 个视图] 命令,如图 3.17 所示。

图 3.17 选择 [4 个视图] 命令

Step 9 应用 [4 个视图] 命令后,[合成] 窗口中将出现 4 个窗口,从多个视图来显示当前的素材效果,如图 3.18 所示。

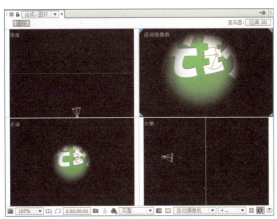

图 3.18 视图显示效果

3.1.3 查看当前视图

如果想查看当前视图为哪个视图，可以直接单击该窗口，在 [合成] 窗口下方的 [选择视图布局] 区域将显示该窗口的视图名称，如果要改变该视图，可以单击 [选择视图布局] 按钮，从弹出的快捷菜单中，选择某个视图即可。

Step 1　下面来设置投影。因为灯光的照射比较直接，首先改变一下聚光灯的方向，在动态摄像机视图中，选择聚光灯，然后按住鼠标拖动，将其改变一定的位置，如图 3.19 所示。

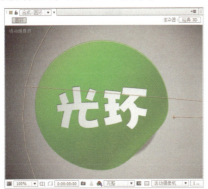

图 3.19 修改摄像机位置

Step 2　因为两个图层离得很近，不容易看出投影效果，所以在"光环"层中，修改它的 [位置] Z 轴的值为 -50。因为其为投影层，设置 [材质选项] 下的 [投影] 为打开状态。在"背景"层中，因为其为接受投影层，所以设置"光环""背景"[材质选项] 下的 [接受阴影] 为打开状态，如图 3.20 所示。

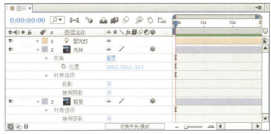

图 3.20 投影参数的设置

Step 3　参数设置完成后，从 [合成] 窗口中可以清楚地看到光环的投影效果了，如图 3.21 所示。这样就完成了聚光灯的创建及投影的设置过程。

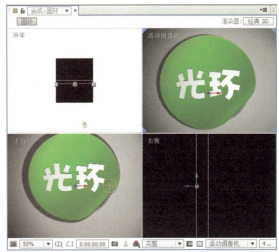

图 3.21 投影效果

3.1.4 摄像机视图

在三维合成中，可以使用不同的视角来预览合成中的效果，在三维图层的角度或位置不变的情况下，如果视角发生变化，其合成效果也会发生相应的改变。其中视角可以由建立和创建三维摄像机来实现。

在 [合成] 窗口下方视图类型的下拉列表中，可以选择不同的视图方式，如图 3.22 所示。

- [活动摄像机]：即当前时间线面板中使用的摄像机，如果时间线面板中还未建立摄像机，系统会使用一个默认的摄像机视图。
- [正面]：从正前方的视角观看，这是一个正视图的视角，不会显示出图像的透视效果。
- [左侧]：从左侧观看的正视图。

图 3.22 摄像机的视图类型

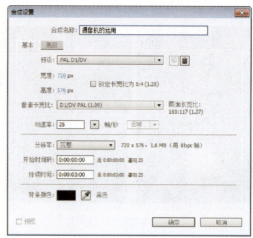

图 3.23 [合成设置] 对话框

- [顶部]：从顶部观看的正视图。
- [背面]：从后方观看的正视图。
- [右侧]：从右侧观看的正视图。
- [底部]：从底部观看的正视图。
- [自定义视图 1]：从左上方观看的一个自定义的透视图。
- [自定义视图 2]：从上前方观看的一个自定义的透视图。
- [自定义视图 3]：从右上前方观看的一个自定义的透视图。

这些就是 After Effects 预设的视图方式，第一个 [活动摄像机] 为默认的摄像机视图, [正面]、[左侧]、[顶部]、[背面]、[右侧]、[底部] 这几个视图为正交视图（或称为直角视图）。[自定义视图 1]、[自定义视图 2]、[自定义视图 3] 是以透视的方式来显示合成中的图层。

实战 3-2 摄像机的使用

通过上面摄像机基础知识的讲解，了解了摄像机的基本属性，下面通过具体的实例，来讲解摄像机的使用技巧。通过这个实例，学习文字的创建及修改方法，纯色层的应用及摄像机的使用技巧。

Step 1 首先创建合成。执行菜单栏中的 [合成]|[新建合成] 命令，打开 [合成设置] 对话框，进行参数设置，如图 3.23 所示。

Step 2 创建渐变背景。执行菜单栏中的 [图层]|[新建]|[纯色] 命令，打开 [纯色设置] 对话框，进行参数设置，如图 3.24 所示。

图 3.24 [纯色设置] 对话框

Step 3 在时间线面板中，选择"渐变"层，然后执行菜单栏中的 [效果]|[生成]|[梯度渐变] 命令，为"渐变"层添加一个特效，设置 [开始颜色] 为黑色，[结束颜色] 为白色，其他参数设置如图 3.25 所示。此时，从 [合成] 窗口中，可以看到添加特效后的效果，如图 3.26 所示。

图 3.25 参数设置

图 3.26 添加特效后的效果

Step 4 执行菜单栏中的 [图层]|[新建]|[文本] 命令，应用合适的输入法，输入文字，并修改文字的

颜色为黄色（R：255，G：255，B：0），参数设置如图 3.27 所示，图像效果如图 3.28 所示。

图 3.27 文字参数设置

图 3.28 文字效果

Step 5 打开纯色层和文本层的三维属性。执行菜单栏中的 [图层]|[新建]|[灯光] 命令，将打开 [灯光设置] 对话框，设置灯光的参数，如图 3.29 所示。

图 3.29 [灯光设置] 对话框

Step 6 在 [合成] 窗口中，打开 [4 个视图]，选择灯光并修改它的位置，产生灯光照射的效果如图 3.30 所示。

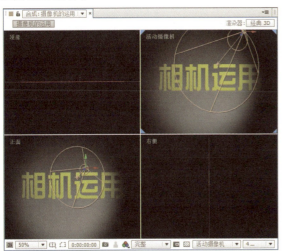
图 3.30 灯光位置

Step 7 为了表现投影，在时间线面板中，展开文字和纯色层，并进行参数设置，如图 3.31 所示。

图 3.31 参数设置

Step 8 执行菜单栏中的 [图层]|[新建]|[摄像机] 命令，打开 [摄像机设置] 对话框，在该对话框中，设置摄像机参数，如图 3.32 所示。

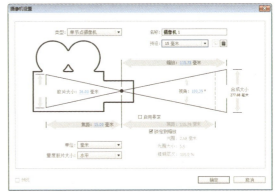
图 3.32 [摄像机设置] 对话框

Step 9 在时间线面板中，修改摄像机的位置参数，以更好地应用摄像机观察图像，如图 3.33 所示。

图 3.33 摄像机参数修改

Step 10 修改摄像机参数后，从 [合成] 窗口中，可以看到使用摄像机的最终效果，如图 3.34 所示。

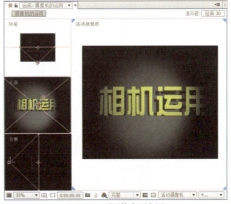
图 3.34 摄像机效果

3.1.5 层的基本操作

层是 After Effects 软件的重要组成部分，几乎所有的特效及动画效果，都是在层中完成的，特效的应用首先要添加到层中，才能制作出最终效果。层的基本操作，包括创建层、选择层、层顺序的修改、查看层列表、层的自动排序等，掌握这些基本的操作，才能更好地管理层，并应用层制作出优质的影片效果。

1. 创建层

层的创建非常简单，只需要将导入到 [项目] 面板中的素材，拖动到时间线面板中即可创建层，如果同时拖动几个素材到 [项目] 面板中，就可以创建多个层。也可以双击导入的合成文件，打开一个合成文件，这样也可以创建层。

· 经验分享 ·

修改层持续时间

在时间线面板中由于素材层种类不同，层的颜色也会有所区别。在时间线面板中，使用鼠标单击层的开始和结束部分，然后拖动鼠标，这样操作可以缩短或延长层的长度。

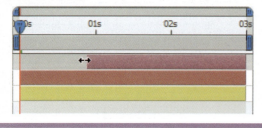

2. 选择层

要想编辑层，首先要选择层。选择层可以在时间线面板或 [合成] 窗口中完成。

如果要选择某一个层，可以在时间线面板中直接单击该层名称位置，也可以在 [合成] 窗口中单击该层中的任意素材图像，即可选择该层。

如果要选择多层，可以在按住 Shift 键的同时，选择连续的多个层；按住 Ctrl 键依次单击要选择的层名称位置，这样可以选择多个不连续的层。如果选择错误，可以按住 Ctrl 键再次选择的层名称位置，取消该层的选择。

如果要选择全部层，可以执行菜单栏中的 [编辑]| [全选] 命令，或按 Ctrl + A 组合键；如果要取消层的选择，可以执行菜单栏中的 [编辑]| [全部取消选择] 命令，或在时间线面板中的空白处单击，即可取消层的选择。

选择多个层还可以从时间线面板中的空白处单击拖动一个矩形框，与框有交叉的层将被选择，如图 3.35 所示。

图 3.35 框选层效果

· 经验分享 ·

移动层

通过鼠标左键单击层中间部分可以移动层，能够对层的起始显示部分进行调整，如需层向后摆放，则需要向右拖动鼠标，反之亦然。

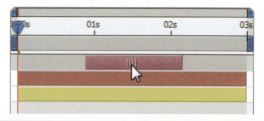

3. 删除层

有时，由于错误的操作，可能会产生多余的层，这时需要将其删除，删除层的方法十分简单，首先选择要删除的层，然后执行菜单栏中的 [编辑]| [清除] 命令，或按 Delete 键，即可将层删除，如图 3.36 所示为层删除前后的效果。

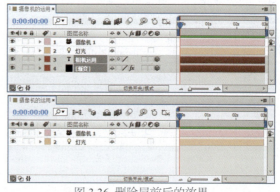

图 3.36 删除层前后的效果

4. 层的顺序

应用[图层]|[新建]下的子命令，或其他方法创建新层时，新创建的层都位于所有层的上方，但有时根据场景的安排，需要将层进行前后移动，这时就要调整层顺序，在时间线面板中，通过拖动可以轻松完成层的顺序修改。

选择某个层后，按住鼠标拖动它到需要的位置，当出现一个黑色的长线时，释放鼠标，即可将层顺序改变，拖动的效果如图3.37所示。

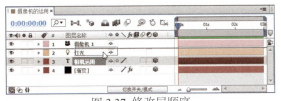

图3.37 修改层顺序

改变层顺序，还可以应用菜单命令，在[图层] [排列]子菜单中，包含多个移动层的命令，分别为：

- [将图层置于顶层]：将选择层移动到所有层的顶部，组合键"Ctrl + Shift +]"。
- [将图层前移一层]：将选择层向上移动一层，组合键"Ctrl +]"。
- [将图层后移一层]：将选择层向下移动一层，组合键"Ctrl + ["。
- [将图层置于底层]：将选择层移动到所有层的底部，组合键"Ctrl + Shift + ["。

5. 层的复制与粘贴

"复制"命令可以将相同的素材快速重复使用，选择要复制的层后，执行菜单栏中的[编辑]|[复制]命令，或按Ctrl + C组合键，可以将层复制。

在需要的合成中，执行菜单栏中的[编辑]|[粘贴]命令，或按Ctrl + V组合键，即可将层粘贴，粘贴的层将位于当前选择层的上方。

另外，还可以应用[重复]命令来复制层，执行菜单栏中的[编辑]|[重复]命令，或按Ctrl + D组合键，快速复制一个位于所选层上方的同名副本层，如图3.38所示。

图3.38 制作副本前后的效果

· 经验分享 ·

[重复]和[复制]区别

[重复]、[复制]的不同之处在于：[重复]命令只能在同一个合成中完成副本的制作，不能跨合成复制；而[复制]和[粘贴]命令，可以在不同的合成中完成复制。

6. 序列图层

序列图层就是将选择的多个层按一定的次序进行自动排序，并根据需要设置排序的重叠方式，还可以通过持续时间来设置重叠的时间，选择多个层后，执行菜单栏中的[动画]|[关键帧辅助]| [序列图层]命令，打开[序列图层]对话框，如图3.39所示。

图3.39 [序列图层]对话框

· 经验分享 ·

[序列图层]对话框的各选项含义

不同的参数设置，将产生不同的层过渡效果。[关]表示不使用任何过渡效果，直接从前素材切换到后素材；[溶解前景图层]表示前素材逐渐透明消失，后素材出现；[交叉溶解前景和背景图层]表示前素材和后素材以交叉方式渐隐过渡。

实战 3-3 自动排序

上面讲解了多层快速排序的基础知识，下面通过实例讲解自动排序的操作技巧，通过该实例，掌握排序的设置方式及参数的修改方法。

Step 1 打开练习工程文件。执行菜单栏中的 [文件] | [打开项目] 命令，弹出"打开"对话框，选择配套光盘中的"工程文件\第 3 章\自动排序\自动排序练习 .aep"文件，如图 3.40 所示。

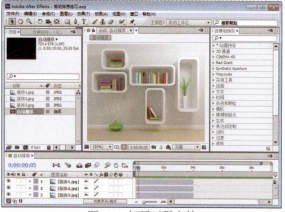

图 3.40 打开工程文件

Step 2 依次选择"装饰 3.jpg"、"装饰 2.jpg"、"装饰 1.jpg"层，然后执行菜单栏中的 [动画] | [关键帧辅助] | [序列图层] 命令，打开 [序列图层] 对话框，选择 [重叠] 复选框，设置 [持续时间] 为 00:00:01:00，在 [过渡] 下拉菜单中，选择 [溶解前景图层]，如图 3.41 所示。

图 3.41 [序列图层] 对话框

 Tips

在应用层序列命令时，要注意层选择的顺序，不同的选择顺序将产生不同的排序效果。

Step 3 参数设置完成后，单击 [确定] 按钮，排序即可完成，从时间线面板中，可以看到重叠过渡的层效果，如图 3.42 所示。

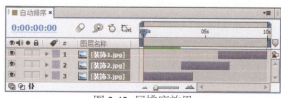

图 3.42 层排序效果

Step 4 此时，播放动画，可以看到 3 个层素材的过渡动画效果的其中几帧画面效果，如图 3.43 所示。

图 3.43 过渡动画的帧画面效果

3.2
层混合模式

层混合模式选项决定当前层的图像与其下面层图像之间的混合形式。此选项是制作特殊效果的有效方法之一。它与 Adobe Photoshop 的图层混合模式应用十分相似，而定义是完全相同的。

3.2.1 层混合模式的含义

下面来讲述层混合模式的含义。

1. 正常

在该模式下，混合效果的显示与透明度的设置有关。当透明度为 100%，也就是说完全不透明时，将正常显示当前层的效果；当透明度小于 100% 时，下一层的像素会透过该层显示出来，显示的程度取决于透明度的设置与当前层的颜色。

 Tips

这里的下一层，表示当前层下面的那个层，就是参与混合的层；当前层指的是当前选择的层，即设置混合模式的层。

2. 溶解

在溶解模式中，主要是在编辑或绘制每个像素时，使其显示溶解效果。只对透明度小于 100%、羽化层或带有通道的层起作用，透明度及羽化值的大小将直接影响溶解模式的最终效果。如果素材本身没有羽化边缘，并且透明度为100%，那么溶解模式不起任何作用。

3. 动态抖动溶解

该模式与溶解模式的应用条件相同，只不过它可以根据时间帧的变化，产生不同的自动溶解动画效果，比如设置完动态溶解后，拖动时间滑块，可以看到溶解效果产生了动画的效果。

4. 变暗

在变暗模式中，查看每个通道中的颜色信息，并选择当前层和下层中较暗的颜色作为结果色。替换掉比上层亮的像素，比上层暗的像素保持不变。变暗模式替换掉比下层颜色更淡的颜色，显示的是较深的颜色。

5. 相乘

在相乘模式中，查看每个通道中的颜色信息，并将当前层与下一层复合。结果色显示较暗的颜色。任何颜色与黑色复合产生黑色。任何颜色与白色复合保持不变。其实该模式就是从下一层中减去当前层的亮度值，得到最终的效果。

利用该模式可以形成一种光线穿透层的幻灯片效果。其实就是将下一层颜色与当前层颜色的数值相乘，然后再除以255，便得到了"结果色"的颜色值。

6. 颜色加深

在颜色加深模式中，查看每个通道中的颜色信息，并通过增加对比度使当前层颜色变暗以反映下一层的颜色，如果与白色混合的话将不会产生变化，颜色加深模式创建的效果和相乘模式创建的效果比较类似。

7. 经典颜色加深

该混合模式与颜色加深模式非常相似，只是更注意对某些重点的颜色做加深效果。

8. 线性加深

在线性加深模式中，查看每个通道中的颜色信息，并通过减小亮度使当前层变暗以反映下一层的颜色。下一层与当前层上的白色混合后将不会产生变化，与黑色混合将显示黑色。

9. 相加

此混合模式查看每个通道中的颜色信息，并通过当前层与下一层的颜色比较，显示出混合后更亮的颜色，白色将不发生变化，黑色将完全消失。

10. 变亮

在变亮模式中，查看每个通道中的颜色信息，并选择下一层或当前层中较亮的颜色作为显示颜色。比当前层暗的像素被替换，比当前层亮的像素保持不变。它与变暗模式正好相反。

11. 屏幕

该模式与相乘模式正好相反，它将图像的下一层的颜色与当前层颜色结合起来产生比两种颜色都浅的第3种颜色，并将当前层的互补色与下一层颜色复合。显示较亮的颜色。

12. 颜色减淡

在颜色减淡模式中，查看每个通道中的颜色信息，并通过减小对比度使下一层变亮以反映当前层颜色。与黑色混合则不发生变化。该模式类似于滤色模式的效果。

13. 经典颜色减淡

该模式与颜色减淡模式几乎相同，只是在颜色减淡上，将更注意控制某些重点颜色减淡。

14. 线性减淡

在线性减淡模式中，查看每个通道中的颜色信息，并通过增加亮度使下一层变亮以反映当前层颜色。与黑色混合将不产生变化。

15. 叠加

该模式把当前层颜色与下一层颜色相混合产生一种中间色。该模式主要调整图像的中间色调，而图像的高亮部分和阴影部分保持不变，因此对黑色或白色像素着色时，叠加模式不起作用。

16. 柔光

该模式可以产生一种类似柔和光线照射的效果。如果当前色颜色比下一层的颜色更亮，那么将显示更亮的颜色；如果当前颜色比下一层颜色更暗一些，那么将显示更暗的颜色，可以使图像产生更大的对比度。如果当前层颜色比50%的灰色亮，则图像变亮，就像被减淡了一样；如果当前层颜色比50%的灰色暗，则图像变暗，就像被加深了一样。如果当前层中有纯黑色或纯白色，会产生较暗或较亮的区域，但不会产生纯黑色或纯白色。

17. 强光

该模式将产生一种强光照射的效果。如果当前层颜色比下一层颜色的像素更亮一些，那将显示更亮的颜色；如果当前层颜色比下一层颜色的像素更暗一些，那么将显示更暗的颜色。它与柔光模式相似，只是显示效果比它更强一些。如果当前层中有纯黑色或纯白色，将产生纯黑色或纯白色。

18. 线性光

该模式通过增加或减小亮度来减淡或加深显示颜色。首先将层颜色进行对比，得出对比后的颜色。如果对比后的颜色比50%的灰色亮，则通过增加亮度使图像变亮；如果对比后的颜色比50%的灰色暗，则通过减小亮度使图像变暗。

19. 亮光

该模式通过增加或减小对比度来加深或减淡显示颜色，首先将层颜色进行对比，得出对比后的颜色。如果对比后的颜色比50%的灰色亮，则通过减小对比度使图像变亮。如果对比后的颜色比50%的灰色暗，则通过增加对比度使图像变暗。

20. 点光

该模式有点像Photoshop中的"颜色替换"命令。它首先将层颜色进行对比，得出对比后的颜色。如果对比后的颜色比50%的灰色亮，则替换比对比后暗的颜色，不改变其他的颜色效果；如果对比后的颜色比50%的灰色暗，则替换比对比后亮的颜色，不改变其他的颜色效果。

21. 纯色混合

该模式可以将下一层图像以强烈的颜色效果显示出来，在显示的颜色中，以全色的形式出现，不再出现中间的过渡颜色，如红色，不会出现浅红效果，而只出现大红效果。

22. 差值

该模式是将下一层颜色的亮度值减去当前层颜色的亮度值，如果结果为负，则取正值，产生反相效果。当透明度为100%时，当前层中的白色将反相，黑色则不会产生任何变化。

23. 经典差值

该模式与差值模式几乎相同，只是在颜色反相上，将更注意控制某些重点颜色的反相处理。

24. 排除

该模式与Difference（差值）模式相似，但比差值模式产生更加柔和的效果。和白色混合将反相下一层的颜色，和黑色混合不产生变化。

25. 色相

该模式只对当前层颜色的色相值进行着色，而使饱和度和亮度值保持不变。当下一层颜色与当前层颜色的色相值不同时进行着色。

26. 饱和度

该模式与Hue（色相）模式相似，用当前层颜色的饱和度值进行着色，而使色相值和亮度值保持不变。当下一层颜色与当前层颜色的饱和度值不同时，才能进行着色处理。如果层中无饱和度，用Saturation（饱和度）模式将不产生任何变化。

27. 颜色

该模式能够使用当前层颜色的饱和度值和色相值同时进行着色，而使下一层颜色的亮度值保持不变。该模式能够使灰色图像的阴影或轮廓透过着色的颜色显示出来，产生某种色彩化的效果。这样可以保留图像中的灰阶，并且对于给单色图像上色和给彩色图像着色都会非常有用。

28. 发光度

该模式能够使用当前层颜色的亮度值进行着色，而保持下一层颜色的饱和度和色相数值不变。此模式的效果与颜色模式的效果相反。

3.2.2 层混合模式的应用

层混合模式的应用十分简单，在时间线面板中，选择需要设置层混合模式的层，然后执行菜单栏中的[图层]|[混合模式]命令，在其子菜单中，可以选择不同的混合模式命令，对当前层使用层混合模式。

下面就介绍利用时间线面板设置层混合模式的方法。

Step 1 单击时间线面板左下角的按钮，打开层混合模式属性。

Step 2 单击需要设置混合模式的层右侧的 正常 ▼ 按钮，从弹出的菜单中选择相应的模式命令即可，如 [叠加]，如图 3.44 所示。这样就完成了层混合模式的设置。

图 3.44 层混合模式设置

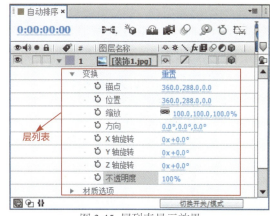

图 3.45 层列表显示效果

· 经验分享 ·

层列表快捷应用

在层列表中，还可以快速应用组合键来打开相应的属性选项。如按A键可以打开[锚点]选项；按P键可以打开[位置]选项等。详细使用可参考本书后面的附录内容。

3.3 层属性设置

时间线面板中，每个层都有相同的基本属性设置，包括层的锚点、位置、缩放、旋转和透明度，这些常用层属性是进行动画设置的基础，也是修改素材比较常用的属性设置，它是掌握基础动画制作的关键所在。

3.3.1 层列表

当创建一个层时，层列表也相应出现，应用的特效越多，层列表的选项也就越多，层的大部分属性修改、动画设置，都可以通过层列表中的选项来完成。

层列表具有多重性，有时一个层的下方有多个层列表，在应用时可以一一展开进行属性的修改。

展开层列表，可以单击层前方的 ▶ 按钮，当 ▶ 按钮变成 ▼ 状态时，表明层列表被展开，如果单击 ▼ 按钮，使其变成 ▶ 状态时，表明层列表被关闭，如图 3.45 所示为层列表的显示效果。

3.3.2 锚点

[锚点] 属性主要用来控制素材的旋转中心，即素材的旋转中心点位置，默认的素材锚点位置，一般位于素材的中心位置，在 [合成] 窗口中，选择素材后，可以看到一个 标记，这就是锚点。如图 3.46 所示。

锚点在标志中间键旋转效果

锚点不在标志中间键旋转效果

图 3.46 锚点关于标志旋转效果

锚点的修改，可以通过下面 3 种方法来完成。

- 方法 1：应用 [向后平移（锚点）工具]。首先选择当前层，然后单击工具栏中的 [向后平移（锚点）工具]，或按 Y 键，将鼠标移

动到 [合成] 窗口中，拖动锚点到指定的位置释放鼠标即可，如图 3.47 所示。

图 3.47 移动锚点过程

- 方法 2：输入修改。单击展开当前层列表，或按 A 键，将光标移动到 [锚点] 右侧的数值上，当光标变成状时，按住鼠标拖动，即可修改锚点的位置，如图 3.48 所示。

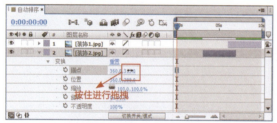

图 3.48 拖动修改锚点位置

- 方法 3：利用对话框修改。通过 [编辑值] 来修改。展开层列表后，在 [锚点] 上单击鼠标右键，在弹出的菜单中，选择 [编辑值] 命令，打开 [锚点] 对话框，如图 3.49 所示。

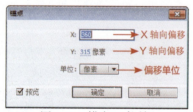

图 3.49 [锚点] 对话框

· 经验分享 ·

层列表快捷应用

在[合成]窗口中，使用[向后平移（锚点）工具]移动层的轴心点位置，在改变轴心点位置的时候，层的位置并不改变，但是会引起位移的相对变化。如果按住Alt键拖动，层的位置会发生变化，但是位移并不改变，就像是在时间线窗口内改变轴心点位置一样。

实战 3-4 锚点动画

本例主要讲解利用 [锚点] 和 [缩放] 制作动画效果，重点注意锚点的使用方法。

Step 1 执行菜单栏中的 [合成][新建合成] 命令，打开 [合成设置] 对话框，设置 [合成名称] 为 "锚点动画"，[宽度] 为 720px，[高度] 为 480px，[帧速率] 为 25 帧 / 秒，并设置 [持续时间] 为 00:00:04:00 秒，如图 3.50 所示。

图 3.50 合成设置

Step 2 执行菜单栏中的 [文件]| [导入]| [文件] 命令，打开 [导入文件] 对话框，选择配套光盘中的"工程文件\第 3 章\锚点动画\背景图 .jpg"素材，单击 [导入] 按钮，"背景图 .jpg"素材将导入到 [项目] 面板中。

Step 3 在 [项目] 面板中选择 "背景图 .jpg"素材，将其拖动到时间线面板中。

Step 4 执行菜单栏中的 [合成][新建合成] 命令，打开 [合成设置] 对话框，设置 [合成名称] 为 "幕布"，[宽度] 为 720px，[高度] 为 480px，[帧速率] 为 25 帧 / 秒，并设置 [持续时间] 为 00:00:04:00 秒，如图 3.51 所示。

图 3.51 合成设置

5 在"幕布"合成的时间线面板中,按 Ctrl+Y
Step 组合键打开 [纯色设置] 对话框,修改 [名称]
为"噪波",设置 [颜色] 为黑色,如图 3.52 所示。

6 选择"噪波"层,在 [效果和预设] 面板中,
Step 展开 [杂色和颗粒] 特效组,双击 [分形杂色]
特效,如图 3.53 所示。

图 3.52 添加纯色层

图 3.53 添加特效

7 在 [效果控件] 面板中,修改 [分形杂色]
Step 特效的参数,设置 [对比度] 的值为 267,[亮
度] 的值为 -39,从 [溢出] 下拉菜单中选择 [反绕]
选项,如图 3.54 所示。

图 3.54 参数设置

8 展开 [变换] 选项组,设置 [缩放高度] 的
Step 值为 3318,将时间调整到 00:00:00:00 帧的
位置,设置 [演化] 的值为 0,单击 [演化] 左侧
的码表按钮,在当前位置设置关键帧,如图 3.55
所示。

图 3.55 [变换] 参数设置

9 将时间调整到 00:00:03:24 帧的位置,设
Step 置 [演化] 的值为 2x,系统会自动设置关
键帧。

10 打开"锚点动画"合成,在 [项目] 面板中,
Step 选择"幕布"合成,将其拖动到"锚点动画"
合成的时间线面板中。

11 执行菜单栏中的 [图层][新建][纯色] 命
Step 令,打开 [纯色设置] 对话框,设置 [名称]
为"染布",[宽度] 为 360px,[高度] 为 480px,
[颜色] 为红色(R:255,G:0,B:0),如图 3.56
所示。

图 3.56 添加纯色层

12 在时间线面板中,设置"染布"层的 [模式]
Step 为相乘,修改"染布"的 [位置] 值为(180,
240),如图 3.57 所示。

图 3.57 设置叠加模式和位置

13 选择"幕布"层,设置 [锚点] 的值为(-4,
Step 238),[位置] 的值为(-4,238),将时间
调整到 00:00:00:00 帧的位置,单击 [缩放] 左侧
的 [约束比例] 按钮,取消约束,设置 [缩放]
的值为(50,100),单击 [缩放] 左侧的码表
按钮,在当前位置设置关键帧,如图 3.58 所
示。

图 3.58 关键帧设置

图 3.62 动画流程画面

3.3.3 位置

[位置]属性用来控制素材在[合成]窗口中的相对位置,为了获得更好的效果,[位置]和[锚点]参数相结合应用,它的修改也有 3 种方法。

- 方法 1:直接拖动。在时间线或[合成]窗口中选择素材,然后使用[选取工具],或按 V 键,在[合成]窗口中按住鼠标拖动素材到合适的位置,如图 3.63 所示。如果按住 Shift 键拖动,可以将素材沿水平或垂直方向移动。

Step 14 将时间调整到 00:00:03:00 帧的位置,设置[缩放]的值为(0,100),系统会自动设置关键帧,如图 3.59 所示。

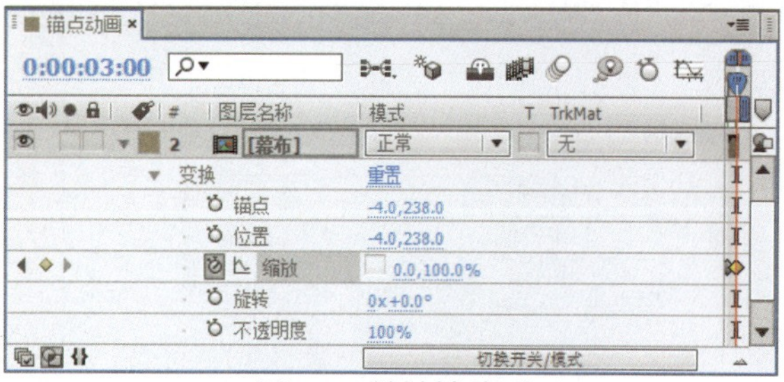

图 3.59 关键帧动画

Step 15 将时间调整到 00:00:00:00 帧的位置,将"染布"层做"幕布"层的子物体。选择"幕布"和"染布"层,按 Ctrl+D 组合键复制出新的一层,并重命名为"幕布 2"和"染布 2",如图 3.60 所示。

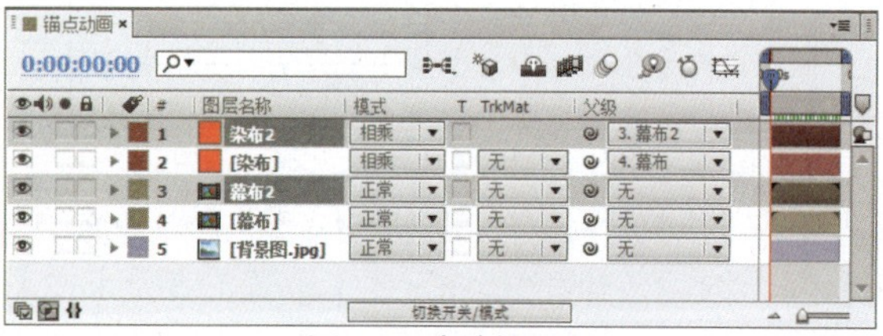

图 3.60 复制图层

图 3.63 修改素材位置

- 方法 2:组合键修改。选择素材后,按键盘上的方向键来修改位置,每按一次,素材将向相应方向移动 1 个像素,如果辅助 Shift 键,素材将向相应方向一次移动 10 个像素。
- 方法 3:输入修改。单击展开层列表,或直接按 P 键,然后单击[位置]右侧的数值,激活后直接输入数值来修改素材位置。也可以在[位置]上单击鼠标右键,在弹出的菜单中选择[编辑值]命令,打开[位置]对话框,重新设置参数,以修改素材位置,如图 3.64 所示。

Step 16 选择"幕布 2",将时间调整到 00:00:00:00 帧的位置,修改[缩放]的值为(-50,100),[位置]的值为(723,238),如图 3.61 所示。

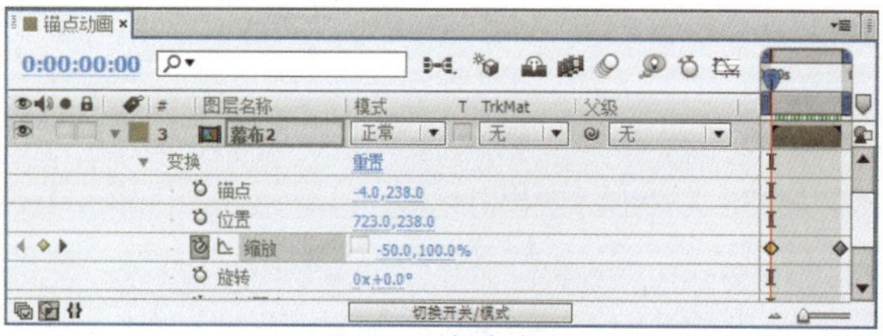

图 3.61 修改参数

Step 17 这样就完成了"锚点动画"的整体制作,按小键盘上的 0 键,即可在合成窗口中预览动画。本例的动画流程效果如图 3.62 所示。

图 3.64 [位置]对话框

实战 3-5 位移动画

通过修改素材的位置，可以很轻松地制作出精彩的位置动画效果，下面就来制作一个位置动画效果，通过该实例的制作，学习帧时间的调整方法，了解关键帧的使用，掌握路径的修改技巧。

Step 1 打开工程文件。执行菜单栏中的 [文件] | [打开项目] 命令，打开 [打开] 对话框，选择配套光盘中的"工程文件\第 3 章\位移动画\位移动画练习 .aep"文件，如图 3.65 所示。

图 3.65 位移动画练习文件

Step 2 打开所有文本层的三维属性。将时间调整到 00:00:00:00 的位置，在时间线面板中，选择"夏"、"天"、"来"和"了" 4 个文本层，然后按 P 键，展开 [位置]，单击四个图层的 [位置] 左侧的码表按钮，在当前时间设置关键帧，并且修改"夏"层的 [位置] 为（220，445，10000），"天"层的 [位置] 为（330，445，10000），"来"层的 [位置] 为（440,445,10000），"了"层的 [位置] 为（550，445，10000），如图 3.66 所示。

图 3.66 设置关键帧

Step 3 添加完关键帧位置后，素材的位置也将跟着变化，此时，[合成] 窗口中的素材效果如图 3.67 所示。

图 3.67 素材的变化效果

Step 4 将时间调整到 00:00:01:00 的位置。修改 [位置] 的值，"夏"层的 [位置] 为（220，380，-300），单击"天"层的 [位置] 左侧的 [在当前时间添加或移除关键帧] 按钮，在当前时间设置关键帧，但不修改[位置]的值,如图 3.68 所示。

图 3.68 修改位置添加关键帧

Step 5 修改完关键帧位置后，素材的位置也将跟着变化，此时，[合成] 窗口中的素材效果如图 3.69 所示。

图 3.69 素材的变化效果

Step 6 将时间调整到 00:00:02:00 的位置。修改 [位置] 的值，"天"层的 [位置] 为（330，380，-300），单击"来"层的 [位置] 左侧的 [在当前时间添加或移除关键帧] 按钮，在当前时间设置关键帧，但不修改[位置]的值,如图 3.70 所示。

45

图 3.70 关键帧位置设置及图像效果

Step 7 将时间调整到 00:00:03:00 的位置。修改 [位置] 的值，"来"层的 [位置] 为（440, 380, -300），单击"了"层的 [位置] 左侧的 [在当前时间添加或移除关键帧] 按钮，在当前时间设置关键帧，但不修改 [位置] 的值，如图 3.71 所示。

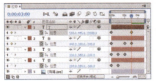 

图 3.71 关键帧位置设置及图像效果

Step 8 将时间调整到 00:00:04:00 的位置。修改 [位置] 的值，"了"层的 [位置] 为（550, 380, -300），如图 3.72 所示。

图 3.72 关键帧位置设置及图像效果

Step 9 这样，就完成了位置动画的制作，按空格键或小键盘上的 0 键，可以预览动画的效果，其中的几帧画面如图 3.73 所示。

图 3.73 位置动画效果

3.3.4 缩放

[缩放] 属性用来控制素材的大小，可以通过直接拖动的方法来改变素材的大小，也可以通过修改数值来改变素材的大小。利用负值的输入，还可以使用缩放命令来翻转素材，修改的方法有以下 3 种。

- 方法 1：直接拖动缩放。在 [合成] 窗口中，使用 [选取工具] 选择素材，可以看到素材上出现 8 个控制点，拖动控制点就可以完成素材的缩放。其中，4 个角的点可以水平垂直同时缩放素材；两个水平中间的点可以水平缩放素材；两个垂直中间的点可以垂直缩放素材，如图 3.74 所示。

图 3.74 缩放效果

- 方法 2：输入修改。单击展开层列表，或按 S 键，然后单击 [缩放] 右侧的数值，激活后直接输入数值来修改素材大小，如图 3.75 所示。

图 3.75 修改数值

· 经验分享 ·

关于等比缩放

　　[缩放] 属性参数左侧有一个链条锁定符号，单击该区域可以进行等比与非等比缩放。也可以双击缩放关键帧，然后在 [缩放] 对话框中选择 [保留] 为 [无]，同样可以进行非等比缩放。

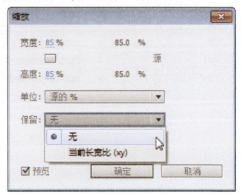

- 方法3:利用对话框修改。展开层列表后,在[缩放]上单击鼠标右键,在弹出的菜单中选择[编辑值]命令,打开[缩放]对话框,如图3.76所示,在该对话框中设置新的数值即可。

图 3.76 [缩放]对话框

如果当前层为3D层,还将显示一个[深度]选项,表示素材的Z轴上的缩放,同时在[保留]右侧的下拉列表中,[当前长宽比(XYZ)]将处于可用状态,表示在三维空间中保持缩放比例。

实战 3-6 缩放动画

下面通过实例来讲解缩放动画的应用方法,通过本例的学习,掌握关键帧的复制和粘贴方法,掌握缩放动画的制作技巧。

1 Step 执行菜单栏中的[文件]|[打开项目]命令,打开[打开]对话框,选择配套光盘中的"工程文件\第3章\缩放动画\缩放动画练习.aep"文件,如图3.77所示。

图 3.77 工程文件

2 Step 将时间调整到 00:00:00:00 的位置,在时间线面板中,选择"车"层,然后按S键,展开[缩放]属性,单击[缩放]属性左侧的码表按钮,在当前时间设置一个关键帧,修改[缩放]的值为(25,25),如图3.78所示。

图 3.78 修改缩放值

3 Step 保持时间在 00:00:00:00 的位置,然后按P键,展开[位置],修改[位置]的值为(663,384),并为其设置关键帧,如图3.79所示。

图 3.79 00:00:02:00 帧时间参数设置

4 Step 将时间调整到 00:00:02:24 的位置,在时间线面板中,选择"车"层,修改[位置]的值为(648,420),修改[缩放]的值为(100,100),如图3.80所示。

图 3.80 修改缩放值

5 Step 这样,就完成了缩放动画的制作,按空格键或小键盘上的0键,可以预览动画的效果,其中的几帧画面如图3.81所示。

图 3.81 缩放动画效果

 ### 3.3.5 旋转

[旋转]属性用来控制素材的旋转角度,依据锚点的位置,使用旋转属性,可以使素材产生相应的旋转变化,旋转操作可以通过以下3种方

式进行。

- 方法1：利用工具旋转。首先选择素材，然后单击工具栏中的 [旋转工具] ↻，或按 W 键，选择旋转工具，然后移动鼠标到 [合成] 窗口中的素材上，可以看到光标呈↻状，光标放在素材上直接拖动鼠标，即可将素材旋转，如图 3.82 所示。

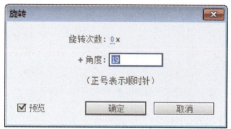

图 3.84 [旋转] 对话框

实战 3-7 旋转动画

下面就通过旋转属性来修改表针的旋转效果。通过配合的制作，学习旋转属性的设置技巧。

1 执行菜单栏中的 [文件]|[打开项目] 命令，Step 打开 [打开] 对话框，选择配套光盘中的"工程文件\第3章\旋转动画\旋转动画练习.aep"文件，如图 3.85 所示。

图 3.82 旋转操作效果

- 方法2：输入修改。单击展开层列表，或按 R 键，然后单击 [旋转] 右侧的数值，激活后直接输入数值来修改素材旋转度数，如图 3.83 所示。

图 3.83 输入数值修改旋转度数

· 经验分享 ·

认识旋转参数

旋转的数值不同于其他的数值，它的表现方式为 0x+0.0，在这里，加号前面的 0x 表示旋转的周数，如旋转1周，输入 1x，即旋转 360，旋转2周，输入 2x，依次类推。加号后面的 0.0 表示旋转的度数，它是一个小于 360°的数值，比如输入 30.0，表示将素材旋转 30°。输入正值，素材将按顺时针方向旋转；输入负值，素材将按逆时针旋转。

- 方法3：利用对话框修改。展开层列表后，在 [旋转] 上单击鼠标右键，在弹出的菜单中，选择 [编辑值] 命令，打开 [旋转] 对话框，如图 3.84 所示，在该对话框中设置新的数值即可。

图 3.85 打开的工程文件效果

2 将时间调整到 00:00:00:00 的位置，在时间Step 线面板中，选择"分针"层，按 R 键，打开 [旋转] 属性，单击左侧的码表按钮 ⏱，在当前时间设置关键帧，将"分针"层的 [旋转] 的数值设置为 -52°，如图 3.86 所示。

图 3.86 "分针"层参数设置

3 保持时间在 00:00:00:00 的位置，选择"时针"Step 层，按 R 键，打开 [旋转] 属性，单击左侧的码表按钮 ⏱，在当前时间设置关键帧，将"时针"

层的 [旋转] 的数值设置为 112°，如图 3.87 所示。

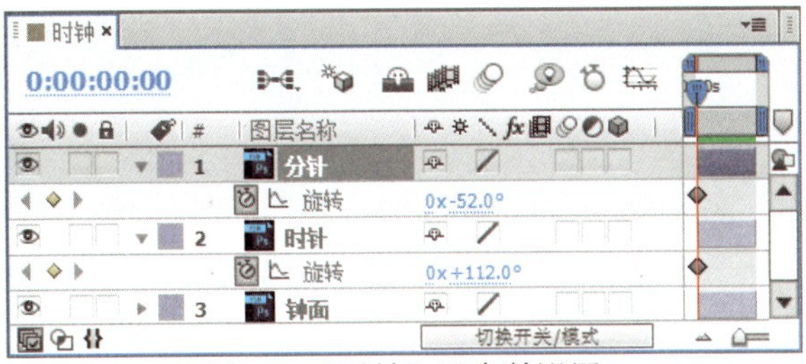

图 3.87 "时针"层参数设置

Step 4 将时间调整到 00:00:04:24 的位置，在时间线面板中，修改"分针"层 [旋转] 的值为 1x+308°，修改"时针"层 [旋转] 的值为 172°，如图 3.88 所示。

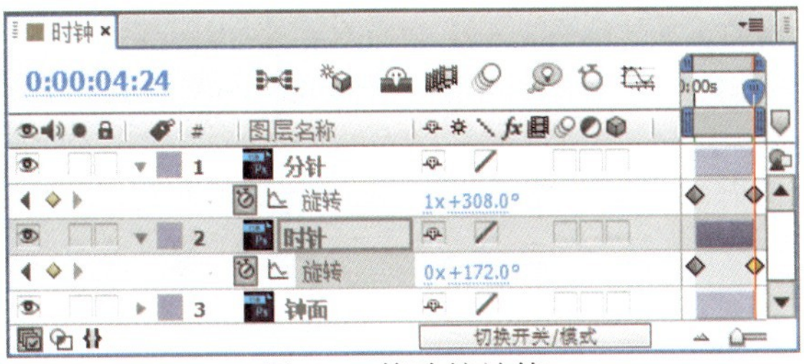

图 3.88 修改缩放值

Step 5 这样就完成了旋转动画的制作，按空格键或小键盘上的 0 键，可以预览动画的效果，其中的几帧画面如图 3.89 所示。

图 3.89 旋转动画其中的几帧画面效果

3.3.6 不透明度

[不透明度] 属性用来控制素材的透明程度，一般来说，除了包含通道的素材具有透明区域，其他素材都以不透明的形式出现，要想让素材呈现透明效果，就要使用不透明度属性来修改，不透明度的修改方式有以下 2 种。

- 方法 1：输入修改。单击展开层列表，或按 T 键，然后单击 [不透明度] 右侧的数值，激活后直接输入数值来修改素材的透明度，如图 3.90 所示。

图 3.90 修改不透明度数值

- 方法 2：利用对话框修改。展开层列表后，在 [不透明度] 上单击鼠标右键，在弹出的菜单中选择 [编辑值] 命令，打开 [不透明度] 对话框，如图 3.91 所示，在该对话框中设置新的数值即可。

图 3.91 [不透明度] 对话框

实战 3-8 透明度动画

前面讲解了透明度应用的基本知识，下面来通过实例，详细讲解透明度动画的制作过程，通过本实例的制作，掌握透明度的设置方法及动画制作技巧。这里应用前面讲过的一个动画源文件来制作透明度动画。

Step 1 执行菜单栏中的 [文件][打开项目] 命令，打开 [打开] 对话框，选择配套光盘中的 "工程文件\第 3 章\透明度动画\透明度动画练习 .aep" 文件，如图 3.92 所示。

图 3.92 透明度练习文件

Step 2 将时间调整到 00:00:00:00 的位置，在时间线面板中，选择"夏"、"天"、"来"和"了"4

个文本层，然后按 T 键，展开 [不透明度]，单击 4 个图层的 [不透明度] 左侧的码表按钮，在当前时间设置关键帧，并且修改 [不透明度] 的值都为 0%，如图 3.93 所示。

图 3.93 设置关键帧

Step 3 添加完关键帧位置后，素材的位置也将跟着变化，此时，[合成] 窗口中的素材效果，如图 3.94 所示。

图 3.94 素材的变化效果

Step 4 将时间调整到 00:00:01:00 的位置。修改"夏"层的 [不透明度] 为 100%，单击"天"层的 [不透明度] 左侧的 [在当前时间添加或移除关键帧] 按钮，在当前时间设置关键帧，但不修改 [不透明度] 的值，如图 3.95 所示。

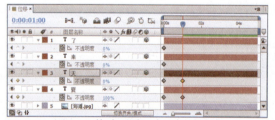

图 3.95 修改不透明度添加关键帧

Step 5 修改关键帧位置后，素材的位置也将跟着变化，此时，[合成] 窗口中的素材效果如图 3.96 所示。

图 3.96 素材的变化效果

Step 6 将时间调整到 00:00:02:00 的位置。修改"天"层的 [不透明度] 为 100%，单击"来"层的 [不透明度] 左侧的 [在当前时间添加或移除关键帧] 按钮，在当前时间设置关键帧，但不修改 [不透明度] 的值，如图 3.97 所示。

图 3.97 关键帧位置设置及图像效果

Step 7 将时间调整到 00:00:03:00 的位置。修改"来"层的 [不透明度] 为 100%，单击"了"层的 [位置] 左侧的 [在当前时间添加或移除关键帧] 按钮，在当前时间设置关键帧，但不修改 [不透明度] 的值，如图 3.98 所示。

图 3.98 关键帧位置设置及图像效果

| Step 8 | 将时间调整到00:00:04:00 的位置。修改"了"层的 [不透明度] 为 100%，如图 3.99 所示。

图 3.99 关键帧位置设置及图像效果

| Step 9 | 这样，就完成了透明度动画的制作，按空格键或小键盘上的 0 键，可以预览动画的效果，其中的几帧画面如图 3.100 所示。

图 3.100 透明度动画效果

第 4 章
关键帧与蒙版动画

内容摘要

  本章主要讲解关键帧操作及蒙版的使用。包括关键帧的创建及查看方法，关键帧的选择、移动和删除，蒙版的应用，包括方形、椭圆形和自由形状蒙版的创建，蒙版形状的修改，节点的选择、调整、转换操作，蒙版属性的设置及修改，蒙版的模式、形状、羽化、透明和扩展的修改及设置，蒙版动画的制作。掌握关键帧及蒙版动画的制作方法。

教学目标

- → 学习关键帧的查看及创建方法
- → 学习关键帧的编辑和修改
- → 学习各种形状蒙版的创建方法
- → 学习蒙版形状的修改及节点的转换调整
- → 掌握蒙版属性的设置
- → 掌握蒙版动画的制作技巧

4.1 创建及查看关键帧

在 After Effects 软件中，所有的动画效果，基本上都有关键帧的参与，关键帧是组合成动画的基本元素，关键帧动画至少要通过两个关键帧来完成。特效的添加及改变也离不开关键帧，可以说，掌握了关键帧的应用，也就掌握了动画制作的基础和关键。

4.1.1 如何创建关键帧

在 After Effects 软件中，基本上每一个特效或属性，都对应一个码表，要想创建关键帧，可以单击该属性左侧的码表，将其激活。这样，在时间线面板中，当前时间位置将创建一个关键帧，取消码表的激活状态，将取消该属性所有的关键帧。

下面来讲解怎样创建关键帧。

（1）展开层列表。

（2）单击 [位置] 左侧的码表按钮，将其激活，这样就创建了一个关键帧，如图 4.1 所示。

图 4.1 创建关键帧

如果码表已经处于激活状态，即表示该属性已经创建了关键帧。可以通过 2 种方法再次创建关键帧，但不能再使用码表来创建关键帧，因为再次单击码表，将取消码表的激活状态，这样就自动取消了所有关键帧。

- 方法 1：通过修改数值。当码表处于激活状态时，说明已经创建了关键帧，此时要创建其他的关键帧，可以将时间调整到需要的位置，然后修改该属性的值，即可在当前时间帧位置创建一个关键帧。
- 方法 2：通过添加关键帧按钮。将时间调整到需要的位置后，单击该属性左侧的 [在当前时间添加或移除关键帧] 按钮，这样，就可以在当前时间位置创建一个关键帧。如图 4.2 所示。

图 4.2 添加 / 删除关键帧按钮

使用方法 2 创建关键帧，可以只创建关键帧，而保持属性的参数不变；使用方法 1 创建关键帧，不但创建关键帧，还修改了该属性的参数。

4.1.2 查看关键帧

在创建关键帧后，该属性的左侧将出现关键帧导航按钮，通过关键帧导航按钮，可以快速地查看关键帧。关键帧导航效果如图 4.3 所示。

图 4.3 关键帧导航效果

关键帧导航有多种显示方式，并代表不同的含义，◀ 表示 [转到上一个关键帧]；⌃ 表示 [在当前时间添加或移除关键帧]；▶ 表示 [转到下一个关键帧]。

·当关键帧导航显示为 ◀ ◆ ▶ 时，表示当前关键帧左侧有关键帧，而右侧没有关键帧；当关键帧导航显示为 ◀ ◆ ▶ 时，表示当前关键帧左侧和右侧都有关键帧；当关键帧导航显示为 ◀ ◆ ▶ 时，表示当前关键帧右侧有关键帧，而左侧没有关键帧。单击左侧或右侧的箭头按钮，可以快速地在前一个关键帧和后一个关键帧之间进行跳转。

当 [在当前时间添加或移除关键帧] 为灰色效果 ⌃ 时，表示当前时间位置没有关键帧，单击该按钮可以在当前时间创建一个关键帧；当 [在当前时间添加或移除关键帧] 为黄色效果 ◆ 时，表示当前时间位于关键帧上，单击该按钮将删除当前时间位置的关键帧。

·经验分享·

修改关键帧显示

关键帧不但可以显示为方形，还可以显示为阿拉伯数字，在时间线面板中，单击右上角的时间线菜单 ≡ 按钮，选择Use Keyframe Indices（使用关键帧指数）命令，可以将关键帧以阿拉伯数字形式显示；选择Use Keyframe Icons（使用关键帧图标）命令，可以将关键帧以方形图标的形式显示。

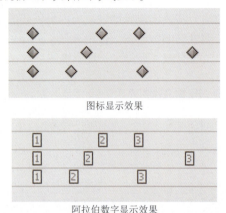

图标显示效果

阿拉伯数字显示效果

4.2 编辑关键帧

创建关键帧后，有时还需要对关键帧进行修改，这时就需要重新编辑关键帧。关键帧的编辑包括选择关键帧、移动关键帧、复制粘贴关键帧和删除关键帧。

4.2.1 选择关键帧

编辑关键帧的首要条件是选择关键帧，选择关键帧的操作很简单，可以通过下面4种方法来实现。

- 方法1：单击选择。在时间线面板中，直接单击关键帧图标，关键帧将显示为黄色，表示已经选定关键帧，如图4.4所示。

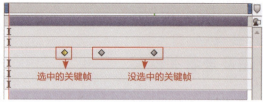

图4.4 关键帧的选择

 Tips

在选择关键帧时，辅助Shift键，可以选择多个关键帧。

方法2：拖动选择。在时间线面板中，在关键帧位置空白处，单击拖动一个矩形框，在矩形框以内的关键帧将被选中，如图4.5所示。

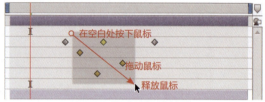

图4.5 拖动选择关键帧

方法3：通过属性名称选择。在时间线面板中，单击关键帧属性的名称，即可选择该属性的所有关键帧，如图4.6所示。

图4.6 属性名称选择

·经验分享·

在合成窗口中修改关键帧

当创建关键帧动画后，在[合成]窗口中，可以看到一条线，并在线上出现控制点，这些控制点对应属性的关键帧，只要单击这些控制点，就可以选择该点对应的关键帧。选中的控制点将以实心的方块显示，没有选中的控制点以空心的方块显示。

4.2.2 移动关键帧

关键帧的位置可以随意地移动，以更好地控制动画效果。可以同时移动一个关键帧，也可以同时移动多个关键帧，还可以将多个关键帧距离拉长或缩短。

1. 移动关键帧

选择关键帧后，按住鼠标拖动关键帧到需要的位置，这样就可以移动关键帧，移动过程如图 4.7 所示。

图 4.7 移动关键帧

移动多个关键帧的操作与移动一个关键帧的操作是一样的，选择多个关键帧后，按住鼠标拖动即可移动多个关键帧。

2. 拉长或缩短关键帧

选择多个关键帧后，同时按住鼠标和 Alt 键，向外拖动拉长关键帧距离，向里拖动缩短关键帧距离。这种距离的改变，只是改变所有关键帧的距离大小，关键帧间的相对距离是不变的。

· 经验分享 ·

锁定关键帧

按住 Alt 键，对一组选择的关键帧的首帧和尾帧进行拖动时，可以自动缩放这组关键帧之间的距离。

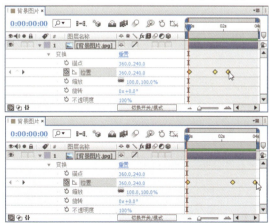

4.2.3 删除关键帧

如果在操作时出现了失误，添加了多余的关键帧，可以将不需要的关键帧删除，删除的方法有以下 3 种。

- 方法 1：键盘删除。选择不需要的关键帧，按键盘上的 Delete 键，即可将选择的关键帧删除。
- 方法 2：菜单删除。选择不需要的关键帧，执行菜单栏中的 [编辑] | [清除] 命令，即可将选择的关键帧删除。
- 方法 3：利用按钮删除。将时间调整到要删除的关键帧位置，可以看到该属性左侧的 [在当前时间添加或移除关键帧] ◆ 按钮呈黄色的激活状态，单击该按钮，即可将当前时间位置的关键帧删除。这种方法一次只能删除一个关键帧。

取消码表的激活状态，可以删除该属性的所有关键帧。

4.3 使用关键帧辅助

关键帧辅助是优化关键帧的处理工具，它可以对关键帧动画的过渡进行控制，以减缓关键帧进入或离开的速度，避免动画的突兀过渡，以使动画效果更符合实际。

4.3.1 缓动

该命令控制关键帧进入和离开时的流畅速度，可以使动画在该关键帧时缓进缓出，以消除速度的突然变化，下面来应用 [缓动] 命令。

Step 1 首先选择关键帧。如图 4.8 所示。

Step 2 在应用关键帧辅助命令后，可以应用曲线编辑图来查看应用后的效果，曲线编辑图可以通过单击 [图表编辑器] 按钮 来打开，如图 4.9 所示。

图 4.8 选择关键帧

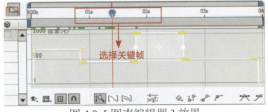

图 4.9 [图表编辑器] 效果

3 | 执行菜单栏中的 [动画]|[关键帧辅助]|[缓动] 命令，应用 [缓动] 后的效果如图 4.10 所示。
Step

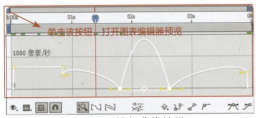

图 4.10 流畅曲线效果

4 | 此时，再次单击 [图表编辑器] 按钮，可以看到关键帧由 ◆ 变成了 ⧗ 的形状，如图 4.11 所示。
Step

图 4.11 关键帧的变化效果

· 经验分享 ·

锁定关键帧

按住 Ctrl+Alt 组合键，单击某个关键帧，会将该关键帧转换为锁定关键帧，锁定的关键帧数值保持不变，直到下一个关键帧为止不会产生任何的动画效果。

4.3.2 缓入

该命令控制关键帧进入时的流畅速度，可以使动画在进入该关键帧时速度减缓，以消除速度的突然变化。下面来应用 [缓入] 命令。

1 | 同 4.3.1 节步骤（1）、（2）的操作。
Step

2 | 执行菜单栏中的 [动画]|[关键帧辅助]|[缓入] 命令，应用 [缓入] 后的效果如图 4.12 所示。
Step

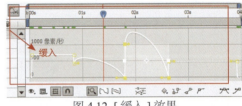

图 4.12 [缓入] 效果

3 | 此时，再次单击 [图表编辑器] 按钮，可以看到关键帧由 ◆ 方形变成了 ▷ 箭头的形状，如图 4.13 所示。
Step

图 4.13 关键帧的变化效果

4.3.3 缓出

该命令控制关键帧离开时的流畅速度，可以使动画在离开该关键帧时速度减缓，以消除速度的突然变化。下面来应用缓出命令。

1 | 同 4.3.1 节步骤（1）、（2）的操作。
Step

2 | 执行菜单栏中的 [动画]|[关键帧辅助]|[缓出] 命令，应用 [缓出] 后的效果如图 4.14 所示。
Step

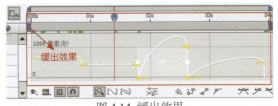

图 4.14 缓出效果

3 | 此时，再次单击 [图表编辑器] 按钮，可以看到关键帧由 ◆ 变成了 ◁ 的形状，如图
Step

4.15 所示。

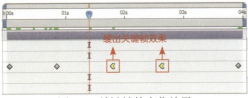

图 4.15 关键帧的变化效果

· 经验分享 ·

关键帧的切换

按住Ctrl键，单击线性关键帧（菱形 ◆），会转换为自动贝赛尔关键帧（圆形 ●），自动贝赛尔插值对关键帧两边的值或者运动路径进行自动调节，产生一个平稳的变化率。

4.4 创建蒙版

蒙版主要用来制作背景的镂空透明和图像间的平滑过渡等，蒙版有多种形状，在After Effects软件自带的工具栏中，可以利用相关的蒙版工具来创建，比如方形、圆形和自由形状蒙版工具。

利用After Effects软件自带的工具创建蒙版，首先要具备一个层，可以是固态层，也可以是素材层或其他的层，在相关的层中创建蒙版。一般来说，大都在固态层上创建蒙版，固态层本身就是一个很好的辅助层。

4.4.1 利用矩形工具创建方形蒙版

方形蒙版的创建很简单，在After Effects软件中自带的有方形蒙版的创建工具，其创建方法如下。

1 单击工具栏中的 [矩形工具]，选择矩形
Step 工具。

2 在 [合成] 窗口中，按住鼠标拖动即可绘制
Step 一个矩形蒙版区域，如图 4.16 所示，在矩形蒙版区域中，将显示当前层的图像，矩形以外的部分变成透明效果。

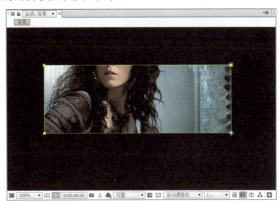

图 4.16 矩形蒙版的绘制过程

· 经验分享 ·

快速创建矩形蒙版

选择创建蒙版的层，然后双击工具栏中的[矩形工具]，可以快速创建一个与层素材大小相同的矩形蒙版。在绘制矩形蒙版时，如果按住Shift键，可以创建一个正方形蒙版。

4.4.2 利用椭圆工具创建椭圆形蒙版

椭圆形蒙版的创建方法与方形蒙版的创建方法基本一致，其具体操作如下。

1 单击工具栏中的 [椭圆工具]，选择椭圆
Step 工具。

2 在 [合成] 窗口中，按住鼠标拖动即可绘制
Step 一个椭圆蒙版区域，如图 4.17 所示，在该区域中，将显示当前层的图像，椭圆以外的部分变成透明效果。

· 经验分享 ·

快速创建椭圆形蒙版

选择创建蒙版的层，然后双击工具栏中的[椭圆工具]，可以快速创建一个与层素材大小相同的椭圆蒙版，而椭圆蒙版正好是该矩形的内切圆。在绘制椭圆蒙版时，如果按住Shift键，可以创建一个圆形蒙版。

图 4.17 椭圆蒙版的绘制过程

4.4.3 利用钢笔工具创建自由蒙版

要想随意创建多边形蒙版，就要用到钢笔工具，它不但可以创建封闭的蒙版，还可以创建开放的蒙版。利用 [钢笔工具] 的好处在于，它的灵活性更高，可以绘制直线，也可以绘制曲线，可以绘制直角多边形，也可以绘制弯曲的任意形状。

使用钢笔工具创建自由蒙版的过程如下。

Step 1　单击工具栏中的 [钢笔工具]，选择钢笔工具。

Step 2　在 [合成] 窗口中，单击创建第 1 点，然后直接单击可以创建第 2 点，如果连续单击，可以创建一个直线的蒙版轮廓。

Step 3　如果按住鼠标并拖动，则可以绘制一个曲线点，以创建曲线，多次创建后，可以创建一个弯曲的曲线轮廓，当然，直线和曲线是可以混合应用的。

Step 4　如果想绘制开放蒙版，可以在绘制到需要的程度后，按 Ctrl 键的同时在合成窗口中单击鼠标，即可结束绘制。如果要绘制一个封闭的轮廓，则可以将光标移到开始点的位置，当光标变成 形状时，单击鼠标，即可将路径封闭。如图 4.18 所示为多次单击创建的彩色区域的轮廓。

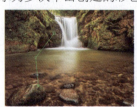

图 4.18 钢笔工具绘制蒙版的过程

4.5 改变蒙版的形状

创建蒙版也许不能一步到位，有时还需要对现有的蒙版进行再修改，以更适合图像轮廓要求，这时就需要对蒙版的形状进行改变。下面就来详细讲解蒙版形状的改变方法。

4.5.1 节点的选择

不管用哪种工具创建蒙版形状，都可以从创建的形状上发现小的方形控制点，这些方形控制点，就是节点。

选择的节点与没有选择的节点是不同的，选择的节点小方块将呈现实心方形，而没有选择的节点呈镂空的方形效果。

选择节点有多种方法。

- 方法 1：单击选择。使用 [选取工具]，在节点位置单击，即可选择一个节点。如果想选择多个节点，可以按住 Shift 键的同时，分别单击要选择的节点即可。

- 方法 2：使用拖动框。在合成窗口中，单击拖动鼠标，将出现一个矩形选框，被矩形选框框住的节点将被选择。如图 4.19 所示为框选前后的效果。

图 4.19 框选操作过程及选中效果

如果有多个独立的蒙版形状，按 Alt 键单击其中一个蒙版的节点，可以快速选择该蒙版形状。

· 经验分享 ·

节点的移动

移动节点，其实就是修改蒙版的形状，通过选择不同的点并移动，可选择一个或多个需要移动的节点。使用[选取工具] 拖动节点到其他位置。

4.5.2 添加/删除节点

绘制好的形状，还可以通过后期的节点添加或删除操作，来改变形状的结构，使用[添加"顶点"工具] 在现有的路径上单击，可以添加一个节点，通过添加该节点，可以改变现有轮廓的形状；使用[删除"顶点"工具] ，在现有的节点上单击，即可将该节点删除。

添加节点和删除节点的操作方法如下。

Step 1 添加节点。在工具栏中，单击[添加"顶点"工具] ，将光标移动到路径上需要添加节点的位置。单击鼠标，即可添加一个节点，多次在不同的位置单击，可以添加多个节点，如图 4.20 所示，为添加节点前后的效果。

图 4.20 添加节点的操作过程及添加后的效果

Step 2 删除节点。单击工具栏中的[删除"顶点"工具] ，将光标移动到要删除的节点位置，单击鼠标，即可将该节点删除，删除节点的操作过程及删除后的效果，如图 4.21 所示。

选择节点后，通过按键盘上的 Delete 键，也可以删除节点。

图 4.21 删除节点的操作过程及删除后的效果

4.5.3 节点的转换技巧

在 After Effects CS6 软件中，节点可以分为两种：

- 一种是角点。点两侧的都是直线，没有弯曲角度。
- 一种是曲线点。点的两侧有两个控制柄，可以控制曲线的弯曲程度。

如图 4.22 所示，为两种点的不同显示状态。

图 4.22 节点的显示状态

· 经验分享 ·

角点转换成曲线点

使用工具栏中的[转换"顶点"工具] ，选择角点并拖动，即可将角点转换成曲线点。

曲线点转换成角点

使用工具栏中的[转换"顶点"工具] ，在曲线点单击，即可将曲线点转换成角点。

Tips

当转换成曲线点后，通过使用[选取工具]，可以手动调节曲线点两侧的控制柄，以修改蒙版的形状。

4.6 修改蒙版属性

蒙版在应用时还会受到混合模式的影响，不同的混合模式将产生不同的效果，下面来详细讲解混合模式的含义。

4.6.1 蒙版的混合模式

绘制蒙版形状后，在时间线面板中，展开该层列表选项，将看到多出一个[蒙版]属性，展开该属性，可以看到蒙版的相关选项，如图4.23所示。

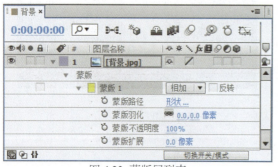

图4.23 蒙版层列表

其中，在[蒙版1]右侧的下拉菜单中，显示了蒙版混合模式选项，如图4.24所示。

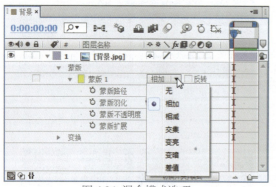

图4.24 混合模式选项

1.[无]

选择此模式，路径不起蒙版作用，只作为路径存在，可以对路径进行描边、光线动画或路径动画的辅助。

2.[相加]

默认情况下，蒙版使用的是[相加]命令，如果绘制的蒙版中，有两个或两个以上的图形，可以清楚地看到两个蒙版以添加的形式显示效果，如图4.25所示。

3.[相减]

如果选择[相减]选项，蒙版的显示将变成镂空的效果，这与选择[蒙版1]右侧的[反转]命令相同，如图4.26所示。

图4.25 添加效果　　图4.26 减去效果

4.[交集]

如果两个蒙版都选择[交集]选项，则两个蒙版将产生交叉显示的效果，如图4.27所示。

5.[差值]

如果两个蒙版都选择[差值]选项，则两个蒙版将产生交叉镂空的效果，如图4.28所示。

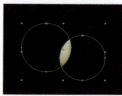 

图4.27 相交效果　　图4.28 差异效果

[变亮]对于可视区域来说，与[相加]模式相同，但对于重叠处的则采用透明度较高的那个值。[变暗]对于可视区域来说，与[交集]模式相同，但对于蒙版重叠处，则采用透明度值较低的那个。

· 经验分享 ·

修改蒙版的大小

在时间线面板中，展开蒙版列表选项，单击[蒙版路径]右侧的[形状...]文字链接，将打开[蒙版路径]

对话框。在[定界框]选项组中，通过修改[顶部]、[左侧]、[右侧]、[底部]选项的参数，可以修改当前蒙版的大小，而通过[单位]右侧的下拉菜单，可以为修改值设置一个合适的单位。

通过[形状]选项组，可以修改当前蒙版的形状，可以将其他的形状，快速改成矩形或椭圆形，选择[矩形]复选框，将该蒙版形状修改成矩形；选择[椭圆]复选框，将该蒙版形状修改成椭圆形。

4.6.2 蒙版的锁定

为了避免操作中出现失误，可以将蒙版锁定，锁定后的蒙版将不能被修改，锁定蒙版的操作方法如下。

Step 1　在时间线面板中，将蒙版属性列表选项展开。

Step 2　单击锁定的蒙版层左面的 图标，该图标将变成带有一把锁的效果 ，如图 4.29 所示，表示该蒙版被锁定。

图 4.29　锁定蒙版效果

4.6.3 蒙版的羽化操作

羽化可以对蒙版的边缘进行柔化处理，制作出虚化的边缘效果，这样可以在处理影视动画中，产生很好的过渡效果。

可以单独地设置水平羽化或垂直羽化。在时间线面板中，单击 [蒙版羽化] 右侧的 [约束比例] 按钮 ，将约束比例取消，这样就可以分别调整水平或垂直的羽化值，也可以在参数上单击右键，在弹出的菜单中选择 [编辑值] 命令，打开 [蒙版羽化] 对话框，通过该对话框，设置水平或垂直羽化值，如图 4.30 所示。

图 4.30　[蒙版羽化] 对话框

在时间线面板中，调整蒙版羽化的操作方法如下。

Step 1　在时间线面板中，将蒙版属性列表选项展开。

Step 2　单击 [蒙版羽化] 属性右侧的参数，将其激活，然后直接输入数值；也可以将鼠标放在数值上，直接拖动来改变数值。3 种羽化效果，如图 4.31 所示。

水平垂直羽化 300　　水平羽化 300　　垂直羽化 300

图 4.31　3 种羽化效果

4.6.4 蒙版的不透明度

蒙版和其他素材一样，也可以调整不透明度，在调整不透明度时，只影响蒙版素材本身，对其他的素材不会造成影响。利用不透明度的调整，可以制作出更加丰富的视觉效果。

调整蒙版不透明度的操作方法如下。

Step 1　在时间线面板中，将蒙版属性列表选项展开。

Step 2　单击 [蒙版不透明度] 属性右侧的参数将其激活，然后直接输入数值；也可以将鼠标放在数值上，直接拖动来改变数值。不同不透明度的蒙版效果，如图 4.32 所示。

不透明度 30%　　　不透明度 60%　　　不透明度 100%

图 4.32　不同的不透明度蒙版效果

Tips

调整不透明度，也可以在数值上单击鼠标右键，从弹出的菜单中选择 [编辑值] 命令，打开 [编辑值] 对话框进行修改。

4.6.5　蒙版区域的扩展和收缩

蒙版的范围可以通过 [蒙版扩展] 参数来调整，当参数值为正值时，蒙版范围将向外扩展；当参数值为负值时，蒙版范围将向里收缩，具体操作方法如下。

Step 1 在时间线面板中，将蒙版属性列表选项展开。

Step 2 单击 [蒙版扩展] 属性右侧的参数将其激活，然后直接输入数值；也可以将鼠标放在数值上，直接拖动来改变数值，扩展、原图与收缩的效果，如图 4.33 所示。

值为 60 像素　　值为 0 像素　　值为 -60 像素

图 4.33　蒙版的不同扩展值效果

· 经验分享 ·

关于蒙版路径的显示

在 After Effects 中，可以在 [合成] 窗口中直接使用相关工具绘制蒙版，绘制后在 [合成] 窗口中会显示出蒙版路径，如果你不希望在 [合成] 窗口内看到蒙版，可以单击 [合成] 窗口右上角面板菜单从弹出的菜单中选择 [视图选项]，从打开的 [视图选项] 对话框中，取消 [蒙版] 复选框即可。

实战 4-1　位移动画

难易程度：★★☆☆
工程文件：配套光盘\工程文件\第4章\位移动画
视频位置：配套光盘\movie\实战4-1 位移动画.avi

技术分析

本例主要讲解位移动画。利用 [矩形工具] 绘制多个蒙版，并将这些蒙版利用 [位置] 属性制作出位移动画。本例最终的动画流程效果如图 4.34 所示。

图 4.34　动画流程画面

学习目标

通过制作本例，学习位移动画的制作，掌握蒙版的使用方法。

操作步骤

Step 1 执行菜单栏中的 [合成][新建合成] 命令，打开 [合成设置] 对话框，设置 [合成名称] 为"位移动画"，[宽度] 为 720px，[高度] 为 480px，[帧速率] 为 25 帧 / 秒，并设置 [持续时间] 为 00:00:04:00 秒，如图 4.35 所示。

2 Step 执行菜单栏中的 [文件]|[导入][文件] 命令，打开 [导入文件] 对话框，选择配套光盘中的"工程文件\第 4 章\位移动画\背景 .jpg"，单击【导入】按钮，"背景 .jpg"素材将导入到 [项目] 面板中，如图 4.36 所示。

图 4.35 合成设置　　图 4.36 [导入文件] 对话框

3 Step 在 [项目] 面板中选择"背景 .jpg"素材，将其拖动到时间线面板中，如图 4.37 所示。

图 4.37 添加素材

4 Step 确认选择"背景"层，单击工具栏中的 [矩形工具] ，在"背景 .jpg"层上绘制蒙版，如图 4.38 所示。

图 4.38 绘制蒙版

5 Step 将时间调整到 00:00:00:00 帧的位置，选择"背景"层，按 P 键设置 [位置] 的值为（360，-344），单击 [位置] 左侧的码表按钮 ，在当前位置建立关键帧，如图 4.39 所示。

图 4.39 参数设置

· 经验分享 ·

关键帧参数修改

　　双击关键帧或在某个关键帧上单击鼠标右键，从弹出的菜单中选择[编辑值]命令，会出现参数修改对话框，利用该对话框可以修改相关属性参数，比如下图为[位置]修改时的对话框。

6 Step 将时间调整到 00:00:01:00 帧的位置，修改 [位置] 的值为（360，240），系统将会自动记录关键帧，如图 4.40 所示。

图 4.40 关键帧动画

7 Step 选择"背景"层，按 Ctrl+D 组合键复制出新的一层，并重命名为"背景 2"，如图 4.41 所示。

图 4.41 复制图层

8 Step 确认选择"背景 2"层，单击工具栏中的 [矩形工具] ，在"背景 2"层上绘制蒙版，如图 4.42 所示。

图 4.42 绘制蒙版

9 Step 将时间调整到 00:00:01:00 帧的位置，选择“背景 2”层，按 P 键设置 [位置] 的值为（360，-344），单击 [位置] 左侧的码表按钮 ，在当前位置建立关键帧，如图 4.43 所示，并按 Alt + [组合键，将素材入点设置在当前位置。

图 4.43 参数设置

10 Step 将时间调整到 00:00:02:00 帧的位置，修改 [位置] 的值为（360，242），系统将会自动记录关键帧，如图 4.44 所示。

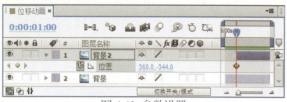

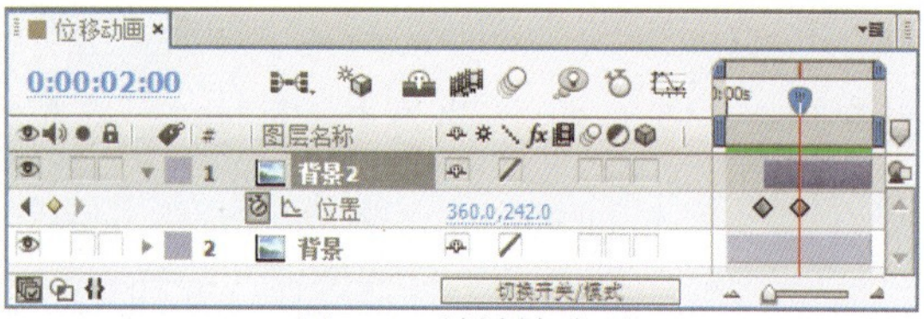

图 4.44 关键帧动画

11 Step 选择“背景 2”层，按 Ctrl+D 组合键复制出新的一层，并重命名为“背景 3”，如图 4.45 所示。

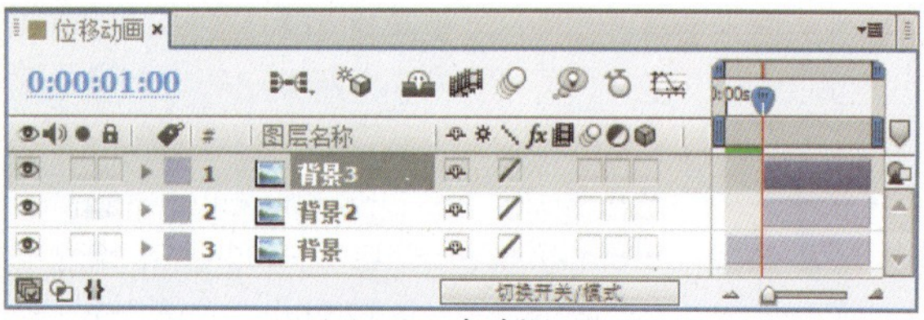

图 4.45 复制图层

12 Step 确认选择“背景 3”层，删除 [蒙版 1]，单击工具栏中的 [矩形工具] ，在“背景 3”层上绘制蒙版，如图 4.46 所示。

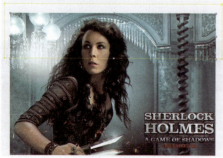

图 4.46 绘制蒙版

13 Step 将时间调整到 00:00:02:00 帧的位置，选择“背景 3”层，按 P 键设置 [位置] 的值为（360，-344），单击 [位置] 左侧的码表按钮 ，在当前位置建立关键帧，如图 4.47 所示，并按 Alt + [组合键，将素材入点设置在当前位置。

图 4.47 参数设置

14 Step 将时间调整到 00:00:03:00 帧的位置，修改 [位置] 的值为（360，240），系统将会自动记录关键帧，如图 4.48 所示。

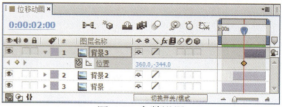

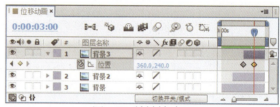

图 4.48 关键帧动画

15 Step 这样就完成了“位移动画”的制作，按小键盘上的 0 键预览动画效果。

实战 4-2 过光效果

难易程度：★★☆☆
工程文件：配套光盘\工程文件\第4章\过光效果
视频位置：配套光盘\movie\实战4-2 过光效果.avi

技术分析

本例主要讲解过光效果的制作。利用 [矩形工具] 绘制矩形，并通过修改羽化，然后通过修改位置参数制作位移动画，最后通过轨道蒙版制作出过光动画。本例最终的动画流程效果如图 4.49 所示。

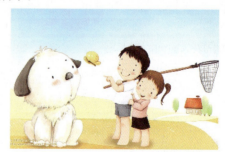

图 4.49 动画流程画面

学习目标

通过制作本例，学习使用 [矩形工具] 绘制矩形蒙版的方法，学习通过羽化修改制作出羽化矩形效果，学习轨道蒙版的使用方法，掌握过光效果的制作技巧。

操作步骤

1. 输入文字

Step 1 执行菜单栏中的 [合成][新建合成] 命令，打开 [合成设置] 对话框，设置 [合成名称] 为"过光效果"，[宽度] 为 720px，[高度] 为 480px，[帧速率] 为 25 帧/秒，并设置 [持续时间] 为 00:00:05:00 秒，如图 4.50 所示。

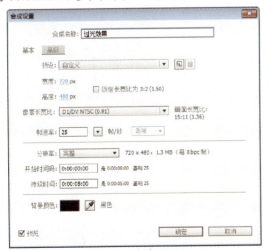

图 4.50 合成设置

Step 2 执行菜单栏中的 [文件][导入][文件] 命令，打开 [导入文件] 对话框，选择配套光盘中的"工程文件 \ 第 4 章 \ 过光效果 \ 背景图片 .jpg"素材，如图 4.51 所示。单击 [导入] 按钮，"背景图片 .jpg"素材将导入到 [项目] 面板中。

图 4.51 [导入文件] 对话框

Step 3 在 [项目] 面板中选择"背景图片 .jpg"素材，将其拖动到时间线面板中。

Step 4 执行菜单栏中的 [图层][新建][文本] 命令，输入文字"儿童节快乐"。在 [字符] 面板中，修改文字的字体为文鼎 CS 大隶书，字号为 75 号，字体的填充颜色为黄色（R：254；G：239；B：146），如图 4.52 所示。

图 4.52 文字参数设置

2. 过光动画

Step 1 执行菜单栏中的 [图层][新建][纯色] 命令，打开 [纯色设置] 对话框，设置 [颜色] 为橘色（R：253；G：142；B：65），其他参数设置如图 4.53 所示。

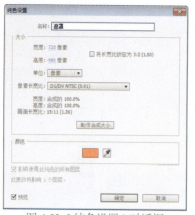

图 4.53 [纯色设置]对话框

2 单击工具栏中的[矩形工具] ，在新创建
Step 的遮罩图层上绘制一个小矩形并适当变形，
在时间线面板中展开"遮罩"层下的[蒙版][蒙版1]
选项栏，设置[蒙版羽化]的值为（15,15），[旋
转]的值为120°，如图 4.54 所示。

图 4.54 蒙版参数设置

· 经验分享 ·

关于路径的选择及变换

　　在实际的应用中，有时候选择路径变得非常不容
易，因为经常会出现要么移动的是素材，要么调整的是
路径节点。如何能快速选择整条路径并可以对其变换
呢？其实方法非常简单，只需要在某个路径节点上双击
鼠标，即可将该路径选中，并在路径的外围显示一个变
换框，此时移动路径或变换路径就非常容易了。

3 时间调整到 00:00:00:00 帧位置。在时间线
Step 面板中展开"遮罩"层下的[变换]选项栏，
设置[位置]的值为（-9,46），并为其设置关键帧，
如图 4.55 所示。

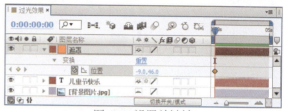

图 4.55 设置关键帧

4 按 End 键将时间调整到结束位置，即
Step 00:00:04:24 帧位置，设置[位置]的值为（496,
47），如图 4.56 所示。

图 4.56 00:00:03:24 帧位置参数

· 经验分享 ·

沿中心缩放路径

　　在某个路径节点上双击鼠标后将启动路径的变换
功能，在对路径做变换的过程中，如果按住Ctrl键，可
以使变换以该路径的中心点为基准。

5 这样就制作了一个位移动画，拖动时间滑块
Step 可以看到蒙版的动画效果。

6 在时间线面板中选择"儿童节快乐"层，然
Step 后按 Ctrl+D 组合键，将该图层复制一个副
本"儿童节快乐 2"，并将副本层移动到"遮罩"

层上方。单击"遮罩"层右侧 [轨道遮罩] 的 [无] 按钮，在弹出的菜单中选择 [Alpha 遮罩 "儿童节快乐 2"] 选项，如图 4.57 所示。

图 4.57 选择 Alpha 遮罩 "儿童节快乐 2" 选项

7
Step
这样就完成了过光效果动画的制作，按小键盘上的 0 键预览动画效果。

第 5 章
文字与文字动画

内容摘要

文字可以说是视频制作的灵魂，可以起到画龙点睛的作用，它被用在制作影视片头字幕、广告宣传广告语、影视语言字幕等方面，掌握文字工具的使用，对于影视制作也是至关重要的一个环节。本章主要讲解文字及文字动画。首先详细讲解了文字工具的使用，并讲解了字符和段落面板的参数设置，创建基础文字和路径文字的方法，然后讲解了文字属性相关参数的使用，并通过多个文字动画实例，全面解析文字动画的制作方法和技巧。

教学目标

- ➔ 学习文字工具的使用
- ➔ 了解字符及段落面板
- ➔ 掌握路径文字的制作
- ➔ 掌握不同文字属性的动画应用

5.1 文字工具

5.1.1 文字的创建

直接创建文字的方法有两种，可以使用菜单，也可以使用工具栏中的文字工具，创建方法如下。

方法1：使用菜单。执行菜单栏中的[图层]|[新建]|[文本]命令，此时，[合成]窗口中将出现一个光标效果，在时间线面板中，将出现一个文字层。使用合适的输入法，直接输入文字即可。

方法2：使用文字工具。单击工具栏中的[横排文字工具]T或[直排文字工具]IT，使用横排或直排文字工具，直接在[合成]窗口中单击输入文字。横排文字和直排文字的效果，如图5.1所示。

方法3：按Ctrl+T组合键，选择文字工具。反复按该组合键，可以在横排和直排文字工具间切换。

图5.1 横排和直排文字效果

5.1.2 [字符]和[段落]面板

[字符]和[段落]面板可以用来进行文字修改。利用[字符]面板，可以对文字的字体、字形、字号、颜色等属性进行修改；利用[段落]面板可以对文字进行对齐、缩进等修改。

打开[字符]和[段落]面板的方法有以下几种。

方法1：利用菜单。执行菜单栏中的[窗口]|[字符]或[段落]命令，即可打开[字符]或[段落]面板。

方法2：利用工具栏。在工具栏中选择文字工具；或输入的文字处于激活状态时，在工具栏中单击[切换字符和段落面板]按钮，[字符]和[段落]面板分别如图5.2、图5.3所示。

图5.2 [字符]面板

图5.3 [段落]面板

5.2 文字属性

创建文字后，在时间线面板中，将出现一个文字层，展开[文本]列表选项，将显示出文字属性选项，如图5.4所示。在这里可以修改文字的基本属性。下面讲解基本属性的修改方法，并通过实例详述常用属性的动画制作技巧。

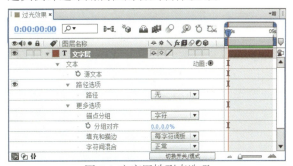

图5.4 文字属性列表选项

Tips

在时间线面板中展开[文本]列表选项,[更多选项]中,还有几个选项,这几个选项的应用比较简单,主要用来设置定位点的分组形式、组排列、填充与描边的关系、文字的混合模式,这里不再以实例讲解。下面主要用实例讲解[动画]和[路径选项]的应用。

· 经验分享 ·

文字[动画]

在[文本]列表选项右侧,有一个动画按钮 动画:●,单击该按钮,将弹出一个菜单,该菜单中包含了文字的动画制作命令,选择某个命令后,在[文本]列表选项中将添加该命令的动画选项,通过该选项,可以制作出更加丰富的文字动画效果。

实战 5-1 文字随机透明动画

前面讲解了动画 动画:● 菜单中各选项的功能,下面来利用菜单选项,制作一个随机文字透明动画,操作如下。

1 执行菜单栏中的[文件]|[导入]|[文件]命令,
Step 或在[项目]面板中双击,打开[导入文件]对话框,选择配套光盘中的"工程文件\第4章\文字随机透明动画\背景.jpg"素材,效果如图5.5所示。

2 单击【导入】按钮,此时会在[项目]面板
Step 中看到导入的素材,如图5.6所示。

图 5.5 [导入文件]对话框   图 5.6 导入后效果

3 选择"背景.jpg"层,将其直接拉入时间线
Step 面板里,以"背景.jpg"层为合成,如图5.7所示。

图 5.7 创建新合成

4 执行菜单栏中的[图层]|[新建]|[文本]
Step 命令,创建文字层,然后输入文字"The picturesque"如图5.8所示。

图 5.8 输入文字

5 设置文字字号为150像素,选中"The
Step picturesque"文字,填充颜色为白色。参数的设置如图5.9所示,设置后的效果如图5.10所示。

图 5.9 调整文字属性　　图 5.10 调整后效果图

8 Step　此时在文字层列表选项中，出现一个 [动画制作工具 1] 的选项组，通过该选项组进行随机透明动画的制作。将该选项组下的 [不透明度] 的值设置为 0%，以便制作透明动画，如图 5.13 所示。

6 Step　选择"The picturesque"文字层，按 P 键，单开 [位置] 属性，修改值为（271，362），效果如图 5.11 所示。

图 5.11 调整 [位置] 属性

9 Step　展开 [动画制作工具 1] 选项组中的 [范围选择器 1] 选项组，单击 [起始] 选项左侧码表按钮，在 00:00:00:00 帧位置添加一个关键帧，并修改 [起始] 的值为 0%，如图 5.14 所示。

7 Step　调整时间到 00:00:00:00 帧的位置，在时间线面板中展开文字层，然后单击 [文本] 右侧的动画按钮，在弹出的菜单中选择 [不透明度] 命令，如图 5.12 所示。

图 5.14 添加关键帧修改 [起始] 的值

10 Step　调整时间到 00:00:04:00 帧的位置，修改 [起始] 的值为 100%，系统自动建立一个关键帧，如图 5.15 所示。

图 5.12 选择 [不透明度] 命令

图 5.15 修改 [起始] 的值

· 经验分享 ·

关于拖动吸附设置

　　在时间线面板中拖动素材和时间滑块的时候按住 Shift 键，可以让拖动动作自动锁定到素材的入点、出点、标记点或者任何一个可见到的关键帧。同样，在拖动关键帧的时候，按住 Shift 键也有一样的效果。简单地说，按住 Shift 键就像启用了吸附功能一样。

11 Step　此时，按空格键或小键盘上的 0 键预览动画效果，其中几帧的效果如图 5.16 所示。

图 5.16 文字逐渐透明的几帧画面效果

12 Step　从动画预览中可看到，文字只是逐个透明显示动画，而不是随机透明的动画效果，这就需要设置随机效果，展开 [范围选择器 1] 选项组

中的 [高级] 选项组，设置 [随机排序] 为 [开]，打开随机化命令，如图 5.17 所示。

图 5.17 打开随机化设置

Step 13 这样文字的随机透明动画就制作完成了，按空格键或小键盘上的 0 键预览动画效果，其中几帧的效果如图 5.18 所示。

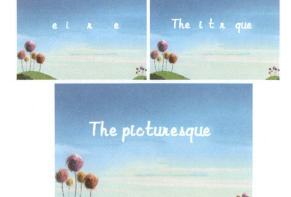

图 5.18 其中的几帧动画效果

· 经验分享 ·

关于透明背景

After Effects 也可以显示一个类似 Photoshop 中的透明网格背景，以方便图像的查看。可以通过两种方法打开透明网格背景。一是从 [合成] 窗口菜单中选择 [透明网格] 命令；二是在 [合成] 窗口底部单击 [切换透明网格] 按钮。

实战 5-2 路径

在 [路径选项] 列表中，有一个 [路径] 选项，通过它可以制作一个路径文字，在 [合成] 窗口创建文字并绘制路径，然后通过 [路径] 右侧的菜单，可以制作路径文字效果。

路径文字设置及显示效果，如图 5.19 所示。

图 5.19 路径文字设置及显示效果

在应用路径文字后，在 [路径选项] 列表中，将多出 5 个选项，用来控制文字与路径的排列关系，如图 5.20 所示。

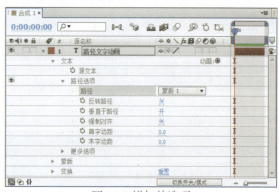

图 5.20 增加的选项

这 5 个选项的应用及说明，如下所示。

- [反转路径]：该选项可以将路径上的文字进行反转，反转前后效果如图 5.21 所示。

[反转路径] 为关和开

图 5.21 反转前后效果对比

- [垂直于路径]：该选项控制文字与路径的垂直关系，如果开启垂直功能，不管路径如何变化，文字始终与路径保持垂直，应用前后的效果对比，如图 5.22 所示。

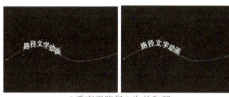

[垂直于路径] 为关和开

图 5.22 与路径垂直应用前后效果对比

- [强制对齐]：强制将文字与路径两端对齐。如果文字过少，将出现文字分散的效果，应用前后的效果对比，如图 5.23 所示。

[强制对齐] 为关和开

图 5.23 强制对齐应用前后效果对比

- [首字边距]：用来控制开始文字的位置，通过后面的参数调整，可以改变首字在路径上的位置。
- [末字边距]：用来控制结束文字的位置，通过后面的参数调整，可以改变终点文字在路径上的位置。

实战 5-3 路径文字动画

前面讲解了 [路径] 选项的基本使用知识，下面通过实例来详述 [路径] 选项的应用方法及动画制作技巧。

Step 1 执行菜单栏中的 [文件][导入][文件] 命令，或在 [项目] 面板中双击，打开 [导入文件] 对话框，选择配套光盘中的"工程文件\第4章\路径文字动画\世界之最.jpg"素材，效果如图 5.24 所示。

Step 2 单击【打开】按钮，此时会在 [项目] 面板中看到导入的素材，如图 5.25 所示。

图 5.24 [导入文件] 对话框　　图 5.25 导入后效果

Step 3 选择"世界之最 .jpg"素材，将其直接拉入时间线面板里，以"世界之最 .jpg"层为合成，如图 5.26 所示。

图 5.26 合成效果

· 经验分享 ·

关于拖动吸附设置

在使用时间线面板调整素材时，有时候需要将时间线面板中的 [时间标尺] 进行缩放，此时可以按键盘上的 +（加号）和 -（减号）键对其进行缩放处理，其中 +（加号）可以放大时间标尺，-（减号）可以缩小时间标尺。

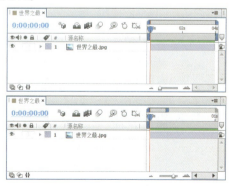

Step 4 执行菜单栏中的 [图层] | [新建] | [文本] 命令，创建文字层，然后输入文字"世界之最 源于中国"，如图 5.27 所示。

图 5.27 输入文字

Step 5 执行菜单栏中的 [窗口] | [字符] 命令，打开 [字符] 面板。设置文字字号为 30 像素，填充颜色为白色。参数的设置如图 5.28 所示。

图 5.28 调整文字属性

Step 6 建立路径。选择文字层并单击工具栏中的 [钢笔工具] ，在 [合成] 窗口中沿山的外形绘制一条曲线，注意控制曲线的弯曲度，如图 5.29 所示。

图 5.29 绘制路径

Step 7 绘制曲线后，在文字层列表中将出现一个 [蒙版] 选项，展开该选项，可以看到刚绘制的曲线 [蒙版 1]，这就是刚绘制的路径。在文字层中，展开 [路径选项] 选项组，单击 [路径] 右侧的 无 ▼ 按钮，在弹出的菜单中选择"[蒙版 1]"命令，如图 5.30 所示。

图 5.30 选择"[蒙版 1]"命令

Step 8 此时，在 [合成] 窗口中，可以看到文字自动沿路径排列的效果，如图 5.31 所示。

图 5.31 沿路径排列效果

Step 9 调整时间到 00:00:00:00 帧的位置，在时间线面板中展开 [路径选项] 选项组，单击 [首字边距] 左侧的码表按钮 ，在当前位置建立关键帧，修改 [首字边距] 的值为 680，如图 5.32 所示。

图 5.32 建立关键帧修改首字位置的值

Step 10 调整时间到 00:00:10:00 帧的位置，修改 [首字边距] 的值为 -270，如图 5.33 所示。

图 5.33 设置 [首字边距] 的值

11 | 这样文字路径动画就制作完成了，按空格键
Step | 或小键盘上的 0 键预览动画效果，其中几帧
的效果如图 5.34 所示。

图 5.34 其中几帧的效果

· 经验分享 ·

关于居中时间滑块

在时间线面板中的[时间标尺]被放大情况下，按键盘上的D键，可以让当前时间滑块所指的位置自动居中。

5.3 其他文字的应用

除了使用文字工具和菜单命令来创建文字外，在 After Effects CC 软件中，还可以通过 [效果和预设] 中的 [过时] 特效选项中的特效来创建文字。

在 [过时] 特效选项中，包括两种文字，[基本文字] 和 [路径文本]，如图 5.35 所示。与文字工具和菜单命令不同的是，使用特效面板中的 [文本] 特效选项来创建文字，首先需要一个层来辅助，一般常用的辅助层是固态层。即这种创建方法，需要首先选择一个现有层，如果没有层便不能应用。

图 5.35 [效果和预设] 面板

5.3.1 基本文字

基本文字与前面讲过的文字非常相似，只不过创建的方式不同，因为特效文字的创建，首先需要一个层来辅助，利用固态层创建基础文字的基本操作方法如下。

1 | 执行菜单栏中的 [图层]|[新建]|[纯色] 命
Step | 令，创建一个固态层，以辅助使用特效文字命令。

2 | 在 [效果和预设] 面板中，展开 [过时] 特
Step | 效选项，然后双击 [基本文字] 选项，打开 [基本文字] 对话框，如图 5.36 所示。

图 5.36 [基本文字] 对话框

3 | 在 [基本文字] 对话框中，输入文字，然后
Step | 单击 [确定] 按钮，即可创建文字。

· 经验分享 ·

关于蒙版与路径的显示

在动画制作或预览时，有时候[合成]窗口中会有一些元素影响视线，比如蒙版、路径等，此时可以通过两种方法将这些元素隐藏。一是按Ctrl＋Shift＋H组合键；二是单击[合成]窗口底部的[切换蒙版和形状路径可见性]按钮。

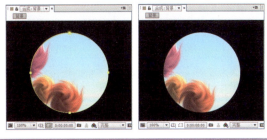

在 [基本文字] 对话框中，包括了对文字基本属性设置的相关命令，不但可以设置字体和字形，还可以通过选择 [方向] 选项组中的 [水平] 或 [垂直] 复选框，来输入横排或直排文字效果。

当选择 [垂直] 复选框时，[旋转] 处于可用状态，它主要设置直排文字的排列形式，通常用于英文中。如果勾选 [旋转] 复选框，文字将产生一个旋转效果；如果不勾选该复选框，文字就不产生旋转效果，勾选前后的效果如图 5.37 所示。

图 5.37 勾选 [旋转] 复选框前后效果对比

[旋转] 复选框只对英文起作用，对中文不起作用。

创建基础文字后，在时间线面板中创建文字的层中，展开其选项列表，将看到一个 [效果] 选项，展开该选项，即可看到创建的 [基本文字] 选项及其属性修改选项。如图 5.38 所示，通过这些选项，可以对文字进行更精确的控制修改。

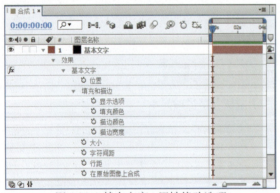

图 5.38 [基本文字] 属性修改选项

下面讲解 [基本文字] 选项中的各属性含义。

- 在 [基本文字] 右侧，有两个蓝色的链接文字。[重置]：当进行参数修改时，如果想返回到默认状态，可以单击该链接，将所有修改重置为默认状态；[编辑文本]：如果对输入的文字不满意，可以单击该文字链接，重新打开 [基本文字] 对话框对文字进行修改。
- [位置]：用来控制输入文字在 [合成] 窗口中的水平和垂直位置。
- [填充和描边]：通过 [显示选项] 右侧的下拉菜单，可以设置文字为 [仅填充]、[仅描边]、[在描边上填充] 或 [在填充上描边]；通过单击 [填充颜色] 和 [描边颜色] 右侧的 色块，打开 [填充颜色] 和 [描边颜色] 对话框，如图 5.39 所示，通过它们可以设置填充或描边的颜色，也可以单击右侧的 吸管工具来吸取颜色；如果文字带有描边，可以通过修改 [描边宽度] 的值来修改描边的宽度。

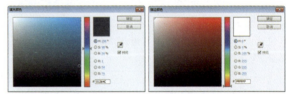

图 5.39 [填充颜色] 和 [描边颜色] 对话框

- [大小]：通过右侧的参数，可以修改文字的字号大小。
- [字符间距]：通过右侧的参数，可以修改文字的间距大小；正值使文字间距变大，负值使文字间距缩小。如果正值或负值过大或过小，还可以将文字位置交换。
- [行距]：通过右侧的参数，可以修改段落文字的行间距。正值使行间距变大，负值使行间距变小。如果正值或负值过大或过小，还可以将行交换。
- [在原始图像上合成]：可以通过单击右侧的文字链接，打开或关闭文字与层之间的合成关系，这样可以控制除文字以外的其他部分是否覆盖原图像。下面是一个创建在花朵层上的文字，关闭与打开 [在原始图像上合成] 的效果对比，如图 5.40 所示。

在原始图像上合成为关 和开
图 5.40 关闭与打开效果对比

5.3.2 路径文本

[路径文本] 与 [基本文字] 的创建方法相同，也是首先需要一个层来辅助，利用固态层创建基

础文字的基本操作方法如下。

Step 1 执行菜单栏中的 [图层] | [新建] | [纯色] 命令，创建一个固态层，以辅助使用特效文字命令。

Step 2 在 [效果和预设] 面板中，展开 [过时] 特效选项，然后双击 [路径文本] 选项，此时，将打开 [路径文字] 对话框，如图 5.41 所示。

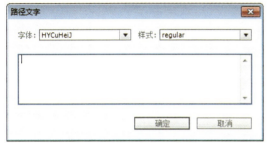

图 5.41 [路径文字] 对话框

Step 3 在 [路径文字] 对话框中，输入文字，然后单击 [确定] 按钮，即可创建路径文字。

创建 [路径文本] 后，在 [效果控件] 面板中，可以看到 [路径文本] 特效，展开该选项，即可看到创建的 [路径文本] 属性修改选项。如图 5.42 所示，通过这些选项，可以对文字进行更精确的控制修改。

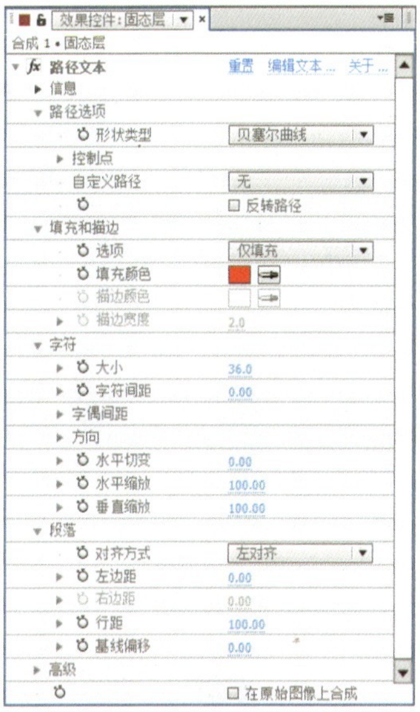

图 5.42 [路径文本] 选项

下面来讲解 [路径文本] 选项中的各属性含义。

- [路径选项]：在该选项中，有多个选项命令。[形状类型] 包含 4 个选项。[贝塞尔曲线] 表示路径为贝塞尔路径，它可以产生两个控制柄，通过修改控制柄，可以修改路径文字的效果；[圆形] 表示路径为圆形，可以通过控制圆心和半径来控制圆的大小及文字的排列；[循环] 路径文字显示与 [圆形] 相同，只是在文字过多的情况下产生不同的效果，[圆形] 的文字过多时，将重叠沿圆周重新排列，而 [循环] 则不会；[线] 表示路径为直线效果。4 种不同形状类型的显示效果，如图 5.43 所示。[控制点] 用来控制前面讲过的 [形状类型] 上的控制点位置。[自定义路径] 与文字工具列表中的 [路径] 选项相同，可以选择其他路径作为路径文字的辅助。[反转路径] 与文字工具列表中的 [反转路径] 选项相同，可以将文字进行反转操作。

[贝塞尔曲线]　　　　　　[圆形]

[循环]　　　　　　　　[线]

图 5.43 4 种不同形状类型的显示效果

- [填充和描边]：主要用来设置文字的填充和描边的颜色、显示及描边的宽度，如图 5.44 所示。

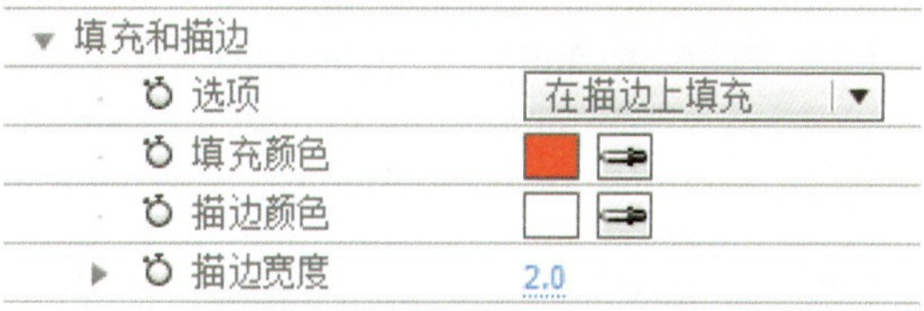

图 5.44 [填充和描边] 选项

- [字符]：主要用来设置文字的大小、字符间距、水平和垂直缩放、水平切变和方向等，如图 5.45 所示。

图 5.45 [字符] 选项

- [段落]：主要用来设置段落文字的对齐方式、左边距、右边距、行距和基线偏移等设置，如图 5.46 所示。

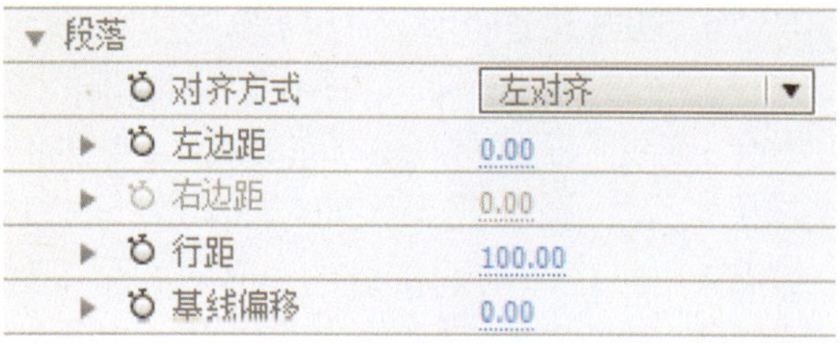

图 5.46 [段落] 选项

- [高级]：用来对字符的可视、淡化、模式和抖动等方面进行设置，如图 5.47 所示。

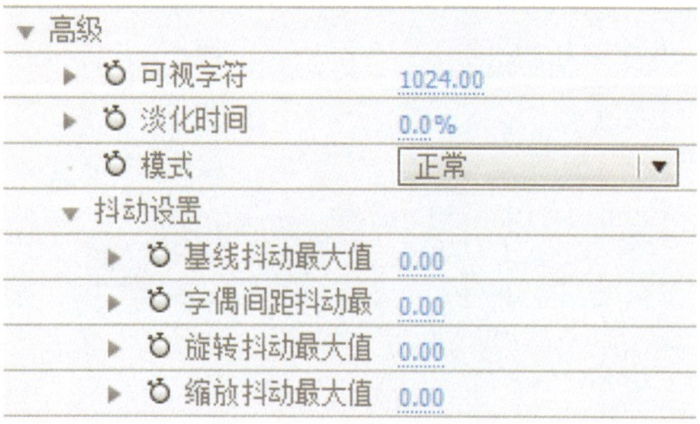

图 5.47 [高级] 选项

实战 5-4 利用可见字符制作机打字动画

前面讲解了 [路径文本] 的基本知识，下面应用路径文字参数中的 [可视字符] 属性，制作机打字动画效果。具体操作步骤如下。

Step 1 执行菜单栏中的 [文件]|[导入]|[文件] 命令，或在 [项目] 面板中双击，打开 [导入文件] 对话框，选择配套光盘中的"工程文件\第 5 章\打字效果\打字背景.jpg"素材，效果如图 5.48 所示。

图 5.48 [导入文件] 对话框

Step 2 单击【导入】按钮，此时会在 [项目] 面板中看到导入的素材，如图 5.49 所示。

图 5.49 导入后效果

Step 3 选择"打字背景"层，将"打字背景"层直接拉入时间线面板里，以"打字背景"层为合成，其他设置如图 5.50 所示。

图 5.50 合成效果

Step 4 首先创建一个固态层。选择 [图层]|[新建]|[纯色] 命令，打开 [纯色设置] 对话框，参数设置如图 5.51 所示。

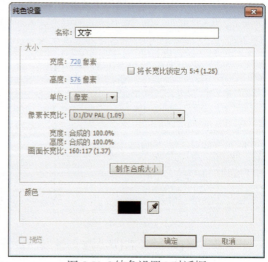

图 5.51 [纯色设置] 对话框

Step 5 确认当前选择"文字"层，在 [效果和预设] 面板中展开 [过时] 选项组，然后双击 [路径文本] 特效，如图 5.52 所示。

6 Step 双击[路径文本]特效后,将打开[路径文字]对话框,在文本框中输入一句话,设置合适的字体和字形,设置如图5.53所示。

图5.52 [效果和预设]面板　　图5.53 [路径文字]对话框

7 Step 单击[确定]按钮后,在合成窗口中可以看到此时的文字效果,如图5.54所示。

图5.54 文字效果

· 经验分享 ·

关于层顺序

当时间线面板中出现多个素材层时,层的上下顺序有时候需要调整,记住层顺序调整的快捷键有利于快速的操作。按Ctrl +]组合键可以将当前选择层上移一层;按Ctrl + [组合键可以将当前选择层下移一层;按Ctrl + Shift +]组合键可以将当前选择层移到顶层;按Ctrl + Shift + [组合键可以将当前选择层移到底层。

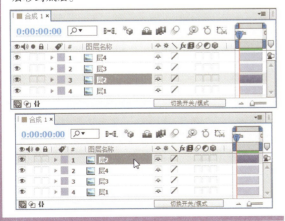

8 Step 在[效果控件]面板中,展开[路径文本]选项组,设置[形状类型]为[线]并调整位置,修改[填充颜色]为白色,[大小]为60,如图5.55所示。此时修改后的文字效果如图5.56所示。

图5.55 参数设置　　图5.56 画面效果

9 Step 制作打字动画。调整时间到00:00:00:00帧位置,在时间线面板中的"文字"层展开[效果]选项组,在[路径文本]选项组中,单击[高级]选项中的[可视字符]左侧的码表按钮,在当前时间建立关键帧,修改[可视字符]的值为0,并为其设置关键帧;调整时间到00:00:03:00帧,修改[可视字符]的值为40,如图5.57所示。

图5.57 设置[可视字符]关键帧

10 Step 这样机打字动画就制作完成了,按空格键或小键盘上的0键预览动画效果,其中几帧的效果如图5.58所示。

图5.58 其中的几帧动画效果

实战5-5 旋转文字动画

本例主要通过[路径文本]特效自带的[形状类型]和[段落]选项,来制作旋转的文字效果。

1 Step 执行菜单栏中的[文件][导入][文件]命令,或在[项目]面板中双击,打开[导

Step 1 入文件]对话框,选择配套光盘中的"工程文件\第5章\旋转文字动画\背景.jpg"素材,效果如图5.59所示。

Step 2 单击【导入】按钮,此时会在[项目]面板中看到导入的素材,如图5.60所示。

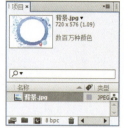

图 5.59 [导入文件]对话框　　图 5.60 导入后效果

Step 3 选择"背景.jpg"层,将"背景.jpg"层直接拉入时间线面板里,以"背景.jpg"层为合成,其他设置如图5.61所示。

图 5.61 合成效果

Step 4 首先创建一个固态层。执行菜单栏中的[图层]|[新建]|[纯色]命令,打开[纯色设置]对话框,参数设置如图5.62所示。

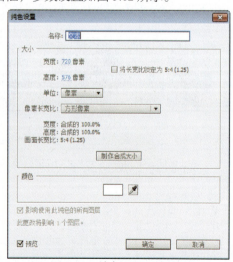

图 5.62 [纯色设置]对话框

Step 5 确认当前选择"文字"层,在[效果和预设]面板中展开[过时]选项组,然后双击[路径文本]特效,如图5.63所示。

Step 6 双击[路径文本]特效后,将打开[路径文本]对话框,在文本框中输入一句话,设置合适的字体和字形,设置如图5.64所示。

图 5.63 双击特效　　图 5.64 [路径文本]对话框

Step 7 单击[确定]按钮后,在合成窗口中可以看到此时的文字效果,如图5.65所示。

图 5.65 文字效果

经验分享

开始和结束时间的快速跳转

按键盘上的Home键,可以将时间快速调整到开始帧位置;按键盘上的End键,可以将时间快速调整到结束帧的位置。

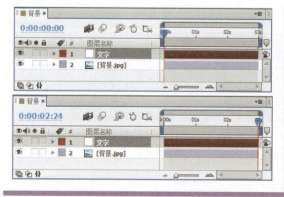

8 Step 在[效果控件]面板中,展开[路径文本]选项组,设置[形状类型]为圆形,并将文字调整到圆环的内边缘位置,如图5.66所示。此时修改后的文字效果如图5.67所示。

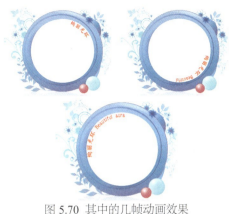

图 5.66 文字参数设置

图 5.67 画面效果

图 5.70 其中的几帧动画效果

9 Step 制作打字动画。调整时间到00:00:00:00帧位置,在时间线面板中的"文字"层展开[效果]选项组,在[路径文本]选项组中,单击[高级]选项中的[可视字符]左侧的码表按钮 ○ ,在当前时间建立关键帧,修改[可视字符]的值为0;调整时间到00:00:02:00帧,修改[可视字符]的值为20,如图5.68所示。

实战 5-6 螺旋飞入的文字

难易程度:★★☆☆
工程文件:配套光盘\工程文件\第5章\螺旋飞入的文字
视频位置:配套光盘\movie\实战5-6 螺旋飞入的文字.avi

技术分析

本例主要讲解螺旋飞入的文字动画。通过为文字层添加[旋转]和[不透明度]属性,制作文字的螺旋飞入效果。本例最终的动画流程效果如图5.71所示。

图 5.68 设置[可视字符]关键帧

10 Step 制作旋转文字动画。调整时间到00:00:00:00帧位置,在时间线面板中的"文字"层展开[效果]选项组,在[路径文本]选项组中,单击[段落]选项中的[左边距]左侧的码表按钮 ○ ,在当前时间建立关键帧,并修改当前的值为"0"。调整时间到00:00:02:24帧位置,修改[左边距]的值为900,如图5.69所示。

图 5.69 设置[左边距]关键帧

11 Step 这样旋转文字动画就制作完成了,按空格键或小键盘上的0键预览动画效果,其中几帧的效果如图5.70所示。

图 5.71 动画流程画面

学习目标

通过制作本例，学习文字 [旋转] 和 [不透明度] 属性的应用，以及添加 Shine（光）特效制作文字的螺旋飞入文字动画的方法。

操作步骤

1. 新建合成制作文字

Step 1 执行菜单栏中的 [合成][新建合成] 命令，打开 [合成设置] 对话框，设置 [合成名称] 为 "螺旋飞入的文字"，[宽度] 为 720px，[高度] 为 480px，[帧速率] 为 25 帧 / 秒，并设置 [持续时间] 为 00:00:04:00 秒，如图 5.72 所示。

图 5.72 合成设置

Step 2 执行菜单栏中的 [文件][导入][文件] 命令，打开 [导入文件] 对话框，选择配套光盘中的 "工程文件 \ 第 5 章 \ 螺旋飞入的文字 \ 夏日田园 .jpg" 素材，如图 5.73 所示。单击【导入】按钮，"夏日田园 .jpg" 素材将导入到 [项目] 面板中。

图 5.73 [导入文件] 对话框

Step 3 在 [项目] 面板中选择 "夏日田园 .jpg" 素材，将其拖动到时间线面板中，如图 5.74 所示。

Step 4 执行菜单栏中的 [图层][新建][文本] 命令，输入文字 "夏日田园"。修改文字的字号为 80 像素，字体的填充颜色为黄色（R:248;G:239；B：103），如图 5.75 所示。

图 5.74 添加素材　　图 5.75 文字参数设置

2. 添加特效

Step 1 选择 "夏日田园" 文字层。在 [效果和预设] 面板中展开 [透视] 特效组，双击 [投影] 特效，如图 5.76 所示。

Step 2 在 [效果控件] 面板中修改 [投影] 特效的参数，设置 [柔和度] 的值为 4，如图 5.77 所示。

图 5.76 添加特效　　图 5.77 设置特效参数

Step 3 在 [效果和预设] 面板中展开 Trapcode 特效组，双击 Shine（光）特效，如图 5.78 所示。

图 5.78 添加光特效

Step 4 将时间调整到 00:00:00:00 帧的位置，在 [效果控件] 面板中，修改 Shine（光）特效的参数，单击 Source Point（源点）左侧的码表按钮，在当前时间设置关键帧，并修改 Source Point（源点）的值为（24，148）;展开 [彩色化] 选项栏，在 [彩色化] 右侧的下拉菜单中选择 None（无）选项；然后在 Transfer Mode（转换模式）右侧的下拉菜单中选择 Add（相加），如图 5.79 所示。

图 5.79 设置光特效的参数

改 [旋转] 的值为 4x+0°，[不透明度] 的值为 0%，如图 5.81 所示。

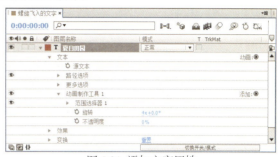

图 5.81 添加文字属性

Step 5 将时间调整到 00:00:03:10 帧的位置，修改 Source Point（源点）的值为（224，144）；如图 5.80 所示。

图 5.80 设置光属性的关键帧动画

Step 2 展开"夏日田园"层的 [更多选项] 选项栏，在 [锚点分组] 右侧的下拉菜单中选择 [行]，设置 [分组对齐] 的值为（-46，0）；展开 [动画制作工具 1][范围选择器 1]，设置 [结束] 的值为 68%，[偏移] 的值为 -55%，然后单击 [偏移] 左侧的码表按钮 🕛，在 00:00:00:00 帧的位置设置关键帧，如图 5.82 所示。

图 5.82 设置文字动画的关键帧

· 经验分享 ·

关于时间的轻移

在动画制作过程中，经常会对时间进行轻移操作，比如将时间向左或向右移动一帧。按 Page Up 键可以将时间向左移动一帧；按 Page Down 键可以将时间向右移动一帧；如果按 Shift + Page Up 组合键则可以将时间向左移动 10 帧；按 Shift + Page Down 组合键可以将时间向右移动 10 帧。

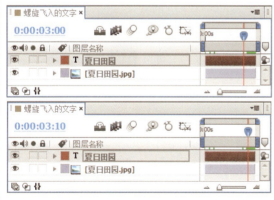

Step 3 将时间调整到 00:00:03:10 帧的位置，修改 [偏移] 的值为 100%，然后展开 [高级] 选项栏，在 [形状] 右侧的下拉菜单中选择 [上斜坡]，如图 5.83 所示。

图 5.83 设置动画属性

4. 开启动态模糊效果

Step 1 在时间线面板中，首先单击"夏日田园"右侧属性区的运动模糊图标 ，打开运动模糊选项，如图 5.84 所示。

3. 建立文字动画

Step 1 执行菜单栏中的 [动画][动画文本][旋转] 和 [不透明度] 命令，为文字添加属性，修

图 5.84 开启动态模糊效果

2 这样就完成了"螺旋飞入文字"的整体制作。
Step 按小键盘上的 0 键,在合成窗口中预览动画。

实战 5-7 文字动画

难易程度:★★★☆
工程文件:配套光盘\工程文件\第5章\文字动画
视频位置:配套光盘\movie\实战5-7 文字动画.avi

技术分析

本例主要讲解文字动画。首先利用输入文字作为粒子替换的层,然后利用 CC Particle World (CC 仿真粒子世界)特效并使用粒子替换制作文字动画效果。本例最终的动画流程效果如图 5.85 所示。

图 5.85 动画流程画面

学习目标

通过制作本例,学习 [横排文字工具] 的使用方法,掌握 CC Particle World(CC 仿真粒子世界)

特效粒子替换的技巧。

操作步骤

1. 建立合成

1 执行菜单栏中的 [合成][新建合成] 命令,
Step 打开 [合成设置] 对话框,设置 [合成名称]
为"文字动画",[宽度] 为 720px,[高度] 为
480px,[帧速率] 为 25 帧 / 秒,并设置 [持续时间]
为 00:00:05:00 秒,如图 5.86 所示。

图 5.86 合成设置

2 执行菜单栏中的 [文件][导入][文件] 命令,
Step 打开 [导入文件] 对话框,选择配套光盘中的"工程文件\第5章\文字动画\背景图 .jpg"素材,单击【导入】按钮,"背景图 .jpg"素材将导入到 [项目] 面板中,如图 5.87 所示。

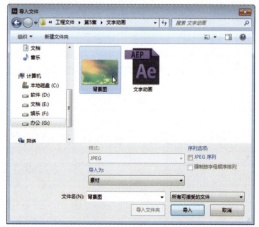

图 5.87 [导入文件] 对话框

3 在 [项目] 面板中选择"背景图 .jpg"素材,
Step 将其拖动到时间线面板中,如图 5.88 所示。

图 5.88 添加素材

Step 4 单击工具栏中的 [横排文字工具]，输入"开心"，设置字体大小为 75 像素，字体填充颜色为黄色（R：255；G：244；B：155），如图 5.89 所示。

图 5.89 [字符] 面板

· 经验分享 ·

关于合成窗口的缩放

合成窗口的缩放在动画制作中非常重要，特别是细节制作时，按 Ctrl+-（减号）组合键可以将 [合成] 窗口缩小；按 Ctrl++（加号）组合键可以将 [合成] 窗口放大。

Step 5 在"文字动画"合成的时间线面板中，按 Ctrl+Y 组合键打开 [纯色设置] 对话框，修改 [名称] 为"粒子"，设置 [颜色] 为黑色，如图 5.90 所示。

图 5.90 [纯色设置] 对话框

2. 添加特效

Step 1 选择"粒子"层，在 [效果和预设] 面板中，展开 [模拟] 特效组，双击 CC Particle World（CC 仿真粒子世界）特效，如图 5.91 所示。

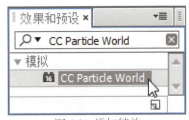

图 5.91 添加特效

Step 2 将时间调整到 00:00:00:00 帧的位置，在 [效果控件] 面板中，设置 Birth Rate（出生率）的值为 4，单击 Birth Rate（出生率）左侧的码表按钮，在当前时间建立关键帧，设置 Longevity（寿命）的值为 1.29，如图 5.92 所示。

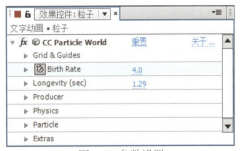

图 5.92 参数设置

3 Step 展开 Producer（发生器）选项栏，设置 Radius X（*X* 轴半径）的值为 0.625，Radius Y（*Y* 轴半径）的值为 0.485，Radius Z（*Z* 轴半径）的值为 7.215，如图 5.93 所示。

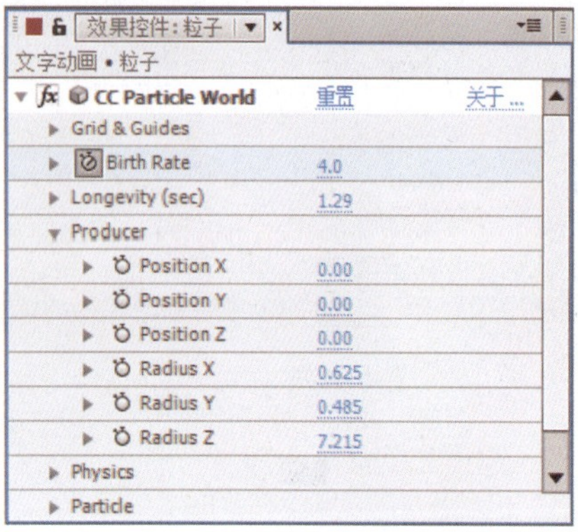

图 5.93 发生器参数设置

4 Step 展开 Particle（粒子）选项栏，在 Particle Type（粒子类型）右侧的下拉列表选择 Textured QuadPolygon（纹理四边形），从 Texture Layer（纹理层）下拉菜单中选择“开心”文字层，设置 Birth Size（生长大小）的值为 11，Death Size（消逝大小）的值为 9，如图 5.94 所示。

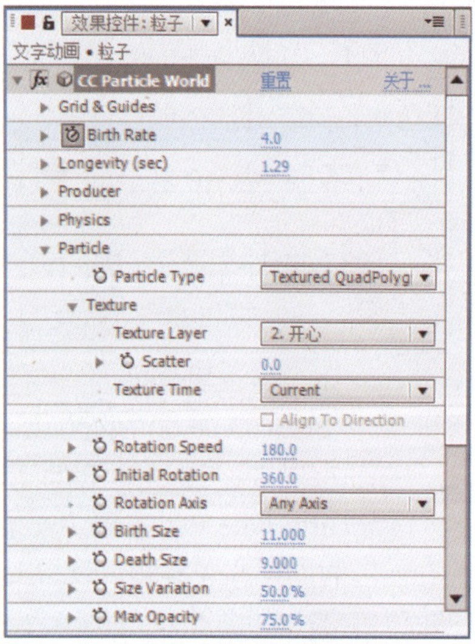

图 5.94 粒子参数设置

5 Step 将时间调整到 00:00:04:24 帧的位置，设置 Birth Rate（出生率）的值为 0，系统将会自动记录关键帧，如图 5.95 所示。

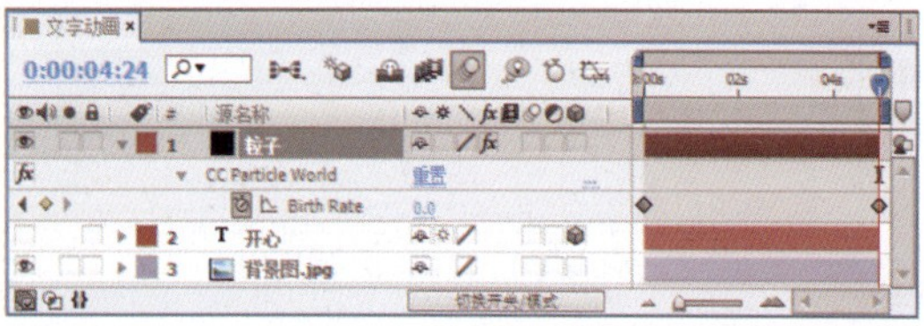

图 5.95 关键帧动画

6 Step 这样就完成了“文字动画”的制作，按小键盘上的 0 键预览动画效果。然后将文件保存并输出动画效果。

实战 5-8 绚丽文字

难易程度：★★★☆
工程文件：配套光盘\工程文件\第5章\绚丽文字
视频位置：配套光盘\movie\实战5-8 绚丽文字.avi

技术分析

本例主要讲解绚丽文字动画。利用文字动画里的 [模糊]、[位置]、[缩放] 特效制作绚丽文字动画。本例最终的动画流程效果如图 5.96 所示。

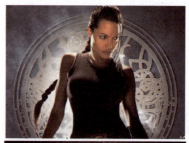

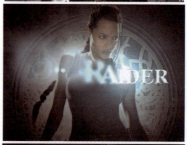

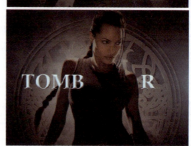

图 5.96 动画流程画面

学习目标

通过制作本例，学习文字属性在文字动画中的使用方法，学习 [镜头光晕] 和 [色相 / 饱和度] 的使用方法。

操作步骤

1. 建立合成

Step 1 执行菜单栏中的 [合成][新建合成] 命令，打开 [合成设置] 对话框，设置 [合成名称] 为"绚丽文字"，[宽度] 为 720px，[高度] 为 480px，[帧速率] 为 25 帧/秒，并设置 [持续时间] 为 00:00:03:00 秒，如图 5.97 所示。

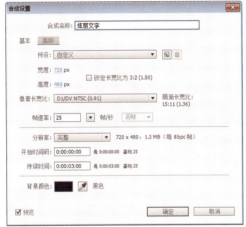

图 5.97 合成设置

Step 2 执行菜单栏中的 [文件][导入][文件] 命令，打开 [导入文件] 对话框，选择配套光盘中的"工程文件\第 5 章\绚丽文字\背景.jpg"素材，单击 [导入] 按钮，"背景.jpg"素材将导入到 [项目] 面板中，如图 5.98 所示。

图 5.98 [导入文件] 对话框

Step 3 在 [项目] 面板中选择"背景.jpg"素材，将其拖动到时间线面板中。

Step 4 在"绚丽文字"合成的时间线面板中，按 Ctrl+Y 组合键，打开 [纯色设置] 对话框，设置固态层 [名称] 为"蒙版"，[颜色] 为黑色，如图 5.99 所示。

图 5.99 添加固态层

Step 5 选择工具栏中的 [椭圆工具] 在合成窗口中绘制一个椭圆，如图 5.100 所示。

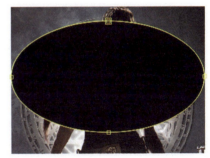

图 5.100 绘制椭圆

·经验分享·

手动调整工作区的吸附功能

在进行动画的制作中，新合成的大小比例会有所不同，比如[方形像素]的比例为 1∶1；而其他的比例可能就不是方形的，比如D1/DV PAL（1.09），这时如果绘制正方形或正圆时，就会感觉不正，为了工作的方便，可以在[合成]窗口菜单中，选择[视图选项]命令，打开[视图选项]对话框，选中[像素长宽比校正]复选框，即可纠正显示的问题。不过需要注意的是，这种改变只是在视觉上显示，实际的输出并不会改变。

6 | 在时间线面板中,展开"蒙版"层的 [蒙版][蒙版 1] 选项组,选择 [反转] 复选框,并设置 [蒙版羽化] 的值为(400,400),如图 5.101 所示。

图 5.101 设置蒙版参数

2. 制作文字动画

1 | 单击工具栏中的 [横排文字工具] T,输入"TOMB RAIDER"。设置字体大小为 70 像素,字体填充颜色为浅蓝色(R:200;G:235;B:250),如图 5.102 所示。

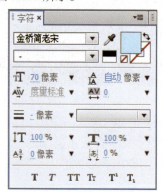

图 5.102 [字符] 面板设置

2 | 在时间线面板中展开文字层,单击 [文本] 右侧的"动画"按钮,在弹出的菜单中选择 [模糊]。

3 | 在 [文本] 选项组中出现一个 [动画制作工具 1] 的选项组,然后单击 [动画制作工具 1] 右侧的 添加: ● 按钮,从弹出的菜单中分别选择 [缩放]、[不透明度]、[填充颜色]、[模糊],如图 5.103 所示。

4 | 在 [范围选择器 1] 选项组中设置 [缩放] 的值为(500,500),[不透明度] 的值为 0%,[填充颜色] 为浅蓝色(R:165, G:218, B:255),[模糊] 的值为(100,100),如图 5.104 所示。

图 5.103 添加属性

图 5.104 设置参数

5 | 展开 [动画制作工具 1][范围选择器 1][高级] 选项组,从 [形状] 右侧的下拉列表中选择 [下斜坡],如图 5.105 所示。

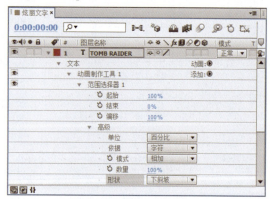

图 5.105 选择 Ramp Down

6 | 调整时间到 00:00:00:00 帧的位置,展开 [动画制作工具 1][范围选择器 1] 选项组,单击 [偏移] 选项左侧码表按钮 ⏱,并修改 [偏移] 的值为 100%,如图 5.106 所示。

图 5.106 添加关键帧

7 | 调整时间到 00:00:01:11 帧的位置，修改 [偏移] 的值为 -100%，如图 5.107 所示。
Step

图 5.107 关键帧设置

8 | 在时间线面板中展开文字层，单击 [文本] 右侧的"动画"按钮，在弹出的菜单中选择
Step [位置]，此时在 [文本] 选项组中出现一个 [动画制作工具 2]，修改 [位置] 的值为（545，0），如图 5.108 所示。

图 5.108 添加 [动画制作工具 2]

9 | 调整时间到 00:00:01:11 帧的位置，展开 [动画制作工具 2] 选项组中的 [范围选择器 1]
Step 选项组，单击 [起始] 选项左侧码表按钮，并修改 [起始] 的值为 100%，如图 5.109 所示。

图 5.109 关键帧设置

10 | 调整时间到 00:00:02:15 帧的位置，修改 [起始] 的值为 0%，如图 5.110 所示。
Step

图 5.110 关键帧动画

11 | 在时间线面板中单击 [运动模糊] 按钮，并启用文字层的 [运动模糊]，如图 5.111
Step 所示。

图 5.111 开启 [运动模糊]

· 经验分享 ·

关于属性显示快捷键

快捷键的使用可以大大提高工作效率，比如在设置动画属性时，单独显示一个属性非常有得动画的制作。如按P键可以单独显示[位置]属性；按T键可以单独显示[不透明度]属性；按E键可以当前层的特效；按M键可以展开当前层的[蒙版]等。另外，对一个键连按两次还有其他功能，如连续按M两次，将展开当前层的[蒙版]属性。

3. 制作光晕特效

1 | 在时间线面板中按 Ctrl+Y 组合键，打开 [纯色设置] 对话框，设置固态层 [名称] 为"光
Step 晕"，[颜色] 为黑色，如图 5.112 所示。

图 5.112 添加固态层

Step 2 选择"光晕"层,在[效果和预设]面板中,展开[生成]特效组,双击[镜头光晕]特效,如图 5.113 所示。

图 5.113 添加特效

Step 3 选择"光晕"层,单击右侧的 正常 按钮,从弹出的下拉菜单中选择[相加]模式,如图 5.114 所示。

图 5.114 相加模式

Step 4 在[效果控件]面板中修改[镜头光晕]特效参数,从[镜头类型]右侧的下拉列表中选择[105 毫米定焦]选项,如图 5.115 所示。

图 5.115 参数设置

Step 5 调整时间到 00:00:00:00 帧的位置,修改[镜头光晕]特效参数,设置[光晕中心]的值为(-73,244),单击[光晕中心]左侧的码表按钮 ,在此位置建立关键帧,如图 5.116 所示。

图 5.116 设置关键帧

Step 6 调整时间到 00:00:01:13 帧的位置,修改[镜头光晕]特效参数,设置[光晕中心]的值为(784,250),系统自动建立一个关键帧,如图 5.117 所示。

图 5.117 关键帧动画

Step 7 选择"光晕"层,在[效果和预设]面板中展开[颜色校正]特效组,双击[色相/饱和度]特效,如图 5.118 所示。

Step 8 在[效果控件]面板中修改[色相/饱和度]特效参数,选中[彩色化]复选框,设置[着色色相]的值为 196°,[着色饱和度]的值为 43,如图 5.119 所示。

图 5.118 添加特效　　图 5.119 参数设置

Step 9 这样就完成了"绚丽文字"的制作,按小键盘上的 0 键预览动画效果。然后将文件保存并输出动画效果。

实战 5-9 小清新字

难易程度:★☆☆☆
工程文件:配套光盘\工程文件\第5章\小清新字
视频位置:配套光盘\movie\实战5-9 小清新字.avi

技术分析

本例主要讲解小清新字动画的制作。利用 [投影] 特效和 [斜面和浮雕] 特效使字体有立体感觉，利用文字 [倾斜] 属性制作动画效果。本例最终的动画流程效果如图 5.120 所示。

图 5.120 动画流程画面

学习目标

通过制作本例，学习 [投影] 特效、[斜面和浮雕] 特效的使用方法，掌握文字 [倾斜] 属性在动画中的应用技巧。

操作步骤

1. 新建总合成

Step 1 执行菜单栏中的 [合成] | [新建合成] 命令，打开 [合成设置] 对话框，设置 [合成名称] 为"背景"，[宽度] 为 720px，[高度] 为 480px，[帧速率] 为 25 帧/秒，并设置 [持续时间] 为 00:00:05:00 秒，如图 5.121 所示。

Step 2 执行菜单栏中的 [文件] | [导入] | [文件] 命令，打开 [导入文件] 对话框，选择"工程文件\第5章\小清新字\背景图.jpg"素材，如图 5.122 所示。单击 [导入] 按钮，"背景图.jpg"素材将导入到 [项目] 面板中。

图 5.121 合成设置

图 5.122 [导入文件] 对话框

Step 3 将"背景图.jpg"拖动到时间线面板中，单击工具栏中的 [横排文字工具]，设置颜色为浅绿色（R：207；G：217；B：192），字体大小为 65 像素，字间距为 30，并将字体加粗和倾斜，如图 5.123 所示。

Step 4 在合成窗口输入文字"I say what I believe"，如图 5.124 所示。

图 5.123 [字符] 面板

图 5.124 文字

· 经验分享 ·

关于U键的使用

在动画制作过程中，显示关键帧才能更好地控制关键帧，而要显示关键帧，只需要按U键，即可展开当前层的所有关键帧属性。如果按U键两次，可以展开当前层修改过参数的属性。

U 键显示效果

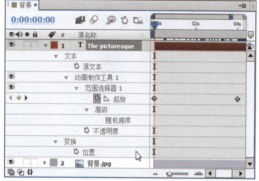
按两次 U 键显示效果

2. 制作立体字效果

Step 1 单击文字层在[效果和预设]面板中展开[透视]特效组，双击[投影]特效，如图 5.125 所示。

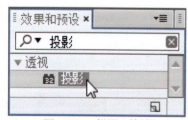
图 5.125 [投影] 特效

Step 2 在[效果控件]面板中，设置[柔和度]的值为 6，如图 5.126 所示。

Step 3 在时间线面板中，在文字层上单击鼠标右键，从弹出的快捷菜单中选择[图层样式][斜面和浮雕]命令。

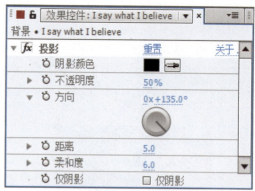
图 5.126 参数值

Step 4 将时间调整到 00:00:00:00 帧的位置，展开文字层，单击 [文本] 右侧的三角形按钮，选择 [倾斜] 命令，设置 [倾斜] 的值为 70，[倾斜轴] 的值为 150°；展开 [文本][动画制作工具 1][范围选择器 1] 选项组，设置 [起始] 的值为 0%，单击 [起始] 左侧的码表按钮，在当前位置设置关键帧，如图 5.127 所示。

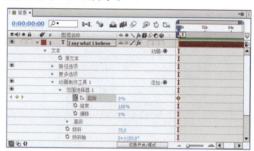
图 5.127 设置 [起始] 的数值

Step 5 将时间调整到 00:00:04:24 帧的位置，设置 [起始] 的值为 100%，系统自动设置关键帧，如图 5.128 所示。

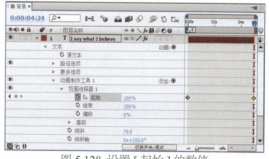
图 5.128 设置 [起始] 的数值

Step 6 这样就完成了小清新字效果的整体制作，按小键盘上的 0 键，即可在合成窗口中预览动画。

第 6 章
色彩校正与键控抠像

内容摘要

在影视制作中,图像的处理经常需要对图像进行颜色调整及抠图,本章重点讲解色彩校正及键控抠像。色彩的调整主要是通过对图像的明暗、对比度、饱和度及色相的调整,来达到改善图像质量的目的,以更好地控制影片的色彩信息,制作出理想的视频画面效果。键控抠像是合成图像中不可缺少的部分,它可以通过前期的拍摄和后期的处理,使影片的合成更加真实。

教学目标

- → 了解色彩调整的应用
- → 学习各种色彩校正的含义及使用方法
- → 掌握利用色彩校正美化图像的技巧
- → 掌握色彩动画的制作技巧
- → 了解各种抠像特效的使用方法
- → 掌握素材抠像的技巧

6.1 色彩调整的应用方法

要使用色彩调整特效进行图像处理，首先要学习色彩调整的使用方法，应用色彩调整的操作方法如下。

Step 1 在时间线面板中选择要应用色彩调整特效的层。

Step 2 在 [效果和预设] 面板中展开 [颜色校正] 特效组，然后双击其中的某个特效选项。

Step 3 打开 [效果控件] 面板，修改特效的相关参数。

6.2 使用 [颜色校正] 特效组

在图像处理过程中经常需要进行图像颜色调整工作，比如调整图像的色彩、色调、明暗度及对比度等。在 After Effects 软件中提供了许多调整图像色调和平衡色彩的命令，包括 [自动颜色]、[自动对比度]、[自动色阶]、[黑色和白色]、[亮度和对比度]、[广播颜色]、CC Color Neutralizer（颜色中和剂）、CC Color Offset（CC 色彩偏移）、CC Kernel（CC 内核）、CC Toner（CC 调色）、[更改颜色]、[更改为颜色]、[通道混合器]、[颜色平衡]、[颜色平衡（HLS）]、[颜色链接]、[颜色稳定器]、[色光]、[曲线]、[色调均化]、[曝光度]、[灰度系数 / 基值 / 增益]、[色相 / 饱和度]、[保留颜色]、[色阶]、[色阶（单独控件）]、[照片滤镜]、[PS 任意映射]、[可选颜色]、[阴影 / 高光]、[色调]、[三色调]、[自然饱和度] 等选项，本节将详细介绍有关图像色彩校正命令的使用方法。

6.2.1 自动颜色

该特效将对图像进行自动色彩的调整，图像值如果和自动色彩的值相近，图像应用该特效后变化效果较小。应用该特效的参数设置及应用前后效果，如图 6.1 所示。

图 6.1 应用 [自动颜色] 的前后效果及参数设置

该特效的各项参数含义如下。

- [瞬时平滑（秒）]：用来设置时间滤波的时间秒数。
- [场景检测]：勾选该复选框，将进行场景检测。
- [修剪黑色]：设置图像的黑场。
- [修剪白色]：设置图像的白场。
- [对齐中性中间调]：勾选该复选框，将对中间色调进行吸附设置。
- [与原始图像混合]：设置混合的初始状态。

· 经验分享 ·

打开或关闭特效控制面板

按F3键，可以快速打开或关闭[效果控件]面板。

6.2.2 自动对比度

该特效将对图像的自动对比度进行调整，如果图像值和自动对比度的值相近，应用该特效后图像变化效果较小。应用该特效的参数设置及应用前后效果，如图 6.2 所示。

图 6.2 应用 [自动对比度] 的前后效果及参数设置

该特效的各项参数含义如下。

- [瞬时平滑（秒）]：用来设置时间滤波的时间秒数。

- [场景检测]:勾选该复选框，将进行场景检测。
- [修剪黑色]:设置图像的黑场。
- [修剪白色]:设置图像的白场。
- [与原始图像混合]:设置混合的初始状态。

6.2.3 自动色阶

该特效对图像进行自动色阶的调整，如果图像值和自动色阶的值相近，应用该特效后图像变化效果较小。应用该特效的参数设置及应用前后效果，如图 6.3 所示。

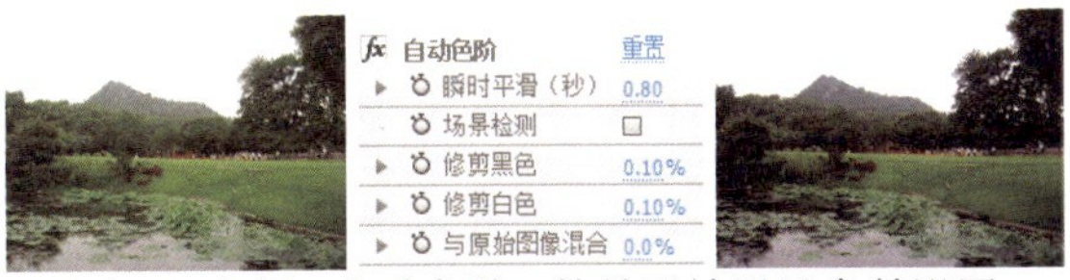

图 6.3 应用 [自动色阶] 的前后效果及参数设置

该特效的各项参数含义如下。

- [瞬时平滑（秒）]:用来设置时间滤波的时间秒数。
- [场景检测]:勾选该复选框，将进行场景检测。
- [修剪黑色]:设置图像的黑场。
- [修剪白色]:设置图像的白场。
- [与原始图像混合]:设置混合的初始状态。

6.2.4 黑色和白色

该特效主要用来处理各种黑白图像，创建各种风格的黑白效果，且可编辑性很强。它还可以通过简单的色调应用，将彩色图像或灰度图像处理成单色图像，如图 6.4 所示。

图 6.4 应用 [黑色和白色] 的前后效果及参数设置

该特效的各项参数含义如下。

- [红色]:控制红色区域。
- [黄色]:控制黄色区域。
- [绿色]:控制绿色区域。
- [青色]:控制青色区域。
- [蓝色]:控制蓝色区域。
- [洋红]:控制洋红区域。

- [淡色]:勾选该复选框可以给图层填充颜色。
- [色调颜色]:选择填充的颜色。

6.2.5 亮度和对比度

该特效主要对图像的亮度和对比度进行调节。应用该特效的参数设置及应用前后效果，如图 6.5 所示。

图 6.5 应用 [亮度和对比度] 的前后效果及参数设置

该特效的各项参数含义如下。

- [亮度]:用来调整图像的亮度，正值使亮度提高，负值使亮度降低。
- [对比度]:用来调整图像色彩的对比程度，正值加强色彩对比度，负值减弱色彩对比度。

6.2.6 广播颜色

该特效主要对影片像素的颜色值进行测试，因为电脑本身与电视播放色彩有很大的差别，电视设备仅能表现某个幅度以下的信号，使用该特效就可以测试影片的亮度和饱和度是否在某个幅度以下的信号安全范围内，以免发生不理想的电视画面效果。应用该特效的参数设置及应用前后效果，如图 6.6 所示。

图 6.6 应用 [广播颜色] 的前后效果及参数设置

该特效的各项参数含义如下。

- [广播区域设置]:可以从右侧的下拉菜单中选择广播的制式，分为 NTSC 制和 PAL 制。
- [确保颜色安全的方式]:从右侧的下拉菜单中，可以选择一种获得安全色彩的方式:[降低明亮度] 选项可以减少图像像素的明亮度;[降低饱和度] 选项可以减少图像像素的饱和度，以降低图像的彩色度;[抠出不安全区域] 选项使不安全的图像像素透明;[抠出安全区域] 选项使安全的图像像素透明。
- [最大信号振幅]:设置信号的安全范围，超出的将被改变。

6.2.7 CC Color Neutralizer（颜色中和剂）

该特效主要对影片像素的颜色值进行调整，可以控制图片高光的阴影和中间的色调。应用该特效的参数设置及应用前后效果，如图 6.7 所示。

图 6.7 应用 [颜色中和剂] 的前后效果及参数设置

该特效的各项参数含义如下。

- Shadows Unbalance（阴影不失衡）：控制阴影平衡颜色。
- Midtones Unbalance（中间度失衡）：控制调整中间颜色。
- Highlights Unbalance（强度失衡）：控制强调颜色。
- Highlights（强度）：可以设置 Red（红色）、Green（绿色）、Blue（蓝色）的强度。
- Pinning（锁定）：锁定数值。
- Blend w. Original（混合初始状态）：设置混合的初始状态。

· 经验分享 ·

颜色的快速吸取

在使用色彩校正中的不同命令时，有些命令在设置颜色时会有一个颜色块和吸管工具，除了单击颜色块打开拾色器设置颜色外，还可以选择吸管工具后在图像中直接吸取颜色，这样可以更加直接地快速吸取需要的颜色。

6.2.8 CC Color Offset（CC 色彩偏移）

该特效主要是对图像的红色、绿色、蓝色相位进行调节。应用该特效的参数设置及应用前后效果，如图 6.8 所示。

图 6.8 应用 [CC 色彩偏移] 的前后效果及参数设置

该特效的各项参数含义如下。

- Red / Green / Blue Phase（红色 / 绿色 / 蓝色相位）：用来调节图像的红色 / 绿色 / 蓝色相位的位置。
- Overflow（充满）：用来设置充满方式，可以选择 Warp（弯曲）、Solarize（曝光）或 Polarize（分裂）。

6.2.9 CC Kernel（CC 内核）

该特效主要对图片进行颜色亮度修改。应用该特效的参数设置及应用前后效果，如图 6.9 所示。

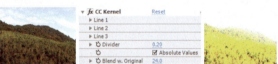

图 6.9 应用 [CC 内核] 的前后效果及参数设置

该特效的各项参数含义如下。

- Line 1（第 1 行）：可以详细调整第 1 行的亮度和颜色。
- Line 2（第 2 行）：可以详细调整第 2 行的亮度和颜色。
- Line 3（第 3 行）：可以详细调整第 3 行的亮度和颜色。
- Divider（分隔）：设置调整时的分隔值。
- Absolute Values（绝对值）：勾选该复选框，将使用绝对值参数。
- Blend w. Original（混合初始状态）：设置混合的初始状态。

6.2.10 CC Toner（CC 调色）

该特效通过对图像的高光颜色、中间色调和阴影颜色的调节来改变图像的颜色。应用该特效的参数设置及应用前后效果，如图 6.10 所示。

图 6.10 应用 [CC 调色] 的前后效果及参数设置

该特效的各项参数含义如下。

- Tones（调色）：指定某种预设的调色。
- Highlights（高光）：利用色块或吸管来设置图像的高光颜色。
- Brights（亮色）：利用色块或吸管来设置图像的亮色。
- Midtones（中间）：利用色块或吸管来设置图像的中间色调。
- Darktons（暗部）：利用 或吸管来设置图像的暗部。
- Shadows（阴影）：利用色块或吸管来设置图像的阴影颜色。
- Blend w. Original（混合初始状态）：用来调整与原图的混合。

6.2.11 更改颜色

该特效可以通过 [要更改的颜色] 右侧的色块或吸管来设置图像中的某种颜色，然后通过色相、饱和度和亮度等对图像进行颜色的改变。应用该特效的参数设置及应用前后效果，如图 6.11 所示。

图 6.11 应用 [更改颜色] 的前后效果及参数设置

该特效的各项参数含义如下。

- [视图]：设置校正颜色的形式，可以选择 [校正的图层] 和 [颜色校正蒙版]。
- [色相变换]、[亮度变换]、[饱和度变换]：分别调整色相、亮度和饱和度的变换。
- [要更改的颜色]：设置要改变的颜色。
- [匹配容差]：用来设置颜色的差值范围。
- [匹配柔和度]：用来设置颜色的柔和度。
- [匹配颜色]：用来设置匹配颜色，可以选择 [使用 RGB]、[使用色相] 或 [使用色度]。
- [反转颜色校正蒙版]：勾选该复选框，可以仅反转当前改变的颜色值区域。

6.2.12 更改为颜色

该特效通过颜色的选择可以将一种颜色直接改变为另一颜色，在用法上与 [更改颜色] 特效有很大的相似之处。应用该特效的参数设置及应用前后效果，如图 6.12 所示。

图 6.12 应用 [更改为颜色] 的前后效果及参数设置

该特效的各项参数含义如下。

- [自]：利用色块或吸管来设置需要替换的颜色。
- [收件人]：利用色块或吸管来设置替换的颜色。
- [更改]：从右侧的下拉菜单中，选择替换颜色的基准。可供选择的有 [色相]、[色相和亮度]、[色相和饱和度] 和 [色相、亮度和饱和度] 选项。
- [更改方式]：设置颜色的替换方式，可以是 [设置为颜色] 或 [变换为颜色]。
- [柔和度]：设置替换颜色后的柔和程度。
- [查看校正遮罩]：勾选该复选框，可将替换后的颜色变为蒙版形式。

6.2.13 通道混合器

该特效主要通过修改一个或多个通道的颜色值来调整图像的色彩。应用该特效的参数设置及应用前后效果，如图 6.13 所示。

图 6.13 应用 [通道混合器] 的前后效果及参数设置

该特效的各项参数含义如下。

- [红色 - 红色]、[红色 - 绿色]……：表示图像为 RGB 模式，分别调整红、绿、蓝 3 个通道，表示在某个通道中其他颜色所占的比率，其他类推。
- [红色 - 恒量]、[绿色 - 恒量]……：设置一个常量，确定几个通道的原始数值，添加到前面颜色的通道中，最终效果就是其他通道计算的结果和。

- [单色]：勾选该复选框，图像将变成灰色。

6.2.14 颜色平衡

该特效通过调整图像暗部、中间色调和高光的颜色强度来调整素材的色彩均衡。应用该特效的参数设置及应用前后效果，如图 6.14 所示。

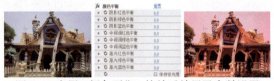

图 6.14 应用 [颜色平衡] 的前后效果及参数设置

该特效的各项参数含义如下。

- [阴影红色平衡]、[阴影绿色平衡]、[阴影蓝色平衡]：这几个选项主要用来调整图像暗部的 RGB 色彩平衡。
- [中间调红色平衡]、[中间调绿色平衡]、[中间调蓝色平衡]：这几个选项主要用来调整图像的中间色调的 RGB 色彩平衡。
- [高光红色平衡]、[高光绿色平衡]、[高光蓝色平衡]：这几个选项主要用来调整图像的高光区的 RGB 色彩平衡。
- [保持发光度]：勾选该复选框，当修改颜色值时，保持图像的整体亮度值不变。

· 经验分享 ·

以素材创建合成

在[项目]面板中，选择某个素材，将其直接拖动到[新建合成] 按钮上，即可以当前素材大小创建一个与当前素材同名并同等大小的新合成。

6.2.15 颜色平衡（HLS）

该特效与 [颜色平衡] 很相似，不同的是该特效不是调整图像的 RGB 而是 HLS，即调整图像的色相、亮度和饱和度各项参数，以改变图像的颜色。应用该特效的参数设置及应用前后效果，如图 6.15 所示。

图 6.15 应用 [颜色平衡（HLS）] 的前后效果及参数

该特效的各项参数含义如下。

- [色相]：调整图像的色调。
- [亮度]：调整图像的明亮程度。
- [饱和度]：调整图像色彩的浓度。

6.2.16 颜色链接

该特效将当前图像的颜色信息覆盖在当前层上，以改变当前图像的颜色，通过不透明度的修改，可以使图像有透过玻璃看画面的效果。应用该特效的参数设置及应用前后效果，如图 6.16 所示。

图 6.16 应用 [颜色链接] 的前后效果及参数设置

该特效的各项参数含义如下。

- [源图层]：在右侧的下拉菜单中，可以选择需要调整颜色的层。
- [示例]：从右侧的下拉菜单中，可以选择一种默认的样品来调节颜色。
- [剪切]：设置调整的程度。
- [不透明度]：设置所调整颜色的透明程度。

6.2.17 颜色稳定器

该特效通过选择不同的稳定方式，然后在指定点通过区域添加关键帧对色彩进行设置。应用该特效的参数设置及应用前后效果，如图 6.17 所示。

图 6.17 应用 [颜色稳定器] 的前后效果及参数设置

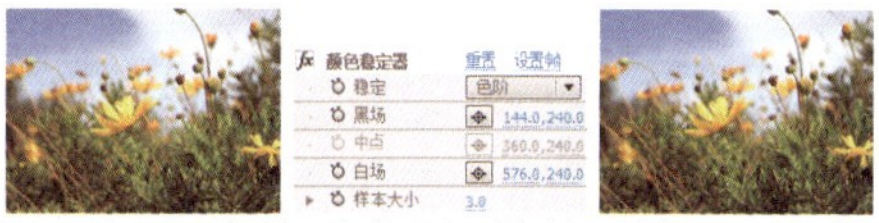

该特效的各项参数含义如下。

- [稳定]：从右侧的下拉菜单中，可以选择稳定的方式。[亮度] 表示在画面中设置一个黑点稳定亮度；[色阶] 表示通过画面中设置的黑点和白点来稳定画面色彩；[曲线] 表示通过在画面中设置黑点、中间点和白点来稳定画面色彩。
- [黑场]：设置一个保持不变的暗点。
- [中点]：在亮点和暗点中间设置一个保持不变的中间色调。
- [白场]：设置一个保持不变的亮点。
- [样本大小]：设置采样区域的大小尺寸。

6.2.18 色光

该特效可以将色彩以自身为基准按色环颜色变化的方式周期变化，产生梦幻色光的填充效果。应用该特效的参数设置及应用前后效果，如图 6.18 所示。

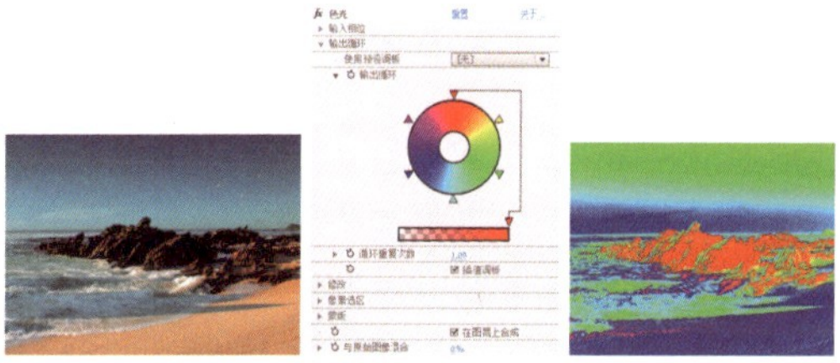

图 6.18 应用 [色光] 的前后效果及参数设置

该特效的各项参数含义如下。

- [输入相位]：该选项中有很多其他的选项，应用比较简单，主要是对 [色光] 的相位进行调整。
- [输出循环]：通过 [使用预设调板] 可以选择预置的多种色样来改变色彩；[输出循环] 可以调节三角色块来改变图像中对应的颜色，在色环的颜色区域单击，可以添加三角色块，将三角色块拉出色环即可删除三角色块；通过 [循环重复次数] 可以控制 [色光] 的色彩重复次数。
- [修改]：可以从右侧的下拉菜单中，选择修改色环中的某个颜色或多个颜色，以控制 [色光] 的颜色信息。
- [像素选区]：通过 [匹配颜色] 来指定 [色光] 影响的颜色；通过 [匹配容差] 可以指定 [色光] 影响的颜色范围；通过 [匹配柔和度] 可以调整 [色光] 颜色间的过渡平滑程度；通过 [匹配模式] 可以指定一种影响 [色光] 的模式。
- [蒙版]：可以指定一个用于控制 [色光] 的蒙版层。
- [与原始图像混合]：设置修改图像与原图像的混合程度。

6.2.19 曲线

该特效可以通过调整曲线的弯曲度或复杂度，来调整图像的亮区和暗区的分布情况。应用该特效的参数设置及应用前后效果，如图 6.19 所示。

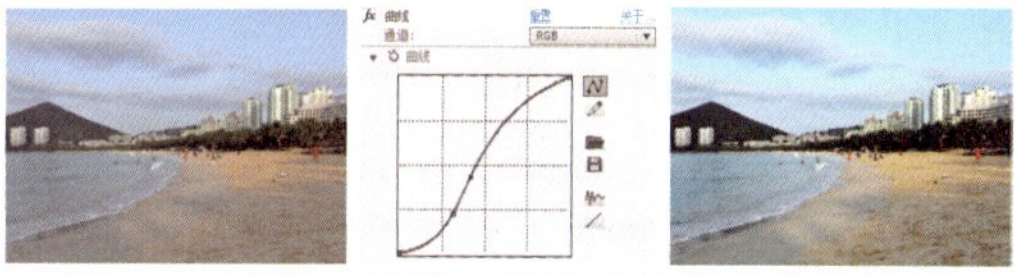

图 6.19 应用 [曲线] 的前后效果及参数设置

该特效的各项参数含义如下。

- [通道]：从右侧的下拉菜单中，指定调整图像的颜色通道。
- 曲线工具：可以在其左侧的控制区线条上单击添加控制点，手动控制点可以改变图像的亮区和暗区的分布，将控制点拖出区域范围之外，可以删除控制点。
- 铅笔工具：可以在左侧的控制区内单击拖动，绘制一条曲线来控制图像的亮区和暗区分布效果。
- 打开：单击该按钮，将打开存储的曲线文件，用打开的原曲线文件来控制图像。
- 保存：保存调整好的曲线，以便以后打开来使用。
- 平滑：单击该按钮，可以对设置的曲线进行平滑操作，多次单击，可以多次对曲线进行平滑。
- 直线：单击该按钮，可以将调整的曲线恢复为初始的直线效果。

6.2.20 色调均化

该特效可以通过 [色调均化] 中的 [RGB]、[亮度] 或 [Photoshop 样式] 对图像进行色彩补偿，使图像色阶平均化。应用该特效的参数设置及应用前后效果，如图 6.20 所示。

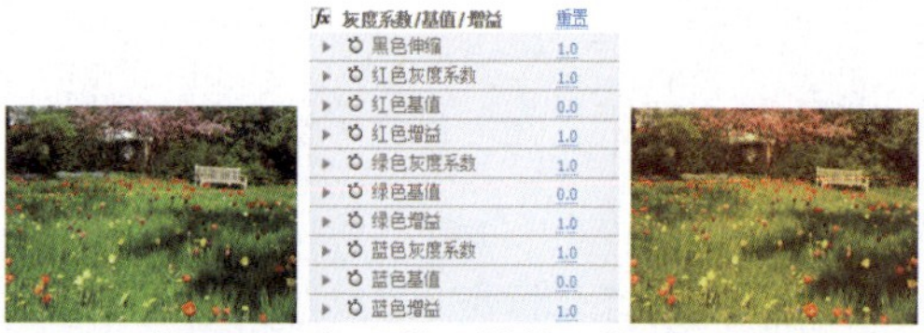

图 6.22 应用 [灰度系数 / 基值 / 增益] 的前后效果及参数设置

图 6.20 应用 [色调均化] 的前后效果及参数设置

该特效的各项参数含义如下。

- [色调均化]：用来设置用于补偿的方式，可以选择 [RGB]、[亮度] 或 [Photoshop 样式]。
- [色调均化量]：用来设置用于补偿的百分比总量。

6.2.21 曝光度

该特效用来调整图像的曝光程度，可以通过通道的选择来设置图像曝光的通道。应用该特效的参数设置及应用前后效果，如图 6.21 所示。

图 6.21 应用 [曝光度] 的前后效果及参数设置

该特效的各项参数含义如下。

- [通道]：从右侧的下拉菜单中，选择要曝光的通道，[主要通道] 表示调整整个图像的色彩；[单个通道] 可以通过下面的参数，分别调整 RGB 的某个通道值。
- [主]：用来调整整个图像的色彩。[曝光度] 用来调整图像的曝光程度；[偏移] 用来调整曝光的偏移程度；[灰度系数校正] 用来调整图像的伽马值范围。
- [红色]、[绿色]、[蓝色]：分别用来调整图像中红、绿、蓝通道值，其中的参数与 [主要通道] 的相同。

6.2.22 灰度系数 / 基值 / 增益

该特效可以对图像的各个通道值进行控制，以细致地改变图像的效果。应用该特效的参数设置及应用前后效果，如图 6.22 所示。

该特效的各项参数含义如下。

- [黑色伸缩]：控制图像中的黑色像素。
- [红色 / 绿色 / 蓝色灰度系数]：控制颜色通道的曲线形状。
- [红色 / 绿色 / 蓝色基值]：设置通道的最小输出值，主要控制图像的暗区部分。
- [红色 / 绿色 / 蓝色增益]：设置通道的最大输出值，主要控制图像的亮区部分。

6.2.23 色相 / 饱和度

该特效可以控制图像的色彩和色彩的饱和度，还可以将多彩的图像调整成单色画面效果，做成单色图像。该特效的参数设置及前后效果，如图 6.23 所示。

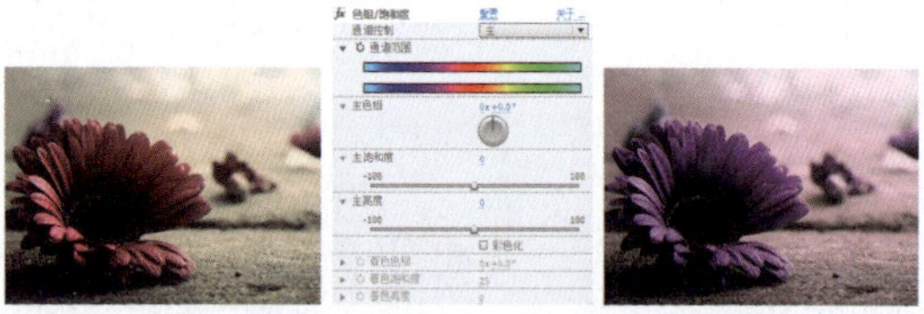

图 6.23 应用 [色相 / 饱和度] 的前后效果及参数设置

该特效的各项参数含义如下。

- [通道控制]：在其右侧的下拉菜单中，可以选择需要修改的颜色通道。
- [通道范围]：通过下方的颜色预览区，可以看到颜色调整的范围。上方的颜色预览区显示的是调整前的颜色；下方的颜色预览区显示的是调整后的颜色。
- [主色相]：调整图像的主色调，与 [通道控制] 选择的通道有关。
- [主饱和度]：调整图像颜色的浓度。
- [主亮度]：调整图像颜色的亮度。
- [彩色化]：勾选该复选框，可以为灰度图像增加色彩，也可以将多彩的图像转换成单一的图像效果。同时激活下面的选项。
- [着色色相]：调整着色后图像的色调。
- [着色饱和度]：调整着色后图像的颜色浓度。

- [着色亮度]：调整着色后图像的颜色亮度。

6.2.24 保留颜色

该特效可以通过设置颜色来指定图像中保留的颜色，将其他的颜色转换为灰度效果。为了突出紫色的花朵，将保留颜色设置为花朵的紫色，而其他颜色就转换成了灰度效果。该特效的参数设置及应用前后效果，如图 6.24 所示。

图 6.24 应用 [保留颜色] 的前后效果及参数设置

该特效的各项参数含义如下。

- [脱色量]：控制保留颜色以外颜色的脱色百分比。
- [要保留的颜色]：通过右侧的色块或吸管来设置图像中需要保留的颜色。
- [容差]：调整颜色的容差程度，值越大，保留的颜色就越多。
- [边缘柔和度]：调整保留颜色边缘的柔和程度。
- [匹配颜色]：设置匹配颜色模式。

6.2.25 色阶

该特效将亮度、对比度和伽马等功能结合在一起，对图像进行明度、阴暗层次和中间色彩的调整。该特效的参数设置及前后效果，如图 6.25 所示。

图 6.25 应用 [色阶] 的前后效果及参数设置

该特效的各项参数含义如下。

- [通道]：用来选择要调整的通道。
- [直方图]：显示图像中像素的分布情况，上方的显示区域，可以通过拖动滑块来调色。X 轴表示亮度值从左边的最暗（0）到最右边的最亮（225），Y 轴表示某个数值下的像素数量。黑色滑块▲是暗调色彩；白色滑块△是亮调色彩；灰色滑块▲，可以调整中间色调。拖动下方区域的滑块可以调整图像的亮度，向右

拖动黑色滑块▲可以消除在图像当中最暗的值，向左拖动白色滑块△则可以消除在图像当中最亮的值。

- [输入黑色]：指定输入图像暗区值的阈值，输入的数值将应用到图像的暗区。
- [输入白色]：指定输入图像亮区值的阈值，输入的数值将应用到图像的亮区范围。
- [灰度系数]：设置输出的中间色调，相当于 [直方图] 中灰色滑块▲。
- [输出黑色]：设置输出的暗区范围。
- [输出白色]：设置输出的亮区范围。
- [剪切以输出黑色]：用来修剪暗区输出。
- [剪切以输出白色]：用来修剪亮区输出。

6.2.26 色阶（单独控件）

该特效与 [色阶] 应用方法相同，只是在控制图像的亮度、对比度和伽马值时，对图像的通道进行单独的控制，更细化了控制的效果。该特效的各项参数含义与 [色阶] 相同，这里不再赘述。该特效的参数设置及前后效果，如图 6.26 所示。

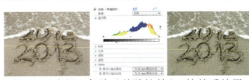

图 6.26 应用 [色阶（单独控件）] 的前后效果及参数设置

6.2.27 照片滤镜

该特效可以将图像调整成照片级别，以使其看上去更加逼真。该特效的参数设置及应用前后效果，如图 6.27 所示。

图 6.27 应用 [照片滤镜] 的前后效果及参数设置

该特效的各项参数含义如下。

- [滤镜]：可以在右侧的下拉菜单中，选择一个用于过滤的预设，也可以选择自定义来设置过滤颜色。
- [颜色]：当在 [滤镜] 中选择 [自定义] 时，该项才可以用，用来设置一种过滤的颜色。

- [密度]：用来设置过渡器与图像的混合程度。
- [保持发光度]：勾选该复选框，在应用过滤器时，将保持图像的亮度不变。

6.2.28 PS 任意映射

该特效应用在 Photoshop 的映像设置文件上，通过相位的调整来改变图像效果。该特效的参数设置及前后效果，如图 6.28 所示。

图 6.28 应用 [PS 任意映射] 的前后效果及参数设置

该特效的各项参数含义如下。

- [相位]：用于调整颜色的相位位置。
- [应用相位映射到 Alpha 通道]：勾选该复选框，将相位图应用到图像的通道上。

6.2.29 可选颜色

该特效可对图像中的指定颜色进行校正，以调整图像中不平衡的颜色，其最大的好处就是可以单独调整某一种颜色，而不影响其他颜色，如图 6.29 所示。

图 6.29 应用 [可选颜色] 的前后效果及参数设置

该特效的各项参数含义如下。

- [方法]：可以选择 [相对] 和 [绝对]。
- [颜色]：用来选择所需要的颜色，内置颜色有 [红色]、[黄色]、[绿色]、[青色]、[蓝色]、[品红色]、[白色]、[无色] 和 [黑色]。
- [青色]：用来调整青色的数值。
- [洋红色]：用来调整洋红色的数值。
- [黄色]：用来调整黄色的数值。
- [黑色]：用来调整黑色的数值。
- [细节]：用来调整上述几种颜色的细节。

6.2.30 阴影 / 高光

该特效用于对图像中的阴影和高光部分进行调整。应用该特效的参数设置及应用前后效果，如图 6.30 所示。

图 6.30 应用 [阴影 / 高光] 的前后效果及参数设置

该特效的各项参数含义如下。

- [自动数量]：勾选该复选框，对图像进行自动阴影和高光的调整。应用此项后，[阴影数量] 和 [高光数量] 将不能使用。
- [阴影数量]：用来调整图像的阴影数量。
- [高光数量]：用来调整图像的高光数量。
- [瞬时平滑（秒）]：用来设置时间滤波的秒数。只有勾选了 [自动数量]，此项才可以应用。
- [场景检测]：勾选该复选框，将进行场景检测。
- [更多选项]：可以通过展开参数对阴影和高光的数量、范围、宽度、色彩进行更细致的修改。
- [与原始图像混合]：用来调整与原图的混合。

6.2.31 色调

该特效可以通过指定的颜色对图像进行颜色映射处理。应用该特效的参数设置及应用前后效果，如图 6.31 所示。

图 6.31 应用 [色调] 的前后效果及参数设置

该特效的各项参数含义如下。

- [将黑色映射到]：用来设置图像中黑色和灰色映射的颜色。
- [将白色映射到]：用来设置图像中白色映射的颜色。
- [着色数量]：用来设置色调映射时的映射百分比程度。

6.2.32 三色调

该特效与 CC Toner（CC 调色）的应用方法相同。各项参数的含义与 CC Toner（CC 调色）的相同，这里不再赘述。该特效的参数设置及前后效果，如图 6.32 所示。

图 6.32 应用 [三色调] 的前后效果及参数设置

6.2.33 自然饱和度

该特效在调节图像饱和度的时候会保护已经饱和的像素，即在调整时会大幅增加不饱和像素的饱和度，而对已经饱和的像素只做很少、很细微的调整，这样不但能够增加图像某一部分的色彩，而且还能使整幅图像饱和度正常，如图 6.33 所示。

图 6.33 应用 [自然饱和度] 的前后效果及参数设置

6.3 素材抠像——[键控]

键控有时也叫叠加或抠像，它本身包含在 After Effects 的 [效果和预设] 面板中，在实际的视频制作中，应用非常广泛，也相当重要。

它和蒙版在应用上很相似，主要用于素材的透明控制，当蒙版和 Alpha 通道控制不能满足需要时，就需要应用到键控。

6.3.1 CC Simple Wire Removal（CC 擦钢丝）

该特效是利用一根线将图像分割，在线的部位产生模糊效果。该特效的参数设置及前后效果，如图 6.34 所示。

图 6.34 应用擦钢丝的前后效果及参数设置

该特效的各项参数含义如下。

- Point A（点 A）：设置控制点 A 在图像中的位置。
- Point B（点 B）：设置控制点 B 在图像中的位置。
- Removal Style（移除样式）：设置钢丝的样式，包括 Fade、Frame Offset、Displace 和 Displace Horizontal。
- Thickness（厚度）：设置钢丝的厚度。
- Slope（倾斜）：设置钢丝的倾斜角度。
- Mirror Blend（镜像混合）：设置线与源图像的混合程度。值越大，越模糊；值越小，越清晰。
- Frame Offset（帧偏移）：当 Removal Style（移除样式）为 Frame Offset 时，此项才可使用。

6.3.2 颜色差值键

该特效具有相当强大的抠像功能，通过颜色的吸取和加选、减选的应用，将需要的图像内容抠出。该特效的参数设置及前后效果，如图 6.35 所示。

图 6.35 应用 [颜色差值键] 的前后效果及参数设置

该特效的各项参数含义如下。

- [预览]：该选项组中的选项，主要用于抠像的预览。
- 吸管：可以从图像上吸取键控的颜色。
- 黑场：从特效图像上吸取透明区域的颜色。
- 白场：从特效图像上吸取不透明区域的颜色。
- ：图像的不同预览效果，与参数区中的选项相对应。参数中带有字母 A 的选项对应  预览效果；参数中带有字母 B 的选项对应  预览效果；参数中带有单词 Matte 的选项对应 α 预览效果。通过切换不同的预览效果并修改相应的参数，可以更好地控制图像

的抠像。
- [视图]：设置不同的图像视图。
- [主色]：显示或设置从图像中删除的颜色。
- [颜色匹配准确度]：设置颜色的匹配精确程度。[更快] 表示匹配的精确度低；[更准确] 表示匹配的精确度高。
- [部分 A ……]：调整遮罩 A 的参数精确度。
- [部分 B ……]：调整遮罩 B 的参数精确度。
- [遮罩……]：调整 Alpha 遮罩的参数精确度。

6.3.3 颜色键

该特效将素材的某种颜色及其相似的颜色范围设置为透明效果，还可以为素材进行边缘预留设置，制作类似描边的效果。该特效的参数设置及前后效果，如图 6.36 所示。

图 6.36 应用 [颜色键] 的前后效果及参数设置

该特效的各项参数含义如下。

- [主色]：用来设置透明的颜色值，可以单击右侧的色块 来选择颜色，也可以单击右侧的吸管工具 ，然后在素材上单击吸取所需颜色，以确定透明的颜色值。
- [颜色容差]：用来设置颜色的容差范围。值越大，所包含的颜色越广。
- [薄化边缘]：用来设置边缘的粗细。
- [羽化边缘]：用来设置边缘的柔化程度。

6.3.4 颜色范围

该特效可以应用的色彩模式包括 Lab、YUV 和 RGB，被指定的颜色范围将产生透明效果。该特效的参数设置及前后效果，如图 6.37 所示。

该特效的各项参数含义如下。

- [预览]：用来显示抠像所显示的颜色范围预览。
- 吸管：可以从图像中吸取需要镂空的颜色。
- 加选吸管：在图像中单击，可以增加键控的颜色范围。
- 减选吸管：在图像中单击，可以减少键控的颜色范围。
- [模糊]：控制边缘的柔和程度。值越大，边缘越柔和。
- [色彩空间]：设置键控所使用的颜色空间。包括 [Lab]、[YUV] 和 [RGB] 3 个选项。
- [最小/最大]：精确调整颜色空间中颜色开始范围的最小值和颜色结束范围的最大值。

图 6.37 应用 [颜色范围] 的前后效果及参数设置

6.3.5 差值遮罩

该特效通过指定的差异层与特效层进行颜色对比，将相同颜色区域抠出，制作出透明的效果。特别适合在相同背景下，将其中一个移动物体的背景制作成透明效果。该特效的参数设置及前后效果，如图 6.38 所示。

图 6.38 应用 [差值遮罩] 的前后效果及参数设置

该特效的各项参数含义如下。
- [视图]：设置不同的图像视图。
- [差值图层]：指定与特效层进行比较的差异层。
- [如果图层大小不同]：如果差异层与特效层大小不同，可以选择居中对齐或拉伸差异层。
- [匹配容差]：设置颜色对比的范围大小。值越大，包含的颜色信息量越多。
- [匹配柔和度]：设置颜色的柔化程度。
- [差值前模糊]：可以在对比前将两个图像进行模糊处理。

6.3.6 提取

该特效可以通过抽取通道对应的颜色，来制作透明效果。该特效的参数设置及前后效果，如图 6.39 所示。

图 6.39 应用 [提取] 的前后效果及参数设置

该特效的各项参数含义如下。
- [直方图]：显示图像亮区、暗区的分布情况和参数值的调整情况。
- [通道]：选择要提取的颜色通道，以制作透明效果。包括 [明亮度]、[红色]、[绿色]、[蓝色] 和 [Alpha 通道] 5 个选项。
- [黑场]：设置黑点的范围，小于该值的黑色区域将变得透明。
- [白场]：设置白点的范围，小于该值的白色区域将变得不透明。
- [黑色柔和度]：设置黑色区域的柔化程度。
- [白色柔和度]：设置白色区域的柔化程度。
- [反转]：反转上面参数设置的颜色提取区域。

6.3.7 内部 / 外部键

该特效可以通过指定的遮罩来定义内边缘和外边缘，根据内外遮罩进行图像差异比较，制作出透明效果。应用该特效的参数设置及应用前后效果，如图 6.40 所示。

图 6.40 应用 [内部 / 外部键] 的前后效果及参数设置

该特效的各项参数含义如下。
- [前景（内部）]：为特效层指定内边缘遮罩。
- [其他前景]：可以为特效层指定更多的内边缘遮罩。
- [背景（外部）]：为特效层指定外边缘遮罩。
- [其他背景]：可以为特效层指定更多的外边缘遮罩。
- [单个蒙版高光半径]：当使用单一遮罩时，修改该参数可以扩展遮罩的范围。
- [清理前景]：该选项组用指定遮罩来清除前景颜色。
- [清理背景]：该选项组用指定遮罩来清除背景颜色。
- [薄化边缘]：设置边缘的粗细。
- [羽化边缘]：设置边缘的柔化程度。
- [边缘阈值]：设置边缘颜色的阈值。
- [反转提取]：勾选该复选框，将设置的提取范围进行反转操作。
- [与原始图像混合]：设置特效图像与原图像间的混合比例，值越大越接近原图。

6.3.8 Keylight 1.2（抠像 1.2）

该特效可以通过指定的颜色来对图像进行抠

除，根据内外遮罩进行图像差异比较。应用该特效的参数设置及应用前后效果，如图 6.41 所示。

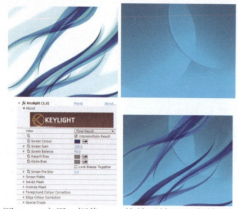

图 6.42 应用 [线性颜色键控] 的前后效果及参数设置

该特效的各项参数含义如下。

图 6.41 应用 [抠像 1.2] 的前后效果及参数设置

该特效的各项参数含义如下。

- [视图]：设置不同的图像视图。
- Screen Colour（屏幕颜色）：用来选择要抠除的颜色。
- Screen Gain（屏幕增益）：调整屏幕颜色的饱和度。
- Screen Balance（屏幕平衡）：设置屏幕的色彩平衡。
- Screen Matte（屏幕蒙版）：调节图像黑白所占的比例，以及图像的柔和程度等。
- Inside Mask（内部遮罩）：对内部遮罩层进行调节。
- Outside Mask（外部遮罩）：对外部遮罩层进行调节。
- Foreground Colour Correction（前景色校正）：校正特效层的前景色。
- Edge Colour Correction（边缘色校正）：校正特效层的边缘色。
- Source Crops（来源）：设置图像的范围。

6.3.9 线性颜色键控

该特效可以根据 RGB 彩色信息或色相及饱和度信息，与指定的键控色进行比较，产生透明区域。该特效的参数设置及前后效果，如图 6.42 所示。

- [预览]：用来显示抠像所显示的颜色范围预览。
- 吸管：可以从图像中吸取需要镂空的颜色。
- 加选吸管：在图像中单击，可以增加键控的颜色范围。
- 减选吸管：在图像中单击，可以减少键控的颜色范围。
- [视图]：设置不同的图像视图。
- [主色]：显示或设置从图像中删除的颜色。
- [匹配颜色]：设置键控所匹配的颜色模式。包括 [使用 RGB 颜色]、[使用色相] 和 [使用色度]3 个选项。
- [匹配容差]：设置颜色的范围大小。值越大，包含的颜色信息量越多。
- [匹配柔和度]：设置颜色的柔化程度。
- [主要操作]：设置键控的运算方式。包括 [主色] 和 [保持颜色] 两个选项。

6.3.10 亮度键

该特效可以根据图像的明亮程度将图像制作出透明效果，画面对比强烈的图像更适用。该特效的参数设置及前后效果，如图 6.43 所示。

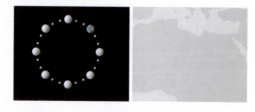

图 6.43 应用 [亮度键] 的前后效果及参数设置

该特效的各项参数含义如下。

- [键控类型]：指定键控的类型。包括 [抠出较亮区域]、[抠出较暗区域]、[抠出亮度相似的区域] 和 [抠出亮度不同的区域]4 个选项。
- [阈值]：用来调整素材背景的透明程度。
- [容差]：调整键控颜色的容差大小。值越大，包含的颜色信息量越多。
- [薄化边缘]：用来设置边缘的粗细。
- [羽化边缘]：用来设置边缘的柔化程度。

6.3.11 溢出抑制

该特效可以去除键控后的图像残留的键控色的痕迹，可以将素材的颜色替换成另一种颜色。应用该特效的参数设置及应用前后效果，如图 6.44 所示。

图 6.44 应用 [溢出抑制] 的前后效果及参数设置

该特效的各项参数含义如下。

- [要抑制的颜色]：指定溢出的颜色。
- [抑制]：设置抑制程度。

实战 6-1 墨滴扩散

难易程度：★★☆☆
工程文件：配套光盘\工程文件\第6章\墨滴扩散
视频位置：配套光盘\movie\实战6-1 墨滴扩散.avi

技术分析

本例主要讲解墨滴扩散动画的制作。首先利用 [曲线] 特效对图片调色，然后通过 CC Burn Film（CC 燃烧效果）特效的应用，制作出墨滴扩散的效果。本例最终的动画流程效果如图 6.45 所示。

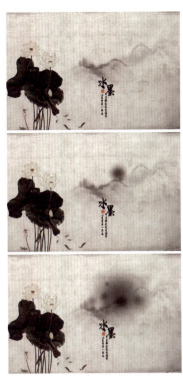

图 6.45 动画流程画面

学习目标

通过制作本例，学习 CC Burn Film（CC 燃烧效果）特效的参数设置及使用方法，掌握墨滴动画的制作。

操作步骤

Step 1 执行菜单栏中的 [合成][新建合成] 命令，打开 [合成设置] 对话框，设置 [合成名称] 为 "墨滴扩散"，[宽度] 为 720px，[高度] 为 480px，[帧速率] 为 25 帧 / 秒，并设置 [持续时间] 为 00:00:05:00 秒，如图 6.46 所示。

图 6.46 合成设置图

2 | 执行菜单栏中的[文件][导入][文件]命令，打开[导入文件]对话框，选择配套光盘中的"工程文件\第6章\墨滴扩散\水墨.jpg和宣纸.jpg"素材，如图6.47所示，单击【导入】按钮，"水墨.jpg和宣纸.jpg"素材将导入到[项目]面板中。

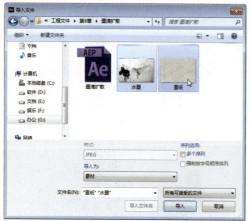

图6.47 [导入文件]对话框

3 | 在[项目]面板中，选择"水墨.jpg和宣纸.jpg"素材，将其拖动到"墨滴扩散"合成的时间线面板中，设置"宣纸"层的[模式]为[相乘]，如图6.48所示。

图6.48 添加素材

4 | 选择"水墨"层，在[效果和预设]面板中展开[颜色校正]特效组，双击[曲线]特效，如图6.49所示。

5 | 在[效果控件]面板中，调整曲线，如图6.50所示。

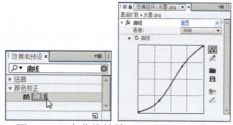

图6.49 双击曲线特效　图6.50 调整曲线

6 | 选择"水墨"层，在[效果和预设]面板中展开[风格化]特效组，双击CC Burn Film

（CC燃烧效果），如图6.51所示。

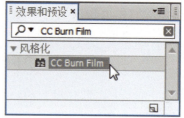

图6.51 双击CC燃烧效果特效

7 | 在[效果控件]面板中，设置Center（中心）的值为（459，166），将时间调整到00:00:01:00帧的位置，单击Burn（燃烧）左侧的码表按钮，在此位置设置关键帧，如图6.52所示。

图6.52 设置特效关键帧

8 | 将时间调整到00:00:04:00帧的位置，设置Burn（燃烧）的值为15，系统会自动创建关键帧，如图6.53所示。

图6.53 关键帧设置

· 经验分享 ·

关于隐藏显示属性

如果一个层显示的属性过多，有些属性想隐藏起来不让其显示，可以在按住Alt+Shift组合键的同时，在需要隐藏的属性名称上单击，即可将该属性隐藏。

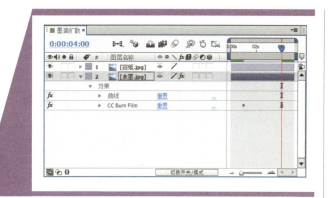

Burn（燃烧）的值为10，系统会自动创建关键帧，如图6.57所示。

图6.57 关键帧设置

13 Step｜这样"墨滴扩散"就做完了，按小键盘上的0键预览其中几帧效果。

9 Step｜在[效果控件]面板中，选中CC Burn Film（CC 燃烧效果），按Ctrl+D组合键，复制出一个CC Burn Film 2（CC 燃烧效果2），如图6.54所示。

图6.54 复制CC Burn Film（CC 燃烧效果）

10 Step｜选择CC Burn Film 2（CC 燃烧效果2）特效，将时间调整到00:00:04:00帧的位置，修改Burn（燃烧）的值为13，如图6.55所示。

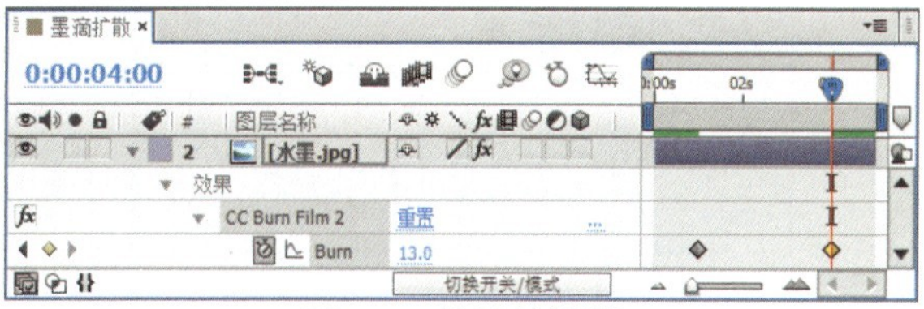

图6.55 关键帧设置

11 Step｜在[效果控件]面板中，选中CC Burn Film（CC 燃烧效果），按Ctrl+D组合键，复制出一个CC Burn Film 3（CC 燃烧效果3），如图6.56所示。

图6.56 复制CC Burn Film（CC 燃烧效果）

12 Step｜选择CC Burn Film 3（CC 燃烧效果3）特效，将时间调整到00:00:04:00帧的位置，修改

实战6-2 国画诗词

难易程度：★★☆☆
工程文件：配套光盘\工程文件\第6章\国画诗词
视频位置：配套光盘\movie\实战6-2 国画诗词.avi

技术分析

本例主要讲解国画诗词动画的制作。利用[线性颜色键]特效进行抠图处理，然后利用[矩形工具]绘制蒙版制作国画诗词中文字动画效果。本例最终的动画流程效果如图6.58所示。

图6.58 动画流程画面

学习目标

通过制作本例，学习 [线性颜色键] 特效键控和 [矩形工具] 在蒙版中的应用技巧。

操作步骤

1. 新建合成

Step 1 执行菜单栏中的 [合成]|[新建合成] 命令，打开 [合成设置] 对话框，设置 [合成名称] 为"字"，[宽度] 为 720px，[高度] 为 480px，[帧速率] 为 25 帧/秒，并设置 [持续时间] 为 00:00:15:00 秒，如图 6.59 所示。

图 6.59 合成设置

Step 2 执行菜单栏中的 [文件]|[导入]|[文件] 命令，打开 [导入文件] 对话框，选择"工程文件 \ 第 6 章 \ 国画诗词 \ 背景 .jpg 和国画 .jpg"素材，如图 6.60 所示。单击 [导入] 按钮，"背景 .jpg 和国画 .jpg"素材将导入到 [项目] 面板中。

图 6.60 [导入文件] 对话框

Step 3 将"国画 .jpg"拖动到时间线面板中，选中"国画 .jpg"层，按 P 键，修改 [位置] 的值为（80，327），如图 6.61 所示。

图 6.61 [位置] 的参数

Step 4 在工具栏中选择 [钢笔工具]，在合成窗口勾画出文字轮廓，如图 6.62 所示。

图 6.62 合成窗口

Step 5 选中"国画 .jpg"层，在 [效果和预设] 面板中展开 [键控] 特效组，双击 [线性颜色键] 特效，如图 6.63 所示。

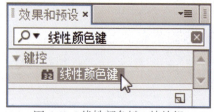

图 6.63 [线性颜色键] 特效组

Step 6 在 [效果控件] 面板中，选择吸管在合成窗口的白色区域单击，将文字之外的部分抠图，如图 6.64 所示。

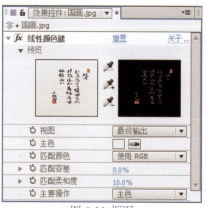

图 6.64 抠图

2. 总合成

Step 1 执行菜单栏中的 [合成]|[新建合成] 命令，打开 [合成设置] 对话框，设置 [合成名称] 为"国画诗词"，[宽度] 为 720px，[高度] 为 480px，[帧速率] 为 25 帧/秒，并设置 [持续时间] 为 00:00:15:00 秒，如图 6.65 所示。

图 6.65 合成设置

Step 2 将"背景.jpg"和"字"合成拖动到时间线面板中，层的位置顺序如图 6.66 所示。

图 6.66 添加素材

Step 3 将时间调整到 00:00:14:20 帧的位置，选中"字"合成，选择工具栏中 [矩形工具]，在 [合成] 窗口中，从右向左拖动绘制 5 个矩形蒙版区域，如图 6.67 所示。并单击 [蒙版路径] 左侧的码表按钮，为这 5 个矩形设置一个关键帧。

图 6.67 合成窗口

Step 4 将时间调整到 00:00:00:00 帧的位置，在时间线面板中展开"字"合成层下的 [蒙版1] 到 [蒙版5] 的选项组，单击 [蒙版路径] 左侧的码表按钮，为这 5 个矩形路径设置一个关键帧。在合成窗口中修改 5 个矩形的蒙版大小，系统会自动设置关键帧，如图 6.68 所示。

图 6.68 修改

Step 5 选中"字"合成，按 U 键，将时间调整到 00:00:02:09 帧的位置，将 [蒙版5] 的第 2 个关键帧和 [蒙版4] 的第 1 个关键帧拖动到当前时间帧所在位置，将时间调整到 00:00:06:00 帧的位置，将 [蒙版4] 的第 2 个关键帧和 [蒙版3] 的第 1 个关键帧拖动到当前时间帧所在位置，将时间调整到 00:00:09:20 帧的位置，将 [蒙版3] 的第 2 个关键帧和 [蒙版2] 的第 1 个关键帧拖动到当前时间帧所在位置，将时间调整到 00:00:12:05 帧的位置，将 [蒙版2] 的第 2 个关键帧和 [蒙版1] 的第 1 个关键帧拖动到当前时间帧所在位置，如图 6.69 所示。

图 6.69 设置关键帧

Step 6 按 F 键，取消 [蒙版1] 到 [蒙版5] 的选项组中的 [约束比例]，设置 [蒙版1] 到 [蒙版5] 的选项组中的 [蒙版羽化] 的值为 (0, 8)，如图 6.70 所示。

图 6-70 蒙版羽化的参数

7 Step 这样就完成了国画诗词效果的整体制作,按小键盘上的 0 键,即可在合成窗口中预览动画。

第 7 章
仿真模拟特效

内容摘要

本章详细讲解模拟与仿真特效。模拟特效中提供了众多的仿真特效，主要用于模拟现实世界中的物体制作下雨、下雪、水泡、爆炸等效果。本章将详细讲解这些特效的使用方法与技巧。

教学目标

→ 学习各种模拟特效的含义和使用方法
→ 掌握模拟类特效的动画制作技巧

7.1 仿真模拟特效的应用方法

要使用仿真模拟特效制作自然界的仿真效果，首先要学习色彩调整的使用方法，应用色彩调整的操作方法如下。

Step 1　在时间线面板中选择要应用仿真模拟特效的层。

Step 2　在[效果和预设]面板中展开[模拟]特效组，然后双击其中的某个特效选项。

Step 3　打开[效果控件]面板，修改特效的相关参数。

7.2 仿真特效——[模拟]

仿真特效组包含了18种特效:[卡片动画]、[焦散]、CC Ball Action（CC 滚珠操作）、CC Bubbles（CC 吹泡泡）、CC Drizzle（CC 细雨滴）、CC Hair（CC 毛发）、CC Mr. Mercury（CC 水银滴落）、CC Particle Systems II（CC 粒子仿真系统II）、CC Particle World（CC 粒子仿真世界）、CC Pixel Polly（CC 像素多边形）、CC Rainfall（CC 下雨）、CC Scatterize（CC 散射）、CC Snowfall（CC 下雪）、CC Star Burst（CC 星爆）、[泡沫]、[粒子运动场]、[碎片]、[波形环境]。主要用来表现碎裂、液态、粒子、星爆、散射和气泡等仿真效果。

7.2.1　卡片动画

该特效是一个根据指定层的特征分割画面的三维特效，在该特效的 X、Y、Z 轴上调整图像的[位置]、[旋转]、[缩放]等的参数，可以使画面产生卡片舞蹈的效果。该特效的参数设置及前后效果如图 7.1 所示。

图 7.1　应用卡片舞蹈的前后效果及参数设置

该特效的各项参数含义如下。

- [行数和列数]：在右侧的下拉菜单中可以选择[独立]和[列数受行数控制]2个方式，在[独立]方式下，[行数]和[列数]的参数设置是相互独立的，在[列数受行数控制]方式下，[列数]的参数由[行数]的参数控制。

- [行数]/[列数]：设置行/列的数量。

- [背面图层]：在右侧的下拉菜单中可以指定一个层作为背景图层。

- [渐变图层1/2]：在右侧的下拉菜单中可以指定卡片的渐变层。

- [旋转顺序]：在右侧的下拉菜单中可以选择卡片的旋转顺序。

- [变换顺序]：在右侧的下拉菜单中可以选择卡片的变化顺序。

- [X/Y/Z 位置]：这3个选项组主要控制卡片在 X、Y、Z 轴上的位置变化，参数设置如图 7.2 所示。

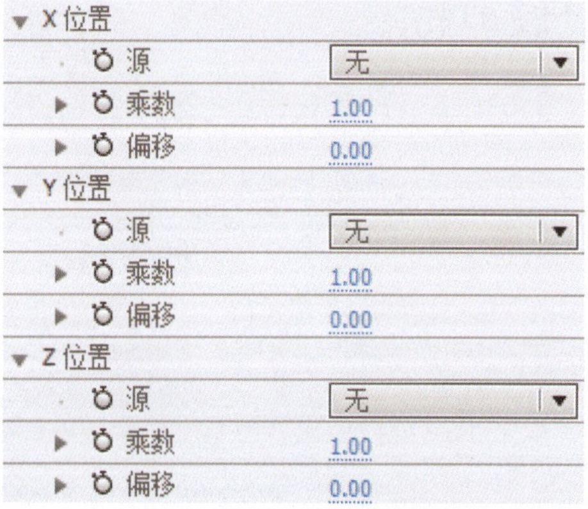

图 7.2　X/Y/Z 位置选项组

- [源]：用来指定影响卡片的因素。

- [乘数]：用于控制影响卡片效果的强弱。

- [偏移]：用于调整卡片的位置。

- [摄像机系统]：在右侧的下拉菜单中可以选择用于控制特效的摄像机系统。其中包括[摄像

机位置]、[边角定位]、[合成摄像机]3 种方式。
- [摄像机位置]：当 [摄像机系统] 的方式为 [摄像机位置] 时，该选项组的参数才可使用，如图 7.3 所示。

图 7.3 [摄像机位置] 选项组

- [焦距]：用来控制摄像机的焦距。
- [变换顺序]：在右侧的下拉菜单中可以选择摄像机的转换顺序。
- [灯光]：在 [灯光] 选项组中设置灯光的参数，如图 7.4 所示。

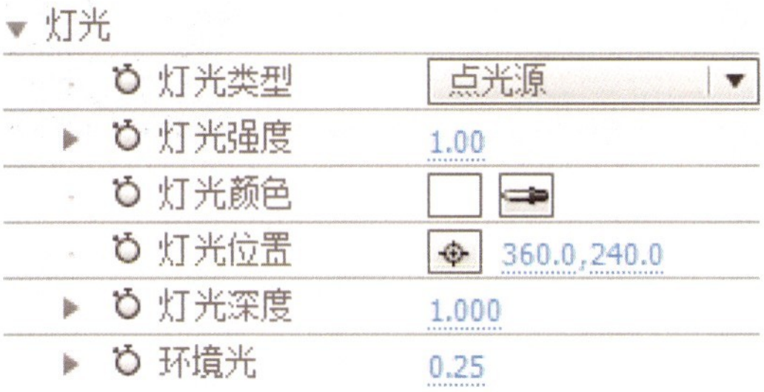

图 7.4 [灯光] 选项组

- [灯光类型]：在右侧的下拉菜单中可以选择 [点光源]、[远光源]、[首选合成灯光] 中的任意一项，设置照明的方式。
- [灯光强度]：设置灯光的强度大小。
- [灯光颜色]：设置灯光的颜色。
- [灯光位置]：调整灯光的位置。
- [灯光深度]：设置灯光在 Z 轴上的深度位置。
- [环境光]：设置环境光的强度。
- [材质]：该选项组的参数，用来设置素材的材质属性，如图 7.5 所示。

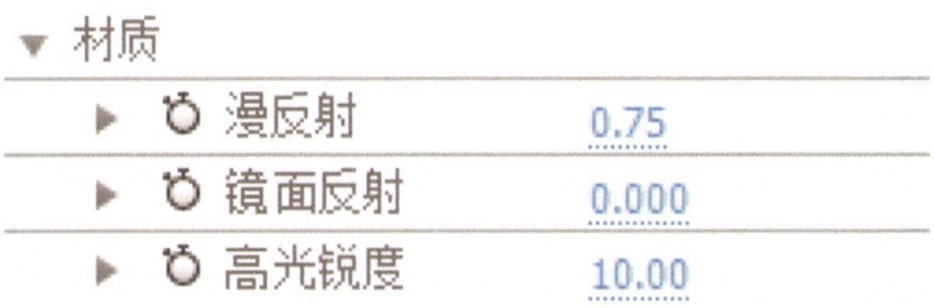

图 7.5 [材质] 选项组

- [漫反射]：设置漫反射的强度。
- [镜面反射]：设置镜面反射的强度。
- [高光锐度]：设置高光的锐化度。

· 经验分享 ·

表达式的输入启动

按住Alt键，单击某个属性或特效左侧的码表按钮，即可启动该特效的表达式输入框，以便输入表达式。

7.2.2 焦散

该特效可以模拟水中反射和折射的自然现象。该特效的参数设置及前后效果，如图 7.6 所示。

图 7.6 应用 [焦散] 的前后效果及参数设置

该特效的各项参数含义如下。

- [底部]：在右侧的下拉菜单中选择一个层作为底层，即水下的图像。在默认情况下底层为当前图层。
- [缩放]：设置底部的缩放大小。当数值为 1 时，为图层的原始大小；大于 1 或小于 -1 时，增大数值，可以将底层放大；小于 1 或大于 -1 时，减小数值，可以将底层缩小；当数值为负值时，将反转图层的图像。
- [重复模式]：缩小底层后，可以在右侧的下拉菜单中选择处理底层中空白区域的方式。其中包括 [一次]、[平铺]、[对称]3 种方式。
- [如果层尺寸不同]：如果在 [底部] 右侧的下拉菜单中指定的底层与当前层不同，可以在右侧的下拉菜单中选择 [伸缩以适合]，使底层与当前层的尺寸大小相等；若选择 [中心]，则底层的尺寸大小不变，与当前层居中对齐。

- [模糊]：设置图像的模糊程度。
- [水面]：在右侧的下拉菜单中，可以选择一个层作为水波纹理。
- [波形高度]：设置波纹的高度。
- [平滑]：设置波纹的平滑程度。
- [水深度]：设置波纹的深度。
- [折射率]：设置水波的折射率。
- [表面颜色]：设置水波的颜色。
- [表面不透明度]：设置水波表面的透明度。当纹理的不透明度值为 1 时，完全显示指定的颜色。
- [焦散强度]：设置聚光的强度。数值越大，聚光强度越高；该参数值不宜设置过高。
- [天空]：在该选项组中可以为水波指定一个天空反射层，如图 7.7 所示。

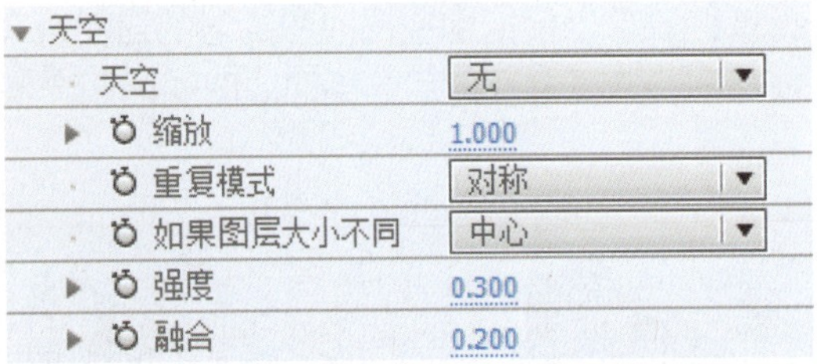

图 7.7 Sky（天空）选项组

- [天空]：在右侧的下拉菜单中可以选择一个图层作为天空反射层。
- [强度]：设置天空层的强度。数值越大，反射效果越明显。
- [融合]：处理反射边缘。数值越大，边缘越复杂。

7.2.3 CC Ball Action（CC 滚珠操作）

该特效是一个根据不同图层的颜色变化，使图像产生彩色的珠子的特效。该特效的参数设置及前后效果，如图 7.8 所示。

图 7.8 应用 [CC 滚珠操作] 的前后效果及参数设置

该特效的各项参数含义如下。

- Scatter（分散）：设置球体的分散程度。
- Rotation Axis（旋转轴）：设置球旋转时所围绕旋转的轴向。
- Rotation（旋转）：设置旋转的方向。
- Twist Property（扭曲属性）：设置扭曲的形状。
- Twist Angle（扭曲角度）：设置滚珠扭曲时的角度，使其产生不同的效果。
- Grid Spacing(网格间距):设置球体之间的距离。
- Ball Size（球尺寸）：设置球体的大小。
- Instability State（不稳定状态）：设置粒子的稳定程度，它与 Scatter（分散）配合使用。

7.2.4 CC Bubbles（CC 吹泡泡）

该特效可以使画面变形为带有图像颜色信息的许多泡泡，该特效的参数设置及前后效果，如图 7.9 所示。

图 7.9 应用 [CC 吹泡泡] 的前后效果及参数设置

该特效的各项参数含义如下。

- Bubble Amount（水泡数量）：设置产生水泡数量的多少。
- Bubble Speed（水泡速度）：设置水泡运动的速度。
- Wobble Amplitude（摆动幅度）：设置水泡的左右摆动幅度。
- Wobble Frequency（摆动频率）：设置水泡的摆动频率。数值越大，摆动频率越快。
- Bubble Size（水泡尺寸):设置水泡的尺寸大小。
- Reflection Type（反射类型）：设置反射的样式。在右侧的下拉菜单中可以选择 Liquid（液体）、Metal（金属）2 种方式中的一种。
- Shading Type（阴影类型）：设置水泡阴影之间的叠加模式。

7.2.5 CC Drizzle（CC 细雨滴）

该特效可以使图像产生波纹涟漪的画面效果。该特效的参数设置及前后效果，如图 7.10 所示。

图 7.10 应用 [CC 细雨滴] 的前后效果及参数设置

该特效的各项参数含义如下。

- Drip Rate（滴落速率）：设置雨滴下落时的速度。
- Longevity（寿命）：设置雨滴生命的长短。
- Rippling（涟漪）：设置产生涟漪的多少。数值越大，产生的涟漪越多、越细。
- Displacement（置换）：设置图像中颜色反差的程度。
- Ripple Height（涟漪高度）：设置产生的涟漪的平滑度。数值越小，涟漪越平滑；数值越大，涟漪越明显。
- Spreading（分散）：设置涟漪的位置。数值越大，涟漪效果越明显。

7.2.6 CC Hair（CC 毛发）

该特效可以在图像上产生类似于毛发的物体，通过设置制作出多种效果。该特效的参数设置及前后效果，如图 7.11 所示。

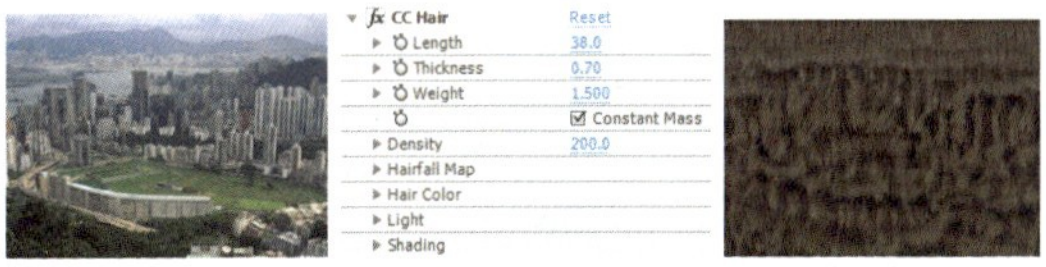

图 7.11 应用 [CC 毛发] 的前后效果及参数设置

该特效的各项参数含义如下。

- Length（长度）：设置毛发的长度。
- Thickness（粗度）：设置毛发的粗细程度。
- Weight（重量）：设置毛发的下垂长度。
- Constant Mass（恒定质量）：勾选该复选框，可以将毛发设置得比较均匀。
- Density（密度）：设置毛发的多少。
- Hairfall Map（毛发贴图）：该选项组主要用来设置贴图的强度、柔软度等。
- Map Strength（贴图强度）：设置对贴图的影响力强度。
- Map Layer（贴图层）：在右侧的下拉菜单中，可以选择一个图层，作为贴图层，使毛发根据该图层特征生长分布。
- Map Property（贴图属性）：在右侧的下拉菜单中选择毛发以何种方式生长。
- Map Softness（贴图柔和度）：设置毛发的柔软程度。
- Add Noise（噪波叠加）：设置噪波叠加的程度。
- Hair Color（毛发颜色）：该选项组主要用来设置毛发的颜色变化。
- Color Inheritance（毛色遗传）：设置毛发的颜色过渡。
- Opacity（透明度）：设置毛发的透明度。

7.2.7 CC Mr.Mercury（CC 水银滴落）

通过对一个图像添加该特效，可以将图像色彩等因素变形为水银滴落的粒子状态。该特效的参数设置及前后效果，如图 7.12 所示。

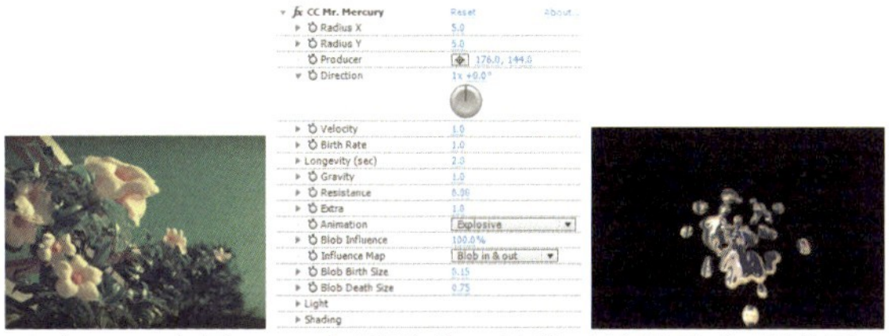

图 7.12 应用 [CC 水银滴落] 的前后效果及参数设置

该特效的各项参数含义如下。

- Radius X/Y（X/Y 轴半径）：设置 X/Y 轴上粒子的分布。
- Producer（发生器）：设置发生器的位置。
- Direction（方向）：设置粒子的方向。
- Velocity（速度）：设置粒子的分散程度。值越大，分散得越远。
- Birth Rate（出生率）：设置粒子在相同时间内产生粒子数量的多少。
- Longevity（寿命）：设置粒子的存活时间，单位为秒。
- Gravity（重力）：设置粒子下落的重力大小。
- Resistance（阻力）：设置粒子产生时的阻力。值越大，粒子发射的速度越小。
- Extra（追加）：用来设置粒子的扭曲程度。当 Animation（动画）右侧的粒子方式不为 Explosive（爆炸）时，该特效才可使用。
- Blob Influence（影响）：设置对每滴水银珠的影响力大小。

- Influence Map（影响贴图）：在右侧的下拉菜单中可以选择影响贴图的方式。
- Blob Birth Size（产生尺寸）：设置粒子产生时的尺寸大小。
- Blob Death Size（死亡尺寸）：设置粒子死亡时的尺寸大小。

· 经验分享 ·

以素材创建合成

在[项目]面板中，选择某个素材，将其直接拖动到[新建合成]  按钮上可以将该合成嵌套入一个新合成内作为合成嵌套出现，并且新合成的所有设置和原合成设置完全一样，比如宽、高、帧速率、持续时间等。

该特效的各项参数含义如下。
- Birth Rate（出生率）：设置粒子产生的数量。
- Longevity（寿命）：设置粒子的存活时间，单位为秒。
- Producer（发生器）：该选项组主要用来设置粒子的位置以及粒子产生的范围。
- [位置]：设置粒子发生器的位置。
- Radius X/Y（X/Y轴半径）：设置粒子在X/Y轴上产生的范围大小。
- [物理学]：该选项组主要设置粒子的运动效果。
- Animation（动画）：在右侧的下拉菜单中可以选择粒子的运动方式。
- Velocity（速度）：设置粒子的发射速度。数值越大，粒子飞散得越高越远。
- Inherit Velocity %（继承的速率）：用来控制子粒子从主粒子继承的速率大小。
- Gravity（重力）：为粒子添加重力。当数值为负值时，粒子向上运动。
- Direction（方向）：设置粒子放射的方向。
- Extra（追加）：用来设置粒子的扭曲程度。当 Animation（动画）右侧的粒子方式不为 Explosive（爆炸）时，该特效才可使用。
- Particle（粒子）：该选项组主要用来设置粒子的纹理、形状及颜色。
- Particle Type（粒子类型）：在右侧的下拉菜单中可以选择其中任意一种类型作为产生的粒子的形状。
- Birth Size（产生粒子尺寸）：设置刚产生的粒子的尺寸大小。
- Death Color（死亡粒子尺寸）：设置即将死亡的粒子的尺寸大小。
- Size Variation（尺寸变化率）：用来设置粒子大小的随机变化。
- Opacity Map（透明贴图）：在右侧的下拉菜单中可以选择粒子叠加时透明度的方式。
- Max Opacity（最大透明度）：设置粒子的透明度。
- Color Map（颜色贴图）：在右侧的下拉菜单中可以选择粒子贴图的类型。
- Birth Color（产生粒子颜色）：设置刚产生的粒子的颜色。
- Death Color（死亡粒子颜色）：设置即将死亡

7.2.8 CC Particle Systems II（CC仿真粒子系统 II）

使用该特效可以产生大量运动的粒子，通过对粒子颜色、形状以及产生方式的设置，制作出需要的运动效果。该特效的参数设置及前后效果，如图 7.13 所示。

图 7.13 应用 [CC 粒子仿真系统 II] 的前后效果及参数设置

的粒子的颜色。
- Transfer Mode（叠加模式）：设置粒子与粒子之间的叠加模式。

7.2.9 CC Particle World（CC 仿真粒子世界）

该特效与 CC Particle Systems Ⅱ（CC 仿真粒子系统）特效相似。该特效的参数设置及前后效果，如图 7.14 所示。

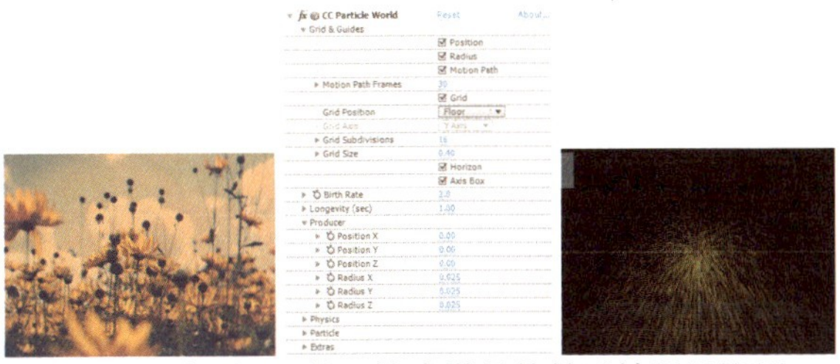

图 7.14 应用 CC 粒子仿真世界的前后效果及设置

该特效的各项参数含义如下。

- Scrubbers(洗刷器):分别单击下方的 Screen(屏幕)、World（世界）、Radius（半径）、Camera（摄像机）的文字部分，均可弹出一个相对应的对话框，可以在对话框中对 X、Y、Z 轴进行设置。
- Grid（网格）：在右侧的下拉菜单中，可以选择 Off（关闭）选项，取消视图中的网格显示。也可以选择其他选项，改变网格的显示状态。
- Floor（地面）：设置视图中网格的高低位置。当 Grid（网格）选项为 Floor（地面）或 Floor Grid Only(仅显示地面网格)时,该项才可使用。
- Birth Rate（出生率）：设置粒子产生的数量。
- Longevity（寿命）：设置粒子的存活时间，单位为秒。
- Producer（发生器）：该选项组主要用来设置粒子的位置及粒子产生的范围。
- Position X/Y/Z（X/Y/Z 轴的位置）：设置粒子在 X/Y/Z 轴上的位置。
- Radius X/Y/Z（X/Y/Z 轴半径）：设置粒子在 X/Y/Z 轴上产生的范围大小。
- [物理学]：该选项组主要设置粒子的运动效果，如图 7.15 所示。
- Animation（动画）：在右侧的下拉菜单中可以选择粒子的运动方式。

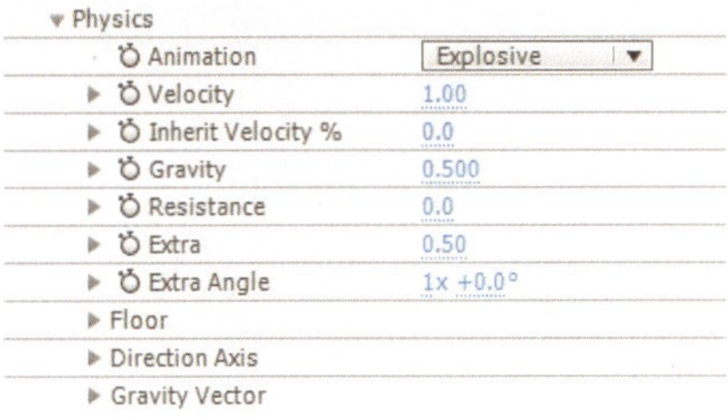

图 7.15 物理学选项组

- Velocity（速度）：设置粒子的发射速度。数值越大，粒子飞散得越高越远。
- Inherit Velocity %（继承的速率）：用来控制子粒子从主粒子继承的速率大小。
- Gravity（重力）：为粒子添加重力。当数值为负值时，粒子向上运动。
- Resistance（阻力）：设置粒子产生时的阻力。值越大，粒子发射的速度越小。
- Extra（追加）：用来设置粒子的扭曲程度。当 Animation（动画）右侧的粒子方式不为 Explosive（爆炸）时，Extra（追加）和 Extra Angle（追加角度）才可使用。
- Extra Angle（追加角度）：用来设置粒子的旋转角度。
- Particle（粒子）：该选项组主要用来设置粒子的纹理、形状及颜色，如图 7.16 所示。

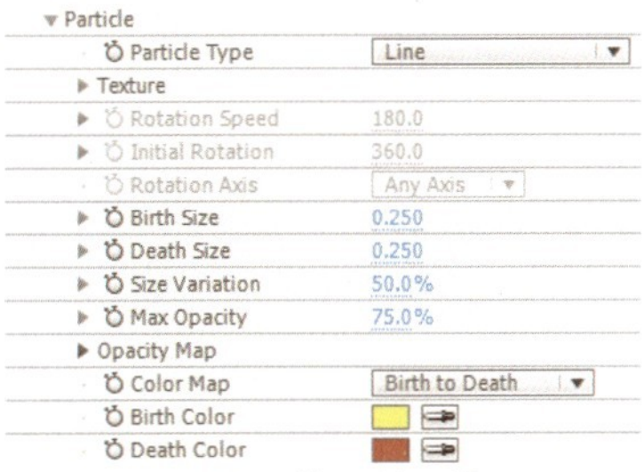

图 7.16 粒子选项组

- Particle Type（粒子类型）：在右侧的下拉菜单中可以选择其中任意一种类型作为产生的粒子的形状。
- Texture（纹理）：用来设置粒子的材质贴图。需要注意的是只有当 Particle Type（粒子类型）为纹理类型时，该项才可使用。
- Max Opacity(最大透明度):设置粒子的透明度。
- Color Map（颜色贴图）：在右侧的下拉菜单中可以选择粒子贴图的类型。
- Birth Color（产生粒子颜色）：设置刚产生的粒子的颜色。

- Death Color（死亡粒子颜色）：设置即将死亡的粒子的颜色。
- Volume Shade（体积阴影）：为粒子设置阴影。
- Transfer Mode（叠加模式）：设置粒子与粒子之间的叠加模式。

7.2.10 CC Pixel Polly（CC 像素多边形）

该特效可以使图像分割，制作出画面碎裂的效果。该特效的参数设置及前后效果，如图 7.17 所示。

图 7.17 应用 CC 像素多边形的前后效果及参数设置

该特效的各项参数含义如下。

- Force（力量）：设置产生破碎时的力量值。
- Gravity（重力）：设置碎片下落时的重力。
- Spinning（旋转）：设置碎片的旋转角度。
- Force Center（力量中心）：设置破碎时力量的中心点的位置。
- Direction Randomness（方向随机）：设置破碎时碎片的方向随机性。
- Speed Randomness（速度随机）：设置碎片运动时速度的随机快慢。
- Grid Spacing（网格间距）：设置碎片的大小。
- Object（物体）：设置产生的碎片样式。在右侧的下拉菜单中可以选择需要的样式进行设置。
- Enable Depth Sort：勾选该复选框，可以改变碎片间的遮挡关系。

7.2.11 CC Rainfall（CC 下雨）

该特效可以模拟真实的下雨效果。该特效的参数设置及前后效果，如图 7.18 所示。

图 7.18 应用 CC 下雨的前后效果及参数设置

该特效的各项参数含义如下。

- Drops（雨滴）：设置雨滴的数量，值越大，雨滴越多。
- [大小]：设置雨滴的大小。
- Scene Depth（景深）：设置场景的深度效果。
- Speed（速度）：设置雨滴下落时的速度。
- Wind（风力）：设置风力的大小，值越大，雨滴的偏移量越大。
- Variation（变异）：设置雨滴的变异量。值越大变异越强烈。
- Spread（传播）：设置雨滴的杂乱程度。值越大越杂乱。
- [颜色]：设置雨滴的颜色。
- Opacity（透明度）：设置雨滴的透明程度。值越大越不透明。
- Influence（影响）：设置背景反射的影响大小。值越大，影响也越大。
- Spread Width（扩散宽度）：设置扩散宽度。值越大，扩散越宽。
- Spread Height（扩散高度）：设置扩散高度。值越大，扩散越高。
- Transfer Mode（转换模式）：用来设置雨滴的转换模式；可以选择 Composite（合成）或 Lighten（减弱）。
- Composite With Original（与原始合成）：选择该复选框，可以将雨滴与原始图像合成。
- Appearance（外观）：设置雨滴的外观。
- [偏移]：设置雨滴的偏移位置。
- Ground Level（地面级别）：设置地面位置，即雨滴下落到地面的位置。
- Embed Depth（嵌入深度）：设置雨滴的景深密度。
- Random Seed（随机种子）：设置雨滴的随机程度。

7.2.12 CC Scatterize（CC 散射）

该特效可以将图像变为很多的小颗粒，并加以旋转，使其产生绚丽的效果。该特效的参数设置及前后效果，如图 7.19 所示。

图 7.19 应用 CC 散射的前后效果及参数设置

该特效的各项参数含义如下。

- Scatter（分散）：设置分散程度。
- Right Twist（从右边开始旋转）：以图像右侧为开始端开始旋转。
- Left Twist（从左边开始旋转）：以图像左侧为开始端开始旋转。
- Transfer Mode（叠加模式）：在右侧的下拉菜单中选择碎片间的叠加模式。

7.2.13 CC Snowfall（CC 下雪）

该特效可以模拟自然界中的下雪效果。该特效的参数设置及前后效果，如图 7.20 所示。

图 7.20 应用 CC 下雪的前后效果及参数设置

该特效的各项参数含义如下。

- Flakes（雪花）：设置雪花的数量。
- Size（大小）：设置雪花的大小。
- Variation %（Size）（大小变异）：设置雪花大小的变异量。值越大雪花大小变异越强烈。
- Scene Depth（景深）：设置场景的深度效果。
- Speed（速度）：设置雪花下落的速度。
- Variation %（Speed）（速度变异）：设置雪花下落速度的变异量。值越大，雪花速度的变异越强烈。
- Wind（风力）：设置风力的大小。值越大，雪花的偏移量越大。
- Variation %（Wind）（风力变异）：设置风力的变异程度。值越大，雪花偏移时产生的变异也越大。
- Spread（传播）:设置雪花的杂乱程度。值越大，越杂乱。
- Amount（数量）：设置雪花摇摆数量。值越大，雪花摇摆的数量越多。

- Variation %（Amount）（数量变异）：设置雪花摇摆的变异数程度。
- Frequency（频率）：设置雪花的摇摆频率。值越大，摇摆的频率也越大。
- Variation %（Frequency）（频率变异）：设置雪花摇摆频率的变异程度。
- Stochastic Wiggle（随机摇摆）：选中该复选框，雪花将产生随机摇摆的效果。
- Color（颜色）：设置雪花的颜色。
- Opacity（透明度）：设置雪花的透明程度。值越大，越不透明。
- Influence（影响）：设置背景照明的影响大小。值越大，影响也越大。
- Spread Width（扩散宽度）：设置扩散宽度。值越大，扩散越宽。
- Spread Height（扩散高度）：设置扩散高度。值越大，扩散越高。
- Transfer Mode（转换模式）：用来设置雨滴的转换模式；可以选择 Composite（合成）或 Lighten（减弱）。
- Composite With Original（与原始合成）：选中该复选框，可以将雪花与原始图像合成。
- [偏移]：设置雪花的偏移位置。
- Ground Level（地面级别）：设置地面位置，即雪花下落到地面的位置。
- Embed Depth（嵌入深度）:设置雪花的景深密度。
- Random Seed（随机种子）:设置雪花的随机程度。

7.2.14 CC Star Burst（CC 星爆）

该特效是一个根据指定层的特征分割画面的三维特效，在该特效的 X、Y、Z 轴上调整图像的 [位置]、[旋转]、[缩放] 等参数，可以使画面产生卡片舞蹈的效果。该特效的参数设置及前后效果，如图 7.21 所示。

图 7.21 应用卡片舞蹈的前后效果及参数设置

该特效的各项参数含义如下。

- Scatter（分散）：设置球体的分散程度。

- Speed（速度）：设置球体的飞行速度。
- Phase（相位）：设置球体的旋转角度。
- Grid Spacing（网格间距）：设置球体之间的距离。
- Size（尺寸）：设置球体的大小。
- Blend w.Original（混合程度）：设置与原图的混合程度。

7.2.15 泡沫

该特效用于模拟水泡、水珠等流动的液体效果。该特效的参数设置及前后效果，如图7.22所示。

图7.22 应用水泡的前后效果及参数设置

该特效的各项参数含义如下。

- [视图]：在右侧的下拉菜单中，可以选择[草图]、[草图+流动映射]、[已渲染]中的任意一项。
- [制作者]：对水泡的粒子发生器进行设置。
- [产生点]：设置发生器的位置。
- [产生X/Y大小]：分别用来设置发生器的大小。
- [产生方向]：设置发生器的旋转角度。
- [缩放产生点]：设置缩放发生器的位置。
- [产生速率]：设置发射速度。
- [气泡]：该选项组主要控制水泡的尺寸大小、生命长短及强度。
- [大小]：设置水泡的尺寸大小。数值越大，水泡越大。
- [大小差异]：设置水泡的大小差异。数值越大，粒子的大小差异越大；数值为0时，每个粒子的最终大小相同。
- [寿命]：设置水泡的生命值。
- [气泡增长速度]：设置粒子的生长速度。
- [强度]：设置水泡粒子效果的强度。
- [物理学]：该选项组主要设置粒子的运动效果，如图7.23所示。

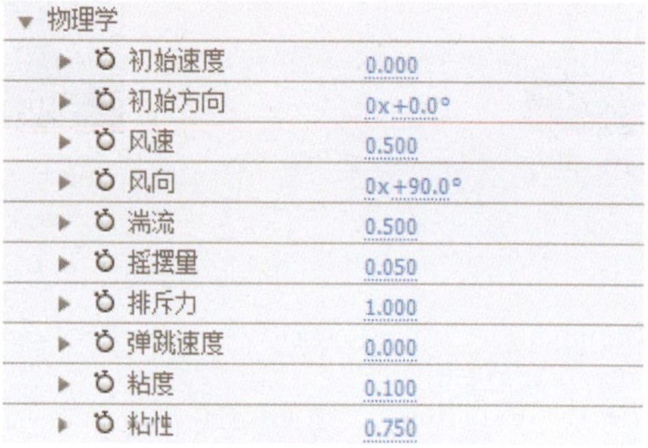

图7.23 [物理学]选项组

- [初始速度]：设置粒子的初始速度。
- [初始方向]：设置粒子的初始方向。
- [风速]：设置影响粒子的风速。
- [风向]：设置风的方向。
- [湍流]：设置粒子的混乱程度。
- [摇摆量]：设置粒子的摆动强度。
- [排斥力]：设置粒子间的排斥力。数值越大，粒子之间的排斥性越强。
- [弹跳速度]：设置粒子的总速率。
- [粘度]：设置粒子之间的粘性。数值越小，粒子越密。
- [粘性]：设置粒子间的粘着性。
- [缩放]：对水泡粒子进行缩放。
- [综合大小]：设置粒子效果的综合尺寸大小。
- [正在渲染]：该选项组用来设置粒子的渲染属性，如图7.24所示。

图7.24 [正在渲染]选项组

- [混合模式]：设置粒子之间的混合模式。
- [气泡纹理]：在右侧的下拉菜单中可以选择粒子的纹理方式。
- [气泡纹理分层]：该项只有在[气泡纹理]为[默

认气泡] 时才可用。
- [气泡方向]：在右侧的下拉菜单中可以选择任意一个方式来设置水泡的方向。
- [环境映射]：在右侧的下拉菜单中选择反射层，这样所有的水泡粒子都可以对周围的环境进行反射。
- [反射强度]：设置反射的强度。
- [反射融合]：设置反射的集中度。
- [流动映射]：可以在右侧的下拉菜单中选择一个层来影响粒子效果。
- [流动映射黑白对比]：控制参考图如何影响粒子效果。
- [流动映射匹配]：在右侧的下拉菜单中可以选择 [综合] 或 [屏幕] 两个选项来设置参考图的大小。
- [模拟品质]：设置水泡的仿真程度。
- [随机植入]：设置水泡的随机种子数。

7.2.16 粒子运动场

使用该特效可以产生大量相似物体独立运动的画面效果，并且它还是一个功能强大的粒子动画特效。该特效的参数设置及前后效果，如图 7.25 所示。

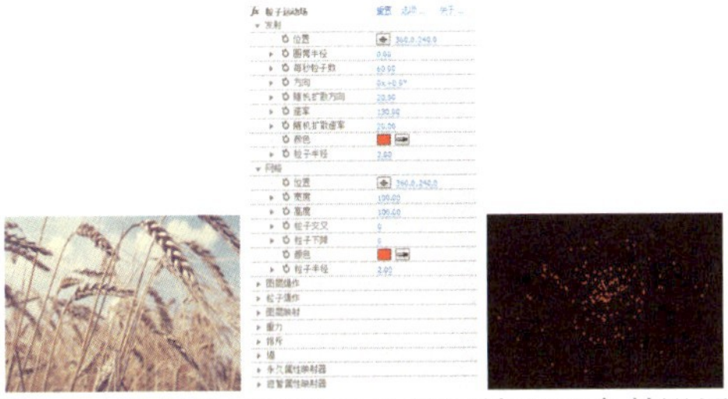

图 7.25 应用粒子运动场的前后效果及参数设置

该特效的各项参数含义如下。
- [发射]：设置加农粒子发生器。
- [位置]：设置粒子发生器的位置。
- [每秒粒子数]：设置每秒产生粒子的数量。数值越大，产生的粒子密度越高。
- [方向]：设置粒子发射的方向。
- [随机扩散方向]：设置粒子随机偏离加农方向的偏离量。
- [速率]：设置粒子的初始发射速度。
- [随机扩散速度]：设置粒子速度的随机量。

- [颜色]：设置粒子的颜色。
- [粒子半径]：设置粒子的大小。
- [网格]：该选项组主要用于设置网格粒子发生器的参数。
- [宽度]：设置网格的边框宽度。
- [高度]：设置网格的边框高度。
- [粒子交叉]：设置网格区域中水平方向上分布的粒子数。
- [粒子下降]：设置网格区域中垂直方向上分布的粒子数。
- [粒子半径]：设置粒子的半径大小。
- [图层爆炸]：该选项组中的参数可以将目标层分裂为粒子，还可以模拟爆炸、焰火等特效，如图 7.26 所示。

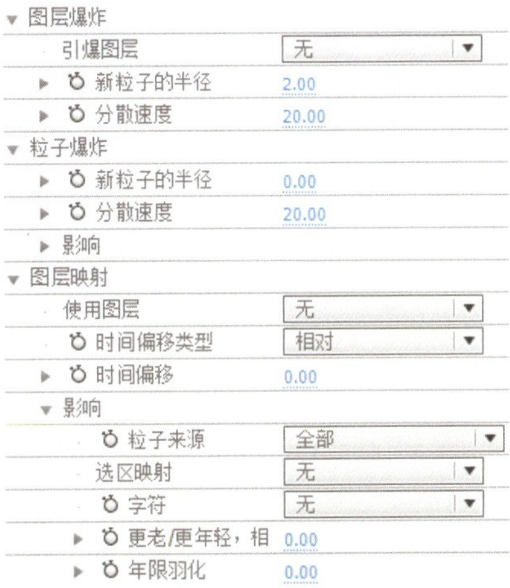

图 7.26 爆炸的参数设置

- [引爆图层]：在右侧的下拉菜单中，选择一个图层作为要爆炸的图层。
- [新粒子的半径]：为爆炸所产生的粒子设置半径值，需要注意的是，该值必须小于原始层的半径值。
- [分散速度]：设置粒子的速度变化范围。
- [粒子爆炸]：将一个粒子分裂成许多新的粒子。
- [影响]：该项可以指定哪些粒子受选项的影响。
- [粒子来源]：在右侧的下拉菜单中，可以选择粒子发生器。
- [选区映射]：在右侧的下拉菜单中可以选一个层，根据层的亮度决定哪些粒子受影响。
- [字符]：设置受当前选项影响的字符的文本区域。

- [图层映射]：该选项组可以指定图层作为粒子的贴图。
- [使用图层]：设置映射的层。
- [时间偏移类型]：可以选择某一帧开始播放用于产生粒子的层。
- [时间偏移]：设置时间位移效果的参数。
- [重力]：该选项组是指在指定的方向上影响粒子的运动状态，如图7.27所示。

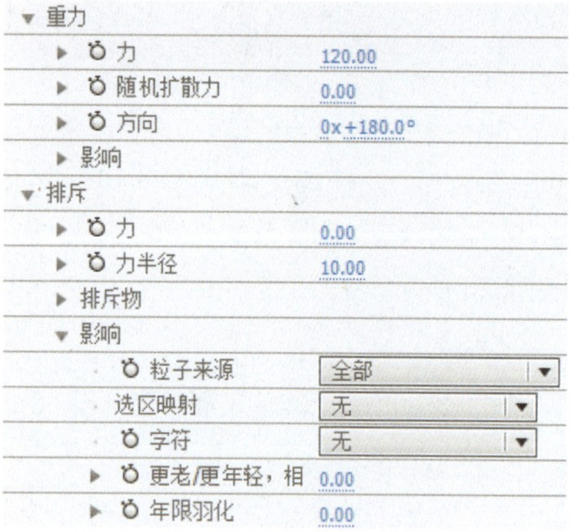

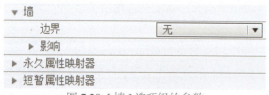

图7.27 [重力]选项组参数设置

- [力]：设置重力的影响力大小。
- [随机扩散力]：设置重力影响力的随机值范围。
- [方向]：设置重力方向。
- [排斥]：用于控制相邻粒子之间的相互排斥或吸引。
- [力]：设置排斥力的大小。
- [力半径]：设置粒子受到排斥或者吸引的范围。
- [排斥物]：指定作为粒子子集的排斥源或吸引源。
- [墙]：约束粒子的移动区域，如图7.28所示。

图7.28 [墙]选项组的参数

- [边界]：在右侧的下拉菜单中选择一个蒙版作为边界墙。
- [永久属性映射器]：用于改变粒子属性为最近的值，直到有另一个运算（排斥、重力、墙）修改了粒子。
- [短暂属性映射器]：用于设置在每一帧后恢复粒子属性为初始值。

碎片

该特效可以使图像产生爆炸分散的碎片。该特效的参数设置及前后效果，如图7.29所示。

图7.29 应用碎片的前后效果及参数设置

该特效的各项参数含义如下。

- [视图]：在右侧的下拉菜单中，可以选择爆炸效果的显示方式。其中包括[已渲染]、[线框正视图]、[线框]、[线框正视图+作用力]和[线框+作用力]5个选项。
- [渲染]：在右侧的下拉菜单中可以选择显示的目标对象。
- [形状]：该选项组中的参数主要用来设置爆炸时产生的碎片状态。
- [图案]：在右侧的下拉菜单中可以选择碎片的形状。
- [自定义碎片图]：在右侧的下拉菜单中可以选择一个层作为指定的形状。需要注意的是该项的选择必须是[图案]为[自定义]时才可使用。
- [白色拼贴已修复]：勾选该复选框可以使用白色平铺的适配功能。
- [重复]：设置碎片的重复数量。
- [方向]：设置爆炸的方向。
- [源点]：设置碎片的开始位置。
- [凸出深度]：设置碎片的厚度。
- [作用力1/2]：设置爆炸的力场，如图7.30所示。
- [位置]：设置力的位置。
- [深度]：设置力的深度。
- [半径]：设置力的半径。数值越大，半径越大，目标受力面积也就越大。
- [强度]：设置力的强度。数值越大，碎片分散越远。
- [渐变]：该选项组的参数主要是通过渐变层来影响爆炸效果的。

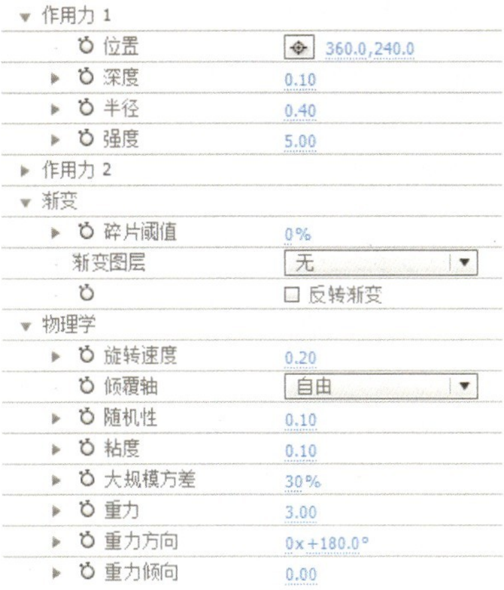

图 7.30 作用力选项组

- [碎片阈值]：设置爆炸的阈值。
- [渐变图层]：在右侧的下拉菜单中，可以选择一个层作为爆炸渐变层。
- [反转渐变]：勾选该复选框，可以将渐变层进行反转。
- [物理学]：该选项组中的参数主要用来设置爆炸的旋转隧道、坐标轴及重力。
- [旋转速度]：设置爆炸产生碎片的旋转速度。
- [倾覆轴]：在右侧的下拉菜单中可以设置爆炸后的碎片如何旋转。
- [随机性]：设置碎片分散的随机值。
- [粘度]：设置碎片的粘度。
- [大规模方差]：设置爆炸碎片集中的百分比。
- [重力]：为爆炸碎片添加重力。
- [重力方向]：设置碎片爆炸时的方向。
- [重力倾向]：为重力设置倾斜度。
- [纹理]：该选项组主要对碎片粒子的延伸、纹理贴图进行设置，如图 7.31 所示。

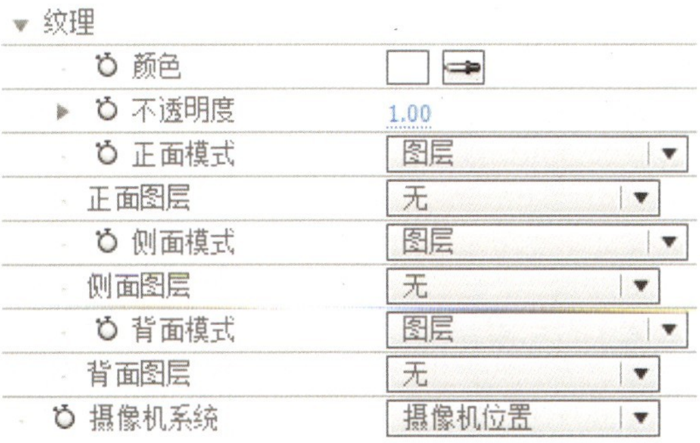

图 7.31 Textures（纹理）选项组

- [摄像机系统]：在右侧的下拉菜单中可以选择控制特效所使用的摄像机系统。

7.2.18 波形环境

该特效主要用于创造液体波纹效果。该特效的各项参数含义如下。

- [视图]：在右侧的下拉菜单中可以选择特效的显示方式。其中包括[高度地图]和[线框预览]，如图 7.32、图 7.33 所示。

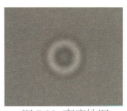 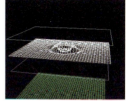

图 7.32 高度地图　　　　图 7.33 线框预览

- [线框控制]：该选项组的参数主要对线框视图进行控制，如图 7.34 所示。
- [水平/垂直旋转]：设置水平和垂直旋转线框视图。

图 7.34 [波形环境] 特效

- [垂直缩放]：设置线框垂直缩放的距离。
- [高度映射控制]：该选项组的参数主要对灰度位移图视图进行控制。
- [亮度]：设置图像的亮度。
- [对比度]：设置图像的对比度。
- [灰度系数调整]：通过调节数值控制图像的中间色调。

- [渲染采光井作为]：在右侧的下拉菜单中选择如何渲染位移图中的采光区域。
- [透明度]：设置图像的透明度。数值越大，不透明区域大。
- [模拟]：该特效组中的参数主要用于调节仿真效果。
- [网格分辨率]：设置灰度图的网格分辨率。数值越大，产生的细节越多，波纹越平滑，模拟效果越逼真。
- [波形速度]：设置波纹的扩散速度。
- [阻尼]：设置波纹的阻力大小。
- [地面]：该选项组主要对波纹的基线进行设置，如图7.35所示。
- [地面]：在右侧的下拉菜单中选择一个层，作为基线层。

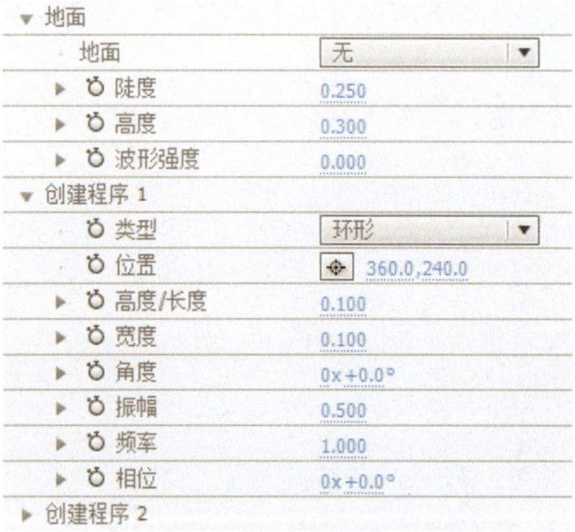

图 7.35 [波形环境] 参数设置

- [陡度]：设置指定层对基线的影响程度。
- [高度]：设置基线层的高度。
- [波形强度]：设置波形的强度。
- [创建程序 1/2]：该选项组主要对波纹发生器进行设置。
- [类型]：在右侧的下拉菜单中选择发生器的类型。
- [位置]：设置发生器的位置，即波纹出现的初始位置。
- [高度/长度]：设置波纹的高度/长度的值。
- [宽度]：设置波纹的宽度。当[高度/长度]的值和[宽度]的值相同时，可以产生从圆心向外扩展的涟漪波纹。
- [角度]：设置波纹的旋转角度。

- [振幅]：设置波纹的振幅。
- [频率]：设置波纹的频率。
- [相位]：设置波纹的相位。

实战 7-1 卡片拼图

难易程度：★★☆☆
工程文件：配套光盘\工程文件\第7章\卡片拼图
视频位置：配套光盘\movie\实战7-1 卡片拼图.avi

技术分析

本例主要讲解卡片拼图动画的制作。利用[卡片动画]特效制作卡片拼图效果，完成动画流程画面。本例最终的动画流程效果如图7.36所示。

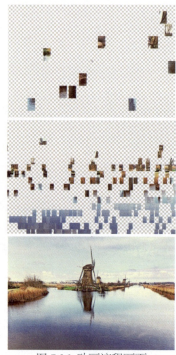

图 7.36 动画流程画面

学习目标

通过制作本例，学习[卡片动画]特效的使用，掌握卡片拼图动画的制作。

操作步骤

1. 执行菜单栏中的[合成]|[新建合成]命令，打开[合成设置]对话框，设置[合成名称]为"卡片拼图"，[宽度]为720px，[高度]为480px，[帧速率]为25帧/秒，并设置[持续时间]

为 00:00:05:00 秒，如图 7.37 所示。

图 7.37 合成设置

2 Step 执行菜单栏中的 [文件]|[导入]|[文件] 命令，打开 [导入文件] 对话框，选择"工程文件 \ 第 7 章 \ 卡片拼图 \ 卡片背景 .jpg"素材，如图 7.38 所示。单击【导入】按钮，将"卡片背景 .jpg"素材导入到 [项目] 面板中。

图 7.38 [导入文件] 对话框

3 Step 将"卡片背景 .jpg"拖动到时间线面板中，选中"卡片背景 .jpg"层，在 [效果和预设] 中展开 [模拟] 特效组，双击 [卡片动画] 特效，如图 7.39 所示。

图 7.39 [卡片动画] 特效

4 Step 在 [效果控件] 面板中，设置 [行数] 的值为 22，[列数] 的值为 54，将 [背景图层]、[渐变图层 1]、[渐变图层 2] 都设置为"卡片背景 .jpg"层，如图 7.40 所示。

图 7.40 [卡片动画] 参数

5 Step 将时间调整到 00:00:00:00 帧的位置，展开 [X 位置] 选项组，从 [源] 下拉菜单中选择 [红色 1] 选项，设置 [乘数] 的值为 24，[偏移] 的值为 11，单击 [乘数] 和 [偏移] 左侧的码表按钮，在当前位置设置关键帧；展开 [Z 位置] 选项组，设置 [偏移] 数值为 10，单击 [偏移] 左侧的码表按钮，在当前位置设置关键帧，如图 7.41 所示。

图 7.41 参数设置

6 Step 将时间调整到 00:00:04:24 帧的位置，设置 [X 位置] 选项组中的 [乘数] 数值为 0，[偏移] 数值为 0。设置 [Z 位置] 选项组中的 [偏移] 数值为 0，系统会自动设置关键帧，卡片拼图完成，合成窗口效果如图 7.42 所示。

7 Step 这样就完成了卡片拼图效果的整体制作，按小键盘上的 0 键，即可在合成窗口中预览动画。

图 7.42 合成窗口

实战 7-2 雨滴效果

难易程度：★☆☆☆
工程文件：配套光盘\工程文件\第7章\雨滴
视频位置：配套光盘\movie\实战7-2 雨滴效果.avi

技术分析

本例主要讲解雨滴动画的制作。利用 CC Drizzle（CC 细雨滴）特效和 CC Rainfall（CC 下雨）特效制作雨滴效果。本例最终的动画流程效果如图 7.43 所示。

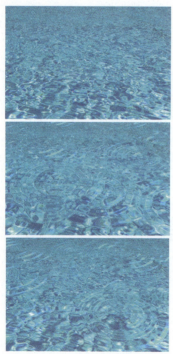

图 7.43 动画流程画面

学习目标

通过制作本例，学习 CC Drizzle（CC 细雨滴）特效和 CC Rainfall（CC 下雨）特效的使用，掌握雨滴动画的制作。

操作步骤

Step 1 执行菜单栏中的 [合成]|[新建合成] 命令，打开 [合成设置] 对话框，设置 [合成名称] 为"背景"，[宽度] 为 720px，[高度] 为 480px，[帧速率] 为 25 帧/秒，并设置 [持续时间] 为 00:00:03:00 秒，如图 7.44 所示。

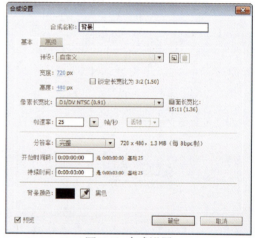

图 7.44 合成设置

Step 2 执行菜单栏中的 [文件]|[导入]|[文件] 命令，打开 [导入文件] 对话框，选择"工程文件\第 7 章\雨滴\水面.jpg"素材，如图 7.45 所示。单击 [导入] 按钮，将"水面.jpg"素材导入到 [项目] 面板中。

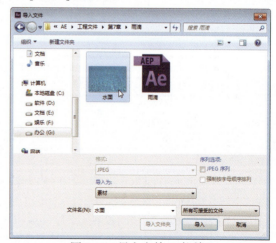

图 7.45 [导入文件] 对话框

3 将"水面.jpg"拖动到时间线面板中,打开"水面.jpg"层的三维属性开关,展开[变换]选项组,设置[位置]的值为(360,150,75),[缩放]的值为(200,200,200),X Rotation(X轴旋转)的值为-54°,如图7.46所示。

图7.46 时间线面板

4 在[效果和预设]中展开[模拟]特效组,双击CC Drizzle(CC细雨滴)特效,如图7.47所示。

图7.47 CC Drizzle(CC细雨滴)特效

5 在[效果控件]面板中,设置Rippling(涟漪)的值为1x+139°,如图7.48所示。

图7.48 (CC细雨滴)参数设置

6 在[效果和预设]中展开[模拟]特效组,双击CC Rainfall(CC下雨)特效,如图7.49所示。

图7.49 CC Rainfall(CC下雨)特效

7 在[效果控件]面板中,设置Drops(雨滴)的值为100,Size(大小)的值为10,Scene Depth(景深)的值为15000,Speed(速度)的值为20000,Wind(风力)的值为5000,Variation(变异)的值为100,Spread(速度)的值为60,Opacity(透明度)的值为100,如图7.50所示。

图7.50 参数

8 这样就完成了雨滴效果的整体制作,按小键盘上的0键,即可在合成窗口中预览动画。

实战7-3 七彩泡泡

难易程度:★☆☆☆
工程文件:配套光盘\工程文件\第7章\七彩泡泡
视频位置:配套光盘\movie\实战7-3 七彩泡泡.avi

技术分析

本例主要制作七彩泡泡动画。讲解利用[泡沫]特效、[梯度渐变]特效制作出七彩泡泡动画效果。本例最终的动画流程效果如图7.51所示。

图 7.51 动画流程画面

📖 学习目标

通过制作本例,学习[泡沫]特效、[梯度渐变]特效的使用方法,掌握七彩泡泡动画效果的制作。

✏️ 操作步骤

1. 建立"七彩泡泡"合成

Step 1 执行菜单栏中的[合成]|[新建合成]命令,打开[合成设置]对话框,设置[合成名称]为"七彩泡泡",[宽度]为720px,[高度]为480px,[帧速率]为25帧/秒,并设置[持续时间]为00:00:03:00秒,如图7.52所示。

图 7.52 合成设置

Step 2 执行菜单栏中的[文件]|[导入]|[文件]命令,打开[导入文件]对话框,选择配套光盘中的"工程文件\第7章\七彩泡泡\背景图片.jpg"

素材,单击【导入】按钮,将"背景图片.jpg"素材导入到[项目]面板中,如图7.53所示。

图 7.53 [导入文件] 对话框

Step 3 在[项目]面板中选择"背景图片.jpg"素材,将其拖动到时间线面板中,如图7.54所示。

图 7.54 添加素材

Step 4 在"七彩泡泡"合成的时间线面板中,按Ctrl+Y组合键打开[纯色设置]对话框,修改[名称]为"水泡",设置[颜色]为白色,如图7.55所示。

图 7.55 添加"水泡"纯色层

2. 添加[泡沫]特效

Step 1 确认选择"水泡"层,在[效果和预设]中展开[模拟]特效组,然后双击[泡沫]特效,如图7.56所示。

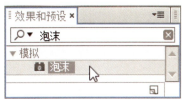

图 7.56 添加 [泡沫] 特效

2 Step 在 [效果控件] 面板中展开 [泡沫] 选项组，从 [视图] 右侧的下拉列表中选择 [已渲染] 选项，设置 [产生点] 的值为（244,477），设置 [产生 X 大小] 的值为 0.2，设置 [产生 Y 大小] 的值为 0.06；展开 [气泡] 选项组，设置 [大小] 的值为 0.7；展开 [物理学] 选项组，设置 [初始速度] 的值为 3.5，[风向] 的值为 3°，[摇摆量] 的值为 0.05；展开 [正在渲染] 选项组，设置 [反射强度] 的值为 1，[反射融合] 的值为 1，如图 7.57 所示。

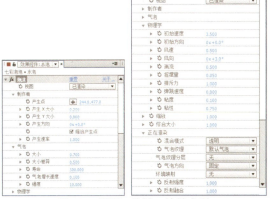

图 7.57 设置 [泡沫] 特效参数

3 Step 确认选择"水泡"层，在 [效果和预设] 中展开 [生成] 特效组，然后双击 [梯度渐变] 特效，如图 7.58 所示。

图 7.58 添加 [梯度渐变] 特效

4 Step 在 [效果控件] 面板中展开 [梯度渐变] 特效，设置 [起始颜色] 为浅绿色（R：156；G：249；B：172），设置 [结束颜色] 为黄色（R：249；G：222；B：81），如图 7.59 所示。

图 7.59 设置 [梯度渐变] 特效参数

5 Step 这样就完成了七彩泡泡动画的制作，按小键盘上的 0 键预览动画效果。

实战 7-4 水底出字

难易程度：★★☆☆
工程文件：配套光盘\工程文件\第7章\水底出字
视频位置：配套光盘\movie\实战7-4 水底出字.avi

技术分析

本例主要讲解水底出字动画的制作。首先创建合成，利用 CC Particle World（ CC 仿真粒子世界）特效制作出水波贴图，然后输入文字，并利用 CC Blobbylize（ CC 融化 ）特效制作出变形文字，最后利用 [镜头光晕] 特效制作出光斑效果，完成水底出字动画的制作。本例最终的动画流程效果如图 7.60 所示。

图 7.60 动画流程画面

学习目标

通过制作本例，学习 CC Particle World（CC 仿真粒子世界）、[镜头光晕]、CC Blobbylize（CC 融化）和 [梯度渐变] 特效的使用。

操作步骤

1. 建立"水波纹理"合成

Step 1 执行菜单栏中的 [合成][新建合成] 命令，打开 [合成设置] 对话框，设置 [合成名称] 为"水波纹理"，[宽度] 为 720px，[高度] 为 480px，[帧速率] 为 25 帧/秒，并设置 [持续时间] 为 00:00:05:00 秒，如图 7.61 所示。

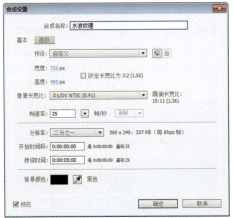

图 7.61 合成设置

Step 2 在"水波纹理"合成的时间线面板中，按 Ctrl+Y 组合键打开 [纯色设置] 对话框，修改 [名称] 为"水波贴图"，设置 [颜色] 为白色，如图 7.62 所示。

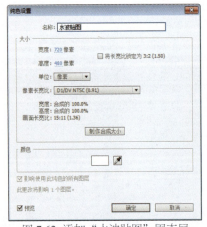

图 7.62 添加"水波贴图"固态层

Step 3 确认选择"水波贴图"层，在 [效果和预设] 中展开 [模拟] 特效组，然后双击 CC Particle World（CC 仿真粒子世界）特效，如图 7.63 所示。

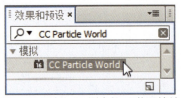

图 7.63 添加 CC 仿真粒子世界特效

Step 4 在 [效果控件] 面板中，设置 Birth Rate（出生率）的值为 1，Longevity（寿命）的值为 20，如图 7.64 所示。

图 7.64 参数设置

Step 5 展开 Producer（发生器）选项组，设置 Position Y（Y 轴的位置）的值为 0.2，Radius X（X 轴半径）的值为 0.5，Radius Y（Y 轴半径）的值为 0.1，Radius Z（Z 轴半径）的值为 0.5，如图 7.65 所示。

图 7.65 Producer（发生器）参数设置

Step 6 展开 [物理学] 选项组，设置 Velocity（速度）的值为 0，Gravity（重力）的值为 -0.07，如图 7.66 所示。

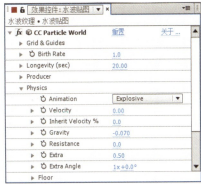

图 7.66 [物理学] 参数设置

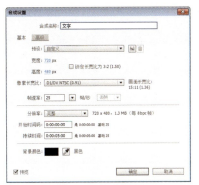

7 Step 展开 Particle（粒子）选项组，在 Particle Type（粒子类型）右侧的下拉列表中选择 Faded Sphere（衰减球），设置 Birth Size（生长大小）的值为 1，Death Size（消逝大小）的值为 1，设置 Birth Color（产生粒子颜色）为白色，Death Color（死亡粒子颜色）为白色，如图 7.67 所示。

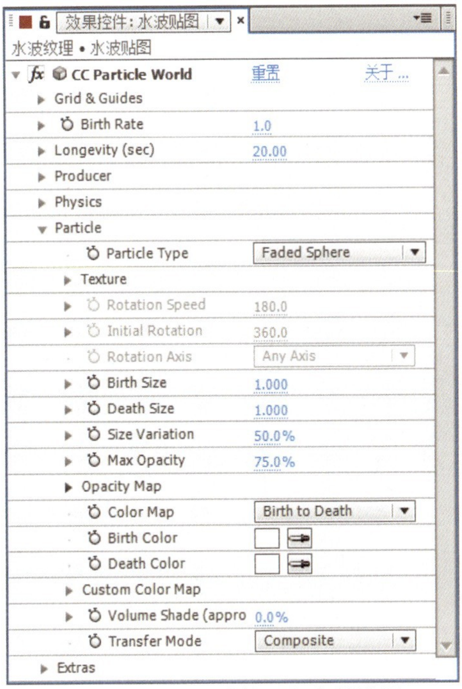

图 7.67 Particle（粒子）参数设置

2. 建立“文字”合成

1 Step 执行菜单栏中的 [合成][新建合成] 命令，打开 [合成设置] 对话框，设置 [合成名称] 为“文字”，[宽度] 为 720px，[高度] 为 480px，[帧速率] 为 25 帧 / 秒，并设置 [持续时间] 为 00:00:05:00 秒，如图 7.68 所示。

图 7.68 合成设置

2 Step 在 [项目] 面板中选择“水波纹理”合成，将其拖动到时间线面板中，如图 7.69 所示。

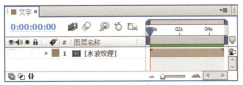

图 7.69 添加素材

3 Step 单击工具栏中的 [横排文字工具] T，在“文字”合成窗口中输入“after effects”。设置字体大小为 77 像素，字体填充颜色为白色，如图 7.70 所示。

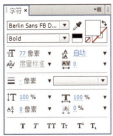

图 7.70 设置字体

4 Step 确认选择“after effects”层，在 [效果和预设] 中展开 [扭曲] 特效组，然后双击 CC Blobbylize（CC 融化）特效，如图 7.71 所示。

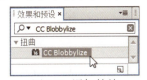

图 7.71 添加特效

5 Step 在 [效果控件] 面板中，展开 Blobbiness（融化）选项组，在 Blob Layer（滴状斑点层）下拉菜单中选择“2. 水波纹理”，设置 Softness（柔化）的值为 27，Cut Away（剪切）的值为 34，如图 7.72 所示。

图 7.72 参数设置

3. 建立"水底出字"合成

Step 1 执行菜单栏中的 [合成][新建合成] 命令，打开 [合成设置] 对话框，设置 [合成名称] 为 "水底出字"，[宽度] 为 720px，[高度] 为 480px，[帧速率] 为 25 帧 / 秒，并设置 [持续时间] 为 00:00:05:00 秒，如图 7.73 所示。

图 7.73 合成设置

Step 2 在 [项目] 面板中选择"水波纹理"和"文字"合成，将其拖动到时间线面板中，如图 7.74 所示。

图 7.74 添加素材

Step 3 在"水底出字"合成的时间线面板中，按 Ctrl+Y 组合键打开 [纯色设置] 对话框，修改 [名称] 为"背景"，设置 [颜色] 为白色，如图 7.75 所示。

图 7.75 添加"背景"固态层

Step 4 确认选择"背景"层，在 [效果和预设] 中展开 [生成] 特效组，然后双击 [梯度渐变] 特效，如图 7.76 所示。

图 7.76 添加 [梯度渐变] 特效

Step 5 在 [效果控件] 面板中，设置 [渐变起点] 的值为（356, 50），[起始颜色] 为青色（R：0，G：288，B：255），设置 [渐变终点] 的值为（364, 474），[结束颜色] 为深蓝色（R：0，G：12，B：175），如图 7.77 所示。

图 7.77 参数设置

Step 6 在"水底出字"合成的时间线面板中，按 Ctrl+Y 组合键打开 [纯色设置] 对话框，修改 [名称] 为"水泡"，设置 [颜色] 为白色，如图 7.78 所示。

Step 7 确认选择"水泡"层，在 [效果和预设] 中展开 [模拟] 特效组，然后双击 CC Particle World（CC 仿真粒子世界）特效，如图 7.79 所示。

图 7.78 添加"水泡"固态层

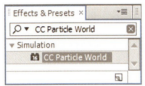

图 7.79 添加 CC 仿真粒子世界特效

Step 8　在 [效果控件] 面板中，设置 Birth Rate（出生率）的值为 1，Longevity（寿命）的值为 5，如图 7.80 所示。

图 7.80 参数设置

Step 9　展开 Producer（发生器）选项组，设置 Position Y（Y 轴 的 位 置 ） 的值为 0.18，Radius X（X 半径）的值为 3，Radius Y（Y 轴半径）的值为 0.5，Radius Z（Z 轴半径）的值为 6，如图 7.81 所示。

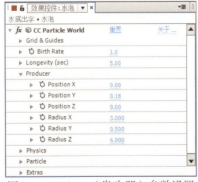

图 7.81 Producer（发生器）参数设置

Step 10　展开 Physics（物理学）选项组，设置 Gravity（重力）的值为 -0.1，如图 7.82 所示。

图 7.82 [物理学] 参数设置

Step 11　展开 Particle（粒子）选项组，在 Particle Type（粒子类型）右侧的下拉列表中选择 Lens Darken Fade（镜头变暗消失），设置 Birth Size（生长大小）的值为 0.5，Death Size（消逝大小）的值为 0.15，Size Variation（大小变化）的值为 75%，Max Opacity（最大透明度）的值为 39%，如图 7.83 所示。

图 7.83 Particle（粒子）参数设置

Step 12　在"水底出字"合成的时间线面板中，按 Ctrl+Y 组合键打开 [纯色设置] 对话框，修改 [名称] 为"光晕"，设置 [颜色] 为黑色，如图 7.84 所示。

图 7.84 添加"光晕"固态层

Step 13 确认选择"光晕"层,在 [效果和预设] 中展开 [生成] 特效组,然后双击 [镜头光晕] 特效,如图 7.85 所示。

图 7.85 添加 [镜头光晕] 特效

Step 14 将时间调整到 00:00:00:00 帧的位置,在 [效果控件] 面板中,设置 [光晕中心] 的值为 (4,19),在当前时间建立关键帧;将时间调整到 00:00:02:16 帧的位置,修改 [光晕中心] 的值为 (377,-163),将时间调整到 00:00:04:17 帧的位置,修改 [光晕中心] 的值为 (770,-10),最后设置"光晕"层的 [模式] 为 [相加],如图 7.86 所示。

图 7.86 关键帧设置

Step 15 这样就完成了水底出字动画的制作,按小键盘上的 0 键预览动画效果。

第 8 章
强大的视频特效

内容摘要

在影视作品中，一般离不开特效的使用，所谓视频特效，就是为视频文件添加特殊的处理，使其产生丰富多彩的视频效果，以更好地表现作品主题，达到视频制作的目的。在 After Effects 中内置了上百种视频特效，掌握各种视频特效的应用是进行视频创作的基础，只有掌握了各种视频特效的应用特点，才能轻松地制作绚丽的视频作品。本章主要对 After Effects 的 [3D 通道]、[音频]、[模糊和锐化]、[通道]、[扭曲]、[生成]、[遮罩]、[杂色和颗粒]、[透视]、[风格化]、[文本]、[时间]、[过渡]、[实用工具] 特效进行讲解。

教学目标

- 学习视频特效的含义
- 学习视频特效的使用方法
- 掌握视频特效参数的调整
- 掌握特效的复制与粘贴
- 掌握常见视频特效动画的制作技巧

8.1 视频特效的使用方法

要想制作出好的视频作品，首先要了解视频特效的应用。在 After Effects 软件中，使用视频特效的方法有 4 种。

- 方法 1：使用菜单。在时间线面板中，选择要使用特效的层，单击 [效果] 菜单，然后从子菜单中，选择要使用的某个特效命令即可，[效果] 菜单，如图 8.1 所示。
- 方法 2：使用特效面板。在时间线面板中，选择要使用特效的层，然后打开 [效果和预设] 面板，在特效面板中双击需要的特效即可。[效果和预设] 面板如图 8.2 所示。
- 方法 3：使用右键。在时间线面板中，在要使用特效的层上单击鼠标右键，从弹出的菜单中，选择 [效果] 子菜单中的特效命令即可。
- 方法 4：使用拖动。从 [效果和预设] 面板中，选择某个特效，然后将其拖动到时间线面板中要应用特效的层上即可。

· 经验分享 ·

打开或关闭特效面板

按 Ctrl+5 组合键，可以快速打开或关闭 [效果和预设] 面板。所有的特效都可以在这个面板内找到。

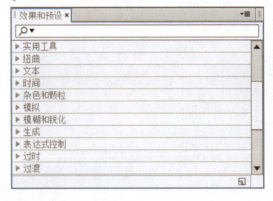

图 8.1 [效果] 菜单　　图 8.2 [效果和预设] 面板

8.2 视频特效的编辑技巧

在应用完视频特效后，接下来就要对特效进行相应的修改，比如特效参数的调整、特效的复制与粘贴、特效的关闭与删除等。

8.2.1 特效参数的调整

在学习了添加特效的方法后，一般特效产生的效果并不是想要的效果，这时就要对特效的参数进行再次调整，调整参数可以在两个地方位置来实现。

1. 使用 [效果控件] 面板

在启动 After Effects CC 软件时，[效果控件] 面板默认为打开状态，如果不小心将它关闭了，可以执行菜单中的 [窗口]|[效果控件] 命令，将该面板打开。选择添加特效后的层，该层使用的特效，就会在该面板中显示出来，通过单击 ▶ 按钮，可以将特效中的参数展开，并进行修改，如图 8.3 所示。

图 8.3 在 [效果控件] 面板

2. 使用时间线面板

当一个层应用了特效，在时间线面板中，单击层前面的 ▶ 按钮，即可将层列表展开，使用同样的方法单击 [效果] 前的 ▶ 按钮，即可展开特效参数并进行修改。如图 8.4 所示。

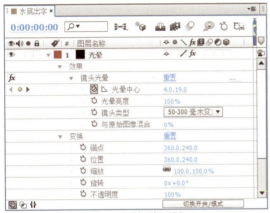

图 8.4 时间线面板

在 [效果控件] 面板和时间线面板中，修改特效参数的常用方法有 4 种。

- 方法 1：菜单法。通过单击参数选项右侧的选项区，如 50-300 毫米变 ▼ ，将弹出一个下拉菜单，从该菜单中，选择要修改的选项即可。
- 方法 2：定位点法。一般常用于修改特效的位置，单击选项右侧的 ⊕ 按钮，然后在 [合成] 窗口中需要的位置单击即可。
- 方法 3：拖动或输入法。在特效选项的右侧出现数字类的参数，将鼠标放置在上面，会出现一个双箭头 ↔，按住鼠标拖动或直接单击该数字，激活状态下直接输入数字即可。
- 方法 4：颜色修改法。单击选项右侧的 ■ 色块，打开颜色对话框，直接在该对话框中选取需要的颜色；还可以单击吸管按钮 ⌐，在 [合成] 窗口中的图像上，单击吸取需要的颜色即可。

· 经验分享 ·

窗口或面板的最大化

在动画制作中，有时候为了操作的方便，可以将某个窗口或面板最大化显示，此时只需要选中该窗口或面板，然后按键盘上的 ~ 键即可。

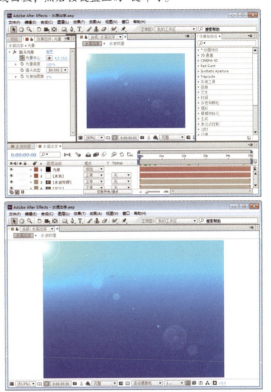

8.2.2 特效的复制与粘贴

相同层的不同位置或不同层之间需要的特效完全一样，这时就可以应用复制粘贴的方法，来快速实现特效设置。操作方法如下。

Step 1 在 [效果控件] 面板或时间线面板中，选择要复制的特效，然后执行菜单中的 [编辑]|[复制] 命令，或按 Ctrl + C 组合键，将特效复制。

Step 2 在时间线面板中，选择要应用特效的层，然后执行菜单中的 [编辑]|[粘贴] 命令，可按 Ctrl + V 组合键，将复制的特效粘贴到该层，这样就完成了特效的复制与粘贴。

8.3 [3D 通道] 特效组

[3D 通道] 特效组主要对图像进行三维方面的修改，所修改的图像要带有三维信息，如 Z 通道、材质 ID 号、物体 ID 号、法线等，通过对这些信息的读取，进行特效的处理。包括 [3D 通道提取]、[深度遮罩]、[场深度]、EXtractoR（提取）、[雾 3D]、[ID 遮罩] 和 IDentifier（标识符）等特效。

8.3.1 3D 通道提取

该特效可以将图像中的 3D 通道信息提取并进行处理，包括 [Z 深度]、[对象 ID]、[纹理]、[曲面法线]、[覆盖范围]、[背景 RGB]、[非固定 RGB] 和 [材质 ID]，其参数设置面板如图 8.5 所示。

图 8.5 3D 通道提取参数设置面板

该特效的各项参数含义如下。
- [3D 通道]：指定要读取的通道信息。
- [黑场]：指定控制结束点为黑色的值。
- [白场]：指定控制开始点为白点的值。

8.3.2 深度遮罩

该特效可以读取 3D 图像中的 Z 轴深度，并沿 Z 轴深度的指定位置截取图像，以产生蒙版效果，其参数设置面板如图 8.6 所示。

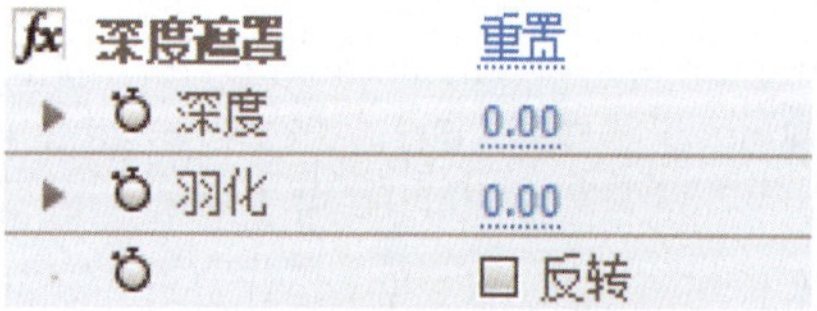

图 8.6 深度遮罩参数设置面板

该特效的各项参数含义如下。
- [深度]：指定沿 Z 轴截取图像的位置。
- [羽化]：设置蒙版位置的柔化程度。
- [反转]：将指定的深度蒙版反转。

8.3.3 场深度

该特效可以模拟摄像机的景深效果，将图像沿 Z 轴做模糊处理。其参数设置面板如图 8.7 所示。

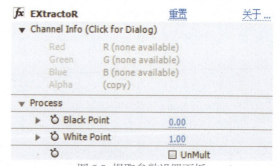

图 8.7 场深度参数设置面板

该特效的各项参数含义如下。
- [焦平面]：指定沿 Z 轴景深的平面。
- [最大半径]：指定对平面外图像的模糊程度。
- [焦平面厚度]：设置景深区域的薄厚程度。
- [焦点偏移]：指定焦点偏移。

8.3.4 EXtractoR（提取）

该特效可以显示图像中的通道信息，并对黑色与白色进行处理。其参数设置面板如图 8.8 所示。

图 8.8 提取参数设置面板

该特效的各项参数含义如下。
- Channel Inof（Click for Diaiog）（通道信息）：显示通道信息。
- Black Point（黑点）：指定控制结束点为黑色的值。
- White Point（白点）：指定控制开始点为白点的值。

·经验分享·

关于特效的位置调整

当某层应用多个特效时，特效会按照使用的先后顺序从上到下排列，即新添加的特效位于原特效的下方，如果想更改特效的位置，可以在 [效果控件]面板中通过直接拖动的方法,将某个特效上移或下移。不过需要注意的是,特效应用的顺序不同,产生的效果也会不同。

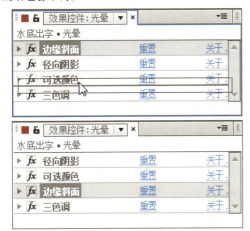

8.3.5 雾 3D

该特效可以使图像沿 Z 轴产生雾状效果,制作出雾状效果,以雾化场景。其参数设置面板如图 8.9 所示。

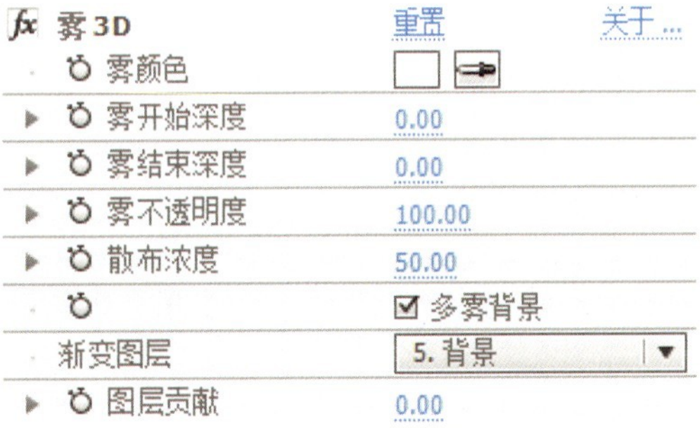

图 8.9 雾 3D 参数设置面板

该特效的各项参数含义如下。

- [雾颜色]:指定雾的颜色。
- [雾开始深度]:指定雾开始的位置。
- [雾结束深度]:指定雾结束的位置。
- [雾不透明度]:指定雾的透明程度。
- [散布浓度]:设置雾效果产生的密度大小。
- [多雾背景]:勾选该复选框,将对层素材的背景进行雾化。
- [渐变图层]:指定一个层,用来作为渐变以影响雾化效果。
- [图层贡献]:设置渐变层对雾的影响程度。

8.3.6 ID 遮罩

该特效通过读取图像的对象 ID 号或材质 ID 号信息,将 3D 通道中的指定元素分离出来,制作出遮罩效果。其参数设置面板如图 8.10 所示。

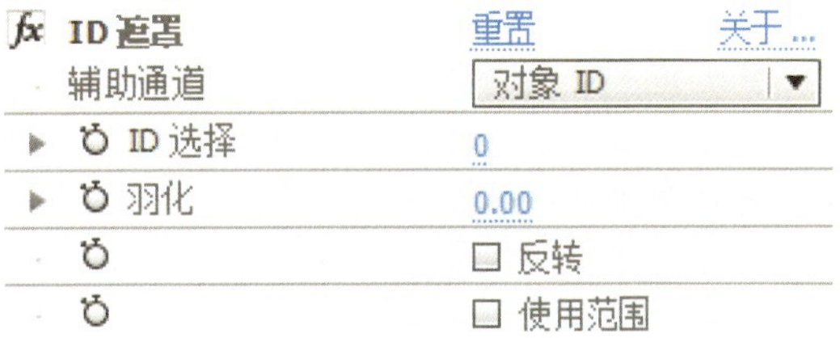

图 8.10 ID 遮罩参数设置面板

该特效的各项参数含义如下。

- [辅助通道]:指定分离素材的参考通道。包括[材质 ID] 和 [对象 ID]。
- [ID 选择]:选择在图像中的 ID 值。
- [羽化]:设置蒙版的柔化程度。
- [反转]:勾选该复选框,将蒙版区域反转。
- [使用范围]:勾选该复选框,通过净化蒙版上的像素,获得清晰的蒙版效果。

8.3.7 IDentifier(标识符)

该特效通过读取图像的 ID 号,为通道中的指定元素做标志。其参数设置面板如图 8.11 所示。

图 8.11 标志符参数设置面板

该特效的各项参数含义如下。

- [ID]:选择在图像中的 ID 值。

8.4 [音频] 特效组

音频特效主要是对声音进行特效方面的处理,以此来制作不同效果的声音特效,比如回声、降噪等。After Effects CC 为用户提供了 10 多种音频特效,以供用户更好地控制音频文件。包括[倒放]、[低音和高音]、[延迟]、[变调与合声]、[高通 /

低通]、[调制器]、[参数均衡]、[混响]、[立体声混合器] 和 [音调] 特效。

8.4.1 倒放

该特效可以将音频素材进行倒带播放，即将音频文件从后往前播放，产生倒放效果，它没有太多的参数设置，[倒放] 参数设置面板如图 8.12 所示。

图 8.12 倒放参数设置面板

该特效的各项参数含义如下。

- [交换声道]：勾选该复选框，可以将音频素材的左右声道交换，它只适用于双声道。

8.4.2 低音和高音

该特效可以将音频素材中的低音和高音部分的音频进行单独调整，将低音和高音中的音频增大或是降低，[低音和高音] 参数设置面板如图 8.13 所示。

图 8.13 低音和高音参数设置面板

该特效的各项参数含义如下。

- [低音]：用来增加或降低音频中的低音部分，正值表示增加，负值表示降低。
- [高音]：用来增加或降低音频中的高音部分，正值表示增加，负值表示降低。

· 经验分享 ·

关于特效的删除

如果添加特效有误或不再需要该特效，可以选择该特效，然后执行菜单中的[编辑] | [清除]命令，或按Delete键即可将特效删除。

8.4.3 延迟

该特效可以设置声音在一定的时间后重复，制作出回声的效果，以添加音频素材的回声特效，[延迟] 参数设置面板如图 8.14 所示。

图 8.14 延迟参数设置面板

该特效的各项参数含义如下。

- [延迟时间（毫秒）]：设置回声的延迟时间，即与原声间的时间间隔，单位为毫秒。
- [延迟量]：设置回声中音频延迟的数量，值越大，延迟数量越多。
- [反馈]：设置一个将延时信号附加到前面的延时上的百分比，从而产生一个多重回声的效果。
- [干输出]：设置不经修饰的原始声音输出的百分比。
- [湿输出]：设置经过修饰的效果音输出的百分比。

8.4.4 变调与合声

该特效包括两个独立的音频效果：变调用来设置变调效果，通过拷贝失调的声音或者对原频率做一定的位移，通过对声音分离的时间和音调深度的调整，产生颤动、急促的声音。变调用来设置和声效果，可以为单个乐器或单个声音增加深度，听上去像是有很多声音混合，产生合唱的效果。[变调与和声] 参数设置面板如图 8.15 所示。

图 8.15 变调与和声参数设置面板

该特效的各项参数含义如下。

- [语音分离时间]：设置声音的分离时间，单位是毫秒，每个分离的声音是原音的延时效果声音。较小的数值用于变调特效，较大的数值用于和声效果。
- [语音]：用来设置和声的数量值。
- [调制速率]：用来设置调制声音速度的比率，以 Hz 为单位，指定频率调制。
- [调制深度]：用来设置调制声音频率的深度。
- [语音相变]：设置和声的声音相位变化。
- [反转相位]：勾选该复选框，将声音相位反转。
- [立体声]：勾选该复选框，将声音设置为立体声效果。
- [干输出]：设置不经修饰的原始声音输出的百分比。
- [湿输出]：设置经过修饰的效果音输出的百分比。

8.4.5 高通 / 低通

该特效通过设置一个音频值，只让高于或低于这个频率的声音通过，这样，可以将不需要的低音或高音过滤掉。[高通 / 低通] 参数设置面板如图 8.16 所示。

图 8.16 高通 / 低通参数设置面板

该特效的各项参数含义如下。

- [滤镜选项]：从右侧的下拉菜单中，可以选择 [高通] 或 [低通]。
- [屏蔽频率]：用来设置中止的音频值，在 [滤镜选项] 中选择 [高通] 选项，将低于该值的音频设置为静音；在 [滤镜选项] 中选择 [低通]，将高于该值的音频设置为静音。
- [干输出]：设置不经修饰的原始声音输出的百分比。
- [湿输出]：设置经过修饰的效果音输出的百分比。

8.4.6 调制器

该特效通过改变声音的变化频率和振幅来设置声音的颤音效果。[调制器] 参数设置面板，如图 8.17 所示。

图 8.17 调制器参数设置面板

该特效的各项参数含义如下。

- [调制类型]：从右侧的下拉菜单中，可以选择颤音类型有 [正弦] 或 [三角形]。
- [调制速率]：设置调节声音的比率，单位为 HZ。
- [调制深度]：设置声音的调节深度。
- [振幅变调]：设置声音的振幅。

8.4.7 参数均衡

该特效主要是用来精确调整一段音频素材的音调，而且还可以较好地隔离特殊的频率范围，强化或衰减指定的频率，对于增强音乐的效果特别有效。[参数均衡] 参数设置面板如图 8.18 所示。

该特效的各项参数含义如下。

- [网频响应]：音频参数的设置，以曲线形式显示，水平方向表示频率范围，垂直表示增益值。
- [带 1 / 2 / 3 已启用]：勾选不同的复选框，打开不同的频率曲线显示，最多可以使用 3 条，系统将以不同的颜色显示，通过下面的相应参数可以调整曲线效果。
- [频率]：设置调整的频率点，该频率指明了所设定带宽中心的峰值。

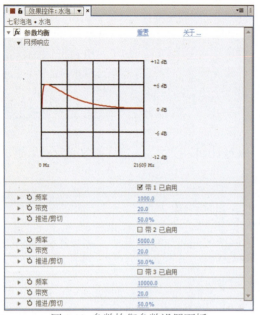

图 8.18 参数均衡参数设置面板

- [带宽]：保持制定波段频率的宽度，即在一个宽频率中创立一个低的设置和在一个窄频率中创立一个高的设置。
- [推进或剪切]：调整增益值，设置在一定的带宽范围内对频率振幅的增长或切除量。

· 经验分享 ·

关于特效的复制

如果特效只是在本层进行复制粘贴，可以在[效果控件]面板或时间线面板中，选择该特效，然后按 Ctrl + D 组合键即可。

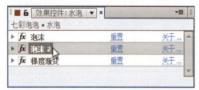

8.4.8 混响

该特效可以将一个音频素材制作出一种模仿室内播放音频声音的效果。[混响]参数设置面板如图 8.19 所示。

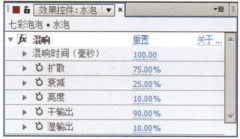

图 8.19 混响参数设置面板

该特效的各项参数含义如下。

- [混响时间]：用来设置信号发出到回响之间的时间，以毫秒为单位。
- [扩散]：设置声音向四周的扩散量。
- [衰减]：指定声音的消失过程的时间。
- [亮度]：设置音频中保留的细节数量。
- [干输出]：设置不经修饰的原始声音输出的百分比。
- [湿输出]：设置经过修饰的效果音输出的百分比。

8.4.9 立体声混合器

该特效通过对一个层的音量大小和相位的调整，混合音频层上的左右声道，模拟左右立体声混音装置。[立体声混合器]参数设置面板如图 8.20 所示。

图 8.20 立体声混合器参数设置面板

该特效的各项参数含义如下。

- [左声道级别]：设置左声道音量的混合大小。
- [右声道级别]：设置右声道音量的混合大小。
- [向左平移]：将立体声信号从左声道转到右声道。

- [向右平移]：将立体声信号从右声道转到左声道。
- [反转相位]：勾选该复选框，将转换两个声道的相位。

8.4.10 音调

该特效可以轻松合成固定音调，产生各种常见的科技声音。比如隆隆声、铃声、警笛声和爆炸声等，可以通过修改 5 个音调产生和弦，以产生各种声音。[音调]参数设置面板如图 8.21 所示。

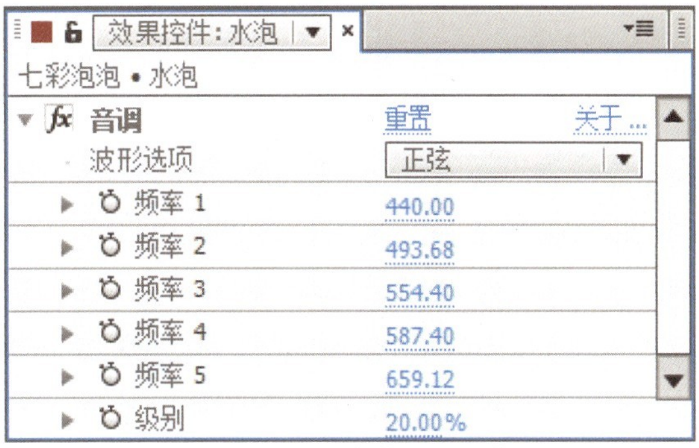

图 8.21 音调参数设置面板

该特效的各项参数含义如下。

- [波形选项]：从右侧的下拉菜单中，可以选择使用不同的波形默认类型，包括 [正弦]、[三角形]、[锯子] 和 [正方形]。
- [频率 1 / 2 / 3 / 4 / 5]：分别设置 5 个音调的频率点，通过不同的参数设置，产生不同的音频效果。
- [级别]：改变音频的振幅。

8.5 [模糊和锐化]特效组

[模糊和锐化]特效组主要是对图像进行各种模糊和锐化处理，包括：[双向模糊]、[方框模糊]、[摄像机镜头模糊]、CC Cross Blur（CC 交叉模糊）、CC Radial Blur（CC 放射模糊）、CC Radial Fast Blur（CC 快速放射模糊）、CC Vector Blur（CC 矢量模糊）、[通道模糊]、[复合模糊]、[定向模糊]、[快速模糊]、[高斯模糊]、[径向模糊]、[减少交错模糊]、[锐化]、[智能模糊] 和 [钝化蒙版]，各种特效的应用方法和含义介绍如下。

8.5.1 双向模糊

该特效将图像按左右对称的方向进行模糊处理，应用该特效的参数设置及应用前后效果，如图 8.22 所示。

图 8.22 应用双向模糊的前后效果及参数设置

该特效的各项参数含义如下。

- [半径]：设置模糊的半径大小，值越大模糊程度也越大。
- [阈值]：设置模糊的容差，值越大模糊的范围也越大。
- [彩色化]：勾选该复选框，可以显示源图像的颜色。

·经验分享·

合成窗口缩放快捷操作

合成窗口的缩放在动画制作中非常重要，特别是制作细节时，按，（逗号）键可以将[合成]窗口缩小；按。（句号）键可以将[合成]窗口放大。

8.5.2 方框模糊

该特效将图像按盒子的形状进行模糊处理，在图像的四周形成一个盒状的边缘效果，应用该特效的参数设置及应用前后效果，如图 8.23 所示。

图 8.23 应用方框模糊的前后效果及参数设置

该特效的各项参数含义如下。

- [模糊半径]：设置盒状模糊的半径大小，值越大图像越模糊。
- [迭代]：设置模糊的重复次数，值越大图像模糊的次数越多，图像越模糊。

- [模糊方向]：从右侧的下拉菜单中，可以选择设置模糊的方向。包括 [水平和垂直]、[水平] 或 [垂直]3 个选项。
- [重复边缘像素]：勾选该复选框，当模糊范围超出画面时，对边缘像素进行重复模糊，这样可以保持边缘的清晰度。

8.5.3 摄像机镜头模糊

该特效是运用摄像机原理，将物体进行模糊处理，如图 8.24 所示。

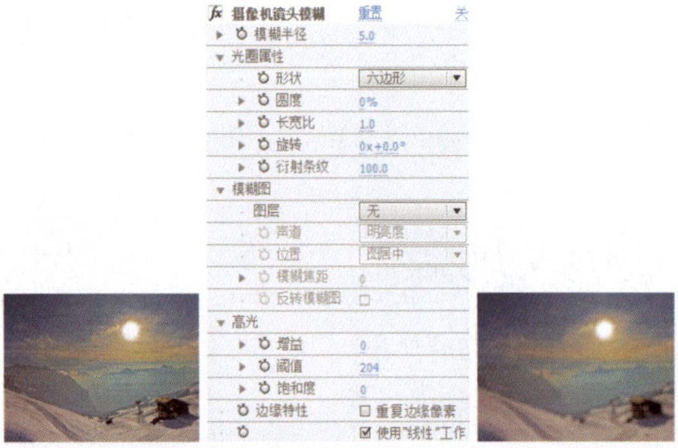

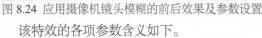

图 8.24 应用摄像机镜头模糊的前后效果及参数设置

该特效的各项参数含义如下。

- [模糊半径]：设置盒状模糊的半径大小，值越大图像越模糊。
- [光圈属性]：包括 [形状]、[圆度]、[长宽比]、[旋转] 和 [衍射条纹] 属性。
- [模糊图]：设置模糊映射的选项。
- [图层]：从右侧的下拉菜单中，可以选择设置模糊的图层。
- [声道]：控制模糊的类型，包括 [明亮度]、[红色]、[绿色]、[蓝色] 和 Alpha（通道）。
- [位置]：从右侧的下拉菜单中，可以设置为 [图居中]、[拉伸图以适合]。
- [模糊焦距]：可以设置对图像的焦距感。
- [反转模糊图]：勾选此选项和取消勾选此选项，模糊的位置不同。
- [高光]：控制高光的属性。
- [增益]：增加高光的强度。
- [阈值] 用于调整黑白的比例大小。值越大，黑色占的比例越多；值越小，白色点的比例越多。
- [边缘特性]：勾选其右侧的 [重复边缘像素] 复选框，可以排除图像边缘模糊。
- [使用"线性"工作]：勾选该复选框，使用线性进行模糊。

8.5.4 CC Cross Blur（CC 交叉模糊）

该特效可以将图像单独模糊 X 和 Y 轴的半径模糊，如图 8.25 所示。

图 8.25 应用 CC 交叉模糊的前后效果及参数设置

该特效的各项参数含义如下。

- Radius X（X 轴半径）：设置 X 半径大小，值越大图像越模糊。
- Radius Y（Y 轴半径）：设置 Y 半径大小，值越大图像越模糊。
- Transfer Mode（改变模式）：改变特效与图层的模式，从右侧的下拉菜单中，可以设置为 [混合]、Add（添加）、Screen（屏幕）、Multiply（正片叠地）、Lighten（变亮）和 Darken（变暗）。
- Repeat Edge pixels（重复边缘像素）：勾选此选项可以对边缘的像素进行重复。

8.5.5 CC Radial Blur（CC 放射模糊）

该特效可以将图像按多种放射状的模糊方式进行处理，使图像产生不同的模糊效果，应用该特效的参数设置及应用前后效果，如图 8.26 所示。

图 8.26 应用 CC 放射模糊的前后效果及参数设置

该特效的各项参数含义如下。

- Type（模糊方式）：从右侧的下拉菜单中，可以选择设置模糊的方式。包括 Straight Zoom、Fading Zoom、Centered、Rotate 和 Scratch 选项。
- Amount（数量）：用来设置图像的旋转层数，值越大，层数越多。
- Qualiy（质量）：用来设置模糊的程度，值越大，模糊程度越大，最小值为 10。
- Center（模糊中心）：用来指定模糊的中心点位置，可以直接修改参数来改变中心点位置，也可以单击参数前方的 ◆ 按钮，然后在 [合成] 窗口中通过单击鼠标来设置中心点。

8.5.6 CC Radial Fast Blur（CC 快速放射模糊）

该特效可以产生比 CC 放射模糊更快的模糊效果。应用该特效的参数设置及应用前后效果，如图 8.27 所示。

图 8.27 应用 CC 快速放射模糊的前后效果及参数设置

该特效的各项参数含义如下。

- Center（模糊中心）：用来指定模糊的中心点位置，可以直接修改参数来改变中心点位置，也可以单击参数前方的 ◆ 按钮，然后在 [合成] 窗口中通过单击鼠标来设置中心点。
- Amount（数量）：用来设置模糊的程度，值越大，模糊程度也越大。
- Zoom（爆炸叠加方式）：从右侧的下拉菜单中，可以选择设置模糊的方式。包括 standard（标准）、Brightest（变亮）和 Darkest（变暗）3 个选项。

8.5.7 CC Vector Blur（CC 矢量模糊）

该特效可以通过 Type（模糊方式）对图像进行不同样式的模糊处理。应用该特效的参数设置及应用前后效果，如图 8.28 所示。

图 8.28 应用 CC 矢量模糊的前后效果及参数设置

该特效的各项参数含义如下。

- Type（模糊方式）：从右侧的下拉菜单中，可以选择设置模糊的方式。包括 Natural（自然）、Constant Length（固定长度）、Perpendicular（垂直）、Direction Center（方向中心）和 Direction Fading（方向衰减）5 个选项。
- Amount（数量）：用来设置模糊的程度，值越大，模糊程度也越大。
- Angle Offset（角度偏移）：用来设置模糊的偏移角度。
- Ridge Smoothness（边缘柔化）：用来设置图像边缘的模糊转数，值越大，转数越多。
- Vector Map（矢量图）：从右侧的下拉菜单中，可以选择进行模糊的图层。模糊层亮度高的区域模糊程度就大些，模糊层亮度低的区域模糊程度就小些。
- Property（参数）：从右侧的下拉菜单中，可以选择设置通道的方式。包括 Red、Green、Blue、Alpha、Luminance、Lightness、Hue 和 Saturation 选项。
- Map Softness（柔化图像）：用来设置图像的柔化程度，值越大，柔化程度也越大。

8.5.8 通道模糊

该特效可以分别对图像的红、绿、蓝或 Alpha 这几个通道进行模糊处理。应用该特效的参数设置及应用前后效果，如图 8.29 所示。

图 8.29 应用通道模糊的前后效果及参数设置

该特效的各项参数含义如下。

- [红色 / 绿色 / 蓝色 /Alpha 通道模糊]：设置红、绿、蓝或 Alpha 通道的模糊程度。
- [边缘特性]：勾选其右侧的 [重复边缘像素] 复选框，可以排除图像边缘模糊。
- [模糊方向]：从右侧的下拉菜单中，可以选择模糊的方向设置。包括 [水平和垂直]、[水平] 和 [垂直]3 个选项。

8.5.9 复合模糊

该特效可以根据指定的层画面的亮度值，对应用特效的图像进行模糊处理，用一个层去模糊另一个层效果。应用该特效的参数设置及应用前后效果，如图 8.30 所示。

图 8.30 应用复合模糊的前后效果及参数设置

该特效的各项参数含义如下。

- [模糊图层]：可从右侧的下拉菜单中选择进行模糊的对照层，以进行模糊处理。模糊层亮度高的区域模糊程度就大些，模糊层亮度低的区域模糊程度就小些。
- [最大模糊]：设置最大模糊程度值，以像素为单位，值越大，模糊程度越大。
- [如果层大小不同]：如果模糊层和特效层尺寸不同，勾选右侧的[伸缩对应层以适合]选项，将拉伸模糊层。
- [反转模糊]：勾选该复选框，将模糊效果反相处理。

8.5.10 定向模糊

该特效可以指定一个方向，并使图像按这个指定的方向进行模糊处理，可以产生一种运动的效果。应用该特效的参数设置及应用前后效果，如图 8.31 所示。

图 8.31 应用方向模糊的前后效果及参数设置

该特效的各项参数含义如下。

- [方向]：用来设置模糊的方向。
- [模糊长度]：用来调整模糊的大小程度。

8.5.11 快速模糊

该特效可以产生比高斯模糊更快的模糊效果。应用该特效的参数设置及应用前后效果，如图 8.32 所示。

图 8.32 应用快速模糊的前后效果及参数设置

该特效的各项参数含义如下。

- [模糊度]：用来调整模糊的程度。
- [模糊方向]：从右侧的下拉菜单中，选择用来设置模糊的方向。包括[水平和垂直]、[水平]和[垂直]3 个选项。
- [重复边缘像素]：勾选该复选框，可以排除图像边缘模糊。

8.5.12 高斯模糊

该特效是通过高斯运算在图像上产生大面积的模糊效果，其参数与[快速模糊]的参数基本相同，这里不再赘述。应用该特效的参数设置及应用前后效果，如图 8.33 所示。

图 8.33 应用高斯模糊的前后效果及参数设置

8.5.13 径向模糊

该特效可以模拟摄像机快速变焦和旋转镜头时所产生的模糊效果。应用该特效的参数设置及应用前后效果，如图 8.34 所示。

 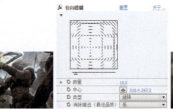

图 8.34 应用径向模糊的前后效果及参数设置

该特效的各项参数含义如下。

- [数量]：用来设置模糊的程度，值越大，模糊程度也越大。
- [中心]：用来指定模糊的中心点位置，可以直接修改参数来改变中心点位置，也可以单击参数前方的按钮，然后在[合成]窗口中通过单击鼠标来设置中心点。
- [类型]：从右侧的下拉菜单中，可以选择设置模糊的方式。选择[旋转]选项，图像呈圆周模糊效果；选择[缩放]选项，图像呈爆炸放射状模糊效果。
- [消除锯齿]：用于设置反锯齿的作用，[高]表示高质量；[低]表示低质量。

8.5.14 减少交错模糊

该特效用于降低过高的垂直频率，消除超过安全级别的行间闪烁，使图像更适合在隔行扫描设置（如 NTSC 视频）上使用。一般常用值在 1~5 之间，值过大会影响图像效果。其参数设置面板如图 8.35 所示。

图 8.35 降低交错闪烁参数设置面板

该特效参数 [柔和度] 用来设置图像的柔化程度，以降低闪烁程度。

8.5.15 锐化

该特效可以提高相邻像素的对比程度，从而达到图像清晰的效果。应用该特效的参数设置及应用前后效果，如图 8.36 所示。

图 8.36 应用锐化的前后效果及参数设置

该特效参数 [锐化量] 用于调整图像的锐化强度，值越大锐化程度越大。

8.5.16 智能模糊

该特效在你选择的距离内搜索计算不同的像素，然后使这些不同的像素产生相互渲染的效果，并对图像的边缘进行模糊处理。应用该特效的参数设置及应用前后效果，如图 8.37 所示。

图 8.37 应用智能模糊的前后效果及参数设置

该特效的各项参数含义如下。

- [半径]：设置模糊的半径大小，值越大模糊程度也越大。
- [阈值]：设置模糊的容差，值越大模糊的范围也越大。
- [模式]：从右侧的下拉菜单中，可以选择不同模糊的模式。它有 3 个选项：[正常] 表示一般的边缘模糊处理；[仅限边缘] 表示用黑白效果勾画出影像中明显的轮廓；[叠加边缘] 表示把影像中明显的轮廓色描绘出来。

8.5.17 钝化蒙版

该特效与锐化命令相似，用来提高相邻像素的对比程度，从而达到图像清晰的效果。和锐化不同的是，它不对颜色边缘进行突出，而是整体增强对比度。应用该特效的参数设置及应用前后效果，如图 8.38 所示。

图 8.38 应用非锐化遮罩的前后效果及参数设置

该特效的各项参数含义如下。

- [数量]：设置锐化的程度，值越大锐化程度也越大。
- [半径]：设置颜色边缘受调整的像素范围，值越大受调整的范围就越大。
- [阈值]：设置边界的容差，调整容许的对比度范围，避免调整整个画面的对比度而产生杂点，值越大受影响的范围就越小。

8.6 [通道] 特效组

[通道] 特效组用来控制、抽取、插入和转换一个图像的通道，对图像进行混合计算，通道包含各自的颜色分量（RGB）、计算颜色值（HSL）和透明值（Alpha）。[通道] 特效组共包括：[算术]、[混合]、[计算]、CC Composite（CC 组合）、[通道组合器]、[复合运算]、[反转]、[最小 / 最大]、[移除颜色遮罩]、[设置通道]、[设置遮罩]、[转换通道] 和 [固态层合成]。各种特效的应用方法和含义如下。

8.6.1 算术

该特效利用对图像中的红、绿、蓝通道进行简单的运算，对图像色彩效果进行控制。应用该特效的参数设置及应用前后效果，如图 8.39 所示。

图 8.39 应用算术的前后效果及参数设置

该特效的各项参数含义如下。

- [运算符]：可以从右侧的下拉菜单中选择一种用来进行通道运算的方式，即不同的通道算法。[与]、[或]和[异或]选项为逻辑运算方式；[相减]和[差值]选项为基础函数运算方式；[最小值]和[最大值]选项；[上界]和[下界]选项在任何高于或低于指定值的地方关闭通道；[限制]选项用来设置关闭通道的值界限；[相乘]和[滤色]选项用来设置图像的模式叠加。
- [红色值]、[绿色值]、[蓝色值]：分别用来调整红色、绿色、蓝色通道的数值。
- [剪切]：勾选[剪切结果值]复选框，可以防止最终颜色值超出限定范围。

8.6.2 混合

该特效将两个层中的图像按指定方式进行混合，以产生混合后的效果。该特效应用在位于上方的图像上，有时叫该层为特效层，让其与下方的图像（混合层）进行混合，构成新的混合效果。应用该特效的参数设置及应用前后效果，如图 8.40 所示。

图 8.40 应用混合的前后效果及参数设置

该特效的各项参数含义如下。

- [与图层混合]：可以从右侧的下拉菜单中，选择一个图层与特效层进行混合。
- [模式]：从右侧的下拉菜单中，选择一种混合的模式。[交叉淡化]表示在两个图像中添加淡入淡出效果；[仅颜色]表示以混合层为基础，着色特效图像；[仅色调]表示以混合层的色调为基础，彩色化特效图像；[仅变暗]表示将特效层中较混合层亮的像素颜色加深；[仅变亮]与[仅变暗]的效果相反。
- [与原始图像混合]：设置混合特效与原图像间的混合比例，值越大越接近原图。
- [如图图层大小不同]：如果两层中的图像尺寸大小不相同，可以从右侧的下拉菜单中，选择一个选项进行设置。[居中]表示混合层与特效层中心对齐；[伸缩以适合]表示拉伸混合层以适应特效层。

8.6.3 计算

该特效与[混合]特效有相似之处，但比混合有更多的选项操作，通过通道和层的混合产生多种特效效果。应用该特效的参数设置及应用前后效果，如图 8.41 所示。

图 8.41 应用计算的前后效果及参数设置

该特效的各项参数含义如下。

- [输入通道]：可从右侧的下拉菜单中选择一个用于混合计算的通道。
- [反转输入]：勾选该复选框，可以将通道进行反转操作。
- [第二个图层]：可以从右侧的下拉菜单中选择一个视频轨道用于另一个层的混合计算。
- [第二个图层通道]：可以从右侧的下拉菜单中选择一个层用于另一层混合计算的通道。
- [第二个图层不透明度]：用于调整图像的混合透明程度。
- [反转第二个图层]：勾选该复选框，可以对另一层通道进行反转操作。
- [伸缩第二个图层以适合]：如果另一层与原图像大小不匹配，勾选该复选框可以将另一层拉伸对齐。

- [混合模式]：可从右侧的下拉菜单中，选择一种用于混合的模式。
- [保持透明度]：勾选该复选框，将启用保护透明区域。

8.6.4 CC Composite（CC 组合）

该特效可以通过与源图像合成的方式来对图像进行调节。应用该特效的参数设置及应用前后效果，如图 8.42 所示。

图 8.42 应用 CC 组合的前后效果及参数设置

该特效的各项参数含义如下。

- Opacity（不透明度）：用来设置源图像的透明度。
- Composite（与源图像合成）：从右侧的下拉菜单中，可以选择不同的叠加方式对图像进行调节。

8.6.5 通道组合器

该特效可以通过指定某层的图像的颜色模式或通道、亮度、色相等信息来修改源图像，也可以直接通过模式的转换或通道、亮度、色相等的转换，来修改源图像。其修改可以通过[自]和[收件人]的对应关系来修改。应用该特效的参数设置及图像前后效果，如图 8.43 所示。

图 8.43 应用通道组合器的前后效果及参数设置

该特效的各项参数含义如下。

- [源选项]：通过其选项组中的选项来修改图像。勾选[使用第二个图层]复选框可以使用多层来参与修改图像；从[源图层]右侧的下拉菜单中，可以选择用于修改的源层，该层通过其他参数的设置对特效层图像进行修改。
- [自]：从右侧的下拉菜单中，选择一个颜色转换信息以修改图像。
- [收件人]：从右侧的下拉菜单中，选择一个用来转换的信息，只有在[自]选项选择的是单个信息时，此项才可以应用，表示图像从[自]选择的信息转换到[收件人]信息。如[自]

选择[红色]，[收件人]选择[仅绿色]，表示源图像中的红色通道修改成绿色通道效果。
- [反转]：勾选该复选框，将设置的通道信息进行反转。如果图像转换后为黑白效果，通过勾选该复选框，图像将变成白黑效果。
- [纯色 Alpha]：使用固态层通道信息。

8.6.6 复合运算

该特效通过通道和模式应用，以及和其他视频轨道图像的复合，制作出复合的图像效果。应用该特效的参数设置及应用前后效果，如图 8.44 所示。

图 8.44 应用复合运算的前后效果及参数设置

该特效的各项参数含义如下。

- [第二个源图层]：可以从右侧的下拉菜单中，选择一个层与当前特效层做复合运算。
- [运算符]：可以从右侧的下拉菜单中，选择一种模式进行复合操作。
- [在通道上运算]：可以从右侧的下拉菜单中，选择一个用于复合的通道。
- [溢出特性]：从右侧的下拉菜单中，选择用于图像溢出的处理，可以选择[剪切]、[回绕]或[缩放]。
- [伸缩第二个源以适合]：如果源图像层与特效图像大小不适合，勾选该复选框可以将源图像层以拉伸的方式进行与特效层匹配大小。
- [与原始图像混合]：设置复合运算后的图像与原图像间的混合比例，值越大越接近原图。

8.6.7 反转

该特效可以将指定通道的颜色反转成相应的补色。应用该特效的参数设置及应用前后效果，如图 8.45 所示。

图 8.45 应用反转的前后效果及参数设置

该特效的各项参数含义如下。

- [通道]：选择用于反相的通道，可以是图像颜色的单一通道也可以是整个颜色通道。
- [与原始图像混合]：调整反转后的图像与原图像之间的混合程度。

8.6.8 最小 / 最大

该特效能够以最小、最大值的形式减小或放大某个指定的颜色通道，并在许可的范围内填充指定的颜色。应用该特效的参数设置及应用前后效果，如图 8.46 所示。

图 8.46 应用最小最大值的前后效果及参数设置

该特效的各项参数含义如下。

- [操作]：从右侧的下拉菜单中，选择用于颜色通道的填充方式。[最小值] 表示以最暗的像素值进行填充；[最大值] 表示以最亮的像素值进行填充；[先最小值再最大值] 表示先进行最小值的运算填充，再进行最大值的运算填充；[先最大值再最小值] 表示先进行最大值的运算填充，再进行最小值的运算填充。
- [半径]：设置进行运算填充的半径大小，即作用的效果程度。
- [通道]：从右侧的下拉菜单中，选择用来运算填充的通道，选择 [红色]、[绿色]、[蓝色] 或 Alpha 通道表示只对选择的单独通道运算填充；[颜色] 表示只影响颜色通道；[Alpha 和颜色] 表示对所有的通道进行运算填充。
- [方向]：可以从右侧的下拉菜单中，选择运算填充的方向。[水平和垂直] 表示运算填充所有的图像像素；[仅水平] 表示只进行水平方向的运算填充；[仅垂直] 表示只进行垂直方向的运算填充。

8.6.9 移除颜色遮罩

该特效用来消除或改变蒙版的颜色，常用于删除带有不透明度通道的蒙版颜色。应用该特效的参数设置及应用前后效果，如图 8.47 所示。

图 8.47 应用移除颜色遮罩的前后效果及参数设置

可以单击 [背景颜色] 右侧的颜色块，打开拾色器来改变颜色，也可以利用吸管在图像中吸取颜色，以删除或修改蒙版中的颜色。

8.6.10 设置通道

该特效可以复制其他层的通道到当前颜色通道中。比如，从源层中选择某一层后，在通道中选择一个通道，就可以将该通道颜色应用到源层图像中。应用该特效的参数设置及应用前后效果，如图 8.48 所示。

图 8.48 应用设置通道的前后效果及参数设置

该特效的各项参数含义如下。

- [源图层 1 / 2 / 3 / 4]：从右侧的下拉菜单中，可以选择一个要复制通道的层。
- [将源 1/2/3/4 设置为红色 / 绿色 / 蓝色 / Alpha]：从右侧的下拉菜单中，选择用于源层要被复制的 RGBA 通道。
- [如果图层大小不同]：如果两层中的图像尺寸大小不相同，勾选 [伸缩图层以适合] 复选框，表示拉伸复制通道的层与源层相匹配。

8.6.11 设置遮罩

该特效可以将其他图层的通道设置为本层的遮罩，通常用来创建运动遮罩效果。应用该特效的参数设置及应用前后效果，如图 8.49 所示。

图 8.49 应用设置遮罩的前后效果及参数设置

该特效的各项参数含义如下。

- [从图层获取遮罩]：从右侧的下拉菜单中，选择用来遮罩的层。
- [用于遮罩]：从右侧的下拉菜单中，选择用于遮罩的操作通道。
- [反转遮罩]：勾选该复选框，将遮罩效果进行反转。
- [如果图层大小不同]：如果两层中的图像尺寸大小不相同，勾选[伸缩遮罩以适合]复选框，表示拉伸遮罩层与特效层相匹配；勾选[将遮罩与原始图像合成]复选框，表示将遮罩层和原层图像合成作为新的遮罩层；[预乘遮罩图层]：设置合成蒙版层与背景层。

8.6.12 转换通道

该特效用来在本层的 RGBA 通道之间转换，主要对图像的色彩和亮暗产生效果，也可以消除某种颜色。应用该特效的参数设置及应用前后效果，如图 8.50 所示。

图 8.50 应用转换通道的前后效果及参数设置

该特效的各项参数含义如下。

- [从获取 Alpha]：从右侧的下拉菜单中，选择一个通道来替换 Alpha 通道。
- [从获取红色/绿色/蓝色]：从右侧的下拉菜单中，选择一个通道来替换红/绿/蓝通道。

8.6.13 固态层合成

该特效可以指定当前层的透明度，也可以指定一种颜色通过层模式和透明度的设置来合成图像。应用该特效的参数设置及应用前后效果，如图 8.51 所示。

图 8.51 应用固态合成的前后效果及参数设置

该特效的各项参数含义如下。

- [源不透明度]：设置当前特效层的透明度，值越大图像越透明。
- [颜色]：设置合成的颜色，可以使用吸管工具在图像上吸取颜色，也可以通过单击颜色块，打开拾色器对话框来指定颜色。
- [不透明度]：设置指定颜色的透明度，值越大图像越不透明。
- [混合模式]：从右侧的下拉菜单中，选择一种模式，设置指定颜色与图像的混合模式，模式的含义与前面章节讲过的相同，这里不再赘述。

8.7 [扭曲]特效组

[扭曲]特效组主要应用不同的形式对图像进行扭曲变形处理。包括：[贝塞尔曲线变形]、[凸出]、CC Bend It (CC 2 点弯曲)、CC Bender (CC 弯曲)、CC Blobbylize (CC 滴状斑点)、CC Flo Motion (CC 液化流动)、CC Griddler (CC 网格变形)、CC Lens (CC 镜头)、CC Page Turn (CC 卷页)、CC Power Pin (CC 四角缩放)、CC Ripple Pulse (CC 波纹扩散)、CC Slant (CC 倾斜)、CC Smear (CC 涂抹)、CC Split (CC 分裂)、CC Split2 (CC 分裂2)、CC Tiler (CC 拼贴)、[边角定位]、[置换图]、[液化]、[放大]、[网格变形]、[镜像]、[偏移]、[光学补偿]、[极坐标]、[改变形状]、[波纹]、[漩涡条纹]、[球面化]、[变换]、[湍流置换]、[旋转扭曲]、[变形]、[变形稳定器 VFX] 和 [波形变形]。各种特效的应用方法和含义如下。

8.7.1 贝塞尔曲线变形

该特效在层的边界上沿一个封闭曲线来变形图像。图像每个角有 3 个控制点,角上的点为顶点,用来控制线段的位置，顶点两侧的两个点为切点，用来控制线段的弯曲曲率。应用该特效的参数设置及应用前后效果，如图 8.52 所示。

图 8.52 应用贝塞尔曲线变形的前后效果及设置

该特效的各项参数含义如下。

- [上左顶点]：用来设置左上角顶点位置，可以在特效控制面板中，按下 按钮，然后在合成窗口中，单击来改变顶点的位置，也可以通过直接修改数值参数来改变顶点的位置，还可以直接在合成窗口中，拖动 图标来改变顶点的位置。
- [上左切点]：用来控制左上角左方切点的位置，可以通过修改切点位置来改变线段的弯曲程度。
- [上右切点]：用来控制左上角右方切点的位置，可以通过修改切点位置来改变线段的弯曲程度。
- [右上顶点]：用来设置右上角顶点的位置。
- [右上切点]：用来设置右上角顶点上方切点位置。
- [右下切点]：用来设置右上角顶点下方切点位置。
- [下左顶点]：用来设置左下角顶点的位置。
- [下右切点]：用来设置右下角右方切点的位置。
- [下左切点]：用来设置右下角左方切点的位置。
- [左下顶点]：用来设置左下角顶点的位置。
- [左下切点]：用来设置左下角下方切点的位置。
- [左上切点]：用来设置左下角上方切点的位置。
- [品质]：通过拖动滑块或直接输入数值，设置画面的质量，取值范围为 1~10，值越大质量越高。

· 经验分享 ·

关于特效重命名

在使用特效时，重命名特效可以更加方便查找，如果出现多个重复的特效，重命名就会显得非常重要，特效重命名非常容易，只需要在 [效果控件] 面板中选择该特效，然后按下回车键将其激活，输入新的名称后再按回车键即可完成重命名。

8.7.2 凸出

该特效可以使物体区域沿水平轴和垂直轴扭曲变形，制作类似通过透镜观察对象的效果。应用该特效的参数设置及应用前后效果，如图 8.53 所示。

图 8.53 应用凹凸效果的前后效果及参数设置

该特效的各项参数含义如下。

- [水平半径]：设置凹凸镜的水平半径大小。
- [垂直半径]：设置凹凸镜的垂直半径大小。
- [凸出中心]：设置凹凸镜的中心位置。
- [凸出高度]：设置凹凸的深度，正值为凸出，负值为凹进。
- [锥形半径]：用来设置凹凸面的隆起或凹陷程度。值越大，隆起或凹陷的程度也就越大。
- [消除锯齿]：从右侧的下拉菜单中，设置图像的边界平滑程度。[低] 表示低质量；[高] 表示高质量，不过该项只用于高质量图像。
- [固定]：勾选 [固定所有边缘] 复选框，控制边界不进行凹凸处理。

8.7.3 CC Bend It（CC 2 点弯曲）

该特效可以利用图像 2 个边角坐标位置的变化对图像进行变形处理，主要用来根据需要定位图像，可以拉伸、收缩、倾斜和扭曲图形。应用该特效的参数设置及应用前后效果，如图 8.54 所示。

图 8.54 应用 CC2 点弯曲的前后效果及参数设置

该特效的各项参数含义如下。

- Bend（弯曲）：设置图像的弯曲程度。
- Start（开始）：设置开始坐标的位置。
- End（结束）：设置结束坐标的位置。
- Render Prestart（渲染前）：从右侧的下拉菜单中，选择一种模式来设置图像起始点的状态。
- Distort（扭曲）：从右侧的下拉菜单中，选择一种模式来设置图像结束点的状态。

8.7.4 CC Bender（CC 弯曲）

该特效可以通过指定顶部和底部的位置对图像进行弯曲处理。应用该特效的参数设置及应用前后效果，如图 8.55 所示。

图 8.55 应用 CC 弯曲的前后效果及参数设置

该特效的各项参数含义如下。

- Amount（数量）：设置图像的扭曲程度。
- Style（样式）：从右侧的下拉菜单中，选择一种模式来设置图像弯曲的方式及弯曲的圆滑程度。包括 Bend、Marilyn、Sharp 和 Boxer 选项。
- Adjust To Distance（调整方向）：勾选该复选框，可以控制弯曲的方向。
- Top（顶部）：设置顶部坐标的位置。
- Base（底部）：设置底部坐标的位置。

8.7.5 CC Blobbylize（CC 融化）

该特效主要是通过 Blobbiness（融化）、Light（光）和 Shading（阴影）3 个特效组的参数来调节图像的滴状斑点效果。应用该特效的参数设置及应用前后效果，如图 8.56 所示。

图 8.56 应用 CC 融化的前后效果及参数设置

该特效的各项参数含义如下。

- Blobbiness（融化）：调整整个图像的扭曲程度与样式。Blob Layer（滴状斑点层）：从右侧的下拉菜单中，可以选择一个层，为特效层指定遮罩层。这里的层即是当前时间线上的某个层。Property（属性）：从右侧的下拉菜单中，可以选择一种特性，来改变扭曲的形状。Softness（柔化）：设置滴状斑点的边缘的柔化程度。Cut Away（剪切）：调整被剪切部分的多少。

- Light（光）：用来调整图像的光强度的大小及整个图像的色调。Light Intensity（光强度）：调整图像的明暗程度。Light Color（光颜色）：设置光的颜色来调整图像的整体色调。Light Type（光类型）：从右侧的下拉菜单中，可以选择一种光的类型，来改变光照射的方向，包括 Distant Light（远距离光）和 Point Light（点光）2 种类型。Light Height（光线长度）：设置光线的长度来调整图像的曝光度。Light Position（光的位置）：设置高光的位置，此项只有当 Light Type（光类型）为 Point Light（点光）时，才可被激活使用。Light Direction（光方向）：调整光照射的方向。

- Shading（明暗度）：设置图像的明暗程度。Ambient（环境）：控制整个图像的明暗程度。Diffuse（漫反射）：调整光反射的程度，值越大，反射程度越强，图像越亮。Specular（高光反射）：设置图像的高光反射的强度。Roughness（边缘粗糙）：调整图像的粗糙程度。Metal（光泽）：使图像的亮部具有光泽。

8.7.6 CC Flo Motion（CC 液化流动）

该特效可以利用图像 2 个边角坐标位置的变

化对图像进行变形处理。应用该特效的参数设置及应用前后效果，如图 8.57 所示。

图 8.57 应用 CC 液化流动的前后效果及参数设置

该特效的各项参数含义如下。

- Kont1（控制点 1）：设置控制点 1 的位置。
- Amount1（数量 1）：设置控制点 1 的位置图像拉伸的重复度。
- Kont2（控制点 2）：设置控制点 2 的位置。
- Amount2（数量 2）设置控制点 2 位置图像拉伸的重复度。
- Tile Edges：不勾选该复选框，图像将按照一定的边缘进行剪切。
- Antialiasing（抗锯齿）：设置拉伸的抗锯齿程度。
- Falloff（衰减）：设置图像拉伸的重复度。值越小，重复度越大；值越大，重复度越小。

8.7.7 CC Griddler（CC 网格变形）

该特效可以使图像产生错位的网格效果。应用该特效的参数设置及应用前后效果，如图 8.58 所示。

图 8.58 应用 CC 网格变形的前后效果及参数设置

该特效的各项参数含义如下。

- Horizontal Scale（横向缩放）：设置网格横向的偏移程度。
- Vertical Scale（纵向缩放）：设置网格纵向的偏移程度。
- Tile Size（拼贴大小）：设置方格尺寸的大小。值越大，网格越大；值越小，网格越小。
- Rotation（旋转）：设置网格的旋转程度。
- Cut Tiles（拼贴剪切）：勾选该复选框，网格边缘出现黑边，有凸起的效果。

8.7.8 CC Lens（CC 镜头）

该特效可以使图像变形成为镜头的形状。应用该特效的参数设置及应用前后效果，如图 8.59 所示。

图 8.59 应用 CC 镜头的前后效果及参数设置

该特效的各项参数含义如下。

- Center（镜头中心）：设置变形中心的位置。
- Size（大小）：设置变形图像的尺寸大小。
- Convergence（汇聚）：设置后图像产生向中心汇聚的效果。

8.7.9 CC Page Turn（CC 卷页）

该特效可以使图像产生书页卷起的效果。应用该特效的参数设置及应用前后效果，如图 8.60 所示。

图 8.60 应用 CC 卷页的前后效果及参数设置

该特效的各项参数含义如下。

- Fold Position（折叠位置）：设置书页卷起的程度。在合适的位置为该项添加关键帧，可以产生书页翻动的效果。
- Fold Direction（折叠方向）：设置书页卷起的方向。
- Fold Radius（折叠半径）：设置折叠时的半径大小。
- Light Direction（光方向）：设置折叠时产生的光的方向。
- Render（渲染）：从右侧的下拉菜单中，选择一种方式来设置渲染的部位。包括 Front & Back Page（前 & 背页）、Back Page（背页）和 Front Page（前页）3 个选项。
- Back Page（背页）：从右侧的下拉菜单中，选择一个层，作为背页的图案。这里的层即是当前时间线上的某个层。
- Back Opacity（背页透明度）：设置卷起时背页的透明度。

8.7.10 CC Power Pin（CC 四角缩放）

该特效可以利用图像4个边角坐标位置的变化对图像进行变形处理，主要是用来根据需要定位图像，可以拉伸、收缩、倾斜和扭曲图形，也可以用来模拟透视效果。当选择 CC Power Pin（CC 四角缩放）特效时，在图像上将出现4个控制柄，可以通过拖动这4个控制柄来调整图像的变形。应用该特效的参数设置及应用前后效果，如图8.61所示。

图 8.61 应用 CC 四角缩放的前后效果及参数设置

该特效的各项参数含义如下。

- Top Left（左上角）：通过单击右侧的 按钮，然后在合成窗口中单击来改变左上角控制点的位置，也可以以输入数值的形式来修改，或选择该特效后，通过在合成窗口中拖动 图标来修改左上角控制点的位置。
- Top Right（右上角）：设置右上角控制点的位置。
- Bottom Left（左下角）：设置左下角控制点的位置。
- Bottom Right（右下角）：设置右下角控制点的位置。
- Perspective（透视）：设置图像的透视强度。
- Expansion（扩充）：设置变形后图像边缘的扩充程度。

8.7.11 CC Ripple Pulse（CC 波纹扩散）

该特效可以利用图像上控制柄位置的变化对图像进行变形处理，在适当的位置为控制柄的中心创建关键帧，控制柄划过的位置会产生波纹效果的扭曲。应用该特效的参数设置及应用前后效果，如图8.62所示。

图 8.62 应用 CC 波纹扩散的前后效果及参数设置

该特效的各项参数含义如下。

- Center（波纹脉冲中心）：设置变形中心的位置。
- Pulse Level（脉冲等级）：设置波纹脉冲的扩展程度。
- Time Span（时间长度）：设置波纹脉冲的时间长度。当 Time Span（时间长度）为0时，没有波纹脉冲效果。
- Amplitude（振幅）：设置波纹脉冲的振动幅度。

8.7.12 CC Slant（CC 倾斜）

该特效可以使图像产生平行倾斜的效果。应用该特效的参数设置及应用前后效果，如图8.63所示。

图 8.63 应用 CC 倾斜的前后效果及参数设置

该特效的各项参数含义如下。

- Slant（倾斜）：设置图像的倾斜程度。
- Stretching（拉伸）：勾选该复选框，可以将倾斜后的图像拉宽。
- Height（高度）：设置倾斜后图像的高度。
- Floor（地面）：设置倾斜后图像离视图底部的距离。
- Set Color（设置颜色）：勾选该复选框，可以为图像进行颜色填充。
- Color（颜色）：指定填充颜色。该项只有在勾选 Set Color（设置颜色）复选框后才可以使用。

8.7.13 CC Smear（CC 涂抹）

该特效通过调节2个控制点的位置，以及涂抹范围的多少和涂抹半径的大小来调整图像，使图像产生变形效果。应用该特效的参数设置及应用前后效果，如图8.64所示。

图 8.64 应用 CC 涂抹的前后效果及参数设置

该特效的各项参数含义如下。

- From（开始点）：设置涂抹开始点的位置。
- To（结束点）：设置涂抹结束点的位置。

- Reach（涂抹范围）：设置涂抹开始点与结束点之间的范围多少。
- Radius（涂抹半径）：设置涂抹半径的大小。

8.7.14 CC Split（CC 分裂）

该特效可以使图像在 2 个分裂点之间产生分裂，通过调节 Split（分裂）值的大小来控制图像分裂的大小。应用该特效的参数设置及应用前后效果，如图 8.65 所示。

图 8.65 应用 CC 分裂的前后效果及参数设置

该特效的各项参数含义如下。

- Point A（分裂点 A）：设置分裂点 A 的位置。
- Point B（分裂点 B）：设置分裂点 B 的位置。
- Split（分裂）：设置分裂的程度。当分裂值为 0 时，Point A（分裂点 A）和 Point B（分裂点 B）之间无分裂，当分裂值大于 0 时，Point A（分裂点 A）和 Point B（分裂点 B）之间产生分裂。值越大，分裂越大。Split（分裂）值最大为 250。

8.7.15 CC Split2（CC 分裂 2）

该特效与 CC Split（CC 分裂）的使用方法相同，只是 CC Split2（CC 分裂 2）中可以分别调节分裂点两边的分裂程度。应用该特效的参数设置及应用前后效果，如图 8.66 所示。

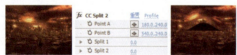

图 8.66 应用 CC 分裂 2 的前后效果及参数设置

该特效的各项参数含义如下。

- Point A（分裂点 A）：设置分裂点 A 的位置。
- Point B（分裂点 B）：设置分裂点 B 的位置。
- Split1（分裂 1）：设置分裂 1 的程度。
- Split2（分裂 2）：设置分裂 2 的程度。

8.7.16 CC Tiler（CC 拼贴）

该特效可以将图像进行水平和垂直拼贴，产生类似在墙上贴瓷砖的效果。应用该特效的参数设置及应用前后效果，如图 8.67 所示。

图 8.67 应用 CC 拼贴的前后效果及参数设置

该特效的各项参数含义如下。

- Scale（缩放）：设置拼贴图像的多少。
- Center（拼贴中心）：设置图像拼贴的中心位置。
- Blend w. Original（混合程度）：调整拼贴后的图像与源图像之间的混合程度。

8.7.17 边角定位

该特效可以利用图像 4 个边角坐标位置的变化对图像进行变形处理，主要用来根据需要定位图像，可以拉伸、收缩、倾斜和扭曲图形，也可以用来模拟透视效果。当选择 [边角定位] 特效时，在图像上将出现 4 个控制柄，可以通过拖动这 4 个控制柄来调整图像的变形。应用该特效的参数设置及应用前后效果，如图 8.68 所示。

图 8.68 应用边角定位的前后效果及参数设置

该特效的各项参数含义如下。

- [左上角]：通过单击右侧的 按钮，然后在合成窗口中单击来改变左上角控制点的位置，也可以以输入数值的形式来修改，或选择该特效后，通过在合成窗口中拖动 图标来修改左上角控制点的位置。
- [右上]：设置右上角控制点的位置。
- [左下]：设置左下角控制点的位置。
- [右下]：设置右下角控制点的位置。

8.7.18 置换图

该特效可以指定一个层作为置换贴图层，应用贴图置换层的某个通道值对图像进行水平或垂直方向的变形。应用该特效的参数设置及应用前后效果，如图 8.69 所示。

该特效的各项参数含义如下。

- [置换图层]：从右侧的下拉菜单中，可以选择一个层，作为置换层。这里的层即是当前时间线上的某个层。
- [用于水平置换]：可以从右侧的下拉菜单中，

选择一个用于水平置换的通道。

图 8.69 应用置换图的前后效果及参数设置

- [最大水平置换]：设置最大水平变形的置换程度，以像素为单位。值越大，置换效果越明显。
- [用于垂直置换]：可以从右侧的下拉菜单中，选择一个用于垂直置换的通道。
- [最大垂直置换]：设置最大垂直变形的置换程度，以像素为单位。值越大，置换效果越明显。
- [置换图特性]：从右侧的下拉菜单中，选择一种置换的方式。[中心图] 表示置换图像与特效图像中心对齐；[伸缩对应图以适合] 表示将置换图像拉伸以匹配特效图像，使其与特效图像层大小一致；[拼贴图] 表示将置换层以平铺的形式填满整个特效层。
- [边缘特性]：勾选 [像素回绕] 复选框，将覆盖边缘像素。
- [扩展输出]：勾选该复选框，将使用扩展输出。

8.7.19 液化

该特效通过工具栏中的相关工具，直接拖动鼠标来扭曲图像，使图像产生自由的变形效果。应用该特效的参数设置及应用前后效果，如图 8.70 所示。

图 8.70 液化参数设置面板

该特效的各项参数含义如下。

- 变形工具：单击该工具图标后，在显示的图像中拖动鼠标，可以使图像产生变形效果。如图 8.71 所示为使用变形工具后的图像前后效果。

图 8.71 图像变形前后效果

- 湍流工具：单击该工具图标后，在显示的图像中拖动鼠标，可以使图像产生紊流效果，如图 8.72 所示。

图 8.72 图像紊乱前后效果

- 顺时针旋转工具：单击该工具图标后，在图像上拖动鼠标或按住鼠标不动，可以顺时针扭曲图像。
- 逆时针旋转工具：单击该工具图标后，在图像上拖动鼠标或按住鼠标不动，可以逆时针扭曲图像。顺 / 逆时针扭曲图像的前后效果，如图 8.73 所示。

图 8.73 顺 / 逆时针扭曲图像的前后效果

- 收缩工具：单击该工具图标后，在图像上拖动鼠标或按住鼠标不动，可以使图像产生收缩效果。
- 膨胀工具：单击该工具图标后，在图像上拖动鼠标或按住鼠标不动，可以使图像产生膨胀效果。收缩 / 膨胀图像的前后效果，如图 8.74 所示。

图 8.74 收缩 / 膨胀图像的前后效果

- 移动像素工具：该工具与变形工具的用法很相似，只不过变形工具像素的移动是按照鼠标移动的方向，而移动像素工具是沿着鼠标绘制垂直的方向移动像素。使用移动像素工具前后的图像效果，如图 8.75 所示。

图 8.75 使用移动像素工具前后的图像效果

- 对称工具：通过在一定的位置拖动鼠标，可以使图像产生反射效果。
- 克隆工具：单击该工具图标后，按住 Alt 键，在图像中应用特效的位置单击，然后在图像的其他位置单击鼠标，即可将特效应用到当前位置，以克隆原特效效果。
- 重建工具：在图像中修改过的位置拖动鼠标，可以将当前鼠标指针经过处的图像恢复为原始状态。
- [画笔大小]：用来设置笔触的大小。值越大，笔触半径也越大。
- [画笔压力]：用来设置笔触的压力大小。值越大，变形程度就越大。
- [冻结区域蒙版]：通过指定蒙版，可以冻结变形的一个范围。
- [湍流抖动]：该选项只在选择 湍流工具时可用，用来设置紊乱的程度，值越大，紊乱效果也越大。
- [仿制位移]：勾选 [已对齐] 复选框，在应用克隆工具时，特效将以对齐的形式应用。只在选择 克隆工具时可用。
- [重建模式]：可以从右侧的下拉菜单中，选择一种重建的方式。该项只在选择 重建工具时可用。
- [视图网格]：勾选该复选框，将显示网络，以辅助精确变形操作。
- [网络大小]：从右侧的下拉菜单中选择网格的显示大小。包括 [小]、[中] 和 [大] 3 个选项。
- [网格颜色]：从右侧的下拉菜单中，选择网格的颜色。包括 [红色]、[黄色]、[绿色]、[青色]、[蓝色]、[洋红色] 和 [灰色] 7 个选项。

- [扭曲网络]：利用此项可以为变形制作动画效果。
- [扭曲网格位移]：设置变形效果的位置偏移。
- [扭曲百分比]：设置变形的百分比率，值越大，变形效果越明显。

实战 8-1 利用液化制作滴血文字

本例主要讲解利用 [液化] 特效制作出文字滴血效果，具体的操作方法如下。

Step 1 执行菜单栏中的 [合成]|[新建合成] 命令，打开 [合成设置] 对话框，设置 [合成名称] 为"滴血文字"，[宽度] 为 720px，[高度] 为 480px，[帧速率] 为 25 帧/秒，并设置 [持续时间] 为 00:00:02:00 秒，如图 8.76 所示。

图 8.76 合成设置

Step 2 执行菜单栏中的 [文件]|[导入]|[文件] 命令，打开 [导入文件] 对话框，选择配套光盘中的"工程文件\第 8 章\滴血文字\背景.jpg"，单击【导入】按钮，将"背景.jpg"素材导入到 [项目] 面板中，如图 8.77 所示。

图 8.77 [导入文件] 对话框

3 单击工具栏中的 [横排文字工具]，在 "文字" 合成窗口中输入 "LORELEI SPIRIT"。设置字体大小为 60 像素，字体加粗，字体填充颜色为深红色（R：103；G：3；B：0），如图 8.78 所示。

图 8.78 修改 [字符] 面板

4 确认选择 "LORELEI SPIRIT" 层，在 [效果和预设] 面板中展开 [风格化] 特效组，然后双击 [毛边] 特效，如图 8.79 所示。

图 8.79 添加特效

5 在 [效果控件] 面板中，设置 [边界] 的值为 10，[比例] 的值为 36，如图 8.80 所示。

图 8.80 参数设置

6 确认选择 "LORELEI SPIRIT" 层，在 [效果和预设] 面板中展开 [扭曲] 特效组，然后双击 [液化] 特效，如图 8.81 所示。

图 8.81 添加特效

7 在 [效果控件] 面板中，修改 [液化] 特效的参数，在 [工具] 选项组中单击变形工具按钮，展开 [变形工具选项] 选项组，设置 [画笔大小] 的值为 10，设置 [画笔压力] 的值为 100，如图 8.82 所示。在合成窗口的文字中拖动鼠标，使文字产生变形效果。

图 8.82 设置笔触参数

8 将时间调整到 00:00:00:00 帧的位置，在 [效果控件] 面板中，设置 [扭曲百分比] 的值为 0%，单击 [扭曲百分比] 左侧的码表按钮，在当前位置建立关键帧，如图 8.83 所示。

图 8.83 设置参数

9 将时间调整到 00:00:01:10 帧的位置，修改 [扭曲百分比] 的值为 100，系统将会自动记录关键帧，如图 8.84 所示。

图 8.84 关键帧动画

10 Step 这样就完成了"滴血文字"动画的制作，按小键盘上的 0 键预览动画效果。动画流程如图 8.85 所示。

图 8.85 动画流程画面

8.7.20 放大

该特效可以使图像产生类似放大镜的扭曲变形效果。应用该特效的参数设置及应用前后效果，如图 8.86 所示。

图 8.86 应用放大镜的前后效果及参数设置

该特效的各项参数含义如下。

- [形状]：从右侧的下拉菜单中，选择放大镜的形状，可以选择 [圆形] 或 [正方形]。
- [中心]：可以在特效控制面板中，按下 [中心] 右侧的按钮，然后在合成窗口中单击来改变中心点的位置，也可以通过直接修改数值参数来改变中心点的位置。
- [放大率]：用来调整放大镜的倍数。值越大，放大倍数也越大。
- [链接]：用来设置放大镜与放大倍数的关系，有 3 个选择，[无]、[大小至放大率] 表示放大到放大镜的大小；[大小和羽化至放大率] 表示放大到羽化大小。
- [大小]：用来设置放大镜的大小。
- [羽化]：用来设置放大镜的边缘柔化程度。
- [不透明度]：用来设置放大镜的透明程度。
- [缩放]：从右侧的下拉菜单中，选择一种缩放的比例设置，[标准] 表示正常缩放效果，[柔和] 表示图像产生一定的柔化效果；[散布] 表示图像边缘产生分散效果。
- [混合模式]：从右侧的下拉菜单中，可以选择放大区域与原图的混合模式，和层模式设置相同。

· 经验分享 ·

特效的中心点调整

某些特效具有中心点调整功能，比如 [镜头光晕]、[放大] 等。这些特效的中心点直接影响特效产生的位置，此时可以通过鼠标的操作来指定其中心点位置，当然使用参数也是可以的，只是没有鼠标指定更加直观。单击该特效的中心点图标 ⊕，在 [合成] 窗口中将显示一个大的十字线，直接使用鼠标在要设置中心点的位置单击即可指定中心点的位置。

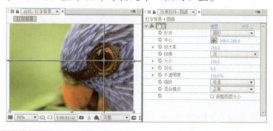

8.7.21 网格变形

该特效在图像上产生一个网格，通过控制网格上的贝塞尔点来使图像变形，对于网格变形的效果控制，更多的是在合成图像中通过拖曳网格的贝塞尔点来完成。应用该特效的参数设置及应用前后效果，如图 8.87 所示。

图 8.87 应用网格变形的前后效果及设置

该特效的各项参数含义如下。

- [行数]：用来设置网格的行数。
- [列数]：用来设置网格的列数。
- [品质]：控制图像与网格形状的混合程度。值越大，混合程度越平滑。
- [扭曲网格]：该选项主要用于网格变形的关键帧动画制作。

8.7.22 镜像

该特效可以按照指定的方向和角度将图像沿

一条直线分割为两部分，制作出镜像效果。应用该特效的参数设置及应用前后效果，如图 8.88 所示。

图 8.88 应用镜像的前后效果及参数设置

该特效的各项参数含义如下。
- [反射中心]：用来调整反射中心点的坐标位置。
- [反射角度]：用来调整反射角度。

8.7.23 偏移

该特效可以对图像自身进行混合运动，产生半透明的位移效果。应用该特效的参数设置及应用前后效果，如图 8.89 所示。

图 8.89 应用偏移的前后效果及参数设置

该特效的各项参数含义如下。
- [将中心转换为]：用来调整偏移中心点的坐标位置。
- [与原始图像混合]：设置偏移图像与原图像间的混合程度。当值为 100% 时，将显示原图。

8.7.24 光学补偿

该特效可以使画面沿指定点水平、垂直或对角线产生光学变形，制作类似摄像机的透视效果。应用该特效的参数设置及应用前后效果，如图 8.90 所示。

图 8.90 应用光学补偿的前后效果及参数设置

该特效的各项参数含义如下。
- [视场]：设置镜头的视野范围。值越大，光学变形程度越大。
- [反转镜头扭曲]：将光学变形的镜头变形效果反向处理。
- [FOV 方向]：从右侧的下拉菜单中，选择一种观察方向。包括 [水平]、[垂直] 和 [对角] 3

个选项。
- [视图中心]：设置观察的中心点位置。
- [最佳像素]：勾选该复选框，将对变形的像素进行最佳优化处理。
- [调整大小]：对反转后的光学变形的大小进行调整。

8.7.25 极坐标

该特效可以将图像的直角坐标和极坐标进行相互转换，产生变形效果。应用该特效的参数设置及应用前后效果，如图 8.91 所示。

图 8.91 应用极坐标的前后效果及参数设置

该特效的各项参数含义如下。
- [插值]：用来设置应用极坐标时的扭曲变形程度。
- [转换类型]：用来切换坐标类型，可从右侧的下拉菜单中选择 [矩形到极线] 或 [极线到矩形]。

实战 8-2　利用极坐标制作图腾动画

本例主要讲解利用 [极坐标] 特效制作图腾动画，具体的操作方法如下。

1 执行菜单栏中的 [合成] | [新建合成] 命令，打开 [合成设置] 对话框，设置 [合成名称] 为"光线"，[宽度] 为 720px，[高度] 为 480px，[帧速率] 为 25 帧 / 秒，并设置 [持续时间] 为 00:00:05:00 秒，如图 8.92 所示。

图 8.92 合成设置

2 在时间线面板中，按 Ctrl+Y 组合键，此时将打开 [纯色设置] 对话框，设置 [名称] 为 "光线"，设置 [颜色] 为白色，如图 8.93 所示。

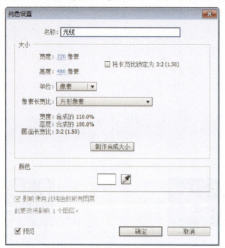

图 8.93 [纯色设置] 对话框

3 选择工具栏中的 [矩形工具]，在合成窗口中绘制一个长条状的矩形蒙版，在时间线面板中展开 [蒙版 1] 选项组，取消 [蒙版羽化] 的约束比例，设置 [蒙版羽化] 的值为（100，4）。

4 选择 [蒙版 1]，按 Ctrl+D 组合键复制一个蒙版并重命名为 [蒙版 2]，调整蒙版的位置与宽度，使其在 [蒙版 1] 的下方，如图 8.94 所示。设置 [蒙版 2] 的 [蒙版羽化] 的值为（100，10），如图 8.95 所示。

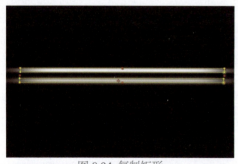

图 8.94 复制矩形

图 8.95 参数设置

5 执行菜单栏中的 [合成][新建合成] 命令，打开 [合成设置] 对话框，设置 [合成名称]

为 "光环"，[宽度] 为 720px，[高度] 为 480px，[帧速率] 为 25 帧 / 秒，并设置 [持续时间] 为 00:00:05:00 秒，如图 8.96 所示。

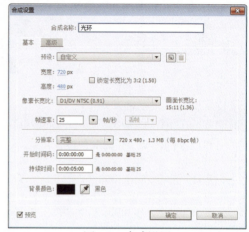

图 8.96 合成设置

6 将 "光线" 合成拖入 "光环" 合成的时间线面板中，选择 "光线" 层，在 [效果和预设] 面板中展开 [扭曲] 特效组，双击 [极坐标] 特效，如图 8.97 所示。

图 8.97 [极坐标] 特效

7 在 [效果控件] 面板中，设置 [插值] 的值为 100%，[转换类型] 为 [矩形到极线]，如图 8.98 所示。

图 8.98 修改极坐标参数

8 在 [效果和预设] 面板中展开 [颜色校正] 特效组，双击 [曲线] 特效，如图 8.99 所示。

图 8.99 [曲线] 特效

Step 9 在 [效果控件] 面板中,调整曲线,如图 8.100 所示。

Step 10 在 [效果和预设] 面板中展开 [风格化] 特效组,双击 [发光] 特效,如图 8.101 所示。

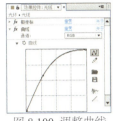
图 8.100 调整曲线

图 8.101 [发光] 特效

Step 11 在 [效果控件] 面板中,设置 [发光阈值] 的值为 40%,[发光半径] 的值为 50,[发光强度] 的值为 2,从 [发光颜色] 右侧的下拉菜单中选择 [A 和 B 颜色],设置 [颜色 A] 为黄色(R:255;G:250;B:0),[颜色 B] 为绿色(R:25;G:255;B:0),如图 8.102 所示。

图 8.102 发光参数设置

Step 12 将时间调整到 00:00:00:00 帧的位置,在时间线面板中按 R 键打开 [旋转] 属性,单击 [旋转] 左侧码表按钮 ,在当前位置设置关键帧。将时间调整到 00:00:04:24 帧的位置,设置 [旋转] 的值为 6x,系统会自动设置关键帧,如图 8.103 所示。

图 8.103 时间线面板参数设置

执行菜单栏中的 [合成][新建合成] 命令,打

Step 14 开 [合成设置] 对话框,设置 [合成名称] 为 "光环组",[宽度] 为 720px,[高度] 为 480px,[帧速率] 为 25 帧 / 秒,并设置 [持续时间] 为 00:00:05:00 秒,如图 8.104 所示。

图 8.104 合成设置

Step 15 将 "光环" 合成拖入时间线面板中,修改名称为 "光环 1",在 [效果和预设] 面板中展开 [过时] 特效组,双击 [基本 3D] 特效,如图 8.105 所示。

图 8.105 [基本 3D] 特效

Step 16 选中 "光环 1" 层,按 Ctrl+D 组合键 2 次,复制出两个层,分别修改名称为 "光环 2"、"光环 3"。在 [效果控件] 面板中,设置 "光环 1" 中 [旋转] 的值为 123°,[倾斜] 的值为 -43°,如图 8.106 所示。

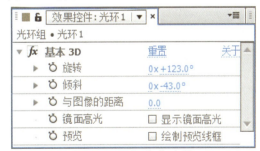
图 8.106 "光环 1" 参数

Step 17 设置 "光环 2" 中 [旋转] 的值为 -48°,[倾斜] 的值为 -107°,如图 8.107 所示。

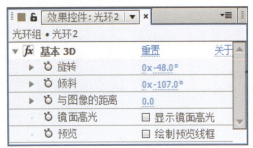

图 8.107 "光环 2"参数

18 Step 设置"光环 3"中 [旋转] 的值为 -73°,[倾斜] 的值为 -36°,如图 8.108 所示。

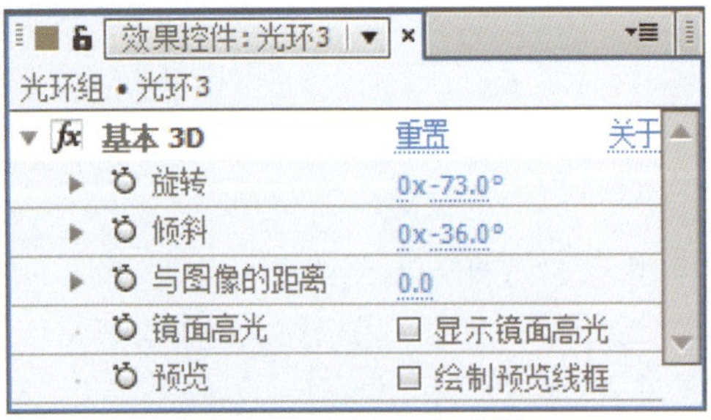

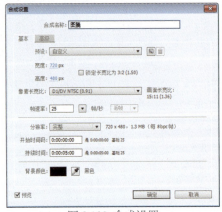

图 8.108 "光环 3"参数

19 Step 执行菜单栏中的 [合成]|[新建合成] 命令,打开 [合成设置] 对话框,设置 [合成名称] 为"图腾",[宽度] 为 720px,[高度] 为 480px,[帧速率] 为 25 帧 / 秒,并设置 [持续时间] 为 00:00:05:00 秒,如图 8.109 所示。

图 8.109 合成设置

20 Step 执行菜单栏中的 [文件]|[导入]|[文件] 命令,打开 [导入文件] 对话框,选择"工程文件\第8章\图腾动画\背景.jpg"素材,如图 8.110 所示。单击 [导入] 按钮,将"背景.jpg"素材导入到 [项目] 面板中。

图 8.110 [导入文件] 对话框

21 Step 将"背景.jpg"、"光环"合成、"光环组"合成拖入到时间线面板中,设置"光环"和"光环组"层的 [模式] 为 [变亮],如图 8.111 所示。

图 8.111 添加素材并设置参数

22 Step 这样就完成了图腾动画的整体制作,按小键盘上的 0 键,即可在合成窗口中预览动画。完成的动画流程画面,如图 8.112 所示。

图 8.112 动画流程画面

8.7.26 改变形状

该特效需要借助几个遮罩,通过重新限定图像形状,产生变形效果。其参数设置面板,如图 8.113 所示。

该特效的各项参数含义如下。

- [源蒙版]:从右侧的下拉菜单中,选择要变形的蒙版。

图 8.113 改变形状参数设置面板

- [目标蒙版]：从右侧的下拉菜单中，选择变形目标蒙版。
- [边界蒙版]：从右侧的下拉菜单中，指定变形的边界遮罩区域。
- [百分比]：设置变形的百分比程度。
- [弹性]：控制图像与遮罩形状的过渡程度。
- [对应点]：显示源遮罩和目标遮罩对应点的数量。对应点越多，渲染时间越长。
- [计算密度]：设置变形的过渡方式。从右侧的下拉菜单中可以选择一种方式，[分离]表示在第 1 帧中计算变形，产生最精确的变形效果，但需要较长的渲染时间；[线性]表示关键帧间产生平稳变化；[平滑]表示使用平滑方式进行变形过渡。

8.7.27 波纹

该特效可以使图像产生类似水面波纹的效果。应用该特效的参数设置及应用前后效果，如图 8.114 所示。

图 8.114 应用波纹的前后效果及参数设置

该特效的各项参数含义如下。

- [半径]：设置产生波纹的大小。
- [波纹中心]：设置波纹产生的中心点位置。
- [转换类型]：设置波纹的类型。可以从右侧的下拉菜单中选择一种类型，[不对称]表示产生的波纹不对称，且产生较强的变形效果；[对称]表示产生较对称的波纹效果，且变形效果比较柔和。
- [波形速度]：设置波纹的扩散速度。
- [波形宽度]：设置两个波峰之间的距离，即波纹的宽度。
- [波形高度]：设置波峰的高度。
- [波纹相]：设置波纹产生的位置。利用该项可以制作波纹的波动动画。

8.7.28 漩涡条纹

该特效通过一个遮罩来定义涂抹笔触，另一个遮罩来定义涂抹范围，通过改变涂抹笔触的位置和旋转角度产生一个类似遮罩的特效生成框，以此框来涂抹当前图像，产生变形效果。应用该特效的参数设置及应用前后效果，如图 8.115 所示。

图 8.115 应用涂抹的前后效果及参数设置

该特效的各项参数含义如下。

- [源蒙版]：从右侧的下拉菜单中，选择要产生变形的源蒙版。
- [边界蒙版]：从右侧的下拉菜单中，指定变形的边界蒙版范围。
- [蒙版位移]：设置特效生成框的偏移位置。
- [蒙版旋转]：设置特效生成框的旋转角度。
- [蒙版缩放]：设置特效生成框的大小。
- [百分比]：设置涂抹变形的百分比程度。
- [弹性]：控制图像与特效涂抹的过渡程度。
- [计算密度]：设置变形的过渡方式。从右侧的下拉菜单中可以选择一种方式，[分离]表示在第 1 帧中计算变形，产生最精确的变形效果，但需要较长的渲染时间；[线性]表示关键帧间产生平稳变化；[平滑]表示使用平滑方式进行变形过渡。

8.7.29 球面化

该特效可以使图像产生球形的扭曲变形效果。应用该特效的参数设置及应用前后效果，如图 8.116 所示。

图 8.116 应用球面化的前后效果及参数设置

该特效的各项参数含义如下。

- [半径]：用来设置变形球体的半径。
- [球面中心]：用来设置变形球体中心点的坐标。

8.7.30 变换

该特效可以对图像的位置、尺寸、透明度、倾斜度和快门角度等进行综合调整，以使图像产生扭曲变形效果。应用该特效的参数设置及应用前后效果，如图 8.117 所示。

图 8.117 应用变换的前后效果及参数设置

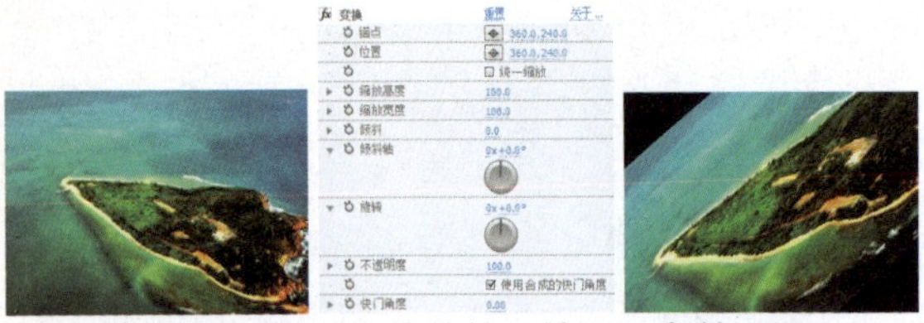

该特效的各项参数含义如下。

- [锚点]：用来设置图像的定位点坐标。
- [位置]：用来设置图像的位置坐标。
- [统一缩放]：勾选该复选框，图像将进行等比缩放。
- [缩放高度]：设置图像高度的缩放。
- [缩放宽度]：设置图像宽度的缩放。
- [倾斜]：设置图像的倾斜度。
- [倾斜轴]：设置倾斜的轴向。
- [旋转]：设置素材旋转的度数。
- [不透明度]：设置图像的不透明程度。
- [使用合成的快门角度]：勾选该复选框，则在运动模糊中使用合成图像的快门角度。
- [快门角度]：设置运动模糊的快门角度。

8.7.31 湍流置换

该特效可以使图像产生各种凸起、旋转等动荡不安的效果。应用该特效的参数设置及应用前后效果，如图 8.118 所示。

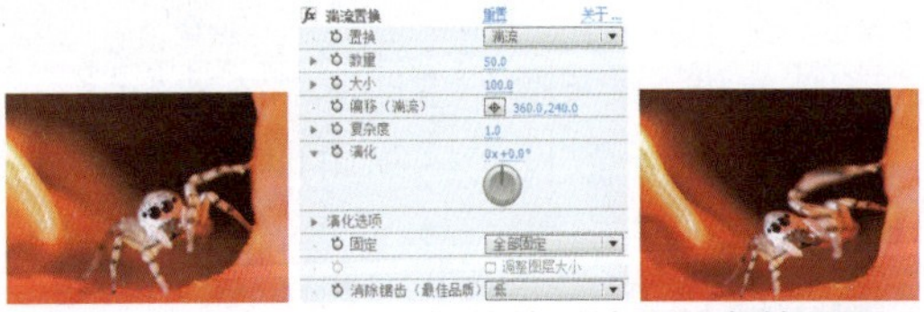

图 8.118 应用湍流置换的前后效果及参数设置

该特效的各项参数含义如下。

- [置换]：可以从右侧的下拉菜单中，选择一种置换变形的方式。
- [数量]：设置变形扭曲的数量。值越大，变形扭曲越严重。
- [大小]：设置变形扭曲的大小程度。值越大，变形扭曲幅度也越大。
- [偏移]：设置动荡变形的坐标位置。
- [复杂度]：设置动荡变形的复杂程度。
- [演化]：设置变形的成长程度。
- [固定]：可以从右侧的下拉菜单中，选择用于边界控制的选项。

- [消除锯齿]：可从右侧的下拉菜单中，选择图形的抗锯齿质量，[低] 或 [高]。

8.7.32 旋转扭曲

该特效可以使图像产生一种沿指定中心旋转变形的效果。应用该特效的参数设置及应用前后效果，如图 8.119 所示。

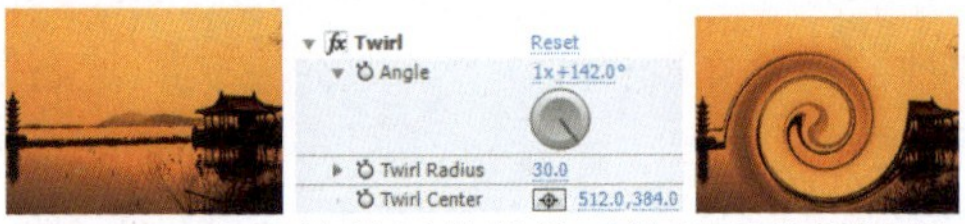

图 8.119 应用旋转扭曲的前后效果及参数设置

该特效的各项参数含义如下。

- [角度]：设置图像旋转的角度。值为正数时，按顺时针旋转；值为负数时，按逆时针旋转。
- [旋转扭曲半径]：设置图像旋转的半径值。
- [旋转扭曲中心]：设置图像旋转的中心点坐标位置。

8.7.33 变形

该特效可以以变形样式为准，通过参数的修改将图像进行多方面的变形处理，产生如弧形、拱形等形状的变形效果。应用该特效的参数设置及应用前后效果，如图 8.120 所示。

图 8.120 应用变形的前后效果及参数设置

该特效的各项参数含义如下。

- [变形样式]：从右侧的下拉菜单中，可以选择一种变形的样式。
- [变形轴]：设置变形的轴向。从右侧的下拉菜单中，可以选择 [水平] 或 [垂直] 选项。
- [弯曲]：设置图像弯曲变形的程度。值越大，弯曲变形的程度也越大。
- [水平扭曲]：设置图像水平扭曲的程度。
- [垂直扭曲]：设置图像垂直扭曲的程度。

8.7.34 变形稳定器 VFX

该特效可以自动处理镜头抖晃产生的变形画面，并将其自动校正。此特效主要应用于动画中，如图 8.121 所示。

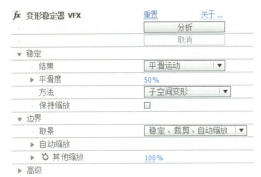

图 8.121 变形稳定器 VFX

该特效的各项参数含义如下。

- [分析]：单击该按钮，可以对画面的运动进行分析。
- [取消]：单击该按钮，可以取消分析。
- [结果]：控制素材的稳定的结果。从右侧的下拉菜单中，可以选择 [平滑运动] 或 [无运动]。
- [平滑度]：用来控制平滑的程度。数值越大，平滑度越大。
- [方法]：控制稳定剂的类型。可以从右侧的下拉菜单中选择要使用的类型。[位置] 将稳定位移；[位置、缩放、旋转] 将稳定位移、缩放、旋转；[透视] 将稳定动画的角度；[子空间变形] 将稳定子空间扭曲。
- [取景]：控制对帧的稳定类型。可以从右侧的下拉菜单中选择要使用的类型。[仅稳定] 表示仅稳定帧；[稳定，裁剪] 表示稳定画面并裁切画面；[稳定，裁剪，自动缩放] 表示稳定画面并缩放画面进行裁切；[稳定，人工合成边缘] 表示在稳定的同时对边缘进行合成处理。
- [最大缩放]：在 [取景] 下拉菜单中选择 [稳定，裁剪，自动缩放] 时，该项才可以使用，用来指定缩放画面时的最大缩放比率。
- [动作安全边距]：在 [取景] 下拉菜单中选择 [稳定，裁剪，自动缩放] 时，该项才可以使用，用来指定活动的安全框百分比。
- [其他缩放]：指定用来附加缩放的百分比大小。
- [详细分析]；勾选该复选框，可以启用详细分析。
- [果冻效应波纹]：设置快门波纹的滚动效果。从右侧的下拉菜单中，可以选择要使用的效果。
- [自动减少] 该项可以进行运动减少操作；[增强减少] 该项可以将快门增强并减少滚动。

- [更少的裁剪 <> 平滑更多]：用来指定更少裁切或更多平滑的百分比。
- [合成输入范围]：设置合成输入的范围，以秒为单位。
- [合成边缘羽毛]：指定合成边缘的羽化大小。
- [合成边缘裁剪]：通过 [左侧]、[顶部]、[右侧]、[底部] 参数，控制合成边缘的裁切范围。
- [隐藏警告横幅]：勾选该复选框，可以将警告栏隐藏。

8.7.35 波浪变形

该特效可以使图像产生一种类似水波浪的扭曲效果。应用该特效的参数设置及应用前后效果，如图 8.122 所示。

图 8.122 应用 [波浪变形] 的前后效果及参数设置

该特效的各项参数含义如下。

- [波浪类型]：可从右侧的下拉菜单中，选择波浪的类型，如圆形、正弦、正方形等。
- [波形高度]：设置波浪的高度。
- [波形宽度]：设置波浪的宽度。
- [方向]：设置波浪偏移的角度方向。
- [波形速度]：设置波浪的移动速度。
- [固定]：控制波浪的边界是否应用特效，或哪些边界应用特效。
- [相位]：设置波浪的位置。
- [消除锯齿]：可从右侧的下拉菜单中，选择图形的抗锯齿质量，[低]、[中] 或 [高]。

8.8 [生成] 特效组

[生成] 特效组可以在图像上创造各种常见的特效，如闪电、圆、镜头光晕等，还可以对图像进行颜色填充，如四色渐变、滴管填充等。该特效组包括 [四色渐变]、[高级闪电]、[音频频谱]、[音频波形]、[光束]、CC Glue Gun（CC 喷胶器）、

CC Light Burst 2.5（CC 光线爆裂 2.5）、CC Light Rays（CC 光芒放射）、CC Light Sweep（CC 扫光效果）、CC Threads（CC 线状穿梭）、[单元格图案]、[棋盘]、[圆形]、[椭圆]、[吸管填充]、[填充]、[分形]、[网格]、[镜头光晕]、[油漆桶]、[无线电波]、[梯度渐变]、[涂写]、[描边]、[勾画]和[写入]多种特效。

8.8.1 四色渐变

该特效可以在图像上创建一个四色渐变效果，用来模拟霓虹灯、流光异彩等梦幻的效果。应用该特效的参数设置及应用前后效果，如图 8.123 所示。

图 8.123 应用四色渐变的前后效果及参数设置

该特效的各项参数含义如下。

- [位置和颜色]：用来设置 4 种颜色的中心点和各自的颜色。可以通过其选项中的 [点 1/2/3/4] 来设置颜色的位置，通过 [颜色 1/2/3/4] 来设置 4 种颜色。
- [混合]：设置 4 种颜色间的融合度。
- [抖动]：设置各种颜色的杂点效果。值越大，产生的杂点越多。
- [不透明度]：设置 4 种颜色的透明度。
- [混合模式]：设置渐变色与原图像间的叠加模式，与层的混合模式用法相同。

8.8.2 高级闪电

该特效可以模拟产生自然界中的闪电效果，并通过参数的修改，产生各种闪电的形状。应用该特效的参数设置及应用前后效果，如图 8.124 所示。

该特效的各项参数含义如下。

- [闪电类型]：从右侧的下拉菜单中，选择一种闪电的形状。
- [源点]：设置闪电产生的位置。
- [方向]：设置闪电的方向和结束位置。

图 8.124 应用高级闪电的前后效果及参数设置

- [传导率状态]：设置闪电的传导性状态，修改参数可以让闪电产生随机的闪动效果。
- [核心设置]：用来设置闪电主干和分支的粗细、透明度和颜色。其选项组中，[核心半径] 设置闪电主干和分支的半径大小；[核心不透明度] 设置闪电主干和分支的透明程度；[核心颜色] 设置闪电主干和分支的颜色。
- [发光设置]：用来设置闪电外围辐射发光的半径、透明度和颜色。[发光半径] 设置闪电外置的发光范围大小；[发光不透明度] 设置闪电外置辐射发光的透明程度；[发光颜色] 设置闪电发光的颜色。
- [Alpha 障碍]：设置 Alpha 通道对闪电的影响。
- [湍流]：设置闪电的骚乱程度。
- [分叉]：设置闪电的分支数量。
- [衰减]：设置闪电分支的消亡程度。
- [主核心衰减]：勾选该复选框，在设置 [衰减] 参数时，影响闪电主干的消亡。
- [在原始图像上合成]：将闪电效果与应用特效的图像进行合成，这样可以显示出图像效果。
- [专家设置]：该选项组中包含更多的闪电专业级设置，对闪电进行更加细化的设置。
- [复杂度]：设置闪电的复杂程度。
- [最小分叉距离]：调整闪电分支延展长度和疏密度。
- [终止阈值]：调整闪电的终止极限。值越大，闪电产生的越强；值越小，闪电产生的越弱。
- [仅主核心碰撞]：勾选该复选框，将只有闪电的主干部分发生碰撞。
- [分形类型]：设置闪电的分散类型。
- [核心消耗]：设置闪电主干核心衰减程度。值越大，主干核心衰减越明显。
- [分叉强度]：设置闪电分支强度变化。
- [分叉变化]：设置分支变化范围。

8.8.3 音频频谱

该特效可以利用声音文件,将频谱显示在图像上,可以通过频谱的变化,了解声音频率,可将声音作为科幻与数位的专业效果表示出来,更可提高音乐的感染力。应用该特效的参数设置及应用前后效果,如图8.125所示。

图8.125 应用音频频谱的前后效果及参数设置

该特效的各项参数含义如下。

- [音频层]:从右侧的下拉菜单中,选择一个合成中的音频参考层。音频参考层要首先添加到时间线中才可以应用。
- [起始点]:在没有应用路径选项情况下,指定音频图像的起点位置。
- [结束点]:在没有应用路径选项情况下,指定音频图像的终点位置。
- [路径]:选择一条路径,让波形沿路径变化。在应用前可以用蒙版工具在当前图像上绘制一个路径,然后选择这个路径,便可产生沿路径变化效果,应用前后的效果如图8.126所示。

图8.126 应用路径的前后效果及参数设置

- [使用极坐标路径]:勾选该复选框,频谱线将从一点出发以发射状显示。
- [起始频率]:设置参考的最低音频频率,以Hz为单位。
- [结束频率]:设置参考的最高音频频率,以Hz为单位。
- [频段]:设置音频频谱显示的数量。值越大,显示的音频频谱越多。
- [最大高度]:指定频谱显示的最大振幅。值越大,振幅就越大,频谱的显示也就越高。以像素为单位。
- [音频持续时间]:指定频谱保持时长,以毫秒为单位。
- [音频偏移]:指定显示频谱的偏移量,以毫秒为单位。
- [厚度]:设置频谱线的粗细程度。
- [柔和度]:设置频谱线的软边程度。值越大,频谱线边缘越柔和。
- [内部颜色]:设置频谱线的内部颜色,类似图像填充颜色。
- [外部颜色]:设置频谱线的外部颜色,类似图像描边颜色。
- [混合叠加颜色]:勾选该复选框,在频谱线产生相互重叠时,设置其产生混合效果。
- [色相插值]:设置频谱线的插值颜色,能够产生多彩的频谱线效果。
- [动态色相]:勾选该复选框,应用[色相插值]时,开始颜色将偏移到显示频率范围中最大的频率。
- [颜色对称]:勾选该复选框,应用[色相插值]时,频谱线的颜色将以对称的形式显示。
- [显示选项]:可以从右侧的下拉菜单中,设置频谱线的显示方式。[数字]显示数字式;[模拟谱线]显示模拟谱线式;[模拟频点]显示模拟频点式。3种不同的频谱线显示效果,如图8.127所示。

数字式　　模拟谱线　　模拟频点

图8.127 频谱线的3种显示效果

- [面选项]:设置频谱线的显示位置,可以选择半边或整个波形显示。包括[A面]、[B面]和[A和B面]3个选项,显示不同的效果,如图8.128所示。

A面　　　　B面　　　A和B面

图8.128 频谱线的3种显示位置

- [持续时间平均化]:设置频谱线显示的平均化效果,可以产生齐整的频谱变化,而减小随机状态。
- [在原始图像上合成]:勾选该复选框,将频谱线显示在原图像上，以避免频谱线将原图像覆盖。

8.8.4 音频波形

该特效可以利用声音文件，以波形振幅方式显示在图像上，并可通过自定路径，修改声波的显示方式，形成丰富多彩的声波效果。应用该特效的参数设置及应用前后效果，如图 8.129 所示。

图 8.129 应用音频波形的前后效果及参数设置

该特效的各项参数含义如下。

- [音频层]：从右侧的下拉菜单中，选择一个合成中的声波参考层。声波参考层要首先添加到时间线中才可以应用。
- [起始点]：在没有应用路径选项情况下，指定声波图像的起点位置。
- [结束点]：在没有应用路径选项情况下，指定声波图像的终点位置。
- [路径]：选择一条路径，让波形沿路径变化。在应用前可以用蒙版工具在当前图像上绘制一个路径，然后选择这个路径，便可产生沿路径变化效果，应用前后的效果。
- [显示的范例]：设置声波频率的采样数，值越大，显示的波形越复杂。
- [最大高度]：以像素为单位，指定声波显示的最大振幅。值越大，振幅就越大，声波的显示也就越高。
- [音频持续时间]：指定声波保持时长，以毫秒为单位。
- [音频偏移]：指定显示声波的偏移量，以毫秒为单位。
- [厚度]：设置声波线的粗细程度。
- [柔和度]：设置声波线的软边程度。值越大，声波线边缘越柔和。
- [随机植入]：设置声波线的随机数量值。
- [内部颜色]：设置声波线的内部颜色，类似图像填充颜色。
- [外部颜色]：设置声波线的外部颜色，类似图像描边颜色。
- [波形选项]：指定波形的显示方式。
- [显示选项]：可以从右侧的下拉菜单中，设置声波线的显示方式。[数字]显示数字式；[模拟谱线]显示模拟谱线式；[模拟频点]显示模拟频点式。
- [在原始图像上合成]：勾选该复选框，将声波线显示在原图像上，以避免声波线将原图像覆盖。

实战 8-3 利用声波制作跳动的音符

本例主要讲解利用[音频波形]特效制跳动的音符的动画，具体的操作方法如下。

Step 1 执行菜单栏中的[合成][新建合成]命令，打开[合成设置]对话框，设置[合成名称]为"跳动的音符"，[宽度]为 720px，[高度]为 480px，[帧速率]为 25 帧/秒，并设置[持续时间]为 00:00:04:00 秒，如图 8.130 所示。

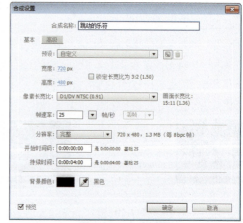

图 8.130 合成设置

Step 2 执行菜单栏中的[文件][导入][文件]命令，打开[导入文件]对话框，选择配套光盘中的"工程文件\第 8 章\跳动的音符\背景.jpg、音频.mp3 素材，单击【导入】按钮，将"背景.jpg"、"音频.mp3"素材导入到[项目]面板中，如图 8.131 所示。

Step 3 在[项目]面板中选择"背景.jpg"、"音频.mp3"素材，将其拖动到时间线面板中，如图 8.132 所示。

图 8.131 [导入文件] 对话框

图 8.132 添加素材

4 在"跳动的音符"合成的时间线面板中，按
Step Ctrl+Y 组合键，打开 [纯色设置] 对话框，
设置固态层 [名称] 为"音乐线"，[颜色] 为黑色，
如图 8.133 所示。

图 8.133 添加固态层

5 确认选择"音乐线"层，单击工具栏中的 [钢
Step 笔工具]，在"音乐线"图层上绘制音乐
符号路径，如图 8.134 所示。

图 8.134 绘制路径

6 确认选择"音乐线"层，在 [效果和预设]
Step 面板中展开 [生成] 特效组，然后双击 [音
频波形] 特效，如图 8.135 所示。

图 8.135 添加特效

7 在 [效果控件] 面板中展开 [音频波形] 选
Step 项组，从 [音频层] 下拉列表中选择"音
频.mp3"，从 [路径] 右侧的下拉列表中选择"蒙
版 1"，设置 [显示的范例] 的值为 200，[最大高
度] 的值为 700，[音频持续时间] 的值为 1700，[音
频偏移] 的值为 -1400，[厚度] 的值为 6，[柔和度]
的值为 0，设置 [内部颜色] 为白色（R : 255，G :
255，B : 255），[外部颜色] 为粉色（R : 239，G :
166，B : 191），如图 8.136 所示。

图 8.136 参数设置

8 这样就完成了"跳动的音符"的制作，按小
Step 键盘上的 0 键预览动画效果。本例最终动画
流程如图 8.137 所示。

图 8.137 动画流程画面

 光束

8.8.5

该特效可以模拟激光束移动，制作出瞬间划
过的光速效果。比如流星、飞弹等。应用该特效

173

的参数设置及应用前后效果，如图 8.138 所示。

图 8.138 应用激光的前后效果及参数设置

该特效的各项参数含义如下。

- [起始点]：设置激光的起始位置。
- [线束点]：设置激光的结束位置。
- [长度]：设置激光束的长度。
- [时间]：设置激光从开始位置到结束位置所用的时长。
- [起始厚度]：设置激光起点位置的宽度。
- [柔和度]：设置激光边缘的柔化程度。
- [内部颜色]：设置激光的内部颜色，类似图像填充颜色。
- [外部颜色]：设置激光的外部颜色，类似图像描边颜色。
- [3D 透视]：勾选该复选框，允许激光有三维透视效果。
- [在原始图像上合成]：勾选该复选框，将声波线显示在原图像上，以避免声波线将原图像覆盖。

8.8.6 CC Glue Gun（CC 喷胶器）

该特效可以使图像产生一种水珠的效果。应用该特效的参数设置及应用前后效果，如图 8.139 所示。

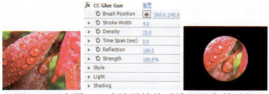

图 8.139 应用 CC 喷胶器的前后效果及参数设置

该特效的各项参数含义如下。

- Brush Position（画笔位置）：设置画笔中心点的位置。
- Stroke Width（笔触宽度）：设置画笔笔触的宽度。
- Reflection（反射）：使图像向中心汇聚。
- Strength（强度）：设置图像的大小。

8.8.7 CC Light Burst 2.5（CC 光线爆裂 2.5）

该特效可以使图像产生光线爆裂的效果，使其有镜头透视的感觉。应用该特效的参数设置及应用前后效果，如图 8.140 所示。

图 8.140 应用 CC 光线爆裂 2.5 的前后效果及设置

该特效的各项参数含义如下。

- Center（中心）：设置爆裂中心点的位置。
- Intensity（亮度）：设置光线的亮度。
- Ray Length（光线强度）：设置光线的强度。
- Burst（爆炸）：从右侧的下拉菜单中，可以选择一个选项，来设置爆裂的方式。包括 Straight、Fade 和 Center。

8.8.8 CC Light Rays（CC 光芒放射）

该特效可以利用图像上不同的颜色产生不同的光芒，使其产生放射的效果。应用该特效的参数设置及应用前后效果，如图 8.141 所示。

图 8.141 应用 CC 光芒放射的前后效果及参数设置

该特效的各项参数含义如下。

- Intensity（亮度）：设置光芒放射的亮度。
- Center（中心）：设置放射的中心点位置。
- Radius（半径）：设置光芒的放射半径。
- Warp Softness（柔化光芒）：设置光芒的柔化程度。
- Shape（形状）：从右侧的下拉菜单中，选择一个选项，来设置光芒的形状。
- Direction(方向)：设置光芒的方向。当 Shape(形状）为 Square（方形）时，此项才被激活。
- Color from Source（颜色来源）：勾选该复选框，光芒会呈放射状。
- Allow Brightening（中心变亮）：勾选该复选框，光芒中心变亮。

- Color(颜色)：设置光芒的填充颜色。当取消勾选 Color from Source（颜色来源）时此项才可以使用。
- Transfer Mode（转换模式）：从右侧的下拉菜单中，可以选择一个选项，来设置光芒与源图像的叠加模式。

8.8.9 CC Light Sweep（CC 扫光效果）

该特效可以为图像创建光线，光线以某个点为中心，向一边以擦除的方式运动，产生扫光的效果。其参数设置及图像显示效果，如图 8.142 所示。

图 8.142 应用 CC 扫光效果的前后效果及参数设置

该特效的各项参数含义如下。

- Center（中心点）：设置扫光的中心点位置。
- Direction（方向）：设置扫光的旋转角度。
- Shape（形状）：从右侧的下拉菜单中，可以选择一个选项，来设置光线的形状。包括 Linear（线性）、Smooth（光滑）和 Sharp（锐利）3 个选项。
- Width（宽度）：设置扫光的宽度。
- Sweep Intensity（扫光亮度）：调节扫光的亮度。
- Edge Intensity（边缘亮度）：调节光线与图像边缘相接触时的明暗程度。
- Edge Thickness（边缘厚度）：调节光线与图像边缘相接触时的光线厚度。
- Light Color（光线颜色）：设置产生的光线的颜色。
- Light Reception（光线接收）：用来设置光线与源图像的叠加方式。

8.8.10 CC Threads（CC 线状穿梭）

该特效可以为图像建成线状穿梭效果，添加一个 CC 线状穿梭效果。其参数设置及图像显示效果，如图 8.143 所示。

图 8.143 应用 CC 线状穿梭的前后效果及参数设置

该特效的各项参数含义如下。

- Width（宽度）：设置线的宽度。
- Height（高度）：设置线的高度。
- Overlaps（重叠）：设置线穿梭重叠的位置。
- Direction（方向）：设置线穿梭重叠的方向。
- Center（中心）：调节线穿梭的中心位置。
- Coverage（范围）：调节光线穿梭覆盖的范围大小。
- Shadowing（阴影）：调节光线穿梭交叉的阴影。
- Texture（纹理）：调节光线穿梭的纹理深度。

8.8.11 单元格图案

该特效可以将图案创建成单个图案的拼合体，添加一种类似于细胞的效果。应用该特效的参数设置及应用前后效果，如图 8.144 所示。

图 8.144 应用细胞图案的前后效果及参数设置

该特效的各项参数含义如下。

- [单元格图案]：从右侧的下拉菜单中，选择一种细胞的图案样式。
- [反转]：勾选该复选框，将反转细胞图案效果。
- [对比度]：设置细胞图案之间的对比度。
- [溢出]：设置细胞图案边缘溢出部分的修整方式。包括 [剪切]、[柔和固定] 和 [反绕] 3 个选项。
- [分散]：设置细胞图案的分散程度。如果值为 0，将产生整齐的细胞图案排列效果。
- [大小]：设置细胞图案的尺寸。值越大，细胞图案也越大。
- [偏移]：设置细胞图案的位置偏移。
- [平铺选项]：模拟平铺效果的相关设置。[启用平铺] 表示启用平铺效果；[单元 水平/垂直]

用来设置细胞水平/垂直方向上的排列数量。
- [演化]：细胞的进化变化设置，利用该项可以制作出细胞的扩展运动动画效果。
- [演化选项]：设置图案的各种扩展变化。[循环演化] 表示启用循环进化命令；[循环] 设置循环次数；[随机植入] 设置随机的动画速度。

8.8.12 棋盘

该特效可以为图像添加一种类似于棋盘格的效果。应用该特效的参数设置及应用前后效果，如图 8.145 所示。

图 8.145 应用棋盘的前后效果及参数设置

- [锚点]：设置棋盘格的位置。
- [大小依据]：设置棋盘格的尺寸大小。包括 [边角点]、[宽度滑块] 和 [宽度和高度滑块]3 个选项。
- [边角]：通过后面的参数设置，修改棋盘格的边角位置及棋盘格大小。只有在 [大小依据] 选项选择 [边角点] 项时，此项才可以应用。
- [宽度]：在 [大小依据] 选项中选择 [宽度滑块] 项时，该项可以将整个棋盘格等比例缩放；在 [大小依据] 选项中选择 [宽度和高度滑块] 项时，该项可以修改棋盘格的宽度大小。
- [高度]：修改棋盘格的高度大小。只有在 [大小依据] 选项中选择 [宽度和高度滑块] 项时，此项才可以应用。
- [羽化]：通过其选项组可以设置棋盘格子水平和垂直边缘的柔化程度。
- [颜色]：设置棋盘格的颜色。
- [不透明度]：设置棋盘格的不透明程度。
- [混合模式]：设置渐变色与原图像间的叠加模式，与层的混合模式用法相同。

8.8.13 圆形

该特效可以为图像添加一个圆形或环形的图案，并可以利用圆形图案制作遮罩效果。应用该特效的参数设置及应用前后效果，如图 8.146 所示。

图 8.146 应用圆的前后效果及参数设置

该特效的各项参数含义如下。

- [中心]：用来设置圆形中心点的位置。
- [半径]：用来设置圆形的半径大小。
- [边缘]：设置圆形的边缘形式。
- [未使用]：根据边缘选项的不同而改变，用来修改边缘效果。
- [羽化]：用来设置圆边缘的羽化程度。
- [反转圆形]：勾选该复选框，将圆形空白与填充位置进行反转。
- [不透明度]：用来设置圆形的透明度。
- [混合模式]：设置渐变色与原图像间的叠加模式，与层的混合模式用法相同。

8.8.14 椭圆

该特效可以为图像添加一个椭圆形的图案，并可以利用椭圆形图案制作遮罩效果。应用该特效的参数设置及应用前后效果，如图 8.147 所示。

图 8.147 应用椭圆的前后效果及参数设置

该特效的各项参数含义如下。

- [中心]：用来设置椭圆中心点的位置。
- [宽度]、[高度]：分别用来设置椭圆的两个轴长。
- [厚度]：用来设置椭圆的厚度，即环形的宽度。
- [柔和度]：设置椭圆的边缘柔和度。
- [内部颜色]：设置椭圆圆环的内部颜色，类似图像填充颜色。
- [外部颜色]：设置椭圆圆环的外部颜色，类似图像描边颜色。
- [在原始图像上]：勾选该复选框，将椭圆显示在原图像上。

8.8.15 吸管填充

该特效可以直接利用取样点在图像上吸取某种颜色，使用图像本身的某种颜色进行填充，并可调整颜色的混合程度。应用该特效的参数设置及应用前后效果，如图 8.148 所示。

图 8.148 应用吸管填充的前后效果及参数设置

该特效的各项参数含义如下。

- [采样点]：用来设置颜色的取样点。
- [采样半径]：用来设置颜色的容差值。
- [平均像素颜色]：可从右侧的下拉菜单中，选择平均像素颜色的方式。
- [保持原始 Alpha]：保持原始图像的 Alpha 通道。
- [与原始图像混合]：设置采样颜色与原图像的混合百分比。

8.8.16 填充

该特效向图层的遮罩中填充颜色，并通过参数修改填充颜色的羽化和透明度。应用该特效的参数设置及应用前后效果，如图 8.149 所示。

图 8.149 应用填充的前后效果及参数设置

该特效的各项参数含义如下。

- [填充蒙版]：选择要填充的蒙版。如果当前图像中没有蒙版，将会填充整个图像层。
- [所有蒙版]：勾选该复选框，将填充层中的所有蒙版。
- [颜色]：设置填充的颜色。
- [反转]：将填充范围反转。如果填充的是整个图像层，反转后将变成黑色。
- [水平羽化]：设置遮罩填充的水平柔和程度。
- [垂直羽化]：设置遮罩填充的垂直柔和程度。
- [不透明度]：设置填充颜色的透明度。

8.8.17 分形

该特效可以用来模拟细胞体，制作分形效果。Fractal 在几何学中的含义是不规则的碎片形。应用该特效的参数设置及应用前后效果，如图 8.150 所示。

图 8.150 应用分形的前后效果及参数设置

该特效的各项参数含义如下。

- [设置选项]：选择分形样式。
- [等式]：选择分形的计算方程式。
- [曼德布罗特]：通过其选项组的参数，设置分形的转换效果。
- X（真实的）/Y（虚构的）：设置分形在 X、Y 轴上的位置。
- [放大率]：设置分形的绽放倍率。
- [扩展限制]：设置分形的溢出极限。
- [朱莉娅]：该选项组与[曼德布罗特]选项组相同，主要对分形进行软化设置。
- [反转后偏移]：设置分形的反向 X、Y 轴向上的偏移。
- [颜色]：控制分形的颜色设置。
- [叠加]：勾选该复选框，对分形进行特效叠加。
- [透明度]：勾选该复选框，为特效叠加设置透明度。
- [调板]：设置分形使用的调色板样式。
- [色相]：设置分形的颜色。
- [循环步骤]：设置分形颜色的循环次数。
- [循环位移]：设置循环颜色的偏移量。
- [边缘高亮]：将分形的边缘高亮显示。
- [过采样方法]：设置分形质量的采样方式。
- [过采样因素]：设置采样因素的数量。

8.8.18 网格

该特效可以为图像添加网格效果。应用该特效的参数设置及应用前后效果，如图 8.151 所示。

图 8.151 应用网格的前后效果及参数设置

该特效的各项参数含义如下。

- [锚点]：通过右侧的参数，可以调整网格水平和垂直的网格数量。
- [大小依据]：从右侧的下拉菜单中，可以选择不同的起始点。根据选择的不同，会激活下方不同的选项。包括[边角点]、[宽度滑块]和[宽度和高度滑块]3个选项。
- [边角]：通过后面的参数设置，修改网格的边角位置及网格的水平和垂直数量。只有在[大小依据]选项选择[边角点]项时，此项才可以应用。
- [宽度]：在[大小依据]选项选择[宽度滑块]项时，该项可以修改整个网格的比例缩放；在[大小依据]选项选择[宽度和高度滑块]项时，该项可以修改网格的宽度大小。
- [高度]：修改网格的高度大小。只有在[大小依据]选项选择[宽度和高度滑块]项时，此项才可以应用。
- [边界]：设置网格的粗细。
- [羽化]：通过其选项组可以设置网格线水平和垂直边缘的柔化程度。
- [反转网格]：勾选该复选框，将反转显示网格效果。
- [颜色]：设置网格线的颜色。
- [不透明度]：设置网格的不透明程度。
- [混合模式]：设置网格与原图像间的叠加模式，与层的混合模式用法相同。

8.8.19 镜头光晕

该特效可以模拟强光照射镜头，在图像上产生光晕效果。应用该特效的参数设置及应用前后效果，如图 8.152 所示。

图 8.152 应用镜头光晕的前后效果及参数设置

该特效的各项参数含义如下。

- [光晕中心]：设置光晕发光点的位置。
- [光晕亮度]：用来调整光晕的亮度。
- [镜头类型]：用于选择模拟的镜头类型，有三种透镜焦距：[50-300 毫米变焦]是产生光晕并模仿太阳光的效果；[35 毫米定焦]是只产生强烈的光，没有光晕；[105 毫米定焦]是产生比前一种镜头更强的光。
- [与原始图像混合]：设置光晕与原图像的混合百分比。

8.8.20 油漆桶

该特效可以在指定的颜色范围内填充设置好的颜色，模拟油漆填充效果。应用该特效的参数设置及应用前后效果，如图 8.153 所示。

图 8.153 应用油漆桶的前后效果及参数设置

该特效的各项参数含义如下。

- [填充点]：用来设置填充颜色的位置。
- [填充选择器]：可以从右侧的下拉菜单中，选择一种填充的形式。
- [容差]：用来设置填充的范围。
- [查看阈值]：勾选该复选框，可以将图像转换成灰色图像，以观察容差范围。
- [描边]：可以从右侧的下拉菜单中，选择一种笔画类型。并可以通过下方的参数来调整笔画的效果。
- [反转填充]：勾选该复选框，将反转当前的填充区域。
- [颜色]：设置用来填充的颜色。
- [不透明度]：设置填充颜色的不透明程度。
- [混合模式]：设置网格与原图像间的叠加模式，与层的混合模式用法相同。

8.8.21 无线电波

该特效可以为带有音频文件的图像创建无线电波，无线电波以某个点为中心，向四周以各种图形的形式扩散，产生类似电波的图像。其参数设置及图像显示效果，如图 8.154 所示。

图 8.154 应用无线电波的前后效果及参数设置

该特效的各项参数含义如下。

- [产生点]：设置无线电波的发射点位置。
- [参数设置为]：选择参数设置的位置。[生成]为起点位置；[每帧]为每一帧位置。
- [渲染品质]：设置渲染图像的质量。值越大，图像质量越高。
- [波浪类型]：设置电波的显示类型。包括[多边形]、[图像等高线]和[蒙版]3个选项。
- [多边形]:当[波浪类型]选择[多边形]选项时，该项被激活。
- [边]：设置多边形的边数。
- [曲线大小]：设置多边形边角的圆角化大小。
- [曲线弯曲度]：设置多边形边角的弯曲方式。
- [星形]：勾选该复选框，将多边形转变成星形效果。
- [星深度]：设置星形的角度内缩深度。
- [图像等高线]：当[波浪类型]选择[图像等高线]选项时，该项被激活。如图8.155所示。

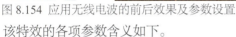

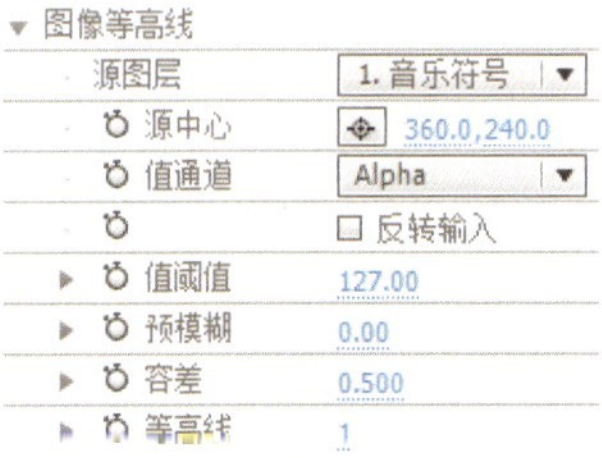

图 8.155 图像轮廓选项组

- [源图层]:选择一个作为无线电波来源的层。
- [源中心]：设置来源图像的中心位置。
- [值通道]：设置无线电波的目标通道。
- [反转输入]：将输入效果反转。
- [值阈值]：设置电波的运动极限。
- [预模糊]：设置无线电波的平滑程度。
- [容差]：设置图像产生无线电波的容差度。
- [等高线]：调整多边形轮廓效果。

- [蒙版]：当[波浪类型]选择[蒙版]选项时，该项被激活。可以通过其下的[蒙版]菜单，选择一个蒙版形状，作为电波的形状。
- [波动]：该选项组主要对无线电波的运动状态进行控制。其选项组参数，如图 8.156 所示。

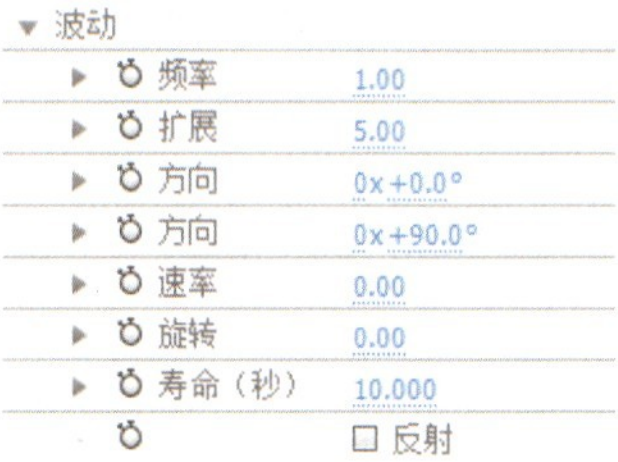

图 8.156 电波运动选项组

- [频率]：设置电波的频率高低。值越大，发出的电波越多。
- [扩展]：设置电波间距离的扩展大小。值越大，电波间的扩展距离就越大。
- [方向]：控制电波的旋转。
- [方向]：控制电波的方向。
- [速率]：改变电波的旋转速度。
- [旋转]：控制电波的扭曲程度。值越大，扭曲程度越大。
- [寿命]：设置无线电波的消亡极限。

- [描边]：该选项组主要控制无线电波的轮廓线。其选项组参数，如图 8.157 所示。
- [配置文件]：设置电波的轮廓形状。
- [颜色]：设置电波的轮廓颜色。
- [不透明度]：设置电波的透明程度。
- [淡入时间]：设置电波的淡入时间。
- [淡出时间]：设置电波的淡出时间。
- [开始宽度]：设置电波的起始宽度。
- [末端宽度]：设置电波的结束宽度。

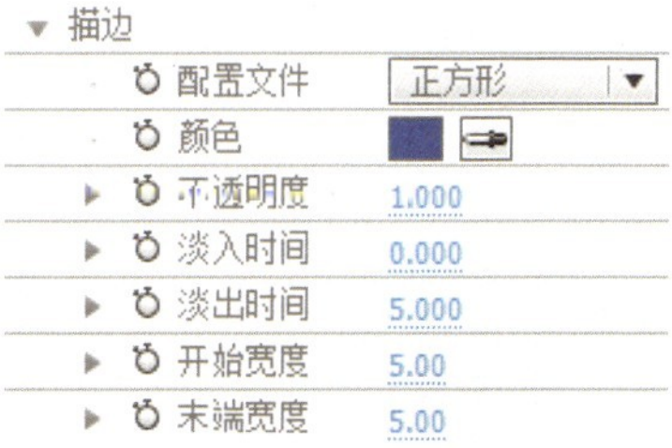

图 8.157 [描边]选项组

实战 8-4 利用无线电波制作绽放的光带

本例主要讲解利用[无线电波]特效制作绽放的光带动画效果,具体操作步骤如下。

Step 1 执行菜单栏中的[合成][新建合成]命令,打开[合成设置]对话框,设置[合成名称]为"绽放的光带",[宽度]为720px,[高度]为480px,[帧速率]为25帧/秒,并设置[持续时间]为00:00:03:00秒,如图8.158所示。

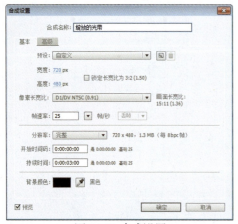

图 8.158 合成设置

Step 2 执行菜单栏中的[文件][导入][文件]命令,打开[导入文件]对话框,选择配套光盘中的"工程文件\第8章\绽放的光带\背景图片.jpg",单击[导入]按钮,"背景图片.jpg"素材将导入到[项目]面板中,如图8.159所示。

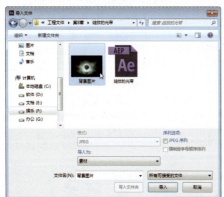

图 8.159 [导入文件]对话框

Step 3 在[项目]面板中选择"背景图片.jpg"素材,将其拖动到时间线面板中,如图8.160所示。

图 8.160 添加素材

Step 4 在"绽放的光带"合成的时间线面板中,按Ctrl+Y组合键打开[纯色设置]对话框,修改[名称]为"光带",设置[颜色]为白色,如图8.161所示。

图 8.161 添加"光带"固态层

Step 5 确认选择"光带"层,在[效果和预设]面板中展开[生成]特效组,然后双击[无线电波]特效,如图8.162所示。

图 8.162 添加无线电波特效

Step 6 将时间调整到00:00:00:00帧的位置,展开[无线电波]特效组,设置[产生点]的值为(352,253),展开[多边形]选项组,设置[边]的值为10,选中[星形]复选框;展开[波动]选项组,设置[旋转]的值为50,单击[旋转]左侧的码表按钮,在当前时间为其设置关键帧;展开[描边]选项组,从[配置文件]右侧的下拉列表中选择[三角形],设置[颜色]为白色,如图8.163所示。

图 8.163 设置参数

7 Step　将时间调整到 00:00:02:24 帧的位置，设置 [旋转] 的值为 100，如图 8.164 所示。

图 8.164 设置 00:00:02:24 帧动画

8 Step　这样就完成了绽放的光带动画的制作，按小键盘上的 0 键预览动画效果。本例最终动画流程效果如图 8.165 所示。

图 8.165 动画流程画面

8.8.22 梯度渐变

该特效可以产生双色渐变效果，能与原始图像相融合产生渐变特效。应用该特效的参数设置及应用前后效果，如图 8.166 所示。

图 8.166 应用梯度渐变的前后效果及参数设置

该特效的各项参数含义如下。

- [渐变起点]：设置渐变开始的位置。
- [起始颜色]：设置渐变开始的颜色。
- [渐变终点]：设置渐变结束的位置。
- [结束颜色]：设置渐变结束的颜色。
- [渐变形状]：选择渐变的方式。包括 [线性渐变] 和 [径向渐变] 两种方式。
- [渐变散射]：设置渐变的扩散程度。值过大时将产生颗粒效果。
- [与原始图像混合]：设置渐变颜色与原图像的混合百分比。

8.8.23 涂写

该特效可以根据蒙版形状，制作出各种潦草的乱写效果，并自动产生动画。应用该特效的参数设置及应用前后效果，如图 8.167 所示。

图 8.167 应用涂写的前后效果及参数设置

该特效的各项参数含义如下。

- [涂写]：设置当前层中参与乱写的蒙版，可以是某一个，也可以是全部遮罩。
- [蒙版]：当 [涂写] 选择 [单个蒙版] 选项时，此项才被激活。通过该项右侧的下拉菜单，可以设置参与乱写的蒙版。
- [填充类型]：选择遮罩的填充方式。包括 [内部]、[中心边缘]、[在边缘内]、[外部边缘]、[左边] 和 [右边]6 个选项。
- [边缘选项]：设置边缘填充时边框的设置。
- [颜色]：设置乱写的笔触颜色。
- [不透明度]：设置乱写笔触的透明程度。
- [角度]：设置乱写的角度。
- [描边宽度]：设置笔触的宽度。
- [描边选项]：其选项组用来控制笔触的弯曲、间距和杂乱等的程度。
- [曲度]：设置乱写转角的弯曲程度。
- [曲度变化]：设置笔触弯曲的变化程度。
- [间距]：设置笔触间距的人小。
- [间距变化]：设置笔触间距的变化程度。
- [路径重叠]：设置笔触间的重叠程度。
- [路径重叠变化]：设置路径重叠的杂乱变化程度。

- [起始]：设置笔触绘制的开始位置。
- [结束]：设置笔触绘制的结束位置。
- [摆动类型]：设置笔触的扭动形式。
- [摇摆/秒]：设置二次抖动的数量。
- [随机植入]：设置笔触抖动的随机数值。
- [合成]：设置笔触与原图像间的混合情况。[在原始图像上]将显示背景图像；[在透明背景上]将使背景变成黑色；[显示原始图像]将以类似蒙版的形式显示背景图像。

8.8.24 描边

该特效可以沿指定路径或遮罩产生描绘边缘，可以模拟手绘过程。应用该特效的参数设置及应用前后效果，如图 8.168 所示。

图 8.168 应用描边的前后效果及参数设置

该特效的各项参数含义如下。

- [路径]：选择当前图像中的某个遮罩，用来描绘边缘。
- [所有蒙版]：勾选该复选框，将描绘当前图像中的所有遮罩。
- [顺序描边]：勾选该复选框，在描边的过程中，将按照绘制的先后顺序进行描绘。如果不勾选该复选框，所有的遮罩将同时描边。
- [颜色]：设置描绘边缘的颜色。
- [画笔大小]：设置笔触的粗细。
- [画笔硬度]：设置画笔边缘的硬度。值越大，边缘硬度也越大。
- [不透明度]：设置画笔笔触的透明程度。
- [起始]：设置描绘边缘的起始位置，通过该项可以设置动画产生绘画过程。
- [结束]：设置描绘边缘的结束位置。
- [间距]：设置笔触间的间隔距离，应用大的数值将产生点状描边效果。
- [绘画样式]：设置笔触描绘的对象。[在原始图像上]选项表示笔触直接在原图像上进行描绘；[在透明背景上]选项将在黑色背景上进行描绘；[显示原始图像]选项将以类似蒙版的形式显示背景图像。

8.8.25 勾画

该特效类似 Photoshop 软件中的查找边缘，能够将图像的边缘描绘出来，还可以按照遮罩进行描绘，当然，还可以通过指定其他层来描绘当前图像。应用该特效的参数设置及应用前后效果，如图 8.169 所示。

图 8.169 应用勾画的前后效果及参数设置

该特效的各项参数含义如下。

- [描边]：选择描绘的方式。[图像等高线]，此项可以通过其选项组中的[输入图层]来设置描绘层；[蒙版/路径]，此项可以通过其选项组中的[路径]选项来设置描绘路径。
- [图像等高线]：控制图像描绘的相关设置。
- [输入图层]：指定一个用来描绘的层。
- [反转输入]：勾选该复选框，将反转输入描边区域。
- [如果层大小不同]：如果描绘和当前层尺寸不同，选择[中心]选项可以将描绘层与当前层居中对齐；选择[伸缩以适合]选项，将拉伸描绘层与当前层匹配。
- [通道]：设置描绘的目标通道。
- [阈值]：设置描绘的通道极限。
- [预模糊]：对描绘的线条进行柔化处理。
- [容差]：设置描绘边缘像素的容差值。
- [渲染]：显示渲染时显示的描绘效果。
- [选定等高线]：对选择的描绘线进行设置。
- [设置较短的等高线]：对描绘中较短的轮廓进行设置。包括[相同数目片段]和[少数片段]2个选项。
- [蒙版/路径]：可以通过[路径]选项，选择一个蒙版路径进行描绘。
- [片段]：对描绘的线段进行设置。其选项组参数，如图8.170所示。

图8.170 线段选项组

- [片段]：设置描绘的线段数量。值越大，线段分的数量越多。
- [长度]：设置描绘的线段长度。值越大，线段越长。
- [片段分布]：设置线段的分布方式。包括[成簇分布]和[均匀分布]2个选项。
- [旋转]：设置线段的旋转角度，可以通过修改角度值来控制线段的位置。
- [随机相位]：勾选该复选框，可以将线段位置随机分布。
- [随机植入]：设置线段相位随机的种子数。
- [正在渲染]：设置线段渲染的相关设置，包括线段的颜色、宽度、硬度、不透明度等。其选项组参数，如图8.171所示。

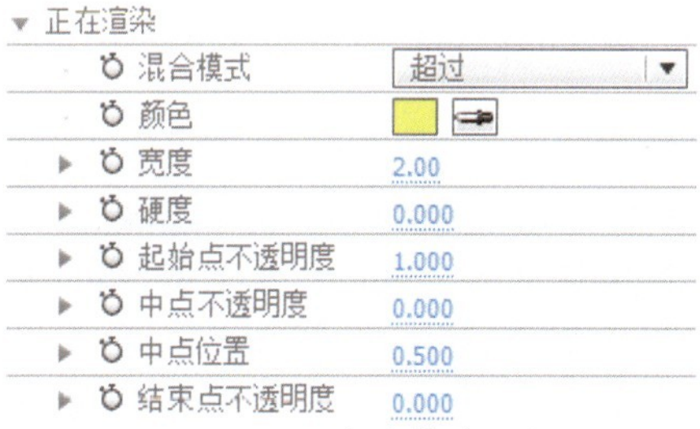

图8.171 正在渲染选项组

- [混合模式]：设置描绘效果与当前层的混合模式。[透明]表示只显示描绘效果；[超过]表示在图像上显示描绘效果；[曝光不足]表示在图像下面显示描绘效果；[模版]表示将描绘作为模版使用，描绘范围内的图像将显示，其他部分将变透明。
- [颜色]：设置描绘线段的颜色。
- [宽度]：设置描绘线的宽度。值越大，线段越粗。
- [硬度]：设置描绘线的硬度。值越大，线段边缘越清晰。
- [起始点不透明度]：设置描绘开始位置的透明程度。
- [中点不透明度]：设置描绘线中间点部分的透明程度。
- [中点位置]：设置描绘线中间点的位置。
- [结束点不透明度]：设置描绘线结束位置的透明程度。

8.8.26 写入

该特效是用画笔在一层中绘画，模拟笔迹和绘制过程，它一般与表达式合用，能表示出精彩的图案效果。应用该特效的参数设置及应用前后效果，如图8.172所示。

图8.172 应用写入的前后效果及参数设置

该特效的各项参数含义如下。

- [画笔位置]：用来设置画笔的位置。通过在不同时间修改关键帧位置，可以制作出书写动画效果。
- [颜色]：用来设置画笔的绘画颜色。
- [画笔大小]：用来设置画笔的笔触粗细。
- [画笔硬度]：用来设置画笔笔触的柔化程度。
- [画笔不透明度]：用来设置画笔绘制时的颜色透明度。
- [画笔间距]：用来设置画笔笔触间的间距大小。设置较大的值，可以将画笔笔触设置成点状效果。
- [绘画时间属性]：设置绘画时的属性，包括颜色、透明等，在绘制时，是否将其应用到每个关键帧或整个动画中。
- [画笔时间属性]：设置画笔的属性，包括大小、硬度等，在绘制时是否将其应用到每个关键帧或整个动画中。
- [绘画样式]：设置书写的样式。[在原始图像上]，此项表示笔触直接在原图像上进行书写；[在透明背景上]，此项将在黑色背景上进行书写；[显示原始图像]，此项将以类似蒙版的形式显示背景图像。

8.9 [遮罩]特效组

[遮罩]特效组包含[遮罩阻塞工具]、[调整柔和遮罩]和[简单阻塞工具]等特效，利用蒙版特效可以将带有 Alpha 通道的图像进行收缩或描绘的应用。

8.9.1 遮罩阻塞工具

该特效主要用于控制带有 Alpha 通道的图像，可以收缩和描绘 Alpha 通道图像的边缘，修改边缘的效果。应用该特效的参数设置及应用前后效果，如图 8.173 所示。

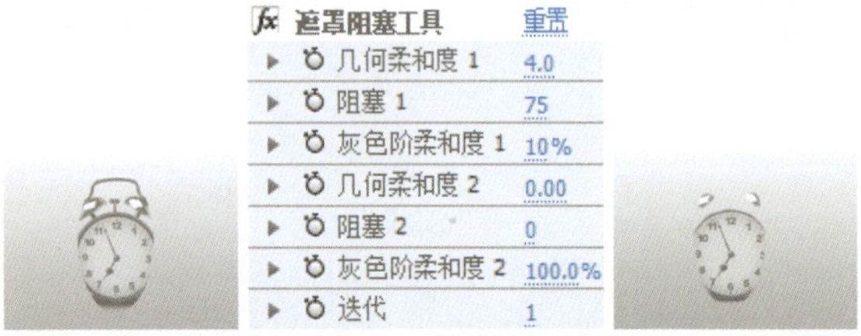

图 8.173 应用遮罩阻塞工具的前后效果及参数设置

该特效的各项参数含义如下。

- [几何柔和度 1 / 2]：设置边缘的柔化程度 1 次 / 2 次。
- [阻塞 1 / 2]：设置阻塞的数量 1 次 / 2 次。正值使图像收缩，负值使图像扩展。
- [灰度阶柔和度 1 / 2]：设置边缘的柔和程度 1 次 / 2 次。值越大，边缘柔和程度越强烈。
- [迭代]：设置蒙版收缩或描绘边缘的重复次数。

8.9.2 Unnamed layer（指定蒙版）

该特效主要用于颜色对图像混合的控制，应用该特效的参数设置及应用前后效果，如图 8.174 所示。

图 8.174 应用指定蒙版的前后效果及参数设置

该特效的各项参数含义如下。

- Blend mode（混合模式）：用于设置颜色和图像的混合类型。
- Render type（渲染类型）：控制在合成窗口中的预览效果。
- Shape colour（蒙版颜色）：设置蒙版的颜色效果。
- Opacity（不透明度）：设置蒙版与图像的混合程度。

8.9.3 调整柔和遮罩

该特效主要通过丰富的参数属性来调整蒙版与背景之间的衔接过渡，使画面过渡得更加柔和，应用该特效的参数设置及应用前后效果，如图 8.175 所示。

图 8.175 应用调整柔和遮罩的前后效果及参数设置

8.9.4 简单阻塞工具

该特效与[遮罩阻塞工具]相似，只能作用于 Alpha 通道，使用增量缩小或扩大蒙版的边界，以此来创建蒙版效果。应用该特效的参数设置及应用前后效果，如图 8.176 所示。

图 8.176 应用简易阻塞工具的前后效果及参数设置

该特效的各项参数含义如下。

- [视图]：选择显示图像的最终效果。[最终输出]表示以图像为最终输出效果；[遮罩]表示以蒙版为最终输出效果。
- [阻塞遮罩]：设置蒙版的阻塞程度。正值使图像收缩，负值使图像扩展。

8.10 [杂色和颗粒]特效组

[杂色和颗粒]特效组主要对图像进行杂点颗粒的添加设置。包括:[添加颗粒]、[蒙尘与划痕]、[分形杂色]、[匹配颗粒]、[中间值]、[杂色]、[杂色 Alpha]、[杂色 HLS]、[杂色 HLS 自动]、[移除颗粒]和[湍流杂色]。各种特效的应用方法和含义如下。

8.10.1 添加颗粒

该特效可以将一定数量的杂色以随机的方式添加到图像中。应用该特效的参数设置及应用前后效果，如图 8.177 所示。

图 8.177 应用添加颗粒的前后效果及参数设置

该特效的各项参数含义如下。

- [查看模式]：设置视图预览的模式。
- [预设]：可以从右侧的下拉菜单中，选择一种默认的添加杂点的设置。
- [预览区域]：该选项组主要对预览的范围进行设置。该项只有在[查看模式]项选择[预览]命令时才能看出效果。
- [中心]：设置预览区域的中心点位置。
- [宽度]：设置预览区域的宽度值。
- [高度]：设置预览区域的高度值。
- [显示方框]：显示预览区域的边框线。
- [方框颜色]：设置预览区域边框线的颜色。
- [微调]：该选项组主要对杂点的强度、大小、柔化等参数进行调整设置。
- [强度]：设置杂点的强度。值越大，杂点效果越强烈。
- [大小]：设置杂点的尺寸大小。值越大，杂点也越大。
- [柔和度]：设置杂点的柔化程度。值越大，杂点变得越柔和。
- [长宽比]：设置杂点的屏幕高宽比。较小的值产生垂直拉伸效果，较大的值产生水平拉伸效果。
- [通道强度]：设置图像 R、G、B 通道强度。
- [通道大小]：设置图像 R、G、B 通道大小。
- [颜色]：该选项组主要设置杂点的颜色。可以将杂点设置成单色，也可以改变杂点的颜色。
- [应用]：该选项组主要设置杂点的混合模式、暗调、中间调和亮调区域。
- [动画]：该选项组主要设置杂点的动画速度、平滑和随机效果。
- [与原始图像混合]：该选项组主要用于添加的杂点图像与原图像间的混合设置。

8.10.2 蒙尘与划痕

该特效可以为图像制作类似蒙尘和划痕的效果。应用该特效的参数设置及应用前后效果，如图 8.178 所示。

图 8.178 应用蒙尘与划痕的前后效果及参数设置

该特效的各项参数含义如下。

- [半径]：用来设置蒙尘和划痕的半径值。
- [阈值]：设置蒙尘和划痕的极限，值越大，产生的蒙尘和划痕效果越不明显。
- [在 Alpha 通道上]：勾选该复选框，将该效果应用在 Alpha 通道上。

8.10.3 分形杂色

该特效可以轻松制作出各种云雾效果，并可以通过动画预置选项，制作出各种常用的动画画面，其功能相当强大。应用该特效的参数设置及应用前后效果，如图 8.179 所示。

图 8.179 应用分形杂色的前后效果及参数设置

该特效的各项参数含义如下。

- [分形类型]：设置分形的类型，可以通过此选项，快速制作出常用的分形效果。
- [杂色类型]：设置噪波类型。包括[块]、[线性]、[柔和线性]和[样条]4个选项。
- [反转]：勾选该复选框，可以将图像信息进行反转处理。
- [对比度]：设置图像的对比程度。
- [亮度]：设置图像的明亮程度。
- [溢出]：设置图像边缘溢出部分的修整方式。包括[剪切]、[柔和固定]、[反绕]和[允许HDR结果]4个选项。
- [变换]：该选项组主要控制图像的噪波大小、旋转角度、位置偏移等设置。其选项组参数，如图8.180所示。

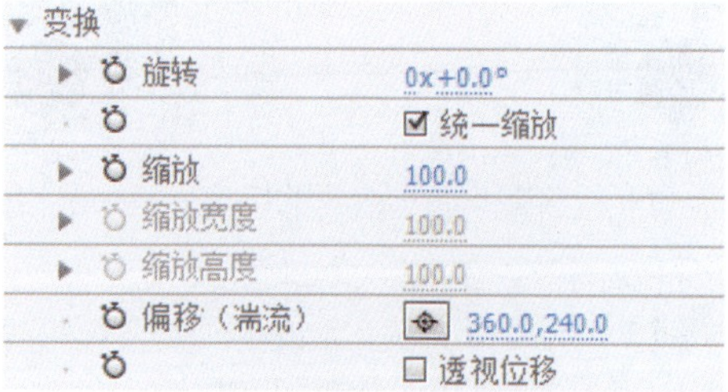

图 8.180 变换选项组

- [旋转]：设置噪波图案的旋转角度。
- [统一缩放]：勾选该复选框，对噪波图案进行宽度、高度的等比缩放。
- [缩放]：设置图案的整体大小。在勾选[统一缩放]复选框时可用。
- [缩放宽度/高度]：在没有勾选[统一缩放]复选框时，可以通过这两个选项，分别设置噪波图案的宽度和高度大小。
- [偏移]：设置噪波的动荡位置。
- [透视位移]：勾选该复选框，将启用透视偏移功能。
- [复杂度]：设置分形噪波的复杂程度。值越大，噪波越复杂。

- [子设置]：该选项组主要对子分形噪波的强度、大小、旋转等参数进行设置，其选项组参数，如图8.181所示。

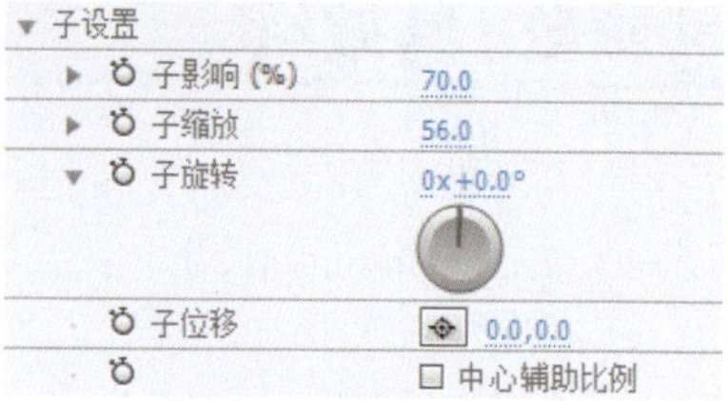

图 8.181 子设置选项组

- [子影响]：设置子分形噪波的影响力。值越大，子分形噪波越明显。
- [子缩放]：设置子分形噪波的尺寸大小。
- [子旋转]：设置子分形噪波的旋转角度。
- [子位移]：设置子分形噪波的位置偏移量。
- [中心辅助比例]：勾选该复选框，将启用中心扩散功能。
- [演化]：设置分形噪波图案的进化演变。
- [演化选项]：该选项组主要对噪波的进化演变进行设置，包括循环和随机的设置。
- [不透明度]：设置噪波图案的透明程度。
- [混合模式]：设置分形噪波与原图像间的叠加模式，与层的混合模式用法相同。

8.10.4 匹配颗粒

该特效与[添加颗粒]很相似，不过该特效可以通过取样其他层的杂点和噪波，添加当前层的杂点效果，并可以进行再次调整。该特效中的许多参数与[添加颗粒]相同，这里不再赘述，只讲解不同的部分。应用该特效的参数设置及应用前后效果，如图8.182所示。

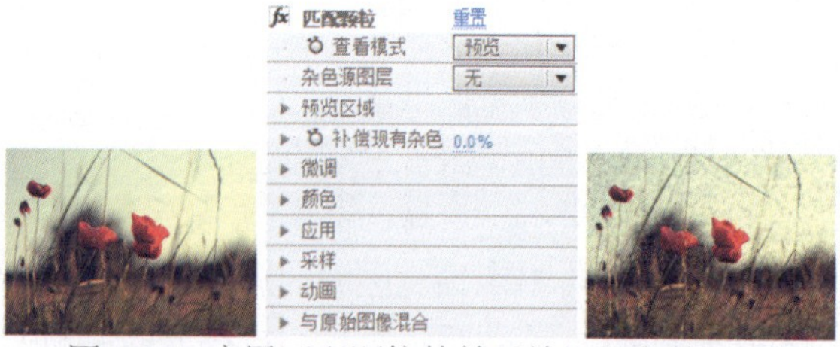

图 8.182 应用匹配颗粒的前后效果及参数设置

该特效的各项参数含义如下。

- [杂色源图层]：选择作为噪波取样的源层。
- [补偿现有杂色]：在取样噪波的基础上，对噪波进行补偿设置。
- [采样]：通过其选项组，可以设置采样帧、采样数量、采样尺寸等。

8.10.5 中间值

该特效可以通过混合图像像素的亮度来减少图像的杂色，并通过指定的半径值内图像中性的色彩替换其他色彩。此特效在消除或减少图像的动感效果时非常有用。应用该特效的参数设置及应用前后效果，如图 8.183 所示。

图 8.183 应用中间值的前后效果及参数设置

该特效的各项参数含义如下。

- [半径]：设置中性色彩的半径大小。
- [在 Alpha 通道上运算]：将特效效果应用到 Alpha 通道上。

8.10.6 杂色

该特效可以在图像颜色的基础上，为图像添加噪波杂点。应用该特效的参数设置及应用前后效果，如图 8.184 所示。

图 8.184 应用杂色的前后效果及参数设置

该特效的各项参数含义如下。

- [杂色数量]：设置噪波产生的数量。值越大，产生的噪波也就越多。
- [杂色类型]：用来设置噪波是单色还是彩色。勾选 [使用杂色] 复选框，可以将噪波设置成彩色效果。
- [剪切]：设置修剪值。勾选 [剪切结果值] 复选框，可以对不符合的色彩进行修剪。

8.10.7 杂色 Alpha

该特效能够在图像的 Alpha 通道中，添加噪波效果。应用该特效的参数设置及应用前后效果，如图 8.185 所示。

图 8.185 应用杂色 Alpha 的前后效果及参数设置

该特效的各项参数含义如下。

- [杂色]：设置噪波产生的方式。
- [数量]：设置噪波的数量大小。值越大，噪波的数量越多。
- [原始 Alpha]：设置噪波与原始 Alpha 通道的混合模式。
- [溢出]：设置噪波溢出的处理方式。
- [随机植入]：设置噪波的随机种子数。
- [杂色选项]：勾选 [循环杂色] 复选框，可以启动循环动画选项，并通过 [循环] 选项来设置循环的次数。

8.10.8 杂色 HLS

该特效可以通过调整色相、亮度和饱和度来设置噪波的产生位置。应用该特效的参数设置及应用前后效果，如图 8.186 所示。

图 8.186 应用杂色 HLS 的前后效果及参数设置

该特效的各项参数含义如下。

- [杂色]：设置噪波产生的方式。
- [色相]：设置噪波的色彩变化。
- [亮度]：设置噪波在亮度中生成的数量多少。
- [饱和度]：设置噪波的饱和度变化。
- [颗粒大小]：设置杂点的大小。只有在 [杂色] 选项中，选择 [颗粒] 选项，此项才可以修改。
- [杂色相位]：设置噪波的位置变化。

8.10.9 杂色 HLS 自动

该特效与 [杂色 HLS] 的应用方法很相似，只是通过参数的设置可以自动生成噪波动画。应用该特效的参数设置及应用前后效果，如图 8.187 所示。

图 8.187 应用杂色 HLS 自动的前后效果及参数设置

其参数与 [杂色 HLS] 大部分相同，相同的部分不再赘述，不同的参数含义如下。

- [杂色动画速度]：通过修改该参数，可以修改噪波动画的变化速度。值越大，变化速度越快。

8.10.10 移除颗粒

该特效常用于人物的降噪处理，是一个功能相当强大的工具，在降噪方面独树一帜，通过简单的参数修改，或者不修改参数，都可以对带有杂点、噪波的照片美化处理。应用该特效的参数设置及应用前后效果，如图 8.188 所示。

图 8.188 应用移除颗粒的前后效果及参数设置

该特效的各项参数含义如下。

- [查看模式]：选择视图的模式。
- [预览区域]：当 [查看模式] 选择 [预览] 选项时，此项才可以发挥作用。其选项组参数在前面的参数中已经讲过，这里不再赘述。
- [杂色深度减低设置]：该选项组参数，主要对图像的降噪量进行设置，可以对整个图像控制，也可以对 R、G、B 通道中的噪波进行控制。
- [微调]：该选项组中的参数，主要对噪波进行精细调节，如色相、纹理、噪波大小固态区域等。
- [临时过滤]：该选项组控制是否开启实时过滤功能，并可以控制过滤的数量和运动敏感度。
- [钝化蒙版]：该选项组可以通过锐化数量、半径和阈值，来控制图像的反锐利化遮罩程度。
- [采样]：该选项组可以控制采样情况，如采样原点、数量、大小和采样区等。
- [与原始图像混合]：该选项组设置原图与降噪图像的混合情况。

8.10.11 湍流杂色

该特效与 [分形杂色] 的使用方法及参数设置相同，在这里就不再赘述。应用该特效的参数设置及应用前后效果，如图 8.189 所示。

图 8.189 应用湍流杂色的前后效果及参数设置

8.11 [过时] 特效组

[过时] 特效组保存之前版本的一些特效。包括 [基本 3D]、[基本文字]、[闪光] 和 [路径文本] 等特效。

8.11.1 基本 3D

该特效用于在三维空间内变换图像。应用该特效的参数设置及应用前后效果，如图 8.190 所示。

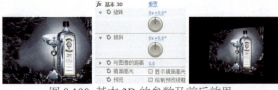

图 8.190 基本 3D 的参数及前后效果

下面介绍合成窗口中 [基本 3D] 特效工具栏的工具含义及应用。

- [旋转]：将图片沿深度方向旋转。
- [倾斜]：沿自身上下轴向旋转倾斜。
- [与图像的距离]：设置图像的深度距离。
- [镜面高光]：是否勾选 [显示镜面高光]。
- [预览]：是否勾选 [绘制预览线框]。

8.11.2 基本文字

该特效用于创建基础文字。应用该特效的参数设置，如图 8.191 所示。

图 8.191 应用基本文字的参数

下面介绍合成窗口中 [基本文字] 特效工具栏的工具含义及应用。

- [位置]：用来控制输入的文字在合成窗口中的水平和垂直位置。
- [填充和描边]：设置文字的填充和描边。
- [显示选项]：可以设置文字为 [仅填充]、[仅描边]、[在描边上填充] 和 [在填充上描边]4 种方式。
- [填充颜色]：设置填充的颜色。
- [描边颜色]：设置描边的颜色。
- [描边宽度]：设置描边的宽度。
- [大小]：修改文字字号的大小。
- [字符间距]：修改文字的间距大小。
- [行距]：修改文字段落的行间距。
- [在原始图像上合成]：保留原合成的图像。

8.11.3 闪光

该特效用于模拟电弧与闪电。应用该特效的参数设置及应用前后效果，如图 8.192 所示。

图 8.192 应用闪光的参数

下面介绍合成窗口中 [闪光] 特效工具栏的工具含义及应用。

- [起始点]：设置闪电的起始点位置。
- [结束点]：设置闪电的结束点位置。
- [区段]：设置闪电转折点数量。

- [振幅]：设置闪电整体的幅度。
- [细节级别]：设置闪电的等级。
- [细节振幅]：设置闪电各转折的幅度。
- [设置分支]：闪电分支的整体设置。
- [再分支]：闪电分支的各节设置。
- [分支角度]：调整分叉的角度。
- [分支线段长度]：调整分叉段的长度。
- [分支线段]：设置分叉的段数。
- [分支宽度]：设置分叉的宽度。
- [速度]：设置闪电变化的速度。
- [稳定性]：设置闪电的稳定性。
- [固定端点]：是否需要固定的结束点，可以制作无限延伸的闪电效果。
- [宽度]：闪电的粗细设置。
- [宽度变化]：粗细的变化设置。
- [核心宽度]：内部深色区域的宽度。
- [外部颜色]：设置外部颜色。
- [内部颜色]：设置内部颜色。
- [随机植入]：随机变化的设置。
- [混合模式]：与背景的混合模式，包括 [正常]、[相加] 和 [滤色]3 种方式。
- [模拟]：是否勾选 [在每一帧处重新运行]。

8.11.4 路径文本

该特效用于沿着路径描绘文字。应用该特效的参数设置及应用前后效果，如图 8.193 所示。

图 8.193 应用路径文本的参数

下面介绍合成窗口中 [路径文本] 特效工具栏的工具含义及应用。

- [信息]：显示文字字体、文字长度和路径长度信息。
- [路径选项]：路径的参数设置。

- [形状类型]：形状类型的选择，包括 [贝塞尔曲线]、[圆形]、[循环] 和 [线] 4 种形状类型。
- [控制点]：关联点属性的有关设置。
- [自定义路径]：自定义选择路径，可以通过使用钢笔工具绘制路径。
- [反转路径]：将路径的首尾进行调换。
- [填充和描边]：设置文字的填充和描边。
- [选项]：可以设置文字为 [仅填充]、[仅描边]、[在描边上填充]、[在填充上描边] 4 种方式。
- [填充颜色]：设置填充的颜色。
- [描边颜色]：设置描边的颜色。
- [描边宽度]：设置描边的宽度。
- [字符]：字符参数。
- [大小]：修改文字字号的大小。
- [字符间距]：修改文字的间距大小。
- [字偶间距]：设置字距值。
- [方向]：可以修改每个字的方向。
- [水平切变]：设置水平方向上的倾斜。
- [水平缩放]：设置水平方向上的缩放。
- [垂直缩放]：设置垂直方向上的缩放。
- [段落]：关于段落的参数设置。
- [对齐方式]：设置对齐方式，包括 [左对齐]、[右对齐]、[居中对齐] 和 [强制对齐] 4 种方式。
- [左边距]：设置左侧留一定数值的空白。
- [右边距]：设置右侧留一定数值的空白。
- [行距]：设置行之间的距离。
- [基线偏移]：设置关于基线的偏移。
- [在原始图像上合成]：保留原合成的图像。

8.12
[透视] 特效组

[透视] 特效组可以为二维素材添加三维效果，主要用于制作各种透视效果。包括 [3D 摄像机跟踪器]、[3D 眼镜]、[斜面 Alpha]、[边缘斜面]、CC Cylinder（CC 圆柱体）、CC Sphere（CC 球体）、CC Spotlight（CC 聚光灯）、[投影] 和 [径向阴影] 多种特效。

8.12.1 3D 摄像机跟踪器

该特效可以追踪 3D 立体效果。应用该特效的参数设置及应用前后效果，如图 8.194 所示。

图 8.194 应用 3D 摄像机跟踪器的前后效果及设置

该特效的各项参数含义如下。
- [拍摄类型]：设置摄影机拍摄的形式。
- [显示轨迹点]：用于关闭 / 显示跟踪点。
- [跟踪点大小]：用于设置追踪点的大小。

8.12.2 3D 眼镜

该特效可以将两个层的图像合并到一个层中，并产生三维效果。应用该特效的参数设置及应用前后效果，如图 8.195 所示。

图 8.195 应用 3D 眼镜的前后效果及参数设置

该特效的各项参数含义如下。
- [左视图]：设置左边显示的图像。
- [右视图]：设置右边显示的图像。
- [场景融合]：设置图像的融合程度。
- [左右互换]：勾选该复选框，将图像的左右视图进行交换。
- [3D 视图]：可以从右侧的下拉菜单中，选择一种 3D 视图的模式。
- [平衡]：对 3D 视图中的颜色显示进行平衡处理。

8.12.3 斜面 Alpha

该特效可以使图像中 Alpha 通道边缘产生立

体的边界效果。应用该特效的参数设置及应用前后效果，如图 8.196 所示。

图 8.196 应用斜面 Alpha 的前后效果及参数设置

该特效的各项参数含义如下。

- [边缘厚度]：设置边缘斜角的厚度。
- [灯光角度]：设置模拟灯光的角度。
- [灯光颜色]：选择模拟灯光的颜色。
- [灯光强度]：设置灯光照射的强度。

8.12.4 边缘斜面

该特效可以使图像边缘产生一种立体效果，其边缘产生的位置是由 Alpha 通道来决定的。应用该特效的参数设置及应用前后效果，如图 8.197 所示。该特效与 [斜面 Alpha] 参数设置相同，只是 [边缘斜面] 所产生的边缘厚度不一样，这里就不再赘述。

图 8.197 应用边缘斜面的前后效果及参数设置

8.12.5 CC Cylinder（CC 圆柱体）

该特效可以使图像呈圆柱体状卷起，使其产生立体效果。应用该特效的参数设置及应用前后效果，如图 8.198 所示。该特效中 Light（灯光）和 Shading（阴影）特效组的使用方法，在前面已经讲解过，这里就不再赘述。

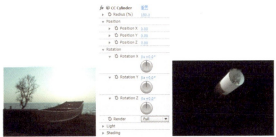

图 8.198 应用 CC 圆柱体的前后效果及参数设置

该特效的各项参数含义如下。

- Radius（半径）：设置圆柱体的半径大小。
- Position（位置）：调节圆柱体在画面中的位置变化。Position X（X 轴位置）：调节圆柱体在 X 轴上的位置变化。Position Y（Y 轴位置）：调节圆柱体在 Y 轴上的位置变化。Position Z（Z 轴位置）：调节圆柱体在 Z 轴上的位置变化。
- Rotation（旋转）：设置圆柱体的旋转角度。
- Render（渲染）：用来设置圆柱体的显示。在右侧的下拉菜单中，可以根据需要选择 Full（整体）、Outside（外部）和 Inside（内部）3 个选项中的任意一个。

8.12.6 CC Sphere（CC 球体）

该特效可以使图像呈球体状卷起。应用该特效的参数设置及应用前后效果，如图 8.199 所示。该特效中 Rotation（旋转）、Light（灯光）和 Shading（阴影）特效组的使用方法，在前面已经讲解过，这里就不再赘述。

图 8.199 应用 CC 球体的前后效果及参数设置

该特效的各项参数含义如下。

- Radius（半径）：设置球体的半径大小。
- Offset（偏移）：设置球体的位置变化。
- Render（渲染）：用来设置球体的显示。在右侧的下拉菜单中，可以根据需要选择 Full（整体）、Outside（外部）和 Inside（内部）3 个选项中的任意一个。

8.12.7 CC Spotlight（CC 聚光灯）

该特效可以为图像添加聚光灯效果，使其产生逼真的被灯照射的效果。应用该特效的参数设置及应用前后效果，如图 8.200 所示。

图 8.200 应用 CC 聚光灯的前后效果及设置

该特效的各项参数含义如下。

- From（开始）：设置聚光灯开始点的位置，可以控制灯光范围的大小。
- To（结束）：设置聚光灯结束点的位置。
- Height（高度）：设置灯光的倾斜程度。
- Cone Angle（锥角）：设置灯光的半径大小。
- Edge Softness（边缘柔化）：设置灯光的边缘柔化程度。
- Color（颜色）：设置灯光的填充颜色。
- Intensity（亮度）：设置灯光以外部分的透明度。
- Render（渲染）：设置灯光与源图像的叠加方式。

8.12.8 投影

该特效可以为图像添加阴影效果，一般应用在多层文件中。应用该特效的参数设置及应用前后效果，如图 8.201 所示。

图 8.201 应用投影的前后效果及参数设置

该特效的各项参数含义如下。

- [阴影颜色]：设置图像中阴影的颜色。
- [不透明度]：设置阴影的透明度。
- [方向]：设置阴影的方向。
- [距离]：设置阴影离原图像的距离。
- [柔和度]：设置阴影的柔和程度。
- [仅阴影]：勾选[仅阴影]复选框，将只显示阴影而隐藏投射阴影的图像。

8.12.9 径向阴影

该特效同[投影]特效相似，也可以为图像添加阴影效果，但比投影特效在控制上有更多的选择，[径向阴影]根据模拟的灯光投射阴影，看上去更加符合现实中的灯光阴影效果。应用该特效的参数设置及应用前后效果，如图 8.202 所示。

图 8.202 应用径向阴影的前后效果及设置

该特效的各项参数含义如下。

- [阴影颜色]：设置图像中阴影的颜色。
- [不透明度]：设置阴影的透明度。
- [光源]：设置模拟灯光的位置。
- [投影距离]：设置阴影的投射距离。
- [柔和度]：设置阴影的柔和程度。
- [渲染]：设置阴影的渲染方式。
- [颜色影响]：设置周围颜色对阴影的影响程度。
- [仅阴影]：勾选该复选框，将只显示阴影而隐藏投射阴影的图像。
- [调整图层大小]：设置阴影层的尺寸大小。

8.13 [风格化] 特效组

[风格化] 特效组主要模仿各种绘画技巧，使图像产生丰富的视觉效果，包括 [画笔描边]、[卡通]、CC Block Load（CC 障碍物读取）、CC Burn Film（CC 燃烧效果）、CC Glass（CC 玻璃）、CC Kaleida（CC 万花筒）、CC Mr.Smoothie（CC 平滑）、CC Plastic(CC 塑料)、CC RepeTile（CC 边缘拼贴）、CC Threshold（CC 阈值）、CC Threshold RGB（CC 阈值 RGB）、[彩色浮雕]、[浮雕]、[查找边缘]、[发光]、[马赛克]、[动态拼贴]、[色调分离]、[毛边]、[散布]、[闪光灯]、[纹理化] 和 [阈值]。各种特效的应用方法和含义如下。

8.13.1 画笔描边

该特效对图像应用画笔描边效果，使图像产生一种类似画笔绘制的效果。应用该特效的参数设置及应用前后效果，如图 8.203 所示。

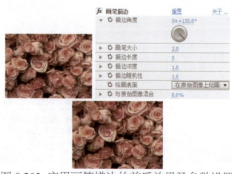

图 8.203 应用画笔描边的前后效果及参数设置

该特效的各项参数含义如下。
- [描边角度]：设置画笔描边的角度。
- [画笔大小]：设置画笔笔触的大小。
- [描边长度]：设置笔触的描绘长度。
- [描边浓度]：设置笔画的笔触稀密程度。
- [描边随机性]：设置笔画的随机变化量。
- [绘画表面]：从右侧的下拉菜单中，选择用来设置描绘表面的位置。
- [与原始图像混合]：设置笔触描绘图像与原图像间的混合比例，值越大越接近原图。

8.13.2 卡通

该特效通过填充图像中的物体，从而产生卡通效果。应用该特效的参数设置及应用前后效果，如图 8.204 所示。

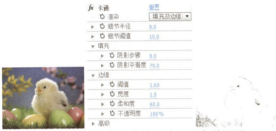

图 8.204 应用卡通的前后效果及参数设置

该特效的各项参数含义如下。
- [渲染]：设置图像的渲染模式。从右侧的下拉菜单中，可以根据需要选择[填充]、[边缘]和[填充及边缘]中的任意一项。
- [细节半径]：设置图像上一些小细节的大小。
- [细节阈值]：设置图像上黑色部分的范围。
- [填充]：设置卡通图案的填充效果和填充的柔化程度。
- [边缘]：用来调节卡通图案的边缘效果。[阈值]：设置黑色边缘所占比例的多少。[宽度]：设置边缘的宽度。[柔和度]：设置边缘的柔化程度。[不透明度]：设置卡通图案的透明度。
- [高级]：对图案进行更高级的处理。[边缘增强]：进一步设置边缘的厚度。值越大，边缘越细；值越小，边缘越厚。[边缘黑色阶]：调节图案上黑色部分所占的比例。[边缘对比度]：用来调节白色区域所占比例的大小。

8.13.3 CC Block Load（CC 障碍物读取）

该特效可以控制图像的读取方式。应用该特效的参数设置及应用前后效果，如图 8.205 所示。

图 8.205 应用 CC 障碍物读取的前后效果及设置

该特效的各项参数含义如下。
- Completion（完成）：用于控制图像读取的多少。
- Scans（扫描）：用于扫描图像读取的多少。

8.13.4 CC Burn Film（CC 燃烧效果）

该特效可以模拟火焰燃烧时边缘变化的效果，从而使图像消失。应用该特效的参数设置及应用前后效果，如图 8.206 所示。

图 8.206 应用 CC 燃烧效果的前后效果及参数设置

该特效的各项参数含义如下。
- Burn（燃烧）：调节图像中黑色区域的面积。为其添加关键帧，可以制作出画面燃烧的效果。
- Center（中心）：设置燃烧中心点的位置。
- Random Seed（随机种子）：调节燃烧时黑色区域的变化速度，需要添加关键帧，才能看到效果。

8.13.5 CC Glass（CC 玻璃）

该特效通过查找图像中物体的轮廓，从而产生玻璃凸起的效果。应用该特效的参数设置及应用前后效果，如图 8.207 所示。

图 8.207 应用 CC 玻璃的前后效果及参数设置

该特效的各项参数含义如下。

- Surface（表面）：使图像产生玻璃效果。
- Bump Map（凹凸贴图）：从右侧的下拉菜单中，选择一个图层，作为产生的玻璃效果的图案纹理。
- Using（属性）：从右侧的下拉菜单中，选择一种用于运算的通道。
- Softness（柔和）：用来设置图像的柔化程度。
- Height（高度）：设置产生的玻璃效果的范围。
- Displacement（置换）：设置图案的变形程度。

8.13.6 CC Kaleida（CC 万花筒）

该特效可以将图像进行不同角度的变换，使画面产生各种不同的图案。应用该特效的参数设置及应用前后效果，如图 8.208 所示。

图 8.208 应用 CC 万花筒的前后效果及参数设置

该特效的各项参数含义如下。

- Center（中心）：设置图像的中心点位置。
- Size（大小）：设置变形后的图案的大小。
- Mirroring（镜像）：改变图案的形状。从右侧的下拉菜单中，选择一个选项，作为变形的形状。
- Rotation（旋转）：改变旋转的角度，画面中的图案也会随之改变。

8.13.7 CC Mr.Smoothie（CC 平滑）

该特效应用通道来设置图案变化，通过相位的调整来改变图像效果。该特效的参数设置及前后效果，如图 8.209 所示。

图 8.209 应用 CC 平滑的前后效果及参数设置

该特效的各项参数含义如下。

- Property（属性）：从右侧的下拉菜单中，选择一种用于运算的通道。
- Smoothness（平滑）：调节平滑后图像的融合程度。值越大，融合程度越高。值越小，融合程度越低。
- Sample A（取样 A）：设置取样点 A 的位置。
- Sample B（取样 B）：设置取样点 B 的位置。
- Phase（相位）：设置图案的变化。
- Color Loop（颜色循环）：设置图像中颜色的循环变化。

8.13.8 CC Plastic（CC 塑料）

该特效应用灯光来设置图案变化，通过灯光强度调整来改变图像效果。该特效的参数设置及前后效果，如图 8.210 所示。

图 8.210 应用 CC 塑料的前后效果及参数设置

该特效的各项参数含义如下。

- Bump Layer（凹凸层）：设置凹凸的形式。
- Property（属性）：根据各种信息出现不同的效果。
- Softness（柔化）：控制凹凸的程度。
- Height（高度）：控制凹凸的高度。
- Cut Min（最小切）：控制图像的最小消失程度。
- Cut Man（最大切）：控制图像的最大消失程度。

8.13.9 CC RepeTile（CC 边缘拼贴）

该特效可以将图像的边缘进行水平和垂直的拼贴，产生类似于边框的效果。应用该特效的参数设置及应用前后效果，如图 8.211 所示。

图 8.211 应用边缘拼贴的前后效果及参数设置

该特效的各项参数含义如下。

- Expand Right（扩展右侧）：扩展图像右侧的拼贴。
- Expand Left（扩展左侧）：扩展图像左侧的拼贴。

- Expand Down（扩展下部）：扩展图像下部的拼贴。
- Expand Up（扩展上部）：扩展图像上部的拼贴。
- Tiling（拼贴）：从右侧的下拉菜单中，可以选择拼贴类型。
- Blend Borders（融合边缘）：设置边缘拼贴与源图像的融合程度。

8.13.10 CC Threshold（CC 阈值）

该特效可以将图像转换成高对比度的黑白图像效果，并通过级别的调整来设置黑白所占的比例。应用该特效的参数设置及应用前后效果，如图 8.212 所示。

图 8.212 应用 CC 阈值的前后效果及参数设置

该特效的各项参数含义如下。

- Threshold（阈值）：用于调整黑白的比例大小。值越大，黑色占的比例越多；值越小，白色占的比例越多。
- Channel（通道）：从右侧的下拉菜单中，选择用来运算填充的通道，选择 Luminance（亮度）通道，表示对亮度通道运算填充；RGB 通道表示只对 RGB 通道运算填充；Saturation（饱和度）表示只影响饱和度通道；Alpha 表示只对 Alpha 通道进行运算填充。
- Invert（反转）：勾选该复选框，可以将黑白信息对调。
- Blend W. Original（混合程度）：设置复合运算后的图像与原图像间的混合比例，值越大越接近原图。

8.13.11 CC Threshold RGB（CC 阈值 RGB）

该特效只对图像的 RGB 通道进行运算填充。应用该特效的参数设置及应用前后效果，如图 8.213 所示。

图 8.213 应用 CC 阈值 RGB 的前后效果及设置

该特效的各项参数含义如下。

- Red Threshold（红色阈值）：用于调整红色在图像中所占的比例大小。值越大，红色占的比例越少；值越小，红色占的比例越多。
- Green Threshold（绿色阈值）：用于调整绿色在图像中所占的比例大小。值越大，绿色占的比例越少；值越小，绿色占的比例越多。
- Blue Threshold（蓝色阈值）：用于调整蓝色在图像中所占的比例大小。值越大，蓝色占的比例越少；值越小，蓝色占的比例越多。
- Invert Red Channel（反转红色通道）：勾选该复选框，可以将图像中的红色信息与其他颜色的信息进行反转。
- Invert Green Channel（反转绿色通道）：勾选该复选框，可以将图像中的绿色信息与其他颜色的信息进行反转。
- Invert Blue Channel（反转蓝色通道）：勾选该复选框，可以将图像中的蓝色信息与其他颜色的信息进行反转。
- Blend W. Original（混合程度）：设置复合运算后的图像与原图像间的混合比例，值越大越接近原图。

8.13.12 彩色浮雕

该特效通过锐化图像中物体的轮廓，从而产生彩色的浮雕效果。应用该特效的参数设置及应用前后效果，如图 8.214 所示。

图 8.214 应用彩色浮雕的前后效果及参数设置

该特效的各项参数含义如下。

- [方向]：调整光源的照射方向。

- [起伏]：设置浮雕凸起的高度。
- [对比度]：设置浮雕的锐化程度。
- [与原始图像混合]：设置浮雕效果与原始素材的混合程度。值越大越接近原图。

8.13.13 浮雕

该特效与[彩色浮雕]的效果相似，只是产生的图像浮雕为灰色，没有丰富的彩色效果。它们的各项参数都相同，这里不再赘述。应用该特效的参数设置及应用前后效果，如图8.215所示。

图8.215 应用浮雕的前后效果及参数设置

8.13.14 查找边缘

该特效可以对图像的边缘进行勾勒，从而使图像产生类似素描或底片效果。应用该特效的参数设置及应用前后效果，如图8.216所示。

图8.216 应用查找边缘的前后效果及参数设置

该特效的各项参数含义如下。

- [反转]：将当前的颜色转换成它的补色效果。
- [与原始图像混合]：设置描边效果与原始素材的融合程度。值越大越接近原图。

8.13.15 发光

该特效可以寻找图像中亮度比较大的区域，然后对其周围的像素进行加亮处理，从而产生发光效果。应用该特效的参数设置及应用前后效果，如图8.217所示。

该特效的各项参数含义如下。

- [发光基于]:选择发光建立的位置。包括[Alpha通道]和[颜色通道]。
- [发光阈值]：设置产生发光的极限。值越大，发光的面积越大。
- [发光半径]：设置发光的半径大小。

图8.217 应用发光的前后效果及参数设置

- [发光强度]：设置发光的亮度。
- [合成原始项目]：设置发光与原图像的合成方式。
- [发光操作]：设置发光与原图的混合模式。
- [发光颜色]：设置发光的颜色。
- [颜色循环]：设置发光颜色的循环方式。
- [颜色循环]：设置发光颜色的循环次数。
- [色彩相位]：设置发光颜色的位置。
- [A和B中点]：设置两种颜色的中心点位置。
- [颜色A]：设置颜色A的颜色。
- [颜色B]：设置颜色B的颜色。
- [发光维度]：设置发光的方式。可以选择[水平]、[垂直]、[水平和垂直]。

8.13.16 马赛克

该特效可以将画面分成若干的网格，每一格都用本格内所有颜色的平均色进行填充，使画面产生分块式的马赛克效果。应用该特效的参数设置及应用前后效果，如图8.218所示。

图8.218 应用马赛克的前后效果及参数设置

该特效的各项参数含义如下。

- [水平块]：设置水平方向上马赛克的数量。
- [垂直块]：设置垂直方向上马赛克的数量。
- [锐化颜色]：勾选该复选框，将会使画面效果变得更加清楚。

8.13.17 动态拼贴

该特效可以将图像进行水平和垂直拼贴，产生类似在墙上贴瓷砖的效果。应用该特效的参数设置及应用前后效果，如图8.219所示。

图 8.219 应用动态拼贴的前后效果及参数设置

该特效的各项参数含义如下。

- [拼贴中心]：设置拼贴的中心点位置。
- [拼贴宽度]：设置拼贴图像的宽度大小。
- [拼贴高度]：设置拼贴图像的高度大小。
- [输出宽度]：设置图像输出的宽度大小。
- [输出高度]：设置图像输出的高度大小。
- [镜像边缘]：勾选该复选框，将对拼贴的图像进行镜像操作。
- [相位]：设置垂直拼贴图像的位置。
- [水平位移]：勾选该复选框，可以通过修改 [相位] 值来控制拼贴图像的水平位置。

8.13.18 色调分离

该特效可以将图像中的颜色信息减少，产生颜色的分离效果，可以模拟手绘效果。应用该特效的参数设置及应用前后效果，如图 8.220 所示。

图 8.220 应用色彩分离的前后效果及参数设置

该特效的各项参数含义如下。

- [级别]：设置颜色分离的级别。值越小，色彩信息就越少，分离效果越明显。

8.13.19 毛边

该特效可以将图像的边缘粗糙化，制作出一种粗糙效果。应用该特效的参数设置及应用前后效果，如图 8.221 所示。

图 8.221 应用粗糙边缘的前后效果及参数设置

该特效的各项参数含义如下。

- [边缘类型]：可从右侧的下拉菜单中，选择用于粗糙边缘的类型。
- [边缘颜色]：指定边缘粗糙时所使用的颜色。
- [边界]：用来设置边缘的粗糙程度。
- [边缘锐度]：用来设置边缘的锐化程度。
- [分形影响]：用来设置边缘的不规则程度。
- [比例]：用来设置不规则碎片的大小。
- [伸缩高度或宽度]：用来设置边缘碎片的拉伸强度。正值为水平拉伸；负值为垂直拉伸。
- [偏移]：用来设置边缘在拉伸时的位置。
- [复杂度]：用来设置边缘的复杂程度。
- [演化]：用来设置边缘的角度。
- [演化选项]：该选项组控制进化的循环设置。
- [循环]：勾选该复选框，启用循环进化功能。
- [循环]：设置循环的次数。
- [随机植入]：设置循环进化的随机性。

8.13.20 散布

该特效可以将图像分离成颗粒状，产生分散效果。应用该特效的参数设置及应用前后效果，如图 8.222 所示。

图 8.222 应用散布的前后效果及参数设置

该特效的各项参数含义如下。

- [散布数量]：设置分散的大小。值越大，分散的数量越大。
- [颗粒]：设置杂点的方向位置。有 [两者]、[水平]、[垂直]3 个选项供选择。
- [散布随机性]：勾选 [随机分布每个帧] 复选框，将每一帧都进行随机分散。

8.13.21 闪光灯

该特效可以模拟相机的闪光灯效果，使图像自动产生闪光动画效果，这在视频编辑中非常常用。应用该特效的参数设置及应用前后效果，如图 8.223 所示。

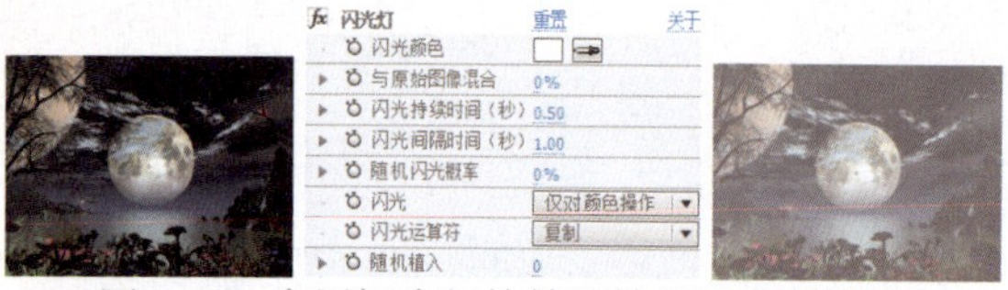

图 8.223 应用闪光灯的前后效果及参数设置

该特效的各项参数含义如下。

- [闪光颜色]：设置闪光灯的闪光颜色。
- [与原始图像混合]：设置闪光效果与原始素材的融合程度。越值大越接近原图。
- [闪光持续时间]：设置闪光灯的持续时间，单位为秒。
- [闪光间隔时间]：设置闪光灯两次闪光之间的间隔时间，单位为秒。
- [随机闪光概率]：设置闪光灯闪光的随机概率。
- [闪光]：设置闪光的方式。[仅在颜色操作]表示在所有通道中显示闪烁特效；[使图层透明]表示只在透明层上显示闪烁特效。
- [闪光运算符]：设置闪光的运算方式。
- [随机植入]：设置闪光的随机种子量。值越大，颜色产生的透明度越高。

8.13.22 纹理化

该特效可以在一个素材上显示另一个素材的纹理。应用时将两个素材放在不同的层上，两个相邻层的素材必须在时间上有重合的部分，在重合的部分就会产生纹理效果。应用该特效的参数设置及应用前后效果，如图 8.224 所示。

图 8.224 应用纹理化的前后效果及参数设置

该特效的各项参数含义如下。

- [纹理图层]：选择一个层作为纹理并映射到当前特效层。
- [灯光方向]：设置光照的方向。
- [纹理对比度]：设置纹理的强度。
- [纹理位置]：指定纹理的应用方式。包括 3 个

选项：[拼贴纹理]指重复纹理图案；[居中纹理]指将纹理图案的中心定位在应用此特效的素材中心，纹理图案的大小不变；[拉伸纹理以适合]指将纹理图案的大小进行调整，使它与应用该特效的素材大小一致。

8.13.23 阈值

该特效可以将图像转换成高对比度的黑白图像效果，并通过级别的调整来设置黑白所占的比例。应用该特效的参数设置及应用前后效果，如图 8.225 所示。

图 8.225 应用阈值的前后效果及参数设置

该特效的各项参数含义如下。

- [级别]：用于调整黑白的比例大小。值越大，黑色占的比例越多；值越小，白色占的比例越多。

8.14 [文本]特效组

[文本]特效组主要是辅助文字工具来添加更多更精彩的文字特效。包括[编号]和[时间码]特效。

8.14.1 编号

该特效可以生成多种格式的随机或顺序数，可以编辑时间码、十六进制数字、当前日期等，并且可以随时间变动刷新，或者随机乱序刷新。应用该特效的参数设置及应用前后效果，如图 8.226 所示。

图 8.226 应用编号的前后效果及参数设置

这里的很多参数与[基本文字]的参数用法相同，不再赘述，只讲解不同的参数含义。

- [格式]：该选项组主要用来设置数字效果的类型格式。
- [类型]：设置数字的显示类型。
- [随机值]：将数值设置为随机效果。
- [数值/位移/随机最大]：指定数字的显示内容。
- [小数位数]：设置小数点后的位数。
- [当前时间/日期]：勾选该复选框，将自动显示当前的计算机时间、日期或当前时间帧位置等信息。

8.14.2 时间码

该特效可以在当前层上生成一个显示时间的码表效果，以动画形式显示当前播放动画的时间长度。应用该特效的参数设置及应用前后效果，如图8.227所示。

图8.227 应用时间码的前后效果及参数设置

该特效的各项参数含义如下。

- [显示格式]：设置码表显示的格式。SMPTE 时:分:秒:帧表示以标准的小时:分钟:秒:帧显示；[帧编号]表示以累加帧数值方式显示；[英尺+帧（35毫米）]表示以英尺+帧的方式显示；[英尺+帧（16毫米）]表示以英尺+帧的方式显示。
- [时间单位]：设置时间码以哪种帧速率显示。
- [丢帧]：勾选该复选框，可以使时间码用掉帧方式显示。
- [开始帧]：设置初始帧。
- [文本位置]：设置时间码在屏幕中的位置。
- [文字大小]：设置时间码文字的大小。
- [文本颜色]．设置时间码文字的颜色。

8.15 [时间]特效组

[时间]特效组主要用来控制素材的时间特性，并以素材的时间作为基准。包括 CC Force Motion Blur（CC 强力运动模糊）、CC Time Blend（CC 时间混合）、CC Time Blend FX（CC 时间混合 FX）、CC Wide Time（CC 时间工具）、[残影]、[色调分离时间]、[时差]、[时间置换]和[时间扭曲]等特效。各种特效的应用方法和含义如下。

8.15.1 CC Force Motion Blur（CC 强力运动模糊）

该特效可以使运动的物体产生模糊效果。应用该特效的参数设置及应用前后效果，如图8.228所示。

图8.228 应用 CC 强力运动模糊的前后效果及设置

该特效的各项参数含义如下。

- Motion Blur Samples（运动模糊采样）：设置运动模糊的程度。
- Override Shutter Angle：取消勾选该复选框，将不产生模糊效果。
- Shutter Angle（百叶窗角度）：增大数值，可以使图像产生更强烈的运动模糊效果。
- Native Motion Blur（自然运动模糊）：在右侧的下拉菜单中，选择 Off（关）选项表示关闭运动模糊，选择 On（开）选项表示打开运动模糊。

8.15.2 CC Time Blend（CC 时间混合）

该特效可以通过转换模式的变化，产生不同的混合现象。应用该特效的参数设置及应用前后效果，如图8.229所示。

图8.229 应用 CC 时间混合的前后效果及参数设置

该特效的各项参数含义如下。

- Transfer（转换）：从右侧的下拉菜单中，可以选择用于混合的模式。
- Accumulation（累积）：设置与源图像的累积叠加效果。值越小，源图像越明显。值越大，源图像越不明显。
- Clear To（清除）：从右侧的下拉菜单中，选择 Transparent（透明），则会产生混合模式。选择 Current Frame（当前帧），则在当前时间没有混合模式。

8.15.3 CC Time Blend FX（CC 时间混合 FX）

该特效与 CC Time Blend（CC 时间混合）特效的使用方法相同，只是需要在 Instence 右侧的下拉菜单中选择 Paste 选项，各项参数才可使用，具体操作在这里就不再赘述。应用该特效的参数设置及应用前后效果，如图 8.230 所示。

图 8.230 应用 CC 时间混合 FX 的前后效果及设置

8.15.4 CC Wide Time（CC 时间工具）

该特效可以设置图像前方与后方的重复数量，使其产生连续的重复效果，该特效只对运动的素材起作用。应用该特效的参数设置及应用前后效果，如图 8.231 所示。

图 8.231 应用 CC 时间工具的前后效果及参数设置

该特效的各项参数含义如下。

- Forward Steps（前方步数）：设置图像前方的重复数量。
- Backward Steps（后方步数）：设置图像后方的重复数量。
- Native Motion Blur（自然运动模糊）：在右侧的下拉菜单中，选择 Off 选项表示关闭运动模糊，选择 On 选项表示打开运动模糊。

8.15.5 残影

该特效可以将图像中不同时间的多个帧组合起来同时播放，产生重复效果，该特效只对运动的素材起作用。应用该特效的参数设置及应用前后效果，如图 8.232 所示。

图 8.232 应用残影的前后效果及参数设置

该特效的各项参数含义如下。

- [残影时间]：设置两个混合图像之间的时间间隔，负值将会产生一种残影效果，单位为秒。
- [残影数量]：设置重复产生的数量。
- [起始强度]：设置开始帧的强度。
- [衰减]：设置图像重复的衰退情况。
- [残影运算符]：设置重复图形的混合模式。

实战 8-5 利用残影制作掉落的文字

本例主要讲解利用 [字符位移]、[残影]特效作掉落的文字动画效果，具体的操作步骤如下。

Step 1 执行菜单栏中的 [合成][新建合成]命令，打开 [合成设置] 对话框，设置 [合成名称] 为"掉落的文字"，[宽度] 为 720px，[高度] 为 480px，[帧速率] 为 25 帧/秒，并设置 [持续时间] 为 00:00:03:00 秒，如图 8.233 所示。

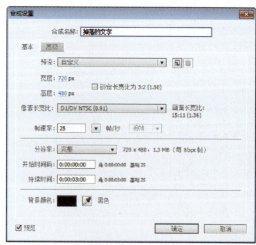

图 8.233 合成设置

2 Step 执行菜单栏中的 [文件][导入][文件]命令，打开 [导入文件]对话框，选择配套光盘中的"工程文件 \ 第 8 章 \ 掉落的文字 \ 背景图片 .jpg"，单击 [导入]按钮，"背景图片 .jpg"素材将导入到 [项目]面板中，如图 8.234 所示。

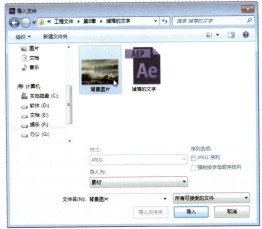

图 8.234 [导入文件]对话框

3 Step 在 [项目]面板中选择"背景图片 .jpg"素材，将其拖动到时间线面板中。

4 Step 执行菜单栏中的 [图层][新建][文本]命令，输入文字"写意水彩画夜幕降临"。修改文字的字体为"方正行楷简体"，"写意水彩画"的字号为 55 像素、"夜幕降临"为 105 像素，字体的填充颜色为深黄色（R：192；G：176；B：112），如图 8.235 所示。

图 8.235 文字参数设置

5 Step 确认选中"写意水彩画夜幕降临"层，将时间调整到 00:00:00:00 帧的位置，展开"写意水彩画夜幕降临"层，单击 [文本]右侧的 动画: 三角形按钮，从菜单栏中选择 [字符位移]命令，设置 [字符位移]的值为 45，单击 [动画制作工具 1]右侧的 添加: 三角形按钮，从菜单栏中选择 [属性][不透明度]和 [属性][位置]，添加 [不

透明度]和 [位置]属性，设置 [不透明度]的值为 1%、[位置]的值为（0,-340），如图 8.236 所示。

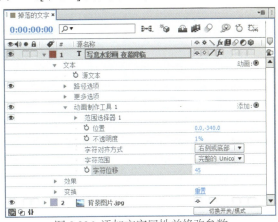

图 8.236 添加文字属性并修改参数

6 Step 展开 [文本][动画制作工具 1][范围控制器 1][高级]选项组，在 [形状]右侧的下拉菜单中选择 [上倾斜]，设置 [缓和低]的值为 50%，[随机排序]为 [开]，设置 [偏移]的值为 -100%，单击 [偏移]左侧的码表按钮，在 00:00:00:00 帧的位置设置关键帧，如图 8.237 所示。

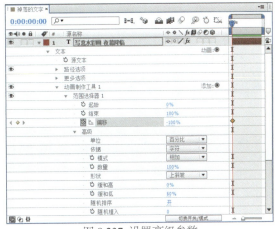

图 8.237 设置高级参数

7 Step 将时间调整到 00:00:02:15 帧的位置，设置 [偏移]的值为 100%，如图 8.238 所示。

图 8.238 设置 00:00:02:15 帧动画

8 Step 确认选择"写意水彩画夜幕降临"层，在 [效果和预设]面板中展开 [时间]特效组，然

后双击 [残影] 特效，如图 8.239 所示。

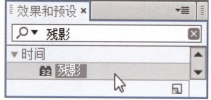

图 8.239 添加 [残影] 特效

Step 9 在 [效果控件] 面板中展开 [残影] 选项组，设置 [残影时间] 的值为 0.25，[残影数量] 的值为 4，[衰减] 的值为 0.5，如图 8.240 所示。

图 8.240 设置 [残影] 特效参数

Step 10 这样就完成了掉落的文字动画的制作，按小键盘上的 0 键预览动画效果。本例最终动画流程如图 8.241 所示。

图 8.241 动画流程画面

8.15.6 色调分离时间

该特效是将素材锁定到一个指定的帧率，从而产生跳帧播放的效果。应用该特效的参数设置及应用前后效果，如图 8.242 所示。

图 8.242 应用色调分离时间的前后效果及设置

该特效的各项参数含义如下。

- [帧速率]：设置帧速率的大小，以便产生跳帧播放效果。

8.15.7 时差

通过特效层与指定层之间像素的差异比较，而产生该特效效果。应用该特效的参数设置及应用前后效果，如图 8.243 所示。

图 8.243 应用时差的前后效果及参数设置

该特效的各项参数含义如下。

- [目标]：指定与当前层比较的目标层。
- [时间偏移量]：设置两层的时间偏移大小，单位为秒。
- [对比度]：设置两层间的对比程度。
- [绝对差值]：勾选该复选框，将使用像素绝对差异功能。
- [Alpha 通道]：设置 Alpha 通道的混合模式。

8.15.8 时间置换

该特效可以在特效层上，通过其他层图像的时间帧转换图像像素使图像变形，产生特效。可以在同一画面中反映出运动的全过程。应用的时候要设置映射图层，然后基于图像的亮度值，将图像上明亮的区域替换为几秒钟以后该点的像素。应用该特效的参数设置及应用前后效果，如图 8.244 所示。

图 8.244 应用时间置换的前后效果及参数设置

该特效的各项参数含义如下。

- [时间置换图层]：指定用于时间帧转换的层。
- [最大移位时间]：设置图像置换需要的最大时间，单位为秒。
- [时间分辨率]：设置每秒置换的图像像素量。
- [如果图层大小不同]：如果指定层和特效层尺

寸不同，勾选右侧的 [伸缩对应图以适合] 选项，将拉伸指定层以匹配特效层。

8.15.9 时间扭曲

该特效可以基于图像运动、帧融合和所有帧进行时间画面变形，使前几秒或后几帧的图像显示在当前窗口中。应用该特效的参数设置及应用前后效果，如图 8.245 所示。

该特效的各项参数含义如下。

- [方法]：设置图像进行扭曲的方法。
- [调整时间方式]：以何种方式调整时间。包括 [速度] 和 [源帧]2 个选项。

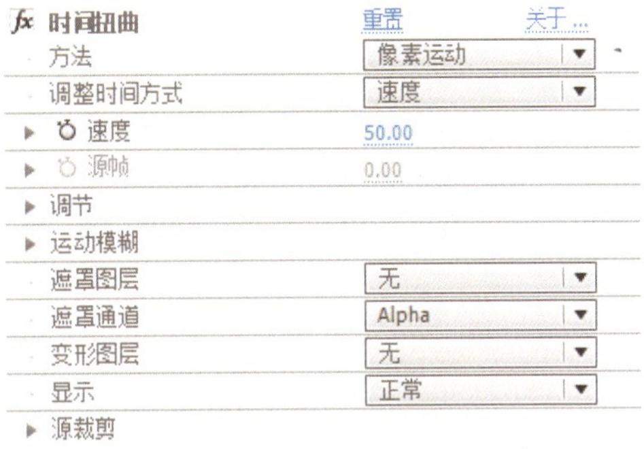

图 8.245 时间扭曲参数设置面板

- [速度]：设置时间变形的速度。当 [调整时间方式] 项选择 [速度] 选项时，此项才可以应用。
- [源帧]：设置源帧。当 [调整时间方式] 项选择 [源帧] 选项时，此项才可以应用。

8.16 [过渡] 特效组

[过渡] 特效组主要用来制作图像间的过渡效果。包括 [块溶解]、[卡片擦除]、CC Glass Wipe（CC 玻璃擦除）、CC Grid Wipe（CC 网格擦除）、CC Image Wipe（CC 图像擦除）、CC Jaws（CC 锯齿）、CC Light Wipe（CC 光线擦除）、CC Radial Scale Wipe（CC 放射缩放擦除）、CC Scale Wipe（CC 缩放擦除）、CC Twister（CC 扭曲）、CC WarpoMatic（CC 溶解）、[渐变擦除]、[光圈擦除]、[线性擦除]、[径向擦除] 和 [百叶窗] 等特效。各种特效的应用方法和含义如下。

8.16.1 块溶解

该特效可以使图像间产生块状溶解的效果。应用该特效的参数设置及应用前后效果，如图 8.246 所示。

图 8.246 应用块溶解的前后效果及参数设置

该特效的各项参数含义如下。

- [过渡完成]：用来设置图像过渡的程度。
- [块宽度]：用来设置块的宽度。
- [块高度]：用来设置块的高度。
- [羽化]：用来设置块的羽化程度。
- [柔化边缘]：勾选该复选框，将高质量地柔化边缘。

8.16.2 卡片擦除

该特效可以将图像分解成很多的小卡片，以卡片的形状来显示擦除图像效果。应用该特效的参数设置及应用前后效果，如图 8.247 所示。

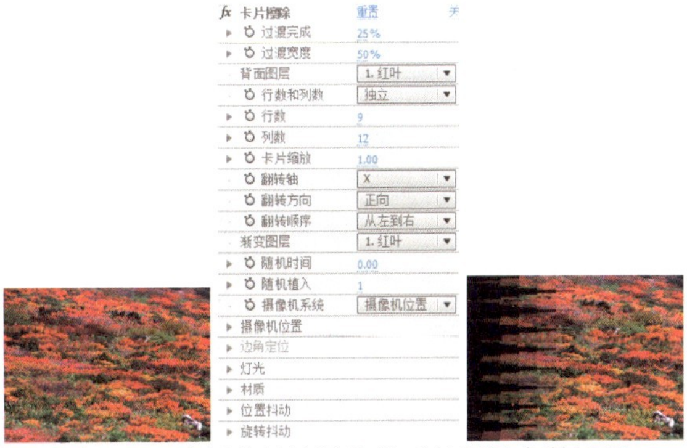

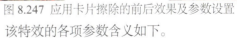

图 8.247 应用卡片擦除的前后效果及参数设置

该特效的各项参数含义如下。

- [过渡完成]：用来设置图像过渡的程度。
- [过渡宽度]：设置在切换过程中使用的图形面积。值越大，切换的范围也越大。
- [背景图层]：指定切换后显示的图层。
- [行数和列数]：设置行和列切换的方式。包括 [独立]、[列数受行数控制]2 个选项。
- [行数]：设置行的数量。
- [列数]：设置列的数量。
- [卡片缩放]：设置缩放卡片的大小。

- [翻转轴]：设置卡片翻转的轴向。
- [翻转方向]：设置卡片翻转的方向。
- [翻转顺序]：设置卡片的翻转顺序。
- [渐变图层]：指定一个渐变层。
- [随机时间]：设置随机变化的时间值。
- [随机植入]：设置随机变化的种子数量。
- [摄像机系统]：设置使用的摄像机系统。
- [摄像机位置]：该选项组用来设置摄像机的位置、旋转和缩放等。
- [灯光]：该选项组用来设置灯光的类型、亮度、颜色等。
- [材质]：该选项组用来设置卡片的材质和对灯光的反射处理。
- [位置抖动]：通过3个轴向的抖动量和抖动速度的设置，使卡片产生位置抖动动画。
- [旋转抖动]：通过3个轴向的抖动量和抖动速度的设置，使卡片产生旋转抖动动画。

8.16.3　CC Glass Wipe（CC 玻璃擦除）

该特效可以使图像产生类似玻璃效果的扭曲现象。应用该特效的参数设置及应用前后效果，如图 8.248 所示。

图 8.248　应用 CC 玻璃擦除的前后效果及参数设置

该特效的各项参数含义如下。

- Transition Completion（转换完成）：用来设置图像扭曲的程度。
- Layer to Reveal（显示层）：当前显示层。
- Gradient Layer（渐变层）：指定一个渐变层。
- Softness（柔化）：设置扭曲效果的柔化程度。
- Displacement Amount（偏移量）：设置扭曲的偏移程度。

实战 8-6　利用 CC 玻璃擦除制作色彩恢复效果

本例主要讲解利用 CC Glass Wipe（CC 玻璃擦除）特效制作色彩恢复效果动画，具体的操作方法如下。

Step 1　执行菜单栏中的 [合成][新建合成] 命令，打开 [合成设置] 对话框，设置 [合成名称] 为"色彩恢复效果"，[宽度] 为 720px，[高度] 为 480px，[帧速率] 为 25 帧/秒，并设置 [持续时间] 为 00:00:04:00 秒，如图 8.249 所示。

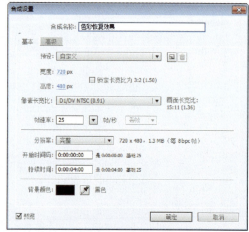

图 8.249　合成设置

Step 2　执行菜单栏中的 [文件][导入][文件] 命令，打开 [导入文件] 对话框，选择配套光盘中的"工程文件\第 8 章\色彩恢复效果\背景.jpg"素材，单击 [导入] 按钮，"背景.jpg"素材将导入到 [项目] 面板中，如图 8.250 所示。

图 8.250　[导入文件] 对话框

Step 3　在 [项目] 面板中选择"背景.jpg"素材，将其拖动到时间线面板中。

Step 4 选择"背景.jpg"层,在[效果和预设]面板中,展开[风格化]特效组,双击[卡通]特效,如图 8.251 所示。

图 8.251 添加[卡通]特效

Step 5 在[效果控件]面板中,设置[卡通]特效参数,在[渲染]右侧的下拉列表中选择[边缘],修改[细节半径]的值为8,[阴影步骤]的值为20,如图 8.252 所示。

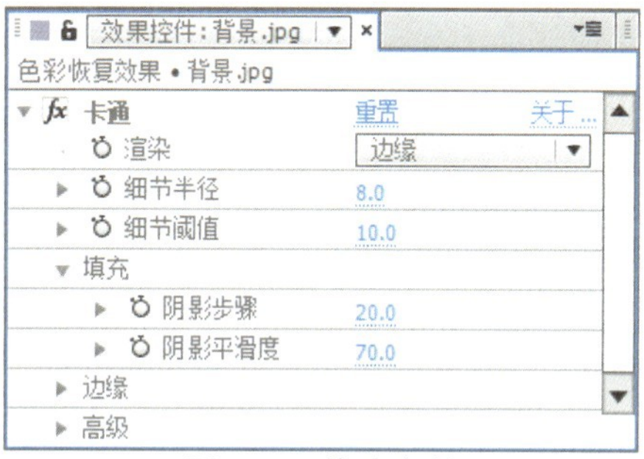

图 8.252 修改参数

Step 6 展开[边缘]选项,修改[阈值]的值为3,[宽度]的值为 0.4,[柔和度]的值为 86,如图 8.253 所示。

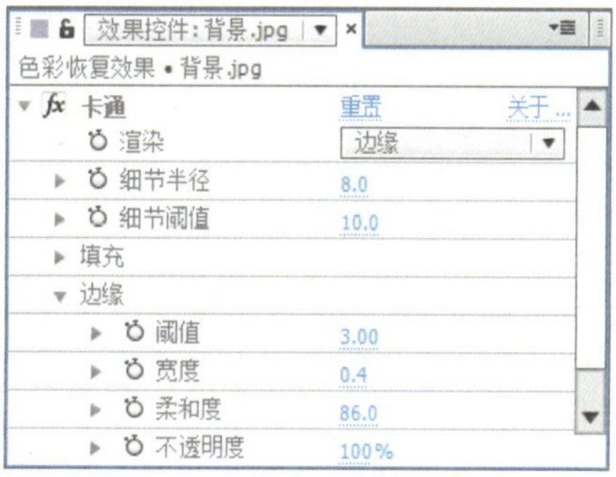

图 8.253 修改[边缘]参数

Step 7 选择"背景.jpg"层,在[效果和预设]面板中,展开[过渡]特效组,双击 CC Glass Wipe(CC 玻璃擦除)特效,如图 8.254 所示。

图 8.254 添加特效

Step 8 将时间调整到 00:00:01:08 帧位置,在[效果控件]面板中,修改 CC Glass Wipe(CC 玻璃擦除)特效,设置 Composition(完成)的值为 10%,并单击 Composition(完成)左侧的码表按钮 ⏱,在当前时间建立关键点,如图 8.255 所示。

图 8.255 设置关键点

Step 9 将时间调整到 00:00:03:05 帧位置,修改 Composition(完成)的值为 100%,系统将会自动记录关键帧,如图 8.256 所示。

图 8.256 关键帧动画

Step 10 这样就完成了色彩恢复效果动画的制作,按小键盘上的 0 键预览动画效果。本例最终动画流程效果如图 8.257 所示。

图 8.257 动画流程画面

8.16.4 CC Grid Wipe(CC 网格擦除)

该特效可以将图像分解成很多小网格,以网格的形状来显示擦除图像效果。应用该特效的参数设置及应用前后效果,如图 8.258 所示。

图 8.258 应用 CC 网格擦除的前后效果及参数设置

该特效的各项参数含义如下。

- Completion（完成）：用来设置图像过渡的程度。
- Center（中心）：用来设置网格的中心点的位置。
- Rotation(旋转）：设置网格的旋转角度。
- Border（边界）：设置网格的边界位置。
- Tiles（拼贴）：设置网格的大小。值越大，网格越小；值越小，网格越大。
- Shape（形状）：用来设置整体网格的擦除形状。从右侧的下拉菜单中，可以根据需要选择 Doors（门）、Radial（径向）和 Rectangular（矩形）3 种形状中的其中一种，来进行擦除。
- Reverse Transition（反转变换）：勾选该复选框，可以将网格与图像区域进行转换，使擦除的形状相反。

8.16.5 CC Image Wipe（CC 图像擦除）

该特效是通过特效层与指定层之间像素的差异比较，而产生以指定层的图像产生擦除的效果。应用该特效的参数设置及应用前后效果，如图 8.259 所示。

图 8.259 应用 CC 图像擦除的前后效果及参数设置

该特效的各项参数含义如下。

- Completion（完成）：用来设置图像擦除的程度。
- Border Softness（边界柔化）：设置指定层图像的边缘柔化程度。
- Auto Softness（自动柔化）：勾选该复选框，指定层的边缘柔化程度将在 Border Softness（边界柔化）的基础上进一步柔化。
- Gradient（渐变）：指定一个渐变层。[图层]：从右侧的下拉菜单中，可以选择一层，作为擦除时的指定层。Property（属性）：从右侧的下拉菜单中，选择一种用于运算的通道。Blur

（模糊）：设置指定层图像的模糊程度。Inverse Gradient（反转渐变）：勾选该复选框，可以将指定层的擦除图像按照其特性的设置进行反转。

8.16.6 CC Jaws（CC 锯齿）

该特效可以以锯齿形状将图像一分为二进行切换，产生锯齿擦除的图像效果。应用该特效的参数设置及应用前后效果，如图 8.260 所示。

图 8.260 应用 CC 锯齿的前后效果及参数设置

该特效的各项参数含义如下。

- Completion（完成）：用来设置图像过渡的程度。
- Center（中心）：用来设置锯齿的中心点的位置。
- Direction（方向）：设置锯齿的旋转角度。
- Height（高度）：设置锯齿的高度。
- Width（宽度）：设置锯齿的宽度。
- Shape（形状）：用来设置锯齿的形状。从右侧的下拉菜单中，可以根据需要选择一种形状来进行擦除。包括 Spikes、RoboJaw、Block 和 Waves。

8.16.7 CC Light Wipe（CC 光线擦除）

该特效运用圆形的发光效果对图像进行擦除。应用该特效的参数设置及应用前后效果，如图 8.261 所示。

图 8.261 应用 CC 光线擦除的前后效果及参数设置

该特效的各项参数含义如下。

- Completion（完成）：用来设置图像过渡的程度。
- Center（中心）：用来设置锯齿的中心点的位置。
- Intensity（亮度）：设置发光的强度。
- Shape（形状）：用来设置擦除的形状。包括 Doors（门）、Round（圆形）和 Square（正方形）3 种形状。

- Direction（方向）：设置擦除的方向。当 Shape（形状）为 Doors（门）或 Square（正方形）时此项才可以使用。
- Color from Source（颜色来源）：勾选该复选框，发光亮度会降低。
- Color（颜色）：用来设置发光的颜色。
- Reverse Transition（反转变换）：勾选该复选框，可以将发光擦除的黑色区域与图像区域进行转换，使擦除效果反转。

8.16.8 CC Line Sweep（CC 线扫描）

该特效运用线性擦拭效果对图像进行擦除。应用该特效的参数设置及应用前后效果，如图 8.262 所示。

图 8.262 应用 CC 线扫描的前后效果及参数设置

该特效的各项参数含义如下。

- Completion（完成）：用来设置图像过渡的程度。
- Direction（方向）：用来设置线性擦除的角度。
- Thickness（厚度）：用来设置线性的宽度。
- Slant（倾斜）：用来设置线性的倾斜程度。

8.16.9 CC Radial ScaleWipe（CC 径向缩放擦除）

该特效可以使图像产生旋转缩放擦除效果。应用该特效的参数设置及应用前后效果，如图 8.263 所示。

图 8.263 应用 CC 径向缩放擦除的前后效果及设置

该特效的各项参数含义如下。

- Completion（完成）：用来设置图像过渡的程度。
- Center（中心）：用来设置放射的中心点的位置。
- Reverse Transition（反转变换）：勾选该复选框，可以将擦除的黑色区域与图像区域进行转换，使擦除效果反转。

实战 8-7 利用 CC 径向缩放擦除制作玻璃球

本例主要讲解利用 CC Radial Scale Wipe（CC 径向缩放擦除）特效和 [发光] 特效制作玻璃球效果，具体的操作方法如下。

Step 1 执行菜单栏中的 [合成]|[新建合成] 命令，打开 [合成设置] 对话框，设置 [合成名称] 为 "背景"，[宽度] 为 720px，[高度] 为 480px，[帧速率] 为 25 帧 / 秒，并设置 [持续时间] 为 00:00:03:00 秒，如图 8.264 所示。

图 8.264 合成设置

Step 2 执行菜单栏中的 [文件]|[导入]|[文件] 命令，打开 [导入文件] 对话框，选择 "工程文件 \ 第 8 章 \ 玻璃球 \ 背景 .jpg" 素材，如图 8.265 所示。单击 [导入] 按钮，"背景 .jpg" 素材将导入到 [项目] 面板中。

图 8.265 [导入文件] 对话框

3 将"背景.jpg"拖动到时间线面板中,选中"背景.jpg"层,按Ctrl+D组合键复制"背景.jpg"层,重命名为"玻璃球",如图8.266所示。

图8.266 重命名

4 在[效果和预设]面板中展开[过渡]特效组,双击 CC Radial ScaleWipe(CC 径向缩放擦除)特效,如图8.267所示。

图8.267 添加 CC 径向缩放擦除特效

5 将时间调整到 00:00:00:00 帧的位置,在[效果控件]面板中,设置 Completion(完成)的值为 90%,设置 Center(中心)为(-70,74),单击 Center(中心)左侧的码表按钮,设置一个关键帧,选中 Reverse Transition(反转变换)复选框,如图 8.268 所示。

图8.268 CC 径向缩放擦除特效参数设置

6 将时间调整到 00:00:01:00 帧的位置,修改 Center(中心)为(192,466),将时间调整到 00:00:02:00 帧的位置,修改 Center(中心)为(494,46),将时间调整到 00:00:02:24 帧的位置,修改 Center(中心)为(814,556),系统会自动设置关键帧。

7 在[效果和预设]面板中展开[风格化]特效组,双击[发光]特效,如图8.269所示。

8 在[效果控件]面板中,设置[发光阈值]的值为50%,[发光半径]的值为30,如图8.270所示。

图8.269 [发光]特效

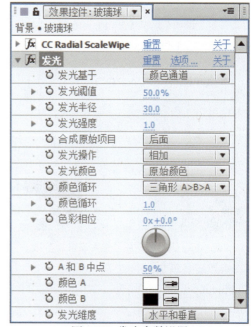

图8.270 发光参数设置

9 这样就完成了玻璃球效果的整体制作,按小键盘上的 0 键,即可在合成窗口中预览动画。本例最终动画流程效果如图8.271所示。

图8.271 动画流程画面

8.16.10 CC Scale Wipe(CC 缩放擦除)

该特效通过调节拉伸中心点的位置及拉伸的方向,使其产生拉伸的效果。应用该特效的参数设置及应用前后效果,如图8.272所示。

图8.272 应用 CC 缩放擦除的前后效果及参数设置

该特效的各项参数含义如下。

- Stretch（拉伸）：设置图像的拉伸程度。值越大，拉伸效果越明显。
- Center（中心）：设置拉伸中心点的位置。
- Direction（方向）：设置拉伸的旋转角度。

8.16.11 CC Twister（CC 扭曲）

该特效可以使图像产生扭曲的效果，应用 Backside（背面）选项，可以将图像进行扭曲翻转，从而显示出选择图层的图像。应用该特效的参数设置及应用前后效果，如图 8.273 所示。

图 8.273 应用 CC 扭曲的前后效果及参数设置

该特效的各项参数含义如下。
- Completion（完成）：用来设置图像扭曲的程度。
- Backside（背面）：设置扭曲背面的图像。
- Shading（阴影）：勾选该复选框，扭曲的图像将产生阴影。
- Center（中心）：设置扭曲图像中心点的位置。
- Axis（坐标轴）：设置扭曲的旋转角度。

8.16.12 CC WarpoMatic（CC 溶解）

该特效可以使图像间产生溶解的效果。应用该特效的参数设置及应用前后效果，如图 8.274 所示。

图 8.274 应用 CC 溶解的前后效果及参数设置

该特效的各项参数含义如下。
- Completion（完成）：用来设置图像溶解的程度。
- Layer to Reveal（层去溶解）：用来设置图像溶解的图层。
- Smoothness（柔化）：用来设置图像溶解的衰减。
- Warp Amount（扭曲数量）：用来设置图像扭曲的程度。
- Blend Span（微距融合）：用来设置图像融合的程度。

8.16.13 渐变擦除

该特效可以使图像间产生梯度擦除的效果。应用该特效的参数设置及应用前后效果，如图 8.275 所示。

图 8.275 应用梯度擦除的前后效果及参数设置

该特效的各项参数含义如下。
- [过渡完成]：用来设置图像过渡的程度。
- [过度柔和度]：用来设置过渡的柔化程度。
- [渐变图层]：指定一个渐变层。
- [渐变位置]：指定过渡的方式。
- [反转渐变]：勾选该复选框，可以使图像产生反向过渡。

8.16.14 光圈擦除

该特效可以产生多种形状从小到大擦除图像的效果。应用该特效的参数设置及应用前后效果，如图 8.276 所示。

图 8.276 应用光圈擦除的前后效果及参数设置

该特效的各项参数含义如下。
- [光圈中心]：指定形状中心点的位置。
- [点光圈]：设置形状的顶点数量。
- [外径]：设置形状的外部半径大小。
- [使用内径]：勾选该复选框，可以启用形状的内部半径，创建出星形效果。
- [内径]：设置形状的内部半径大小。
- [旋转]：设置形状的旋转角度。
- [羽化]：设置形状边缘的柔和程度。

8.16.15 线性擦除

该特效可以以一条直线为界线进行切换，产生线性擦除的效果。应用该特效的参数设置及应用前后效果，如图 8.277 所示。

图 8.277 应用线性擦除的前后效果及参数设置

该特效的各项参数含义如下。

- [过渡完成]：用来设置图像擦除的程度。
- [擦除角度]：用来设置线性擦除的角度。
- [羽化]：用来设置擦除时的边缘羽化程度。

8.16.16 径向擦除

该特效可以模拟表针旋转擦除的效果。应用该特效的参数设置及应用前后效果，如图 8.278 所示。

图 8.278 应用径向擦除的前后效果及参数设置

该特效的各项参数含义如下。

- [过渡完成]：用来设置图像擦除的程度。
- [起始角度]：用来设置擦除时的开始角度。
- [擦除中心]：用来调整擦除时的表针中心点位置。
- [擦除]：从右侧的下拉菜单中，可以选择擦除时的方向。包括[顺时针]、[逆时针]或[两者兼有]3个选项供选择。
- [羽化]：用来设置擦除时的边缘羽化程度。

8.16.17 百叶窗

该特效可以使图像间产生百叶窗过渡的效果。应用该特效的参数设置及应用前后效果，如图 8.279 所示。

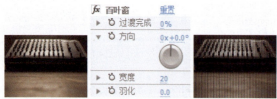

图 8.279 应用百叶窗的前后效果及参数设置

该特效的各项参数含义如下。

- [过渡完成]：用来设置图像擦除的程度。
- [方向]：设置百叶窗切换的方向。

- [宽度]：设置百叶窗的叶片宽度。
- [羽化]：设置擦除时的边缘羽化程度。

8.17
[实用工具]特效组

[实用工具]特效组主要调整素材颜色的输出和输入设置。常用的特效包括 CC Overbrights（CC 亮度信息）、[Cineon 转换器]、[颜色配置文件转换器]、[范围扩散]、[HDR 压缩扩展器]和[DHR 高光压缩]特效。

8.17.1 CC Overbrights（CC 亮度信息）

该特效主要利用图像的各种通道信息来提取图片的亮度。应用该特效的参数设置及应用前后效果，如图 8.280 所示。

图 8.280 应用 CC 亮度信息的前后效果及参数设置

该特效的各项参数含义如下。

- Channel（通道）：在下拉菜单中可以设置各种通道的亮度信息提取。
- Clip Color（修剪颜色）：设置亮度信息的颜色。

8.17.2 Cineon 转换器

该特效主要应用于标准线性到曲线对称的转换。应用该特效的参数设置及应用前后效果，如图 8.281 所示。

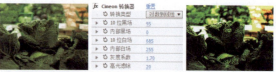

图 8.281 应用 Cineon 转换器的前后效果及参数设置

该特效的各项参数含义如下。

- [转换类型]：指定图像的转换类型。
- [10 位黑场]：设置 10 位黑点的比重。值越大，黑色区域所占比重越大。
- [内部黑场]：设置内部黑点的比重。值越小，黑色区域所占比重越大。
- [10 位白场]：设置 10 位白点的比重。值越小，白色区域所占比重越大。
- [内部白场]：设置内部白点的比重。值越小，白色区域所占比重越大。
- [灰度系数]：设置伽马值的大小。
- [高光滤除]：设置高光所占比重。值越大，高光所占比重越大。

8.17.3 颜色配置文件转换器

该特效可以通过色彩通道设置，对图像输出、输入的描绘轮廓进行转换。应用该特效的参数设置及应用前后效果，如图 8.282 所示。

图 8.282 应用颜色配置文件转换器的前后效果及参数设置

该特效的各项参数含义如下。
- [输入配置文件]：指定输入轮廓的色彩空间。
- [输出配置文件]：指定输出轮廓的色彩空间。

8.17.4 范围扩散

该特效可以通过增加像素范围来解决其他特效显示的一些问题。例如文字层添加 [投影] 特效后，当文字层移出合成窗口外面时，阴影也会被遮挡。这时就需要 [范围扩散] 特效来解决，需要注意的是 [范围扩散] 特效须在文字层添加 [投影] 特效前添加。应用该特效的参数设置及应用前后效果，如图 8.283 所示。

图 8.283 应用范围增长的前后效果及参数设置

该特效的各项参数含义如下。
- [像素]：设置像素范围，显示被遮挡的部分。

8.17.5 DHR 压缩扩展器

该特效使用压缩级别和扩展级别来调节图像。应用该特效的参数设置及应用前后效果，如图 8.284 所示。

图 8.284 应用 HDR 压缩扩展器的前后效果及设置

该特效的各项参数含义如下。
- [模式]：设置压缩使用的模式。包括 [压缩范围] 和 [扩展范围] 2 个选项。
- [增益]：设置 [模式] 项选择模式的色彩增加值。
- [灰度系数]：设置图像的伽马值。

8.17.6 DHR 高光压缩

该特效可以将图像的高动态范围内的高光数据压缩到低动态范围内的图像。应用该特效的参数设置及应用前后效果，如图 8.285 所示。

图 8.285 应用 HDR 高光压缩的前后效果及参数设置

该特效的各项参数含义如下。
- [数量]：设置压缩比例。

第9章
跟踪运动与运动稳定

内容摘要

在影视特技的制作过程中，以及在背景抠像的后期制作中，要经常用到跟踪与稳定技术。本章主要讲解摇摆器和动态草图的使用，跟踪运动与稳定的使用。

教学目标

→ 学习摇摆器的使用方法
→ 学习动态草图的使用
→ 掌握跟踪运动和运动稳定的使用方法和技巧

9.1 摇摆器

[摇摆器]可以在现有关键帧的基础上，自动创建随机关键帧，并产生随机的差值，使属性产生偏差并制作成动画效果，这样可以通过摇摆器来控制关键帧的数量，还可以控制关键帧间的平滑效果及方向，是制作随机动画的理想工具。

执行菜单栏中的[窗口]|[摇摆器]命令，打开[摇摆器]面板，如图9.1所示。

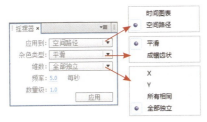

图9.1 [摇摆器]面板及说明

[摇摆器]面板中各选项的使用说明如下。

- 在[应用到]右侧的下拉菜单中，有两个选项命令供选择：[空间路径]表示关键帧动画随空间变化；[时间图表]表示关键帧动画随时间进行变化。
- 在[杂色类型]右侧的下拉菜单中，也有两个选项命令供选择：[平滑]表示关键帧动画间将产生平缓的变化过程；[成锯齿状]表示关键帧动画间将产生大幅度的变化。
- 在[维数]右侧的下拉菜单中有4个选项命令供选择：[X]表示动画产生在水平位置，即X轴向上；[Y]表示动画产生在垂直位置，即Y轴向上；[所有相同]表示在每个维数上产生相同的变化，可以看到动画在相同轴向上有相同变化效果；[全部独立]表示在每个维数上产生不同的变化，可以看到动画在相同轴向上产生杂乱的变化效果。
- [频率]：表示系统每秒增加多少个关键帧，数值越大，产生的关键帧越多，变化也越大。
- [数量级]：表示动画变化幅度的大小，值越大，变化的幅度也越大。

实战 9-1 制作随机动画

通过上面的讲解，认识了[摇摆器]应用的基础知识。下面通过实例，来讲解摇摆器的应用，并利用摇摆器制作随机的动画。通过制作动画，学习关键帧的创建及选择，掌握摇摆器的应用。

Step 1 首先创建合成。执行菜单栏中的[合成]|[新建合成]命令，打开[合成设置]对话框，参数设置如图9.2所示。

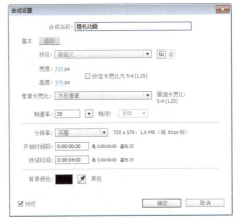

图9.2 [合成设置]对话框

Step 2 导入素材。执行菜单栏中的[文件]|[导入]|[文件]命令，打开[导入文件]对话框，选择配套光盘中的"工程文件\第9章\随机动画\背景.jpg"文件，然后将其添加到时间线中，如图9.3所示。

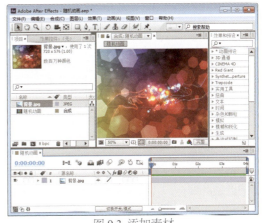

图9.3 添加素材

Step 3 使用Ctrl+Y组合键创建纯色层，纯色层名称为"黑色固态层"，大小设置为1280×1024，如图9.4所示。

图 9.4 固态层的创建

4 Step 单击工具栏中的 [椭圆工具] ○,然后在 [合成] 窗口的中间位置,绘制一个圆形蒙版,为了更好地看到绘制效果,如图 9.5 所示。

图 9.5 绘制圆形蒙版区域

5 Step 在时间线面板中,选择"黑色固态层",按 M 键两次,展开蒙版属性,调整叠加模式为 [相减],[蒙版羽化] 为(50,50),[蒙版不透明度] 为 80%,如图 9.6 所示。

图 9.6 设置蒙版属性

· 经验分享 ·

关于蒙版的颜色

After Effects 的 [蒙版] 路径默认颜色是黄色,如果要修改这个颜色,可以在时间线面板中,单击 [蒙版] 名称左侧的颜色块,打开 [蒙版颜色] 对话框来修改需要的颜色。

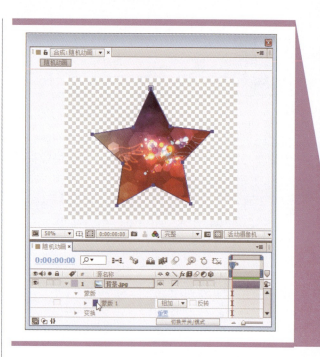

6 Step 将时间调整到开始位置,即 00:00:00:00 帧位置,在时间线面板中,选择"黑色固态层",按 P 键打开 [位置] 属性,单击 [位置] 属性左侧的码表 ⏱ 按钮,如图 9.7 所示。

图 9.7 00:00:00:00 帧处添加关键帧

7 Step 将时间调整到结束位置,即 00:00:03:24 帧位置,在时间线面板中,单击 [位置] 属性 [在当前时间添加或移除关键帧] ▲ 按钮,添加一个关键帧,如图 9.8 所示。

图 9.8 00:00:03:24 帧处添加关键帧

8 Step 下面来制作位置随机移动动画。在 [位置] 名称处单击,或辅助 Shift 键,选择 [位置] 属性中的两个关键帧,如图 9.9 所示。

图 9.9 选择关键帧

9 执行菜单栏中的 [窗口]|[摇摆器] 命令，
Step 打开 [摇摆器] 面板，在 [应用到] 右侧的
下拉菜单中选择 [空间路径] 命令；在 [杂色类型]
右侧的下拉菜单中选择 [平滑] 命令；在 [维数]
右侧的下拉菜单中选择 [全部独立]，表示动画在
水平、垂直位置产生不同的动画效果；并设置 [频
率] 的值为 5，[数量级] 的值为 100，如图 9.10
所示。

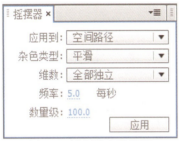

图 9.10 摇摆器参数设置

10 设置完成后，单击 [应用] 按钮，在选择的
Step 两个关键帧中，将自动建立关键帧，以产生
摇摆动画的效果，如图 9.11 所示。

图 9.11 使用摇摆器后的效果

11 这样，就完成了随机动画的制作，按空格键
Step 或小键盘上的 0 键，可以预览动画的效果，
其中的几帧画面如图 9.12 所示。

图 9.12 动画预览效果

9.2 动态草图

运用动态草图命令，可以以绘图的形式随意
地绘制运动路径，并根据绘制的轨迹自动创建关
键帧，制作出运动动画效果。

执行菜单栏中的 [窗口]|[动态草图] 命令，
打开 [动态草图] 面板，如图 9.13 所示。

图 9.13 动态草图面板及说明

在 [动态草图] 面板中，各选项的使用说明如
下。

- [捕捉速度为]：通过百分比参数，设置捕捉的
  速度，值越大，捕捉的动画越快，速度也越快。
- [显示]：用来设置捕捉时，图像的显示情况。
  [线框] 表示在捕捉时,图像以线框的形式显示,
  只显示图像的边缘框架，以更好地控制动画的
  线路；[背景] 表示在捕捉时，合成预览时显
  示下一层的图像效果，如果不选择该项，将显
  示黑色的背景。
- [开始] 和 [持续时间]：[开始] 表示当前时间
  滑块所在的位置，也是捕捉动画开始的位置；
  [持续时间] 表示当前合成文件的持续时间。
- [开始捕捉]：单击该按钮，鼠标将变成十字形，
  在合成窗口中，单击拖动，可以开始制作采集
  动画。

实战 9-2 利用动态草图制作彩蝶飞舞

通过上面的讲解，认识了 [动态草图] 应用的
基础知识，下面通过实例，来讲解 [动态草图] 的
应用，并利用 [动态草图] 制作彩蝶飞舞动画。通
过制作动画，学习关键帧的创建及选择，关键帧

的平滑处理，动态草图图像的方向控制方法，掌握动态草图命令的使用技巧。

1 打开工程文件。执行菜单栏中的 [文件][打
Step 开项目] 命令，弹出【打开】对话框，选择配套光盘中的"工程文件\第 9 章\彩蝶飞舞\彩蝶飞舞练习 .aep"文件。

 Tips

该工程文件为一个蝴蝶的动画合成文件，蝴蝶只有一个展翅飞翔的过程，没有位置的运动效果。

2 创建合成。执行菜单栏中的 [合成] [新建
Step 合成] 命令，打开 [合成设置] 对话框，参数设置如图 9.14 所示。

图 9.14 [合成设置] 对话框

3 导入素材。执行菜单栏中的 [文件][导入]
Step [文件] 命令，或按 Ctrl+I 组合键，打开 [导入文件] 对话框，选择配套光盘中的"工程文件\第 9 章\彩蝶飞舞\花背景 .jpg"文件，然后将"花背景"和"蝴蝶"合成两个文件添加到时间线窗口中，如图 9.15 所示。

图 9.15 添加素材

4 执行菜单栏中的 [窗口][动态草图] 命令，
Step 打开 [动态草图] 面板，设置 [捕捉速度] 为 100%，[显示] 为 [线框]，如图 9.16 所示。

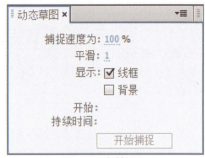

图 9.16 参数设置

5 将时间调整到 00:00:00:00 帧的位置，选择
Step 蝴蝶层，单击 [动态草图] 面板中的 [开始捕捉] 按钮，从 [合成] 窗口左下角按住鼠标拖动，绘制一个曲线路径，如图 9.17 所示。

图 9.17 绘制路径

· 经验分享 ·

绘制时的技巧

在鼠标拖动绘制时，从时间线面板中，可以看到时间滑块随拖动在向前移动，并可以在[合成]窗口预览绘制的路径效果。拖动鼠标的速度，直接影响动画的速度，拖动得越快，产生的动画速度也越快；拖动得越慢，产生动画的速度也越慢。如果想使动画与合成的持续时间相同，就要注意拖动的速度与时间滑块的运动过程。

6 拖动完成后，按空格键或小键盘上的 0 键，
Step 可以预览动画的效果，其中的几帧画面如图 9.18 所示。

图 9.18 彩蝶飞舞动画效果

Step 7 从动画预览中可以看出,当前蝴蝶的运动效果并不理想,好像有些横向运动,而且蝴蝶的朝向并不是随路径变化的,而是一直保持一个方向,下面来修改这些不理想的地方。

Step 8 修改蝴蝶的跟随效果。选择蝴蝶层,然后执行菜单栏中的[图层]|[变换]|[自动定向]命令,打开[自动方向]对话框,勾选[沿路径定向]单选框,如图9.19所示。

图 9.19 [自动方向]对话框

· 经验分享 ·

自定向的使用

在[自动方向]对话框中,如果选择[关]单选框,利用动态草图制作出的动画,将不跟随路径旋转;如果选择[沿路径定向]单选框,运动图像将根据路径的曲线效果,自动跟随路径运动。

Step 9 按空格键或小键盘上的0键,预览动画的效果,发现蝴蝶已经跟随路径运动了,但朝向还有些问题,展开蝴蝶列表选项,修改蝴蝶的[旋转]角度,以适合路径转向效果,如图9.20所示。

图 9.20 修改旋转角度

 Tips

根据拖动曲线的不同,蝴蝶的旋转角度修改也不同,读者可以根据自己绘制的曲线来确定蝴蝶旋转角度的修改。

Step 10 为了减少动画的复杂程度,下面来修改动画的关键帧数量。在时间线面板中,选择蝴蝶[位置]属性上的所有关键帧,执行菜单栏中的[窗口]|[平滑器]命令,打开[平滑器]面板,设置[容差]的值为6,如图9.21所示。

图 9.21 [平滑器]面板

Step 11 设置好容差后,单击[应用]按钮,可以从展开的蝴蝶列表选项中看到关键帧的变化效果,从合成窗口中,也可以看出曲线的变化效果,如图9.22所示。

图 9.22 修改平滑后的效果

Step 12 这样,就完成了"彩蝶飞舞"动画的制作,按空格键或小键盘上的0键,可以预览动画的效果,其中的几帧画面如图9.23所示。

图 9.23 彩虹飞舞动画中的几帧画面效果

9.3 跟踪运动与运动稳定

跟踪运动是根据对指定区域进行运动的跟踪分析,并自动创建关键帧,将跟踪的结果应用到其他层或效果上,制作出动画效果。比如让燃烧的"汽车"跟随运动的球体,给天空中的飞机吊上一个物体并随飞机飞行,给翻动镜框加上照片效果。不过,跟踪只对运动的影片进行跟踪,不会对单帧静止的图像实行跟踪。

运动稳定是对前期拍摄的影片进行画面稳定的处理，用来消除前期拍摄过程中出现的画面抖动问题，使画面变平稳。

跟踪运动和运动稳定在影视后期处理中应用相当广泛。不过，一般在前期的拍摄中，摄像师就要注意拍摄时跟踪点的设置，设置合适的跟踪点，可以使后期的跟踪动画制作更加容易。

9.3.1 [跟踪器]面板

After Effects 对跟踪运动和运动稳定设置，主要在[跟踪器]面板中进行，对动画进行跟踪运动和运动稳定的方法有以下 2 种。

- 方法 1：在时间线面板中选择要跟踪的层，然后执行菜单栏中的[动画] | [跟踪运动]或[变形稳定器 VFX]命令，即可对该层运用跟踪。
- 方法 2：在时间线面板中选择要跟踪的层，单击[跟踪器]面板中的[跟踪运动]或[稳定运动]按钮，即可对该层运用跟踪。

当对某层启用跟踪命令后，就可以在[跟踪器]面板中设置相关的跟踪参数，[跟踪器]面板如图 9.24 所示。

图 9.24 [跟踪器]面板

[跟踪器]面板中的参数含义如下。

- [跟踪摄像机]按钮：可以对选定的层运用摄像机跟踪效果。
- [变形稳定器]按钮：可以对选定的层运用平衡校正效果。
- [跟踪运动]按钮：可以对选定的层运用跟踪运动效果。
- [稳定运动]按钮：可以对选定的层运用运动稳定效果。
- [运动源]：可以从右侧的下拉菜单中，选择要跟踪的层。
- [当前跟踪]：当有多个跟踪器时，从右侧的下拉菜单中，选择当前使用的跟踪器。
- [跟踪类型]：从右侧的下拉菜单中，选择跟踪器的类型。包括[稳定]对画面稳定进行跟踪；[变换]对位置、旋转和缩放进行跟踪；[平行边角定位]对平面中的倾斜和旋转进行跟踪，但无法跟踪透视，只需要有 3 个点即可进行跟踪；[透视边角定位]对图像进行透视跟踪；[原始]对位移进行跟踪，但是其跟踪计算结果只能保存在原图像属性中，在表达式中可以调用这些跟踪数据。
- [位置]：使用位置跟踪。
- [旋转]：使用旋转跟踪。
- [缩放]：使用缩放跟踪。
- [编辑目标]按钮：打开[运动目标]对话框，如图 9.25 所示，可以指定跟踪传递的目标。

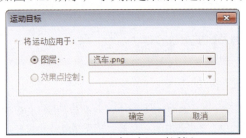

图 9.25 [运动目标]对话框

- [选项]按钮：打开[动态跟踪器选项]对话框，对跟踪器进行更详细的设置，如图 9.26 所示。

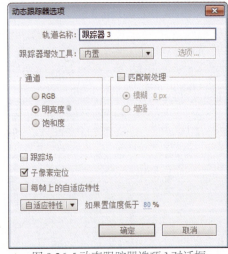

图 9.26 [动态跟踪器选项]对话框

如果跟踪精度低于指定的运动百分比，在自适应区域选项里面有 4 种处理方式：[继续跟踪]、[停止跟踪]、[预测运动]和[自适应特性]。

- [分析]：用来分析跟踪。包括◀┃[向后分析一个帧]、◀[向后分析]、▶[向前分析]、┃▶[向前分析一个帧]。
- [重置]按钮：如果对跟踪不满意，单击该按钮，可以将跟踪结果清除，还原为初始状态。
- [应用]按钮：如果对跟踪满意，单击该按钮，应用跟踪结果。

9.3.2 跟踪范围框

当对图像应用跟踪命令时，将打开该素材层的层窗口，并在素材上出现一个由两个方框和一个十字形标记点组成的跟踪对象，这就是跟踪范围框，该框的外方框为搜索区域，里面的方框为特征区域，十字形标记点为跟踪点，如图 9.27 所示。

图 9.27 跟踪范围框

- 搜索区域：定义下一帧的跟踪范围。搜索区域的大小与要跟踪目标的运动速度有关，跟踪目标的运动速度越快，搜索区域就应该越大。
- 特征区域：定义跟踪目标的特征范围。After Effects 记录当前特征区域内的亮度、色相、形状等特征，在后续关键帧中以这些特征进行匹配跟踪。一般情况下，在前期拍摄时都会注意跟踪点的设置。
- 跟踪点：在图像中显示为一个十字形，此点为关键帧生成点，是跟踪范围框与其他层之间的链接点。

· 经验分享 ·

跟踪范围框光标的不同变化

在使用【选择工具】时，将光标放在跟踪范围框内的不同位置，将显示不同的效果。显示的不同，操作时对范围框的改变也不同：表示可以移动整个跟踪范围框；表示可以移动搜索区域；表示可以移动跟踪点的位置；表示可以移动特征区域和搜索区域；表示可以拖动改变方框的大小或形状。

实战 9-3 位移跟踪动画

下面制作一个"汽车"跟踪动画，让其跟踪一个驾车的圣诞老人做位移跟踪。通过本实例的制作，学习位移跟踪的设置方法，学习蒙版的应用及设置。具体的操作步骤如下。

Step 1 执行菜单栏中的 [文件]|[打开项目] 命令，弹出"打开"对话框，选择配套光盘中的"工程文件\第 9 章\位移跟踪动画\位移跟踪动画练习 .aep"文件，如图 9.28 所示。

图 9.28 位移跟踪动画练习文件

Step 2 为"位移跟踪层"添加跟踪运动。在时间线面板中，将时间调整到 00:00:00:00 帧的位置，单击选择"圣诞夜 .mov"层，然后执行菜单栏中的 [动画]|[跟踪运动] 命令，为"圣诞夜 .mov"层添加跟踪运动。设置 [运动源] 为"圣诞夜 .mov"，参数设置如图 9.29 所示。

Step 3 在 [合成] 窗口中移动跟踪范围框，并调整搜索区域和特征区域的位置，如图 9.30 所示。

图 9.29 参数设置

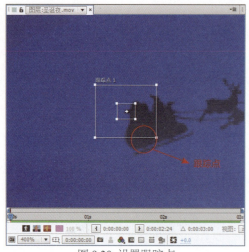

图 9.30 设置跟踪点

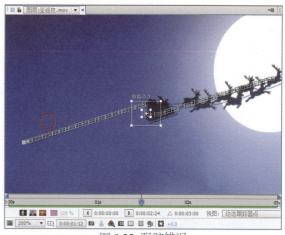

图 9.32 跟踪错误

Step 4 调整好搜索区域和特征区域的位置后，单击 [分析] 右侧的 [向前分析] 按钮 ▶，进行跟踪，如图 9.31 所示。

Step 7 重新调整跟踪范围框的位置和大小，然后单击 [分析] 右侧的 ▶ [向前分析] 按钮，对跟踪进行再次分析，修改错误后，再次拖动时间滑块，可以看到跟踪已经达到满意效果，如图 9.33 所示。

图 9.31 调整跟踪范围框的位置

Step 5 对跟踪进行分析，分析完成后，可以通过拖动时间滑块来查看跟踪的效果，如果在某些位置跟踪出现错误，可以将时间滑块拖动到错误的位置，再次调整跟踪范围框的位置及大小，然后单击 [分析] 右侧的 [向前分析] 按钮 ▶，对跟踪进行再次分析，直到合适为止。

Step 6 修改跟踪错误。本实例在跟踪过程中，当动画播放到 00:00:01:12 帧位置时，跟踪出现了明显的错误，如图 9.32 所示。

图 9.33 修改跟踪错误

Step 8 跟踪完成后，单击 [跟踪器] 面板中的 [编辑目标] 按钮，选择需要添加跟踪结果的图层，如图 9.34 所示。

图 9.34 跟踪错误

Step 9 添加完目标后，单击 [跟踪器] 面板中的 [应用] 按钮，应用跟踪结果，这时将打开 [动

· 经验分享 ·

跟踪错误说明

由于读者前期跟踪范围框的设置不一定与作者相同，所以错误出现的位置可能不同，但修改的方法是一样的，只需要拖动到错误的位置，修改跟踪范围框，然后再次分析即可，如果分析后还有错误，可以多次分析，直到满意为止。

态跟踪器应用选项] 对话框，如图 9.35 所示，直接单击 [确定] 按钮即可。效果如图 9.36 所示。

图 9.35 设置轴向

图 9.36 画面效果

图 9.38 位移跟踪动画中的几帧画面效果

10 修改 "汽车" 的位置及角度。从 [合成] 窗口中可以看到，"汽车" 的位置及角度并不是想象的那样，下面就来修改它的位置和角度，在时间线面板中，首先展开 "汽车" 层 [变换] 参数列表，先在空白位置单击，取消所有关键帧的选择，将时间调整到 00:00:00:00 帧位置，然后点击键盘 S 键，修改 [缩放] 值为 (35，35)，然后单击，打开 [旋转] 属性，修改 [旋转] 参数，将其与路线匹配，如图 9.37 所示。

实战 9-4 旋转跟踪动画

下面制作一个标志跟踪动画，让其跟踪一个镜头做旋转跟踪，通过本实例的制作，学习旋转跟踪的设置方法，具体的操作步骤如下。

1 打开工程文件。执行菜单栏中的 [文件]|[打开项目] 命令，弹出【打开】对话框，选择配套光盘中的 "工程文件\第 9 章\旋转跟踪\旋转跟踪动画练习.aep" 文件，如图 9.39 所示。

图 9.37 添加效果

图 9.39 旋转跟踪动画练习文件

2 为 "旋转跟踪" 层添加跟踪运动。在时间线面板中，单击选择 "旋转跟踪" 层，然后单击 [跟踪器] 面板中的 [跟踪运动] 按钮，为 "旋转跟踪" 层添加跟踪运动。勾选 [旋转] 复选框，参数设置如图 9.40 所示。

· 经验分享 ·

参数修改时的注意事项

如果修改 [位置] 参数，注意要先单击 [位置] 项，确认选择所有关键帧，才可以修改位置参数。要使用在参数上直接拖动修改的方法修改参数，不要使用直接输入数值的方法，以免出现错误。

图 9.40 参数设置

11 这样，就完成了位移跟踪动画的制作，按空格键或小键盘上的 0 键，可以预览动画的效果，其中的几帧画面如图 9.38 所示。

3 按 Home 键，将时间调整到 00:00:00:00 帧位置，然后在 [合成] 窗口中，调整 [跟踪点 1] 和 [跟踪点 2] 的位置，并调整搜索区域和特征区域的位置，如图 9.41 所示。

图 9.43 [运动目标] 对话框

6 设置完成后，单击 [确定] 按钮，完成跟踪目标的指定，然后单击 [跟踪器] 面板中的 [应用] 按钮，应用跟踪结果，这时将打开 [动态跟踪器应用选项] 对话框，如图 9.44 所示，直接单击 [确定] 按钮即可，画面如图 9.45 所示。

图 9.41 跟踪点

4 在 [跟踪器] 面板中，单击 [分析] 右侧的 [向前分析] 按钮 ▶，对跟踪进行分析，分析完成后，可以通过拖动时间滑块来查看跟踪的效果，如果在某些位置跟踪出现错误，可以将时间滑块拖动到错误的位置，再次调整跟踪范围框的位置及大小，然后单击 [分析] 右侧的 [向前分析] 按钮 ▶，对跟踪进行再次分析，直到合适为止。分析后，在 [合成] 窗口中可以看到产生了很多的关键帧，如图 9.42 所示。

图 9.44 设置轴向　　图 9.45 画面效果

7 修改文字的角度。从 [合成] 窗口中可以看到，文字的角度不太理想，在时间线面板中，首选展开 "标志.psd" 层 [变换] 参数列表，先在空白位置单击，取消所有关键帧的选择，将时间调整到 00:00:00:00 帧位置，先修改 [旋转]，将标志摆正，再修改 [锚点]，将 [锚点] 的值改为 (-10，160)，如图 9.46 所示。

图 9.46 参数设置

图 9.42 关键帧效果

5 拖动时间滑块，可以看到跟踪已经达到满意效果，这时可以单击 [跟踪器] 面板中的 [编辑目标] 按钮，打开 [运动目标] 对话框，设置跟踪目标层为 "标志.psd"，如图 9.43 所示。

· 经验分享 ·

修改参数时的注意事项

在应用完跟踪命令后，在时间线面板中，展开参数列表时，跟踪关键帧处于选中状态，此时不能直接修改参数，因为这样会造成所有选择关键帧的联动作用，使动画产生错乱。这时，可以先在空白位置单击鼠标，取消所有关键帧的选择，再单独修改某个参数即可。

8 这样，就完成了旋转跟踪动画的制作，按空
Step 格键或小键盘上的 0 键，可以预览动画的效
果，其中的几帧画面如图 9.47 所示。

图 9.47 旋转跟踪动画效果

实战 9-5 透视跟踪动画

下面制作一个照片透视跟踪动画，让其跟踪一个手机屏幕做透视跟踪。通过本实例的制作，学习透视跟踪的设置方法，具体的操作步骤如下。

1 打开工程文件。执行菜单栏中的 [文件]|[打
Step 开项目] 命令，弹出【打开】对话框，选择配套光盘中的 "工程文件 \ 第 9 章 \ 透视跟踪 \ 透视跟踪练习 .aep" 文件，如图 9.48 所示。

图 9.48 透视跟踪动画练习文件

2 为 "透视跟踪 .mp4" 层添加跟踪运动。在
Step 时间线面板中，单击选择 "透视跟踪 .mp4" 层，然后单击 [跟踪器] 面板中的【跟踪运动】按钮，为 "透视跟踪 .mp4" 层添加跟踪运动。在【跟踪类型】下拉菜单中，选择 [透视边角定位] 选项，对图像进行透视跟踪，如图 9.49 所示。

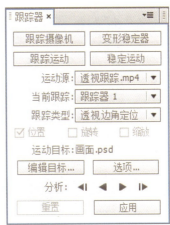

图 9.49 参数设置

3 按 Home 键，将时间调整到 00:00:00:00 帧
Step 位置，然后在 [合成] 窗口中，分别移动 [跟踪点 1]、[跟踪点 2]、[跟踪点 3]、[跟踪点 4] 的跟踪范围框到镜框 4 个角的位置，并调整搜索区域和特征区域的位置，如图 9.50 所示。

图 9.50 移动跟踪范围框

4 在 [跟踪器] 面板中，单击 [分析] 右侧的 [向
Step 前分析] 按钮 ▶，对跟踪进行分析，分析完成后，可以通过拖动时间滑块来查看跟踪的效果，如果在某些位置跟踪出现错误，可以将时间滑块拖动到错误的位置，再次调整跟踪范围框的位置及大小，然后单击 [分析] 右侧的 [向前分析] 按钮 ▶，对跟踪进行再次分析，直到合适为止。分析后，在 [合成] 窗口中可以看到产生了很多关键帧，如图 9.51 所示。

223

图 9.51 关键帧效果

果，其中的几帧画面如图 9.54 所示。

图 9.54 透视跟踪动画中的几帧画面效果

5 Step　拖动时间滑块，可以看到跟踪已经达到满意效果，这时可以单击 [跟踪器] 面板中的 [编辑目标] 按钮，打开 [运动目标] 对话框，设置跟踪目标层为"画面.psd"，如图 9.52 所示。

实战 9-6 稳定动画效果

本例主要讲解利用 [变形稳定器 VFX] 特效稳定动画画面的方法，掌握 [变形稳定器 VFX] 特效的使用技巧。

1 Step　执行菜单栏中的 [文件][打开项目] 命令，选择配套光盘中的"工程文件\第 9 章\稳定动画\稳定动画练习.aep"文件，将"稳定动画练习.aep"文件打开。

图 9.52 [运动目标] 对话框

6 Step　设置完成后，单击 [确定] 按钮，完成跟踪目标的指定，然后单击 [跟踪器] 面板中的 [应用] 按钮。

7 Step　这时，从时间线面板中，可以看到由于跟踪而自动创建的关键帧效果，如图 9.53 所示。

2 Step　为"视频素材.avi"层添加 [变形稳定器 VFX] 特效。在 [效果和预设] 面板中展开 [扭曲] 特效组，然后双击 [变形稳定器 VFX] 特效，合成窗口效果如图 9.55 所示。

图 9.55 添加特效后的效果

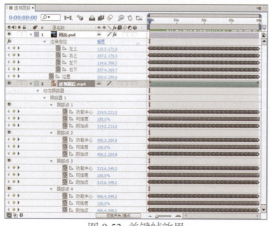

图 9.53 关键帧效果

8 Step　这样，就完成了透视跟踪动画的制作，按空格键或小键盘上的 0 键，可以预览动画的效

3 Step　在 [效果控件] 面板中，可以看到 [变形稳定器 VFX] 特效的参数，系统会自动进行稳定计算，如图 9.56 所示，计算完成后的合成窗口

效果，如图9.57所示。

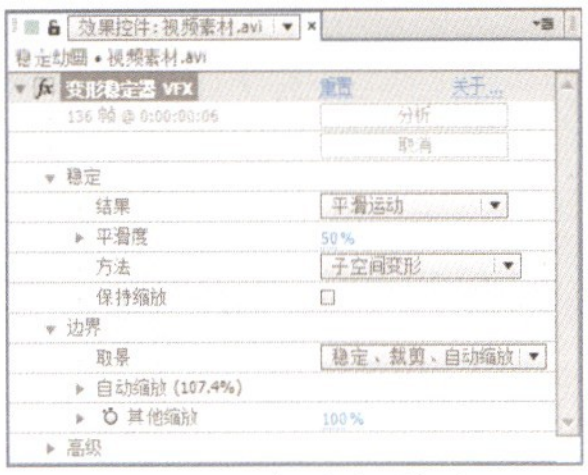

图9.56 自动解算中　　图9.57 解算后稳定处理

Step 4 这样就完成了稳定动画效果的整体制作，按小键盘上的0键，即可在合成窗口中预览动画。完成的动画流程画面，如图9.58所示。

图9.58 动画流程画面

第10章
视频的渲染及输出

内容摘要

在影视动画的制作过程中,渲染是经常要用到的。一部制作完成的动画,要按照需要的格式渲染输出,制作成电影成品。渲染及输出的时间长度与影片的长度、内容的复杂、画面的大小等方面有关,不同的影片输出有时需要的时间相差很大。本章讲解影片的渲染和输出的相关设置。

教学目标

➔ 了解视频压缩的类别和方式
➔ 了解常见图像格式和音频格式的含义
➔ 学习渲染队列窗口的参数含义及使用
➔ 学习渲染模板和输出模块的创建
➔ 掌握常见动画及图像格式的输出

10.1 数字视频压缩

10.1.1 压缩的类别

视频压缩是视频输出工作中不可缺少的一部分，由于计算机硬件和网络传输速率的限制，在存储或传输视频时会出现文件过大的情况，为了避免这种情况，在输出文件的时候就会选择合适的方式对文件进行压缩，这样才能很好地解决传输和存储时出现的问题。压缩就是将视频文件的数据信息通过特殊的方式进行重组或删除，来达到减小文件大小的过程。

- 软件压缩：通过电脑安装的压缩软件来压缩，这是使用较为普遍的一种压缩方式。
- 硬件压缩：通过安装一些配套的硬件压缩卡来完成，它具有比软件压缩更高的效率，但成本较高。
- 有损压缩：在压缩的过程中，为了达到更小的空间，将素材进行了压缩，丢失一部分数据或是画面色彩，达到压缩的目的。这种方式可以更小地压缩文件，但会牺牲更多的文件信息。
- 无损压缩：与有损压缩相反，在压缩过程中，不会丢失数据，但一般压缩的程度较小。

10.1.2 压缩的方式

压缩不是单纯地为了减少文件的大小，而是要在保证画面清晰的同时来达到压缩的目的，不能只管压缩而不计损失，要根据文件的类别来选择合适的压缩方式，这样才能更好地达到压缩的目的，常用的视频和音频压缩方式有以下几种。

- Microsoft Video 1

  针对模拟视频信号进行压缩，是一种有损压缩方式。支持 8 位或 16 位的影像深度，适用于 Windows 平台。

- IntelIndeo（R）Video R3.2

  这种方式适合制作在 CD-ROM 中播放的 24 位的数字电影，和 Microsoft Video 1 相比，它能得到更高的压缩比和质量，以及更快的回放速度。

- DivX MPEG-4 (Fast-Motion) 和 DivX MPEG-4 (Low-Motion)

  这两种压缩方式是 Premiere Pro 增加的算法，它们压缩基于 DivX 播放的视频文件。

- Cinepak Codec by Radius

  这种压缩方式可以压缩彩色或黑白图像。适合压缩 24 位的视频信号，制作用于 CD-ROM 播放或网上发布的文件。和其他压缩方式相比，利用它可以获得更高的压缩比和更快的回放速度，但压缩速度较慢，而且只适用于 Windows 平台。

- Microsoft RLE

  这种方式适合压缩具有大面积色块的影像素材，例如动画或计算机合成图像等。它使用 RLE(Spatial 8-bit run-length encoding) 方式进行压缩，是一种无损压缩方案。适用于 Windows 平台。

- Intel Indeo5.10

  这种方式适合于所有基于 MMX 技术或 Pentium II 以上处理器的计算机。它具有快速的压缩选项，并可以灵活设置关键帧，具有很好的回访效果。适用于 Windows 平台，作品适于网上发布。

- MPEG

  在非线性编辑中最常用的是 MJPEG 算法，即 Motion JPEG。它将视频信号 50 场 / 秒 (PAL 制式) 变为 25 帧 / 秒，然后按照 25 帧 / 秒的速度使用 JPEG 算法对每一帧压缩。通常压缩倍数在 3.5～5 倍时可以达到 Betacam 的图像质量。MPEG 算法是适用于动态视频的压缩算法，它除了对单幅图像进行编码外，还利用图像序列中的相关原则，将冗余去掉，这样可以大大提高视频的压缩比。目前 MPEG-I 用于 VCD 节目中，MPEG-II 用于 VOD、DVD 节目中。

其他还有较多方式，比如：Planar RGB、Cinepak、Graphics、Motion JPEG A 和 Motion JPEG B、DV NTSC 和 DV PAL、Sorenson、Photo-JPEG、H.263、Animation、None 等。

10.2 图像格式

图像格式是指计算机表示、存储图像信息的格式。常用的格式有十多种。同一幅图像可以使用不同的格式来存储，不同的格式之间所包含的图像信息并不完全相同，文件大小也有很大的差别。用户在使用时可以根据自己的需要选用适当的格式。Premiere Pro 2.0 支持许多文件格式，下面介绍常见的几种。

 静态图像格式

1. PSD 格式

这是著名的 Adobe 公司的图像处理软件 Photoshop 的专用格式 Photoshop Document(PSD)。PSD 其实是 Photoshop 进行平面设计的一张"草稿图"，它里面包含有图层、通道、遮罩等多种设计的样稿，以便于下次打开时可以修改上一次的设计。在 Photoshop 支持的各种图像格式中，PSD 的存取速度比其他格式快很多，功能也很强大。由于 Photoshop 越来越广泛地被应用，所以我们有理由相信，这种格式也会逐步流行起来。

2. BMP 格式

它是标准的 Windows 及 OS/2 的图像文件格式，是英文 Bitmap（位图）的缩写，Microsoft 的 BMP 格式是专门为"画笔"和"画图"程序建立的。这种格式支持 1~24 位颜色深度，使用的颜色模式有 RGB、索引颜色、灰度和位图等，且与设备无关。但因为这种格式的特点是包含图像信息较丰富，几乎不对图像进行压缩，所以导致了它与生俱来的缺点占用磁盘空间过大。正因为如此，目前 BMP 在单机上比较流行。

3. GIF 格式

这种格式是由 CompuServe 提供的一种图像格式。由于 GIF 格式可以使用 LZW 方式进行压缩，所以它被广泛用于通信领域和 HTML 网页文档中。不过，这种格式只支持 8 位图像文件。当选用该格式保存文件时，会自动转换成索引颜色模式。

4. JPEG 格式

JPEG 是一种带压缩的文件格式。其压缩率是目前各种图像文件格式中最高的。但是，JPEG 在压缩时存在一定程度的失真，因此，在制作印刷制品的时候最好不要用这种格式。JPEG 格式支持 RGB、CMYK 和灰度颜色模式，但不支持 Alpha 通道。它主要用于图像预览和制作 HTML 网页。

5. TIFF

TIFF 是 Aldus 公司专门为苹果电脑设计的一种图像文件格式，可以跨平台操作。TIFF 格式的出现是为了便于应用软件之间进行图像数据的交换，其全名是 "Tagged Image File Format"（标志图像文件格式）。因此 TIFF 文件格式的应用非常广泛，可以在许多图像软件之间转换。TIFF 格式支持 RGB、CMYK、Lab、索引颜色、位图模式和灰度的色彩模式，并且在 RGB、CMYK 和灰度三种色彩模式中还支持使用 Alpha 通道。TIFF 格式独立于操作系统和文件，它对 PC 机和 Mac 机一视同仁，大多数扫描仪都输出 TIFF 格式的图像文件。

6. PCX

PCX 文件格式是由 Zsoft 公司在 20 世纪 80 年代初期设计的，当时专用于存储该公司开发的 PC Paintbrush 绘图软件所生成的图像画面数据，后来成为 MS–DOS 平台下常用的格式。在 DOS 系统时代，这一平台下的绘图、排版软件都用 PCX 格式。进入 Windows 操作系统后，现在它已经成为 PC 机上较为流行的图像文件格式。

 视频格式

1. AVI 格式

它是 Video for Windows 的视频文件的存储格式，播放的视频文件的分辨率不高，帧频率小于 25 帧/秒（PAL 制）或者 30 帧/秒（NTSC）。

2. MOV

MOV 原来是苹果公司开发的专用视频格式，后来移植到 PC 机上使用。和 AVI 一样属于网络上的视频格式之一，在 PC 机上没有 AVI 普及，因为播放它需要专门的软件 QuickTime。

3. RM

它属于网络实时播放软件，其压缩比较大，视频和声音都可以压缩进 RM 文件里，并可用 RealPlay 播放。

4. MPG

它是压缩视频的基本格式，如 VCD 碟片，其压缩方法是将视频信号分段取样，然后忽略相邻各帧不变的画面，而只记录变化了的内容，因此其压缩比很大。这可以从 VCD 和 CD 的容量看出来。

5. DV 文件

Premiere Pro 支持 DV 格式的视频文件。

10.2.3 音频的格式

1. MP3 格式

MP3 是现在非常流行的音频格式之一。它是将 WAV 文件以 MPEG2 的多媒体标准进行压缩，压缩后的体积只有原来的 1/10 甚至 1/15，而音质能基本保持不变。

2. WAV 格式

它是 Windows 记录声音所用的文件格式。

3. MP4 格式

它是在 MP3 基础上发展起来的，其压缩比高于 MP3。

4. MID 格式

这种文件又叫 MIDI 文件，它们的体积都很小，一首十多分钟的音乐只有几十 KB。

5. RA 格式

它的压缩比大于 MP3，而且音质较好，可用 RealPlay 播放 RA 文件。

10.3 渲染工作区的设置

制作完成一部影片，最终需要将其渲染，而有些渲染的影片并不一定是整个工作区的影片，有时只需要渲染出其中的一部分，这就需要设置渲染工作区。

渲染工作区位于时间线窗口中，由 [工作区域开头] 和 [工作区域结尾] 两点控制渲染区域，如图 10.1 所示。

图 10.1 渲染区域

10.3.1 手动调整渲染工作区

手动调整渲染工作区的操作方法很简单，只需要将开始和结束工作区的位置进行调整，就可以改变渲染工作区，具体操作如下。

Step 1 在时间线窗口中，将鼠标放在 [工作区域开头] 位置，当光标变成双箭头时按住鼠标左键向左或向右拖动，即可修改开始工作区的位置，操作方法如图 10.2 所示。

图 10.2 调整开始工作区

Step 2 同样的方法，将鼠标放在 [工作区域结尾] 位置，当光标变成双箭头时按住鼠标左键向左或向右拖动，即可修改结束工作区的位置，如图 10.3 所示。调整完成后，渲染工作区即被修改，这样在渲染时，就可以通过设置渲染工作区来渲染工作区内的动画。

图 10.3 调整结束工作区

· 经验分享 ·

手动调整工作区的吸附功能

手动调整开始和结束工作区时，要想精确地控制开始或结束工作区的时间帧位置，可以先将时间设置到需要的位置，即将时间滑块调整到相应的位置，然后在按住 Shift 键的同时拖动开始或结束工作区，可以以吸附的形式将其调整到时间滑块位置。

10.3.2 利用快捷键调整渲染工作区

除了前面讲过的利用手动调整渲染工作区的方法，还可以利用快捷键来调整渲染工具区，具体操作如下。

Step 1 在时间线窗口中，拖动时间滑块到需要的时间位置，确定开始工作区时间位置，然后按 B 键，即可将开始工作区调整到当前位置。

Step 2 在时间线窗口中，拖动时间滑块到需要的时间位置，确定结束工作区时间位置，然后按 N 键，即可将结束工作区调整到当前位置。

·经验分享·

快捷键调整工作区时的时间设置

在利用快捷键调整工作区时，要想精确地控制开始或结束工作区的时间帧位置，可以在时间编码位置单击，或按 Alt + Shift + J 组合键，打开[转到时间]对话框，在该对话框中输入相应的时间帧位置，然后再使用快捷键。

10.4 渲染队列窗口的启用

要进行影片的渲染，首先要启动渲染队列窗口，启动后的 [渲染队列] 窗口，如图 10.4 所示。可以通过两种方法来快速启动渲染队列窗口。

图 10.4 [渲染队列] 窗口

- 方法 1:在 [项目] 面板中，选择某个合成文件，按 Ctrl + M 组合键，即可启动渲染队列窗口。
- 方法 2:在 [项目] 面板中，选择某个合成文件，然后执行菜单栏中的 [合成]|[添加到渲染队列] 命令，或按 Ctrl + Shift + / 组合键，即可启动渲染队列窗口。

10.5 渲染队列窗口参数详解

在 After Effects 软件中，渲染影片主要应用渲染队列窗口，它是渲染输出的重要部分，通过它可以全面地进行渲染设置。

渲染队列窗口可细致分为 3 个部分，包括 [当前渲染]、[渲染组] 和 [所有渲染]。下面将详细讲述渲染队列窗口的参数含义。

10.5.1 当前渲染

[当前渲染] 区显示了当前渲染的影片信息，包括渲染的名称、用时、渲染进度等信息，如图 10.5 所示。

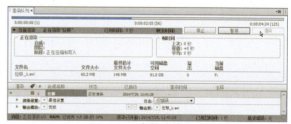

图 10.5 [当前渲染] 区

[当前渲染] 区的参数含义如下。

- 正在渲染"位移"：显示当前渲染的影片名称。
- [已用时间]：显示渲染影片已经使用的时间。
- [剩余时间]：显示渲染整个影片估计使用的时间长度。
- 0:00:00:00（1）：该时间码"0:00:00:00"部分表示影片从第 1 帧开始渲染；"（1）"部分表示 00 帧作为输出影片的开始帧。
- 0:00:02:05（56）：该时间码"0:00:02:05"部分表示影片已经渲染 2 秒 05 帧；"（56）"中的 56 表示影片正在渲染第 56 帧。
- 0:00:4:24（125）：该时间表示渲染整个影片所用的时间。
- [渲染] 按钮：单击该按钮，即可进行影片的渲染。
- [暂停] 按钮:在影片渲染过程中，单击该按钮，可以暂停渲染。
- [继续] 按钮：单击该按钮，可以继续渲染影片。

- [停止] 按钮：在影片渲染过程中，单击该按钮，将结束影片的渲染。

在渲染过程中，可以单击 [暂停] 按钮和 [继续] 按钮转换。

展开 [当前渲染] 左侧的灰色三角形按钮，会显示 [当前渲染] 的详细资料，包括正在渲染的合成名称、正在渲染的层、影片的大小、输出影片所在的磁盘位置等资料，如图 10.6 所示。

图 10.6 [当前渲染]

[当前渲染] 区的参数含义如下。

- [合成]：显示当前正在渲染的合成项目名称。
- [图层]：显示当前合成项目中，正在渲染的层。
- [阶段]：显示正在被渲染的内容，如特效、合成等。
- [上次]：显示最近几秒时间。
- [差值]：显示最近几秒时间中的差额。
- [平均]：显示时间的平均值。
- [文件名]：显示影片输出的名称及文件格式。如本例渲染的实例名称"掉落的文字 .avi"，其中，"掉落的文字"为文件名；".avi"为文件格式。
- [文件大小]：显示当前已经输出影片的文件大小。
- [最终估计文件大小]：显示估计完成影片的最终文件大小。
- [可用磁盘空间]：显示当前输出影片所在磁盘的剩余空间大小。
- [溢出]：显示溢出磁盘的大小。当最终文件大小大于磁盘剩余空间时，这里将显示溢出大小。
- [当前磁盘]：显示当前渲染影片所在的磁盘分区位置。

·经验分享·

快速跳转开始工作区和结束工作区

按 Shift + Home 组合键可以快速将时间调整到工作区域开头的时间位置；按 Shift + End 组合键可以快速将时间调整到工作区域结尾的时间位置。

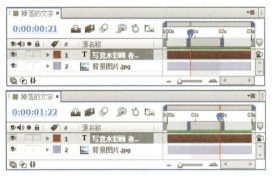

10.5.2 渲染组

渲染组显示了要进行渲染的合成列表，并显示了渲染的合成名称、状态、渲染时间等信息，并可通过参数修改渲染的相关设置，如图 10.7 所示。

图 10.7 渲染组

1. 渲染组合成项目的添加

要想进行多影片的渲染，就需要将影片添加到渲染组中，渲染组合成项目的添加有 3 种方法，具体的操作如下。

- 方法 1：在 [项目] 面板中，选择一个合成文件，然后按 Ctrl + M 组合键。
- 方法 2：在 [项目] 面板中，选择一个或多个合成文件，然后执行菜单栏中的 [合成]|[添加到渲染队列] 命令。

在 [项目] 面板中，选择一个或多个合成文件直接拖动到渲染组队列中，操作效果如图 10.8 所示。

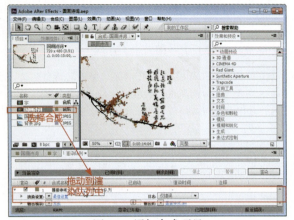

图 10.8 添加合成项目

2. 渲染组合成项目的删除

渲染组队列中，有些合成项目不再需要，此时就需要将该项目删除，合成项目的删除有两种方法。

- 方法 1：在渲染组中，选择一个或多个要删除的合成项目（这里可以使用 Shift 和 Ctrl 键来多选），然后执行菜单栏中的 [编辑]|[清除] 命令。
- 方法 2：在渲染组中，选择一个或多个要删除的合成项目，然后按 Delete 键。

3. 修改渲染顺序

如果有多个渲染合成项目，系统默认是从上向下依次渲染影片，如果想修改渲染的顺序，可以将影片进行位置的移动，移动方法如下。

（1）在渲染组中，选择一个或多个合成项目。

（2）按住鼠标左键拖动合成到需要的位置，当有一条粗黑的长线出现时，释放鼠标即可移动合成位置。操作方法如图 10.9 所示。

图 10.9 移动合成位置

4. 渲染组标题的参数含义

渲染组标题内容丰富，包括渲染、标签、序号、合成名称和状态等，对应的参数含义如下。

- [渲染]：设置影片是否参与渲染。在影片没有渲染前，每个合成的前面，都有一个 ☑ 复选框

标记，勾选该复选框 ☑，表示该影片参与渲染，在单击 [渲染] 按钮后，影片会按从上向下的顺序进行逐一渲染。如果某个影片没有勾选，则不进行渲染。

> ·经验分享·
>
> 🏷（标签）的修改
>
> 标签用来为影片设置不同的标签颜色，单击某个影片前面的土黄色方块 ■，将打开一个菜单，可以为标签选择不同的颜色。包括[红色]、[黄色]、[浅绿色]、[粉色]、[淡紫色]、[桃红色]、[海泡沫]、[蓝色]、[绿色]、[紫色]、[橙色]、[棕色]、[紫红色]、[青色]、[砂岩]和[深绿色]。

- #（序号）：对应渲染队列的排序，如 1、2 等。
- [合成名称]：显示渲染影片的合成名称。
- [状态]：显示影片的渲染状态。一般包括 5 种，[未加入队列]，表示渲染时忽略该合成，只有勾选其前面的 ☐ 复选框，才可以渲染；[用户已停止]，表示在渲染过程中单击 [停止] 按钮即停止渲染；[完成]，表示已经完成渲染；[正在渲染]，表示影片正在渲染中；[已加入队列]，表示勾选了合成前面的 ☑ 复选框，正在等待渲染的影片。
- [已启动]：显示影片渲染的开始时间。
- [渲染时间]：显示影片已经渲染的时间。

10.5.3 所有渲染

所有渲染区显示了当前渲染的影片信息，包

括队列的数量、内存使用量、渲染的时间和日志文件的位置等信息，如图10.10所示。

图10.10 所有渲染区

所有渲染区的参数含义如下。

- [消息]：显示渲染影片的任务及当前渲染的影片。如图中的"正在渲染 1/2"，表示当前渲染的任务影片有2个，正在渲染第1个影片。
- RAM（内存）：显示当前渲染影片的内存使用量。如图中"已使用 4.0GB 的 17%"，表示渲染影片 4GB 内存使用 17%。
- [渲染已开始]：显示开始渲染影片的时间。
- [已用总时间]：显示渲染影片已经使用的时间。
- [最近错误]：显示出现错误的次数。

10.6 设置渲染模板

在应用渲染队列渲染影片时，可以对渲染影片应用软件提供的渲染模板，这样可以更快捷地渲染出需要的影片效果。

10.6.1 更改渲染模板

在渲染组中，已经提供了几种常用的渲染模板，可以根据自己的需要，直接使用现有模板来渲染影片。

在渲染组中，展开合成文件，单击[渲染设置]右侧的 按钮，将打开渲染设置菜单，并在展开区域中，显示当前模板的相关设置，如图10.11所示。

图10.11 渲染菜单

· 经验分享 ·

根据层快速调整工作区

选择某个素材层，然后按Ctrl＋Alt＋B组合键，可以让工作区域开头和工作区域结尾自动适应到当前所选层的出点和入点。如果没有选择层，工作区将自动适应到[合成]的时间长度。

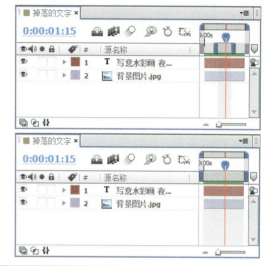

渲染菜单中，显示了几种常用的模板，通过移动鼠标并单击，可以选择需要的渲染模板，各模板的含义如下。

- [最佳设置]：以最好质量渲染当前影片。
- [当前设置]：使用在合成窗口中的参数设置。
- [DV设置]：以符合DV文件的设置渲染当前影片。
- [草图设置]：以草稿质量稿渲染影片，一般为了测试观察影片的最终效果时用。
- [多机设置]：可以在多机联合渲染时，各机分工协作进行渲染设置。
- [自定义]：自定义渲染设置。选择该项将打开[渲染设置]对话框。
- [创建模板]：用户可以制作自己的模板。选择该项，可以打开[渲染设置模板]对话框。
- [输出模块]：单击其右侧的 ▼ 按钮，将打开默认输出模块，可以选择不同的输出模块。如图10.12所示。
- [日志]：设置渲染影片的日志显示信息。
- [输出到]：设置输出影片的位置和名称。

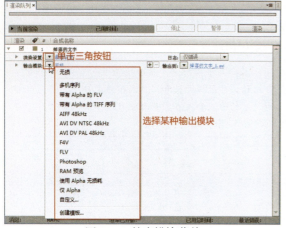

图 10.12 输出模块菜单

10.6.2 渲染设置

在渲染组中，单击 [渲染设置] 右侧的 ▼ 按钮，打开渲染设置菜单，然后选择 [自定义] 命令，或直接单击 ▼ 右侧的蓝色文字，将打开 [渲染设置] 对话框，如图 10.13 所示。

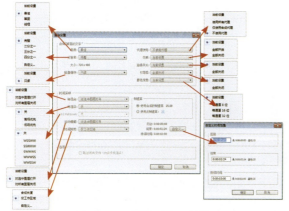

图 10.13 [渲染设置] 对话框

在 [渲染设置] 对话框中，参数的设置主要针对影片的质量、解析度、影片尺寸、磁盘缓存、音频特效、时间采样等方面，具体的含义如下。

- [品质]：设置影片的渲染质量。包括 [最佳]、[草图] 和 [线框]3 个选项。对应层中的 ![icon] 设置。
- [分辨率]：设置渲染影片的分辨率。包括 [完整]、[二分之一]、[三分之一]、[四分之一]、[自定义]5 个选项。
- [大小]：显示当前合成项目的尺寸大小。
- [磁盘缓存]：设置是否使用缓存设置，如果选择 [只读] 选项，表示采用缓存设置。[磁盘缓存]

可以通过选择"[编辑]|[首选项]|[内存和多重处理]"来设置。

- [代理使用]：设置影片渲染的代理。包括 [使用所有代理]、[仅使用合成代理]、[不使用代理]3 个选项。
- [效果]：设置渲染影片时是否关闭特效。包括 [全部开启]、[全部关闭]。对应层中的 [效果] ![fx] 设置。
- [独奏开关]：设置渲染影片时是否关闭独奏。选择 [全部关闭] 将关闭所有独奏。对应层中的 ![icon] 设置。
- [引导层]：设置渲染影片是否关闭所有辅助层。选择 [全部关闭] 将关闭所有辅助层。
- [颜色深度]：设置渲染影片的每一个通道颜色深度为多少位色彩深度。包括 [每通道 8 位]、[每通道 16 位]、[每通道 32 位]3 个选项。
- [帧融合]：设置帧融合开关。包括 [对选中图层打开] 和 [对所有图层关闭] 两个选项。对应层中的 ![icon] 设置。
- [场渲染]：设置渲染影片时，是否使用场渲染。包括 [关]、[高场优先]、[低场优先]3 个选项。如果渲染非交错场影片，选择 [关] 选项；如果渲染交错场影片，选择高场或低场优先渲染。
- 3:2 Pulldown（3:2 折叠）：设置 3:2 下拉的引导相位法。
- [运动模糊]：设置渲染影片运动模糊是否使用。包括 [对选中图层打开] 和 [对所有图层关闭] 两个选项。对应层中的 ![icon] 设置。
- [时间跨度]：设置有效的渲染片段。包括 [合成长度]、[仅工作区域] 和 [自定义]3 个选项。如果选择 [自定义] 选项，或单击右侧的 [算定义] 按钮，将打开 [自定义时间范围] 对话框，在该对话框中，可以设置渲染的时间范围。
- [使用合成的帧速率]：使用合成影片中的帧速率，即创建影片时设置的合成帧速率。
- [使用此帧速率]：可以在右侧的文本框中，输入一个新的帧速率，渲染影片将按这个新指定的帧速率进行渲染输出。
- [跳过现有文件]：在渲染影片时，只渲染丢失过的文件，不再渲染以前渲染过的文件。

· 经验分享 ·

渲染时的错误提示

使用模板或别人的工程文件时，在渲染的时候会出现错误提示。导致这种错误，是因为原有的工程里已经有了渲染任务，而它是在原有的电脑上建立的，换到另一台电脑上，软件找不到路径所以出现错误提示。解决方法很简单，就是把工程自带的渲染任务删除，只用你新建的渲染任务来输出，这样就好了。

10.6.3 创建渲染模板

现有模板往往不能满足用户的需要，这时，可以根据自己的需要来制作渲染模板，并将其保存起来，在以后的应用中，就可以直接调用了。

执行菜单栏中的 [编辑]|[模板]|[渲染设置]命令，或单击 [渲染设置] 右侧的 ▼ 按钮，打开渲染设置菜单，选择 [创建模板] 命令，打开 [渲染设置模板] 对话框，如图 10.14 所示。

图 10.14 [渲染设置模板] 对话框

在 [渲染设置模板] 对话框中，参数的设置主要针对影片的默认影片、默认帧、模板的名称、编辑、删除等方面，具体的含义如下。

- [影片默认值]：可以从右侧的下拉菜单中，选择一种默认的影片模板。
- [帧默认值]：可以从右侧的下拉菜单中，选择一种默认的帧模板。
- [预渲染默认值]：可以从右侧的下拉菜单中，选择一种默认的预览模板。
- [影片代理默认值]：可以从右侧的下拉菜单中，选择一种默认的影片代理模板。
- [静止代理默认值]：可以从右侧的下拉菜单中，选择一种默认的静态图片模板。
- [设置名称]：可以在右侧的文本框中，输入设置名称，也可以通过单击右侧的 ▼ 按钮，从打开的菜单中，选择一个名称。
- [新建] 按钮：单击该按钮，将打开 [渲染设置]对话框，创建一个新的模板并设置新模板的相关参数。
- [编辑] 按钮：通过 [设置名称] 选项，选择一个要修改的模板名称，然后单击该按钮，可以对当前的模板进行再修改操作。
- [复制] 按钮：单击该按钮，可以将当前选择的模板复制出一个副本。
- [删除] 按钮：单击该按钮，可以将当前选择的模板删除。
- [全部保存] 按钮：单击该按钮，可以将模板存储为一个后缀为 .ars 的文件，便于以后的使用。
- [加载] 按钮：将后缀为 .ars 的模板载入使用。

· 经验分享 ·

快速恢复渲染工作区

当工作区小于[合成]的时间长度时，如果想将工作区恢复到[合成]的时间长度，只需要在该渲染区域工作区长条上双击鼠标即可。

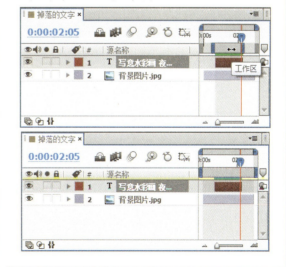

10.6.4 创建输出模块模板

执行菜单栏中的 [编辑][模板][输出模块]命令，或单击 [输出模块] 右侧的 ▼ 按钮，打开输出模块菜单，选择 [创建模板] 命令，打开 [输出模块模板] 对话框，如图 10.15 所示。

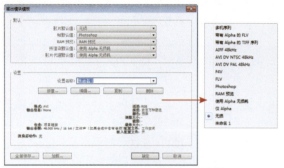

图 10.15 [输出模块模板] 对话框

在 [输出模块模板] 对话框中，参数的设置主要针对影片的默认影片、默认帧、模板的名称、编辑、删除等方面，具体的含义与模板的使用方法相同，这里只讲解几种格式的使用含义。

- [仅 Alpha]：只输出 Alpha 通道。
- [GIF 动画]：输出为 GIF 动画。这种动画就是网页上比较常见的 GIF 动画。
- [仅音频]：只输出音频信息。
- [无损]：输出的影片为无损压缩。
- [使用 Alpha 无损耗]：输出带有 Alpha 通道的无损压缩影片。
- [微软 32 位 NTSC 制 DV]：输出微软 32 千赫的 NTSC 制式 DV 影片。
- [微软 48 位 NTSC 制 DV]：输出微软 48 千赫的 NTSC 制式 DV 影片。
- [微软 32 位 PAL 制 DV]：输出微软 32 千赫的 PAL 制式 DV 影片。
- [微软 48 位 PAL 制 DV]：输出微软 48 千赫的 PAL 制式 DV 影片。
- [多机器联合序列]：在多机联合的情况下输出多机序列文件。
- [Photoshop]：输出 Photoshop 的 PSD 格式序列文件。
- [RAM 预览]：输出内存预览模板。
- [新建]、[编辑]：单击该按钮，将打开 [输出模块设置] 对话框，如图 10.16 所示。

图 10.16 [输出模块设置] 对话框

10.7 影片的输出

当一个视频或音频文件制作完成后，就要将最终的结果输出，以发布成最终作品，After Effects CC 提供了多种输出方式，通过不同的设置，快速输出需要的影片。

执行菜单栏中的 [文件][导出] 命令，将打开 [导出] 子菜单，从其子菜单中，选择需要的格式并进行设置，即可输出影片。其中几种常用的格式命令含义如下。

- Adobe Premiere Pro 项目：该项可以输出用于 Adobe Premiere Pro 软件打开并编辑的项目文件，这样，After Effects 与 Adobe Premiere Pro 之间便可以更好地转换使用。
- Adobe Flash Player（SWF）：输出 SWF 格式的 Flash 动画文件。
- 3G：输出支持 3G 手机的移动视频格式文件。
- AIFF：输出 AIFF 格式的音频文件，本格式不能输出图像。
- AVI：输出 Video for Windows 的视频文件，它播放的视频文件的分辨率不高，帧速率小于 25 帧 / 秒（PAL 制）或者 30 帧 / 秒（NTSC）。
- DV Stream：输出 DV 格式的视频文件。
- FLC：根据系统颜色设置来输出影片。
- MPEG-4：它是压缩视频的基本格式，如 VCD 碟片，其压缩方法是将视频信号分段取样，然后忽略相邻各帧不变的画面，而只记录变化了的内容，因此其压缩比很大。这可以从 VCD 和 CD 的容量看出来。

- QuickTime：输出 MOV 格式的视频文件，MOV 原来是苹果公司开发的专用视频格式，后来移植到 PC 机上使用。和 AVI 一样属于网络上的视频格式之一，在 PC 机上没有 AVI 普及，因为播放它需要专门的软件 QuickTime。
- Wav：输出 Wav 格式的音频文件，它是 Windows 记录声音所用的文件格式。
- 图片序列：将影片以单帧图片的形式输出，只能输出图像不能输出声音。

10.7.1 输出 SWF 格式文件

SWF 格式文件，在网页中是较常用的一种文件，一般由 Flash 软件制作，这里来讲解利用 After Effects 软件输出 SWF 格式动画的方法。

Step 1 确认选择要输出的合成项目。

Step 2 执行菜单栏中的 [文件]|[导出]|[Adobe Flash（SWF）] 命令，打开 [另存为] 对话框，如图 10.17 所示。

图 10.17 [另存为] 对话框

Step 3 在 [另存为] 对话框中，设置合适的文件名称及保存位置，然后单击 [保存] 按钮，打开 [SWF 设置] 对话框，如图 10.18 所示。

- [JPEG 品质]：设置 SWF 动画的质量。可以通过直接输入数值来修改图像质量，值越大，质量也就越好。还可以直接通过选项来设置图像质量，包括 [最低]、[中]、[高] 和 [最高]4 个选项。
- [功能不受支持]：该项是对 SWF 格式文件不支持的调整方式。[忽略]，表示忽略不支持的效果；[栅格化]，表示将不支持的效果栅格化，保留特效。

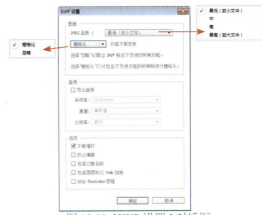

图 10.18 [SWF 设置] 对话框

- [音频]：该选项组主要设置对输出的 SWF 格式文件的音频质量。
- [不断循环]：勾选该复选框，可以将输出的 SWF 文件连续热循环播放。
- [防止编辑]：勾选该复选框，可以防止导入程序文件。
- [包含对象名称]：勾选该复选框，可以保留输出的对象名称。
- [包含图层标记 Web 链接]：勾选该复选框，将保留层中标记的网页链接信息，可以直接将文件输出到互联网上。
- [拼合 Illustrator 图稿]：如果合成项目中包括固态层或 Illustrator 素材，建议勾选该复选框。

Step 4 参数设置完成后，单击 [确定] 按钮，将打开 [正在导出] 对话框，表示影片正在输出中，输出完成后即完成 SWF 格式文件的输出。从输出的文件位置，可以看到 ".htm" 和 ".swf" 两个文件。

实战 10-1 将旋转动画输出成 SWF 格式文件

前面讲解了输出 SWF 格式的基础知识，下面通过实例将位移跟踪动画输出成 SWF 格式文件，操作方法如下。

Step 1 打开工程文件。执行菜单栏中的 [文件]|[打开项目] 命令，选择配套光盘中的 "工程文件 \ 第 10 章 \ 旋转动画 \ 旋转动画 .aep" 文件，如图 10.19 所示。

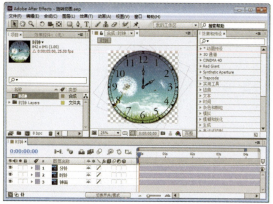

图 10.19 打开工程文件

· 经验分享 ·

快速恢复渲染工作区

在渲染动画时,有时候不但需要将指定工作区内的动画渲染,还想只保留工作区时间内的素材,其他位置的素材全部删除,此时可以在渲染工作区长条上单击鼠标右键,从弹出的快捷菜单中选择[将合成修剪至工作区域]命令,即可根据当前渲染工作区进行裁剪合成时间。

2 执行菜单栏中的 [文件]| [导出]| [Adobe
Step Flash Player(SWF)] 命令,打开【另存为】对话框,如图 10.20 所示。

图 10.20 [另存为] 对话框

3 在 [另存为] 对话框中,设置合适的文件名
Step 称及保存位置,然后单击【保存】按钮,打

开 [SWF 设置] 对话框。一般在网页中,动画都是循环播放的,所在这里要勾选 [不断循环] 复选框,如图 10.21 所示。

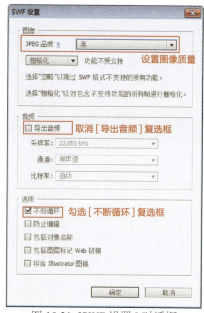

图 10.21 [SWF 设置] 对话框

4 参数设置完成后,单击 [确定] 按钮,完成
Step 输出设置,此时,会弹出一个输出进程对话框,显示输出的进程信息,如图 10.22 所示。

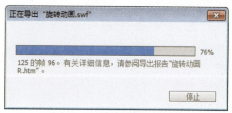

图 10.22 输出进程对话框

5 输出完成后,打开资源管理器,找到输出的
Step 文件位置,可以看到输出的 Flash 动画效果,如图 10.23 所示。

图 10.23 输出的文件效果

· 经验分享 ·

输出的SWF发布到网页上时只播放一次

在输出SWF文件时，在[SWF设置]对话框中，要注意选中[不断循环]复选框才可以循环播放。

在双击"旋转动画.swf"文件后，如果读者本身电脑中没有安装Flash播放器，将不能打开该文件，可以安装一个播放器后再进行浏览。

实战 10-2 将位移动画输出成 AVI 格式文件

前面讲解了 SWF 文件格式的输出方法，下面来讲解另一种常见的文件格式 AVI 格式文件的输出方法。

1 打开工程文件。执行菜单栏中的 [文件]|[打开项目] 命令，选择配套光盘中的"工程文件 \ 第 10 章 \ 位移动画 \ 位移动画 .aep"文件，如图 10.24 所示。

2 单击 [项目] 面板中的"位移"合成，执行菜单栏中的 [合成]|[添加到渲染队列] 命令，打开 [渲染队列] 面板，如图 10.25 所示。

图 10.24 打开工程文件

图 10.25 [渲染队列] 面板

3 单击 [输出模块] 右侧 [无损] 的文字部分，打开 [输出模块设置] 对话框，单击 [格式] 右侧的下拉菜单，选择 AVI 格式，如图 10.26 所示，单击 [确定] 按钮。

图 10.26 [输出模块设置] 对话框

4 单击 [输出到] 右侧的文件名称文字部分，打开 [将影片输出到] 对话框选择输出文件放置的位置，如图 10.27 所示。

图 10.27 [将影片输出到] 对话框

· 经验分享 ·

输出视频时的声音问题

在将动画输出成视频文件时，比如输出成SWF、AVI、MOV等，如果视频本身有声音，输出后没有声音，说明在输出时没有选中声音输出选项，此时注意在输出对话框中，选择[打开音频输出]或[自动音频输出]命令。

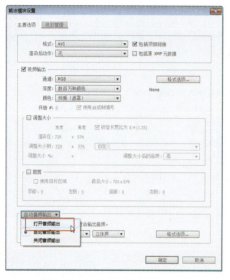

5 | 输出的路径设置好后，单击[渲染]按钮，
Step | 开始渲染影片，渲染过程中[渲染队列]面板上方的进度条会走动，渲染完毕后会有声音提示，如图10.28所示。

图 10.28 影片渲染中

6 | 渲染完毕后，在路径设置的文件夹里可找到
Step | AVI 格式文件，如图 10.29 所示。双击该文件，可在播放器中打开影片，如图 10.30 所示。

图 10.29 输出的文件效果

图 10.30 播放效果

实战 10-3 输出单帧图像

对于制作的动画，有时需要将动画中某个画面输出，比如电影中的某个精彩画面，这就是单帧图像的输出，本例就讲解单帧图像的输出方法。

1 | 执行菜单栏中[文件][打开项目]命令，选
Step | 择配套光盘中的"工程文件\第 10 章\掉落的文字\掉落的文字 .aep"文件。

2 | 在时间线面板中，将时间调整到要输出的
Step | 画面单帧位置，比如 00:00:02:00 帧的位置，执行菜单栏中[合成][帧另存为][文件]命令，打开[渲染队列]面板，如图 10.31 所示。

图 10.31 [渲染]对话框

3 | 单击[输出模块]右侧的 Photoshop 文字，
Step | 打开[输出模块设置]对话框，从[格式]下拉菜单中选择某种图像格式，比如["JPEG 序列]格式，单击[确定]按钮，如图 10.32 所示。

图 10.32 [输出模块设置]对话框

Step 4　单击 [输出到] 右侧的文件名称文字部分，打开 [将帧输出到] 对话框，选择输出文件放置的位置。

Step 5　输出的路径设置好后，单击【渲染】按钮开始渲染影片，渲染过程中 [渲染队列] 面板上方的进度条会走动，渲染完毕后会有声音提示，如图 10.33 所示。

图 10.33　渲染影片

Step 6　渲染完毕后，在路径设置的文件夹里可找到 JPG 格式单帧图片，如图 10.34 所示。

图 10.34　渲染后单帧图片

实战 10-4　输出序列图片

序列图片在动画制作中非常实用，特别是与其他软件配合时，比如在 3d max、Maya 等软件中制作特效然后应用在 After Effects 中时，有时也需要 After Effects 中制作的动画输出成序列用于其他用途，本例就来讲解序列图片的输出方法。

Step 1　执行菜单栏中 [文件][打开项目] 命令，选择配套光盘中的"工程文件\第 10 章\国画诗词\国画诗词.aep"文件。

Step 2　执行菜单栏中 [合成][添加到渲染队列] 命令，或按 Ctrl+M 组合键，打开 [渲染队列] 面板，如图 10.35 所示。

图 10.35　打开 [渲染队列] 面板

Step 3　单击 [输出模块] 右侧 [无损] 的文字部分，打开 [输出模块设置] 对话框，从 [格式] 下拉菜单中选择 ["Targa" 序列] 格式，单击 [确定] 按钮，如图 10.36 所示。

图 10.36　设置 TGA 格式

Step 4　单击 [输出到] 右侧的文件名称文字部分，打开 [将影片输出到] 对话框选择输出文件放置的位置。

Step 5　输出的路径设置好后，单击 [渲染] 按钮开始渲染影片，渲染过程中 [渲染队列] 面板上方的进度条会走动，渲染完毕后会有声音提示，如图 10.37 所示。

图 10.37　渲染中

Step 6　渲染完毕后，在路径设置的文件夹里可找到 TGA 格式序列图，如图 10.38 所示。

图 10.38 渲染后序列图

实战 10-5 输出音频文件

对于动画来说，有时候我们并不需要动画画面，而只需要动画中的音乐，比如你对一个电影或动画中的音乐非常喜欢，想将其保存下来，此时就可以只将音频文件输出，本例就来讲解音频文件的输出方法。

Step 1 执行菜单栏中 [文件][打开项目] 命令，选择配套光盘中的"工程文件 \ 第 10 章 \ 跳动的音符 \ 跳动的音符 .aep"文件。

Step 2 在时间线面板中，执行菜单栏中 [合成][添加到渲染队列] 命令，或按 Ctrl+M 组合键，打开 [渲染队列] 面板，如图 10.39 所示。

图 10.39 设置渲染队列面板

Step 3 单击 [输出模块] 右侧 [无损] 的文字部分，打开 [输出模块设置] 对话框，从 [格式] 下拉菜单中选择 WAV 格式，单击 [确定] 按钮，如图 10.40 所示。

Step 4 单击 [输出到] 右侧的文件名称文字部分，打开 [将影片输出到] 对话框，选择输出文件放置的位置。

Step 5 输出的路径设置好后，单击 [渲染] 按钮开始渲染影片，渲染过程中 [渲染队列] 面板上方的进度条会走动，渲染完毕后会有声音提示。

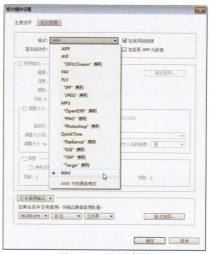

图 10.40 设置参数

Step 6 渲染完毕后，在路径设置的文件夹里可找到 WAV 格式文件，如图 10.41 所示。双击该文件，可在播放器中打开听到声音，如图 10.42 所示。

图 10.41 渲染后

图 10.42 播放音频

第11章
常见插件特效风暴

内容摘要

After Effects 除了内置了非常丰富的特效外，还支持相当多的第三方特效插件，通过对第三方插件的应用，可以使动画的制作更为简便，动画的效果也更为绚丽。本章主要讲解外挂插件的应用方法，详细讲解了 3D Stroke（3D 笔触）、Particular（粒子）、Shine（光）等常见外挂插件的使用及实战案例，通过本章的制作，掌握常见外挂插件的动画运用技巧。

教学目标

➜ 了解 Particular（粒子）的功能
➜ 学习 Particular（粒子）参数设置
➜ 掌握 3D Stroke（3D 笔触）的使用及动画制作
➜ 掌握利用 Shine（光）特效制作扫光文字的方法和技巧

11.1 爱心之旅

难易程度：★★★☆
工程文件：配套光盘\工程文件\第11章\爱心之旅
视频位置：配套光盘\movie\11.1 爱心之旅.avi

技术分析

本例主要讲解爱心之旅动画的制作。首先绘制心形路径，并使用 3D Stroke（3D 笔触）特效制作出心形路径动画，然后利用 Particular（粒子）特效制作出粒子绕心形运动的爱心之旅动画。本例最终动画流程效果如图 11.1 所示。

图 11.1 动画流程画面

学习目标

通过制作本例，学习 Particular（粒子）、3D Stroke（3D 笔触）特效的使用，掌握粒子绕路径运动动画的制作技巧，掌握爱心之旅动画效果的制作。

操作步骤

11.1.1 建立"爱心之旅"合成

Step 1 执行菜单栏中的 [合成][新建合成] 命令，打开 [合成设置] 对话框，设置 [合成名称] 为"爱心之旅"，[宽度] 为 720px，[高度] 为 480px，[帧速率] 为 25 帧 / 秒，并设置 [持续时间] 为 00:00:05:00 秒，如图 11.2 所示。

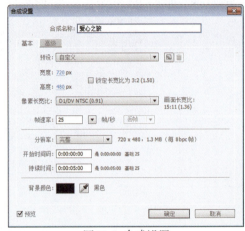

图 11.2 合成设置

Step 2 执行菜单栏中的 [文件][导入][文件] 命令，打开 [导入文件] 对话框，选择配套光盘中的"工程文件 \ 第 11 章 \ 爱心之旅 \ 咖啡背景 .jpg"素材，如图 11.3 所示，单击 [导入] 按钮，"咖啡背景 .jpg"素材将导入到 [项目] 面板中。

图 11.3 [导入文件] 对话框

Step 3 在 [项目] 面板中选择"咖啡背景 .jpg"素材，将其拖动到时间线面板中。

Step 4 在"爱心之旅"合成的时间线面板中，按 Ctrl+Y 组合键打开 [纯色设置] 对话框，修改 [名称] 为"描边"，设置 [颜色] 为白色，如

图 11.4 所示。

图 11.4 添加"描边"纯色层

· 经验分享 ·

无法预览画面

按 Ctrl+Alt+F 组合键，可以伸展当前层的尺寸到合成的设定尺寸。这个操作会同时改变层位移和缩放的信息。当该层的位移和缩放有动态设置时，还会自动打上关键帧。这个快捷方式在某些时候可以帮助恢复一不小心被拖动的全尺寸视频回到中心位置。

11.1.2 添加 3D Stroke（3D 笔触）特效

Step 1 选择"描边"层，单击工具栏中的 [钢笔工具]，在"描边"层上绘制一个心形路径，如图 11.5 所示。

Step 2 在 [效果和预设] 面板中，展开 Trapcode 特效组，双击 3D Stroke（3D 笔触）特效，如图 11.6 所示。

图 11.5 绘制心形路径

Step 3 将时间调整在 00:00:00:00 帧的位置，在 [效果控件] 面板中，修改 3D Stroke（3D 笔触）特效参数，设置 Color（颜色）为白色，Thickness（厚度）的值为 5，修改 End（结束）的值为 0，并单击 End（结束）左侧的码表按钮 ，在此位置设置关键帧。展开 Taper（锥形）选项组，勾选 Enable（启用）复选框，修改 Taper Start（锥形开始）的值为 13，如图 11.7 所示。

图 11.6 添加特效　　图 11.7 设置特效关键帧

Step 4 将时间调整到 00:00:04:24 帧的位置，设置 End（结束）的值为 100，如图 11.8 所示。

图 11.8 设置 00:00:04:24 帧位置的关键帧

11.1.3 添加 Particular（粒子）特效

Step 1 在"爱心之旅"合成的时间线面板中，按 Ctrl+Y 组合键打开 [纯色设置] 对话框，修改 [名称] 为"粒子"，设置 [颜色] 为白色，如

图11.9所示。

2 Step 确认选择"粒子"层,在[效果和预设]面板中展开Trapcode特效组,然后双击Particular(粒子)特效,如图11.10所示。

图11.9 添加纯色层　　图11.10 添加特效

3 Step 在[效果控件]面板中展开Emitter(发射器)选项组,修改Particles/Sec(每秒发射粒子数)的值为337,Velocity(速度)的值为20,Velocity Random(随机速度)的值为100,Velocity Distribution(速率)的值为1,Random Seed(随机种子)的值为0,如图11.11所示。

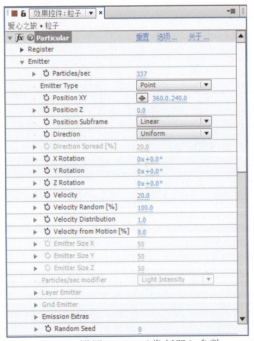

图11.11 设置Emitter(发射器)参数

4 Step 展开Particle(粒子)选项组,修改Life(生命)值为50,在Particle Type(粒子类型)右侧的下拉菜单中选择Glow Sphere(发光球体),修改Size(大小)的值为6,Size Random(随机大小)的值为100,Opacity Random(随机不透明度)的值为100%,[颜色]为粉红色(R:247,G:117,

B:117),在Transfer Mode(转换模式)右侧的下拉菜单中选择Add(相加),如图11.12所示。

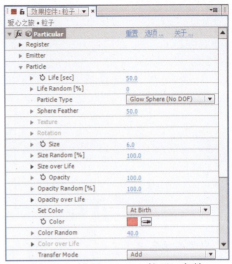

图11.12 设置Particle(粒子)参数

5 Step 确认选择"描边"层,在时间线面板中展开[蒙版1]选项组,选择[蒙版路径]选项,按Ctrl+C组合键复制[蒙版路径],如图11.13所示。

图11.13 复制蒙版路径

6 Step 将时间调整到00:00:00:00帧的位置,确认选择"粒子"层,在时间线面板中展开Emitter(发射器)选项组,选择Position XY(XY轴位置),按Ctrl+V组合键粘贴[蒙版路径],如图11.14所示。

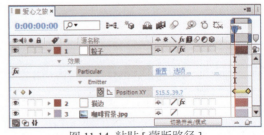

图11.14 粘贴[蒙版路径]

7 Step 适当调整路径关键帧的出点到结束位置。这样就完成了爱心之旅动画的制作,按小键盘上的0键预览动画效果。然后将文件保存并输出动画效果。

11.2 雪花效果

难易程度：★★☆☆
工程文件：配套光盘\工程文件\第11章\雪花效果
视频位置：配套光盘\movie\11.2 雪花效果.avi

技术分析

本例主要讲解雪花动画的制作。首先利用 Particular（粒子）特效，制作出雪花效果，然后通过辅助路径制作出雪花绕圣诞树运动的动画效果。本例最终动画流程效果如图 11.15 所示。

图 11.15 动画流程画面

学习目标

通过制作本例，学习 Particular（粒子）特效模拟雪花的设置方法，掌握雪花效果的制作。

操作步骤

11.2.1 建立"雪花效果"合成

 执行菜单栏中的 [合成][新建合成] 命令，打开 [合成设置] 对话框，设置 [合成名称] 为"雪花效果"，[宽度] 为 720px，[高度] 为 480px，[帧速率] 为 25 帧 / 秒，并设置 [持续时间] 为 00:00:03:00 秒，如图 11.16 所示。

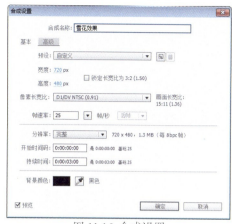

图 11.16 合成设置

2 执行菜单栏中的 [文件][导入][文件] 命令，打开 [导入文件] 对话框，选择配套光盘中的"工程文件 \ 第 11 章 \ 雪花效果 \ 背景图片 .jpg"素材，单击 [导入] 按钮，"背景图片 .jpg"素材将导入到 [项目] 面板中。

3 在 [项目] 面板中选择"背景图片 .jpg"素材，将其拖动到时间线面板中。

4 在"雪花效果"合成的时间线面板中，按 Ctrl+Y 组合键打开 [纯色设置] 对话框，修改 [名称] 为"粒子雪花"，设置 [颜色] 为白色，如图 11.17 所示。

图 11.17 添加"粒子雪花"纯色层

11.2.2 添加 Particular（粒子）特效

 确认选择"粒子雪花"层，在 [效果和预设] 面板中展开 Trapcode 特效组，然后双击 Particular（粒子）特效，如图 11.18 所示。

2 | 在 [效果控件] 面板中展开 Emitter（发射器）
Step 选项组，在 Emitter Type（发射器类型）右
侧的下拉菜单中选择 Grid(网络)，在 Direction(方
向) 右侧的下拉菜单中选择 Outwards(向外)，修
改 Random Seed（随机种子）的值为 0，如图
11.19 所示。

图 11.22 绘制路径

6 | 在时间线面板中展开 [蒙版 1] 选项组，选择
Step [蒙版路径]，按 Ctrl+C 组合键复制 [蒙版
路径]，如图 11.23 所示。

图 11.23 复制蒙版路径

图 11.18 添加特效　　图 11.19 设置发射器参数

3 | 展开 Particle(粒子) 选项组，修改 Life（生
Step 命）值为 15，在 Particle Type（粒子类
型）右侧的下拉菜单中选择 Glow Sphere（发光球
体），修改 Size Random（随机大小）的值为 100，
Opacity Random（随机不透明度）的值为 50%，
在 Transfer Mode（转换模式）右侧的下拉菜单中
选择 Add(相加)，如图 11.20 所示。

4 | 在"雪花效果"合成的时间线面板中，按
Step Ctrl+Y 组合键打开 [纯色设置] 对话框，修
改 [名称] 为"粒子"，设置 [颜色] 为黑色，如
图 11.21 所示。

7 | 确认选择"粒子雪花"层，将时间调整到
Step 00:00:00:00 帧的位置，在时间线面板中展开
Emitter（发射器）选项组，选择 Position XY（XY
轴位置），按 Ctrl+V 组合键粘贴 [蒙版路径]，如
图 11.24 所示。

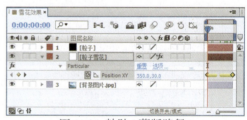

图 11.24 粘贴 [蒙版路径]

8 | 这样就完成了雪花效果动画的制作，按小键
Step 盘上的 0 键预览动画效果。然后将文件保存
并输出动画效果。

11.3 数字风暴

难易程度：★★★☆

工程文件：配套光盘\工程文件\第11章\数字风暴
视频位置：配套光盘\movie\11.3 数字风暴.avi

技术分析

本例主要讲解数字风暴动画的制作。首先利

图 11.20 设置粒子属性　　图 11.21 添加"粒子"纯色层

5 | 确认选择"粒子"层，单击工具栏中的 [钢
Step 笔工具]，在新创建的"粒子"层上沿圣
诞树绘制路径，如图 11.22 所示。

用文字工具输入文字，然后利用 Particular（粒子）特效并使用粒子替换功能将粒子替换为数字，最后添加 [发光] 特效，完成动画的制作。本例最终动画流程效果如图 11.25 所示。

图 11.25 动画流程画面

图 11.26 合成设置　　图 11.27 设置字符面板参数

· 经验分享 ·

文字的乱码现象

乱码现象通常出现在中文字体上，所以选择中文字体时，尽量不要用希奇古怪的中文字体，一般情况下方正、文鼎是没问题的。

学习目标

通过制作本例，学习 Particular（粒子）特效的使用，掌握粒子替换功能的使用，掌握 [发光] 特效的使用方法，掌握数字风暴动画的制作技巧。

操作步骤

11.3.1 添加文字

1 Step　执行菜单栏中的 [合成]|[新建合成] 命令，打开 [合成设置] 对话框，设置 [合成名称] 为"数字"，[宽度] 为 20px，[高度] 为 40px，[帧速率] 为 25 帧/秒，并设置 [持续时间] 为 00:00:02:00 秒，如图 11.26 所示。

2 Step　利用 [横排文字工具] 在合成窗口中输入数字"6"，设置文字的字体为"方正粗倩简体"，文字的颜色为白色，文字的大小为 30 像素，如图 11.27 所示。

11.3.2 创建粒子特效

1 Step　执行菜单栏中的 [合成]|[新建合成] 命令，打开 [合成设置] 对话框，设置 [合成名称] 为"粒子"，[宽度] 为 720px，[高度] 为 480px，[帧速率] 为 25 帧/秒，并设置 [持续时间] 为 00:00:02:00 秒，如图 11.28 所示。

图 11.28 合成设置

2 Step　将"数字"拖动到"粒子"合成,并将"数字"合成左侧的显示开关关闭。按 Ctrl+Y 组合键打开[纯色设置]对话框,修改[名称]为"粒子",设置[颜色]为黑色,如图11.29所示。

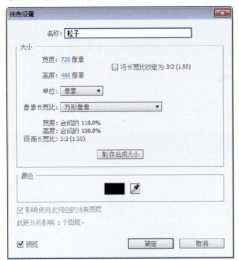

图11.29 纯色层参数

3 **Step** 在[效果和预设]面板中展开Trapcode特效组,双击Particular(粒子)特效,如图11.30所示。

图11.30 添加Particular(粒子)特效

4 **Step** 在[效果控件]面板中展开Emitter(发射器)选项组,设置Particles/sec(每秒发射粒子数)的值为500,Velocity Random(随机速度)的值为82,Velocity from Motion(运动速度)的值为10,如图11.31所示。

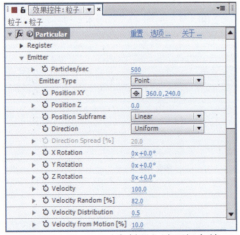

图11.31 Emitter(发射器)选项组参数

5 **Step** 展开Particle(粒子)选项组,设置Life(生命)的值为1,在Life Random(生命随机)的值为50,从Particle Type(粒子类型)右侧的下拉列表中选择Sprite(幽灵)选项,设置Layer(层)为"2.数字",设置Size(大小)的值为10,Size Random(大小随机)的值为100,如图11.32所示。

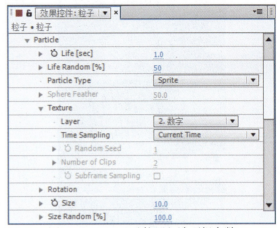

图11.32 Particle(粒子)选项组参数

6 **Step** 将时间调整到00:00:00:00帧的位置,在[效果控件]面板中,单击Position XY(XY轴位置)左侧的码表按钮,建立关键帧,修改Position XY(XY轴位置)的值为(-136,288),如图11.33所示。

图11.33 00:00:00:00帧参数设置

7 **Step** 将时间调整到00:00:01:24帧的位置,修改Position XY(XY轴位置)的值为(1396,288),如图11.34所示。

图11.34 00:00:01:24帧参数设置

11.3.3 制作文字动画

Step 1 执行菜单栏中的 [合成]|[新建合成] 命令，打开 [合成设置] 对话框，设置 [合成名称] 为"数字风暴"，如图 11.35 所示。

图 11.35 合成参数

Step 2 单击工具栏中的 [横排文字工具]，并设置颜色为白色，文字大小为 60 像素，字体为加粗，如图 11.36 所示。

图 11.36 [字符] 面板参数

Step 3 在合成窗口输入文字"CONTR AVANO"，如图 11.37 所示。

图 11.37 合成窗口

Step 4 单击文字层，在 [效果和预设] 面板中展开 [透视] 特效组，双击 [投影] 特效，如图 11.38 所示。

图 11.38 [投影] 特效

Step 5 在 [效果控件] 面板中，设置柔化度的值为 6，如图 11.39 所示。

图 11.39 参数值

Step 6 在时间线面板中，选择文字层并单击鼠标右键，从弹出的快捷菜单中选择 [图层样式]|[斜面和浮雕] 命令，为文字添加样式。

11.3.4 添加发光特效

Step 1 执行菜单栏中的 [文件]|[导入]|[文件] 命令，打开 [导入文件] 对话框，选择"工程文件 \ 第 11 章 \ 数字风暴 \ 背景 .jpg"素材，如图所示。单击 [导入] 按钮，"背景 .jpg"素材将导入到 [项目] 面板中。

Step 2 将"背景 .jpg"和"粒子"拖动到时间线面板中，选中"粒子"层，在 [效果和预设] 面板中展开 [风格化] 特效组，双击 [发光] 特效，如图 11.40 所示。

· 经验分享 ·

合成的嵌套

　　一个合成中的素材可以分别提供给不同的合成使用，而一个项目中的合成可以分别是独立的，也可以是相互之间存在"引用"的关系，不过在合成之间的关系中并不可以相互"引用"，只存在一个合成使用另一个图层，也就是一个合成嵌套另一个合成的关系。

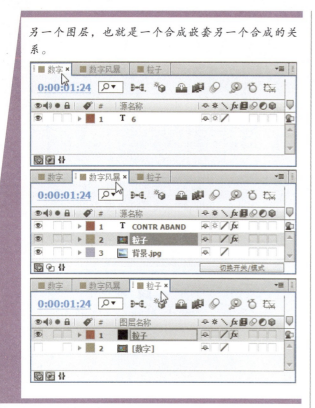

图 11.42 "粒子"层参数

5 将时间调整到 00:00:01:24 帧的位置，选
Step 择文字层，选择工具栏中的 [矩形工具]
，在 [合成] 窗口中，拖动绘制一个矩形蒙版区域，如图 11.43 所示。在时间线面板中展开文字层下的 [蒙版 1] 选项组，单击 [蒙版路径] 左侧的码表按钮，设置一个关键帧。

图 11.43 绘制矩形

6 将时间调整到 00:00:00:00 帧的位置，选中
Step 合成窗口中 [蒙版] 右侧的两个锚点将其移动到左侧，如图 11.44 所示。

3 在 [效果控件] 面板中，设置 [发光阈值]
Step 的值为 40%，[发光半径] 的值为 15，[发光强度] 的值为 2，[发光颜色] 的值为 [A 和 B 颜色]，[颜色 A] 为橙色（R:255;G:138;B:0），[颜色 B] 为黄绿色（R : 119；G : 104；B : 7），如图 11.41 所示。

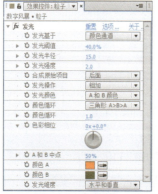

图 11.40 [发光] 特效　　图 11.41 参数值

4 选中"粒子"层，取消等比缩放，设置 Scale(缩
Step 放) 的值为（100，70），设置 Position（位置）的值为（353，334），如图 11.42 所示。

图 11.44 调整矩形路径

7 在时间线面板中，设置 [蒙版羽化] 的值为
Step （91，0），如图 11.45 所示。

8 这样就完成了数字风暴动画的整体制作，
Step 按小键盘上的 0 键，即可在合成窗口中预览动画。

图 11.45 [蒙版羽化] 参数

11.4 童话般的夏日

难易程度：★★☆☆
工程文件：配套光盘\工程文件\第11章\童话般的夏日
视频位置：配套光盘\movie\11.4 童话般的夏日.avi

技术分析

本例主要讲解童话般的夏日动画的制作。首先输入文字并为其添加 Starglow（星光）特效，然后利用 [矩形工具]绘制矩形路径并制作出文字动画效果，最后利用 Particular（粒子）特效和 [发光] 特效，完成童话般的夏日动画的制作。本例最终动画流程效果如图 11.46 所示。

图 11.46 动画流程画面

学习目标

通过制作本例，学习 Particular（粒子）、Starglow（星光）、[发光] 特效的使用，掌握童话般的夏日动画的制作。

操作步骤

11.4.1 新建合成并添加特效

Step 1 执行菜单栏中的 [合成]|[新建合成] 命令，打开 [合成设置] 对话框，设置 [合成名称] 为"童话般的夏日"，[宽度] 为 720px，[高度] 为 480px，[帧速率] 为 25 帧 / 秒，并设置 [持续时间] 为 00:00:03:00 秒，如图 11.47 所示。

图 11.47 合成设置

Step 2 单击工具栏中的 [横排文字工具]，在合成窗口中输入"童话般的夏日"文字，设置字体为"华康少女文字 W5(P)"，大小为 74 像素，颜色为白色，如图 11.48 所示。

图 11.48 字体设置

3 选择文字层，在 [效果和预设] 面板中展开 Trapcode 特效组，双击 Starglow（星光）特效，如图 11.49 所示。

4 在 [效果控件] 面板中，设置 Streak Length（光线长度）的值为 4，Boost Light（光线强度）的值为 0.2，展开 Colormap A（颜色表 A）选项组，设置 Midtones（中间色）为白色，Shadows（投影）的颜色为白色；展开 Colormap B（颜色表 B）选项组，设置 Midtones（中间色）为白色，Shadows（投影）的颜色为白色，如图 11.50 所示。

图 11.49 Starglow（星光）特效　　图 11.50 参数

11.4.2 制作文字动画

1 单击工具栏中的 [矩形工具]，在合成窗口中绘制一个矩形蒙版，将文字框选中，如图 11.51 所示。

图 11.51 绘制矩形路径

2 将时间调整到 00:00:02:10 帧的位置，在时间线面板中展开 [蒙版] 选项组，修改 [蒙版羽化] 的值为（20，20），并单击 [蒙版路径] 左侧的码表按钮，在此位置设置关键帧，如图 11.52 所示。

图 11.52 时间线面板参数

3 将时间调整到 00:00:00:06 帧的位置，框选右侧的两个蒙版锚点将其向左拖动，效果如图 11.53 所示，系统将自动记录蒙版路径关键帧。

图 11.53 合成窗口效果

4 按 Ctrl+Y 组合键打开 [纯色设置] 对话框，设置 [名称] 为粒子，[颜色] 为白色，如图 11.54 所示。

图 11.54 [纯色设置] 对话框

5 在时间线面板中选择"粒子"层，在 [效果和预设] 面板中展开 Trapcode 特效组，双击 Particular（粒子）特效，如图 11.55 所示。

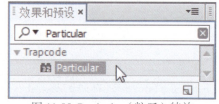

图 11.55 Particular（粒子）特效

6 将时间调整到 00:00:00:00 帧的位置，在 [效果控件] 面板中，展开 Emitter（发射器）选项组，设置 Particles/sec（每秒发射粒子数）的值为 3000，在 Emitter Type（发射器类型）右侧的下拉菜单中选择 Sphere（球体），Position XY（XY 轴位置）的值为（-26, 215），单击 Position XY（XY 轴位置）左侧的码表按钮，在此位置设置关键帧，设置 Velocity（速率）的值为 200，Velocity Random（速率随机）的值为 100，如图 11.56 所示。

图 11.56 Emitter（发射器）选项组

7 将时间调整到 00:00:02:14 帧的位置，设置 Position XY（XY 轴位置）的值为（828, 214），系统将自动记录关键帧。

8 展开 Particle（粒子）选项组，设置 Life（生命）的值为 1，Size（大小）的值为 2，设置 [颜色] 为白色，如图 11.57 所示。

图 11.57 Particle（粒子）选项组

9 展开 Physics（物理学）选项组，设置 Gravity（重力）的值为 -100；展开 Air（空气）选项组，设置 Air Resistance（空气阻力）的值为

5，Spin Amplitude（旋转幅度）的值为 50，Spin Frequency（自旋频率）的值为 2，Fade-in Spin（淡入旋转）的值为 0.2；展开 Turbulence Field（扰乱场）选项组，设置 Affect Size（影响力大小）的值为 8，Affect Position（影响力位置）的值为 30，Fade-in Time（淡入时间）的值为 0.3，Scale（缩放）的值为 8，Complexity（复杂性）的值为 3，在 Motion Blur（运动模糊）右侧的下拉菜单中选择 On，如图 11.58 所示。

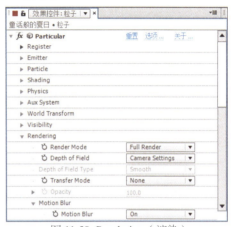

图 11.58 Rendering（渲染）

10 在 [效果和预设] 面板中展开 [风格化] 特效组，双击 [发光] 特效，如图 11.59 所示。

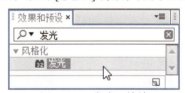

图 11.59 [发光] 特效

11 在 [效果控件] 面板中，设置 [发光强度] 的值为 3，如图 11.60 所示。

图 11.60 参数

12 执行菜单栏中的 [文件]|[导入]|[文件] 命令，打开 [导入文件] 对话框，选择"工程文件 \ 第 11 章 \ 童话般的夏日 \ 童话背景 .jpg"素材，单击 [导入] 按钮，"童话背景 .jpg"素材将导入到 [项目] 面板中。

13 将"童话背景.jpg"拖动到时间线面板中，层级顺序如图 11.61 所示。

图 11.61 时间线面板

14 这样就完成了童话般的夏日效果的整体制作，按小键盘上的 0 键，即可在合成窗口中预览动画。

11.5 幽灵通告

难易程度：★★☆☆
工程文件：配套光盘\工程文件\第11章\幽灵通告
视频位置：配套光盘\movie\11.5 幽灵通告.avi

技术分析

本例主要讲解幽灵通告动画的制作。首先利用 [基本文字] 特效添加文字，然后利用 Shine（光）特效，制作幽灵通告动画效果。本例最终动画流程效果如图 11.62 所示。

图 11.62 动画流程画面

学习目标

通过制作本例，学习 [基本文字] 特效的使用，掌握 Shine（光）特效的使用，掌握幽灵通告动画的制作。

操作步骤

11.5.1 新建合成

1 执行菜单栏中的 [合成]|[新建合成] 命令，打开 [合成设置] 对话框，设置 [合成名称] 为"幽灵通告"，[宽度] 为 720px，[高度] 为 480px，[帧速率] 为 25 帧/秒，并设置 [持续时间] 为 00:00:05:00 秒，如图 11.63 所示。

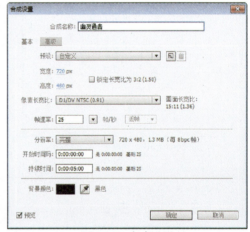

图 11.63 合成设置

2 在时间线面板中，按 Ctrl+Y 组合键打开 [纯色设置] 对话框，设置 [名称] 为"文字"，[颜色] 为黑色，如图 11.64 所示。

图 11.64 [纯色设置] 对话框

3 选中"文字"层,在[效果和预设]面板中展开[过时]特效组,双击[基本文字]特效,如图 11.65 所示。

图 11.65 [基本文字]特效

4 在[基本文字]对话框中输入"幽灵通告",并设置合适的字体,如图 11.66 所示。

图 11.66 [基本文字]对话框

5 在[效果控件]面板中,设置[填充颜色]为白色,[大小]为 133,如图 11.67 所示。

图 11.67 修改文字参数

6 在[效果和预设]面板中展开 Trapcode 特效组,双击 Shine(光)特效,如图 11.68 所示。

图 11.68 Shine(光)特效

11.5.2 添加光特效

1 将时间调整到 00:00:00:00 帧的位置,在[效果控件]面板中,展开 Pre-Process(预处理)选项组,勾选 Use Mask(使用蒙版)复选框,并设置 Mask Radius(蒙版半径)的值为 150,单击 Source Point(源点)左侧的码表按钮,在当前时间建立关键帧。设置 Source Point(源点)的值为(-200,250),Ray Length(光线长度)为 4;展开 Shimmer(淡光)选项组,设置 Amount(数量)的值为 700,Boost Light(光线强度)为 1;展开 Colorize(着色)选项组,在 Colorize(着色)右侧的下拉菜单中选择 Electric(电光)选项,如图 11.69 所示。

图 11.69 参数设置

· 经验分享 ·

插件应用后合成窗口出现红叉

在为素材添加第三方插件后,屏幕中出现红叉,表示该插件需要注册,没有注册则只能试用,具体的注册方法请参考本书的附录部分内容。

2 Step 将时间调整到 00:00:04:24 帧的位置，修改 Source Point（源点）的值为（700，250）。执行菜单栏中的 [文件]|[导入]|[文件] 命令，

3 Step 打开 [导入文件] 对话框，选择"工程文件 \ 第 11 章 \ 幽灵通告 \ 幽灵 .jpg"素材，如图 11.70 所示。单击 [导入] 按钮，"幽灵 .jpg"素材将导入到 [项目] 面板中。

4 Step 将"幽灵 .jpg"素材拖入到时间线面板中。这样就完成了幽灵通告效果的整体制作，按小键盘上的 0 键，即可在合成窗口中预览动画。

图 11.70 [导入文件] 对话框

第12章
超炫光效动画风暴

内容摘要

本章主要讲解超炫光效动画风暴。在栏目包装级影视特效中经常可以看到运用炫彩的光效对整体动画的点缀，光效不仅可以作用在动画的背景上，使动画整体更加绚丽，也可以运用到动画的主体上使主题更加突出。本章通过几个具体的实例，讲解了常见梦幻光效的制作方法。

教学目标

- 波浪效果的制作
- 诱惑光线的制作
- 多彩霓虹灯的制作
- 飞舞的精灵的制作
- 描边光线动画的制作
- 线条拼贴文字的制作
- 绚丽光带动画的制作

12.1 波浪效果

难易程度：★★★☆
工程文件：配套光盘\工程文件\第12章\波浪效果
视频位置：配套光盘\movie\12.1 波浪效果.avi

技术分析

本例主要讲解波浪效果动画的制作。首先利用利用 [矩形工具] ▭ 绘制线条，然后通过 [波形变形] 特效制作波浪线条效果，配合蒙版命令制作出波浪效果动画。本例最终动画流程如图 12.1 所示。

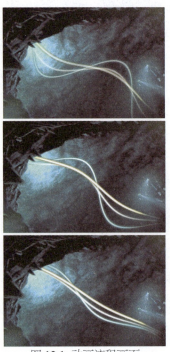

图 12.1 动画流程画面

学习目标

通过制作本例，学习 [波形变形] 特效、蒙版命令，掌握波浪效果的制作。

操作步骤

12.1.1 建立合成并绘制矩形

Step 1 执行菜单栏中的 [合成][新建合成] 命令，打开 [合成设置] 对话框，设置 [合成名称] 为"曲线"，[宽度] 为 720px，[高度] 为 480px，[帧速率] 为 25 帧 / 秒，并设置 [持续时间] 为 00:00:02:00 秒，如图 12.2 所示。

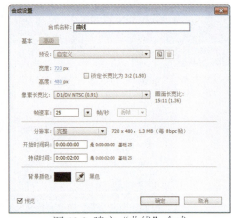

图 12.2 建立"曲线"合成

Step 2 在"曲线"合成的时间线面板中，按 Ctrl+Y 组合键打开 [纯色设置] 对话框，修改 [名称] 为"曲线"，设置 [颜色] 为白色，如图 12.3 所示。

图 12.3 添加"曲线"纯色层

Step 3 确认选择"曲线"层，单击工具栏中的 [矩形工具] ▭，在合成窗口上绘制矩形蒙版，如图 12.4 所示。

图 12.4 绘制矩形蒙版

4 在时间线面板中展开 [蒙版 1] 选项组，单
Step 击取消 [蒙版羽化] 右侧的 [约束比例] 按
钮，修改 [蒙版羽化] 的值为（200，1），如图
12.5 所示。

图 12.5 设置蒙版属性的值

·经验分享·

快速打开上次编辑的项目

打开After Effects的时候，After Effects会提供一个空白的界面操作，这时候，可以按 Ctrl＋Alt＋Shift＋P组合键，打开上次编辑的项目文件。

12.1.2 制作曲线动画

1 执行菜单栏中的 [合成][新建合成] 命令，
Step 打开 [合成设置] 对话框，设置 [合成名
称] 为"总合成"，[宽度] 为 720px，[高度] 为
480px，[帧速率] 为 25 帧 / 秒，并设置 [持续时间]
为 00:00:02:00 秒，如图 12.6 所示。

图 12.6 建立"总合成"合成

2 执行菜单栏中的 [文件][导入][文件] 命
Step 令，打开 [导入文件] 对话框，选择配套光
盘中的"工程文件\第 12 章\波浪效果\背景图 .jpg"
素材，单击 [导入] 按钮，"背景图片 .jpg"素材
将导入到 [项目] 面板中，如图 12.7 所示。

图 12.7 添加素材

·经验分享·

将素材与合成匹配

有时候在应用素材时，该素材的大小与合成尺寸并不一样，此时只需要在该素材层上单击鼠标右键，从弹出的快捷菜单中选择[变换]|[适合复合]命令，或按Ctrl＋Alt＋F组合键，即可伸展当前层素材的尺寸适合合成的大小。这个操作会同时改变层位置和缩放的信息。

3 将"背景图 .jpg"、"曲线"拖动到"总合成"
Step 的时间线面板中。选中"曲线"层，在 [效
果和预设] 面板中展开 [扭曲] 特效组，然后双击
[波形变形] 特效，如图 12.8 所示。

图 12.8 添加 [波形变形] 特效

4 将时间调整到 00:00:00:00 帧的位置，在 [效
Step 果控件] 面板中修改 [波形变形] 特效的参
数，单击 [波形高度] 左侧的码表按钮，在当前
时间建立关键帧。修改 [波形高度] 的值为 120，
修改 [波形宽度] 的值为 240，修改 [波形速度]
的值为 1.5，设置 [消除锯齿（最佳品质）] 为 [高]，

如图 12.9 所示。

图 12.9 设置 [波形变形] 特效的属性

5 Step 将时间调整到 00:00:01:11 帧的位置，修改 [波形高度] 的值为 0，如图 12.10 所示。

图 12.10 修改 [波形高度] 属性的值

6 Step 将时间调整到 00:00:00:00 帧的位置，在时间线面板中展开"曲线"层的 [不透明度] 属性，单击 [不透明度] 属性左侧的码表按钮 ，在当前时间建立关键帧，修改 [不透明度] 的值为 0%。将时间调整到 00:00:00:03 帧的位置，修改 [不透明度] 的值为 100%；将时间调整到 00:00:01:09 帧的位置，单击 [不透明度] 左侧的 [在当前时间添加或移除关键帧] 按钮 ，在当前时间建立延时帧；调整时间到 00:00:01:17 帧的位置，修改 [不透明度] 的值为 0%。如图 12.11 所示。

图 12.11 设置不透明度属性

7 Step 在 [效果和预设] 面板中展开 [风格化] 特效组，然后双击 [发光] 特效，如图 12.12 所示。

图 12.12 添加 [发光] 特效

8 Step 在 [效果控件] 面板中设置 [发光阈值] 的值为 20%，[发光强度] 的值为 2，设置 [发光颜色] 为 [A 和 B 颜色]，设置 [颜色 A] 为蓝色（R：12，G：120，B：155），设置 [颜色 B] 为浅蓝色（R：50，G：162，B：169），如图 12.13 所示。

图 12.13 设置发光特效属性

12.1.3 复制层并修改属性

1 Step 在时间线面板中选择"曲线"层，按 Ctrl+D 组合键复制两次，复制出两个"曲线"层，并更名为"曲线 1"、"曲线 2"。

2 Step 将时间调整到 00:00:00:00 帧的位置，选择"曲线 1"，在 [效果控件] 面板中展开 [波形变形] 选项组，修改 [波形高度] 的值为 60，如图 12.14 所示。

图 12.14 修改 [波形变形] 特效属性

3 Step 展开 [发光] 特效，设置 [发光颜色] 为 [原始颜色]，如图 12.15 所示。

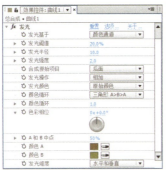

图 12.15 修改 [发光] 特效属性

4 Step 选择“曲线 2”，在 [效果控件] 面板中展开 [波形变形] 选项组，修改 [波形高度] 的值为 30，修改 [相位] 值为 177° ，如图 12.16 所示。

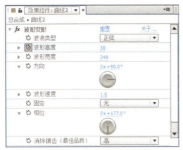

图 12.16 修改 [波形变形] 特效属性

5 Step 展开 [发光] 特效，设置 [颜色 A] 为黄色(R：248，G：206，B：139)，[颜色 B] 为深绿色（ R：41，G：61，B：44），如图 12.17 所示。

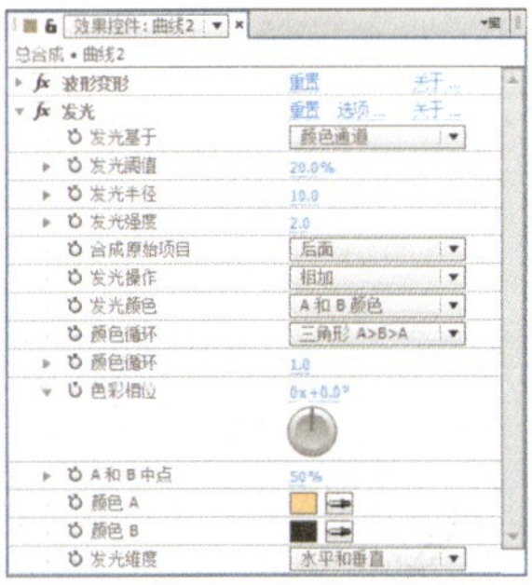

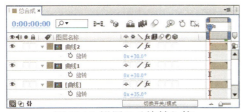

图 12.17 修改 [发光] 特效属性

6 Step 选择“曲线”、“曲线 1”、“曲线 2”层，按 R 键打开 [旋转] 属性，分别设置“曲线”、“曲线 1”和“曲线 2”的 [旋转] 值分别为 35° 、30° 、30° ，如图 12.18 所示。

图 12.18 设置 R (旋转) 值

7 Step 在时间线面板中选择“背景图 .jpg”层，按 Ctrl+D 组合键复制一层并将其拖动到“曲线 2”层上方，将其重命名为“背景图 2”，如图 12.19 所示。

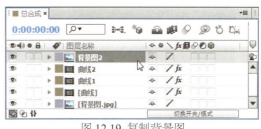

图 12.19 复制背景图

8 Step 选择工具栏中的 [钢笔工具] ，确认选择“背景图 2”层，绘制一个蒙版路径，如图 12.20 所示。

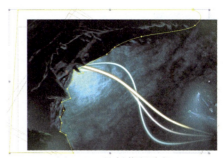

图 12.20 绘制蒙版路径

9 Step 这样就完成了波浪效果动画的制作，按小键盘上的 0 键预览动画效果。然后将文件保存并输出动画效果。

12.2 诱惑光线

难易程度：★★★☆

工程文件：配套光盘\工程文件\第12章\诱惑光线

视频位置：配套光盘\movie\12.2 诱惑光线.avi

技术分析

本例主要讲解诱惑光线动画的制作。首先新建合成并制作渐变背景，然后利用 [分形杂色] 和 [贝塞尔曲线变形] 制作出流光线条，再利用 [色相 / 饱和度] 特效进行调色，最后使用 [摄像机] 制作诱惑光线的动画效果。本例最终动画流程如图 12.21 所示。

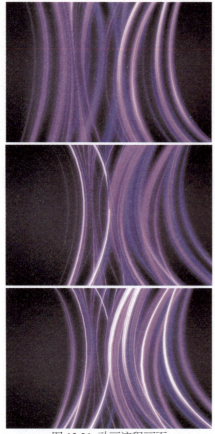

图 12.21 动画流程画面

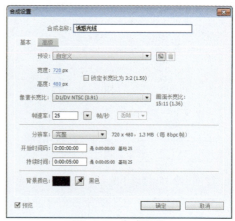

图 12.22 合成设置

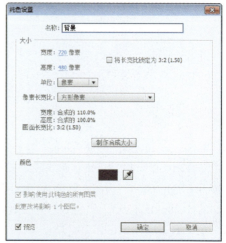

图 12.23 [纯色设置] 对话框

学习目标

通过制作本例，学习 [分形杂色]、[贝塞尔曲线变形] 特效的使用，学习 [色相/饱和度] 特效的调色应用，掌握 [摄像机] 的使用方法，掌握诱惑光线动画的制作技巧。

操作步骤

12.2.1 新建总合成并制作背景

Step 1 执行菜单栏中的 [合成]|[新建合成] 命令，打开 [合成设置] 对话框，设置 [合成名称] 为"诱惑光线"，[宽度] 为 720px，[高度] 为 480px，[帧速率] 为 25 帧/秒，并设置 [持续时间] 为 00:00:05:00 秒，如图 12.22 所示。

Step 2 按 Ctrl+Y 组合键，打开 [纯色设置] 对话框，设置 [名称] 为"背景"，[颜色] 为紫色（R：65；G：4；B：67），如图 12.23 所示。

Step 3 单击工具栏中的 [椭圆工具] ⬭，在合成窗口中绘制一个椭圆蒙版，按 F 键，设置 [蒙版羽化] 的值为（200，200），如图 12.24 所示。

图 12.24 合成窗口

12.2.2 制作流光动画

Step 1 在时间线面板中按 Ctrl+Y 组合键，打开 [纯色设置] 对话框，设置 [名称] 为"流光"，[颜色] 为白色，如图 12.25 所示。

图 12.25 [纯色设置] 对话框

2 将"流光"层的 [模式] 修改为 [屏幕],在 [效果和预设] 面板中展开 [杂色和颗粒] 特效组,双击 [分形杂色] 特效,如图 12.26 所示。

图 12.26 [分形杂色] 特效

3 将时间调整到 00:00:00:00 帧的位置,在 [效果控件] 面板中,设置 [对比度] 的值为 450,[亮度] 的值为 -80;展开 [变换] 选项组,取消勾选 [统一缩放] 复选框,设置 [缩放宽度] 的值为 15,[缩放高度] 的值为 3 500,[偏移(湍流)] 的值为 (200,325),[演化] 的值为 -30°,单击 [演化] 左侧的码表按钮,在此位置设置关键帧,如图 12.27 所示。

图 12.27 修改参数

4 将时间调整到 00:00:04:24 帧的位置,修改 [演化] 的值为 1x,系统将在当前位置自动设置关键帧。

·经验分享·

快速打开上次编辑的项目

在[项目]窗口中想替换某个层,并保留该层的所有属性,如关键帧设置、特效等,可以在时间线窗口内选择需要被替换的层,然后选择[项目]窗口中准备要替换的素材,按住Alt键,将素材拖动到需要被替换的层上释放鼠标,替换即可完成。

5 在 [效果和预设] 面板中展开 [扭曲] 特效组,[贝塞尔曲线变形] 特效,如图 12.28 所示。

图 12.28 [贝塞尔曲线变形] 特效

6 在合成窗口中,调整 [贝塞尔曲线变形] 的节点,调整后的画面效果如图 12.29 所示。

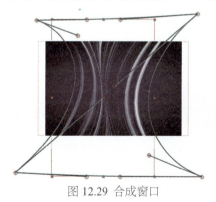

图 12.29 合成窗口

7 选中"流光"层,在 [效果和预设] 面板中展开 [颜色校正] 特效组,双击 [色相/饱和度] 特效,如图 12.30 所示。

图 12.30 [色相/饱和度] 特效

8 在 [效果控件] 面板中,勾选 [彩色化] 复选框,设置 [着色色相] 的值为 -55°,[着色饱和度]的值为66，如图12.31所示。

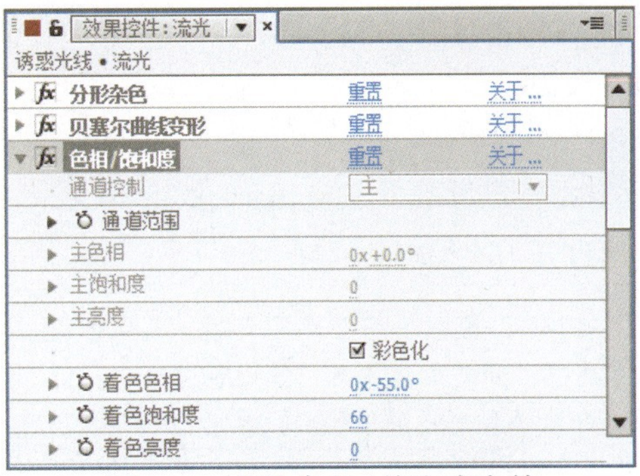

图12.31 修改色相/饱和度参数

Step 9 选择"流光"层，在[效果和预设]面板中展开[风格化]特效组，双击[发光]特效，如图12.32所示。

图12.32 [发光]特效

Step 10 在[效果控件]面板中，设置[发光阈值]的值为20%，设置[发光半径]的值为15，如图12.33所示。

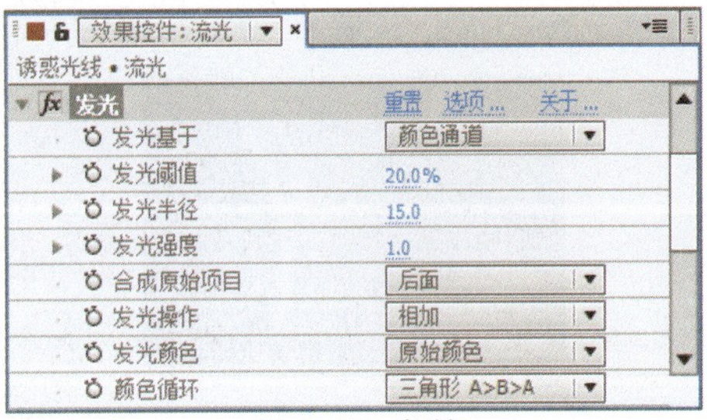

图12.33 参数

Step 11 在时间线面板中打开"流光"层的三维属性开关，展开[变换]选项组，设置[位置]的值为（309，288，86），[缩放]的值为（123，123，123），如图12.34所示。

图12.34 设置"流光"参数

Step 12 选中"流光"层，按Ctrl+D组合键复制出"流光2"层，展开"流光2"层的[变换]选项组，设置[位置]的值为（408，288，0），取消[缩放]的约束比例，设置[缩放]的值为（97，116，100），[Z轴旋转]的值为-4°，如图12.35所示。

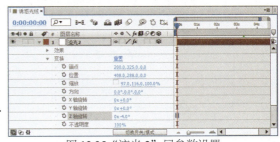

图12.35 "流光2"层参数设置

Step 13 在[效果控件]面板中，选中[贝塞尔曲线变形]特效，在合成窗口调整[贝塞尔曲线变形]的节点，如图12.36所示。

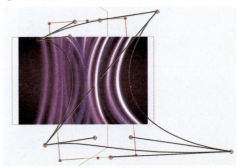

图12.36 合成窗口

Step 14 修改[色相/饱和度]特效中的参数，设置[着色色相]的值为265°，[着色饱和度]的值为75，如图12.37所示。

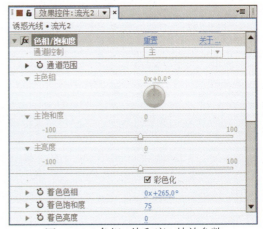

图12.37 [色相/饱和度]特效参数

Step 15 执行菜单栏中的[图层][新建][摄像机]命令，打开[摄像机设置]对话框，设置[预设]为24毫米,如图12.38所示,单击[确定]按钮。

图12.38 摄像机

Step 16 将时间调整到00:00:00:00帧的位置,选择"[摄像机1]"层,展开[变换]和[摄像机选项]选项组。然后分别单击[目标点]和[位置]左侧的码表按钮,在当前位置设置关键帧,设置[目标点]的值为(426,292,140),[位置]的值为(114,292,-270),缩放的值为512像素,[景深]为开,[焦距]的值为512像素,[光圈]的值为84像素,[模糊层次]的值为122%,如图12.39所示。

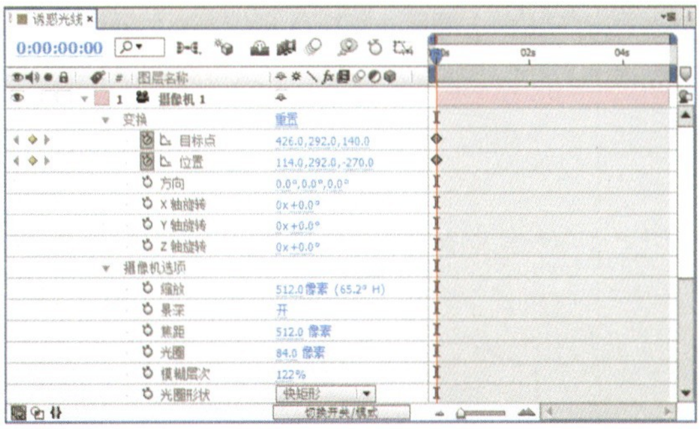

图12.39 修改摄像机参数

Step 17 将时间调整到00:00:02:00帧的位置,修改[目标点]的值为(364,292,25),[位置]的值为(455,292,-480),系统自动设置关键帧。

Step 18 这样就完成了诱惑光线效果的整体制作,按小键盘上的0键,即可在合成窗口中预览动画。

12.3 多彩霓虹灯

难易程度:★★☆☆
工程文件:配套光盘\工程文件\第12章\多彩霓虹灯
视频位置:配套光盘\movie\12.3 多彩霓虹灯.avi

技术分析

本例主要讲解多彩霓虹灯动画的制作。首先利用[椭圆工具]绘制正圆,然后为路径添加3D Stroke(3D笔触)特效,通过3D Stroke(3D笔触)特效参数的设置和Starglow(星光)特效的应用制作出多彩霓虹灯的效果。本例最终动画流程如图12.40所示。

图12.40 动画流程画面

学习目标

通过制作本例,学习3D Stroke(3D笔触)特效的使用及参数的设置,学习Starglow(星光)特效的使用,掌握多彩霓虹灯效果的制作方法。

操作步骤

12.3.1 创建合成与纯色层

Step 1 执行菜单栏中的[合成][新建合成]命令,打开[合成设置]对话框,设置[合成名称]为"多彩霓虹灯",[宽度]为720px,[高度]为480px,[帧速率]为25帧/秒,并设置[持续时间]为00:00:05:00秒,如图12.41所示。

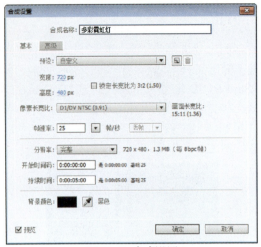

图 12.41 合成设置

2 | 执行菜单栏中的 [文件][导入][文件] 命
Step 令，打开 [导入文件] 对话框，选择配套光盘中的"工程文件\第12章\多彩霓虹灯\夜空.jpg"素材，如图 12.42 所示。单击 [导入] 按钮，"夜空.jpg"素材将导入到 [项目] 面板中。

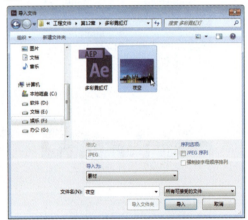

图 12.42 [导入文件] 对话框

·经验分享·

导入文件夹

在[导入文件]对话框中，如果选择[导入文件夹]，可以将整个文件夹都导入到After Effects中，包括文件夹内的子文件夹，并且其中的素材也自动按照层级表示。

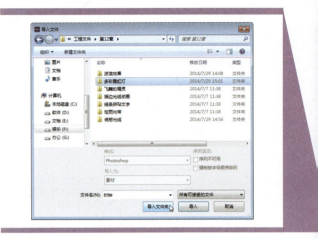

3 | 在 [项目] 面板中选择"夜空.jpg"素材，
Step 将其拖动到时间线面板中。

4 | 按 Ctrl+Y 组合键打开 [纯色设置] 对话框，
Step 修改 [名称] 为"光线"，设置 [颜色] 为黑色，
如图 12.43 所示。

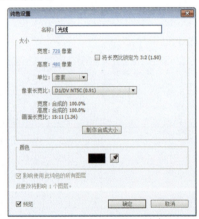

图 12.43 建立"光线"纯色层

12.3.2 绘制正圆并添加特效

1 | 确认选择"光线"层，单击工具栏中的 [椭
Step 圆工具]，在合成窗口上绘制正圆，如图
12.44 所示。

图 12.44 绘制正圆

2 Step 在 [效果和预设] 面板中展开 Trapcode 特效组，然后双击 3D Stroke（3D 笔触）特效，如图 12.45 所示。

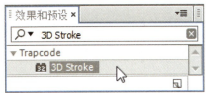

图 12.45 添加 3D Stroke（3D 笔触）特效

3 Step 在 [效果控件] 面板中设置 End（结束）值为 50，展开 Taper（锥度）选项组，勾选 Enable（启用）复选框，取消勾选 Compress to fit（压缩到适合）复选框；展开 Repeater（重复）选项组，勾选 Enable（启用）复选框，取消勾选 Symmetric Double（对称复制）复选框，设置 Instances（实例）的值为 15，Scale 的值为 115，如图 12.46 所示。

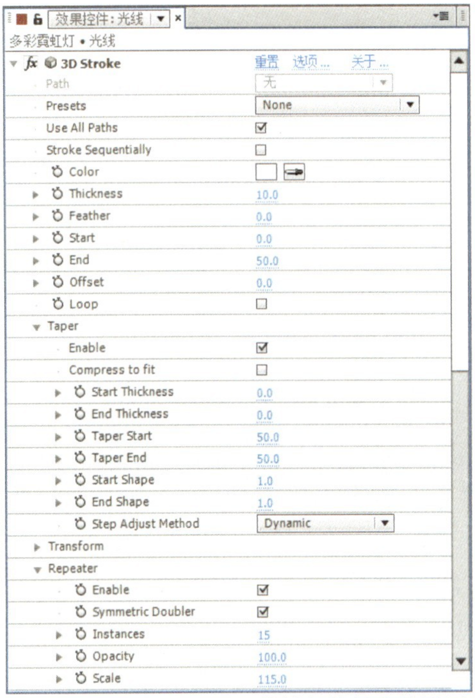

图 12.46 3D Stroke（3D 笔触）特效参数设置

4 Step 将时间调整到 00:00:00:00 帧位置，在 [效果控件] 面板中展开 Transform（变换）选项组，分别单击 Bend（弯曲）、X Rotation（X 轴旋转）、Y Rotation（Y 轴旋转）、Z Rotation(Z 轴旋转）左侧的码表按钮，建立关键帧；修改 X Rotation（X 轴旋转）的值为 155°，Y Rotation（Y 轴旋转）的值为 1x+150°，Z Rotation（Z 轴旋转）的值为 330°，如图 12.47 所示。

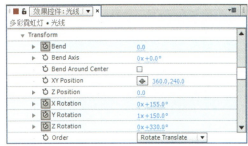

图 12.47 设置特效的旋转属性

5 Step 展开 Repeater（重复）选项组，分别单击 Factor（因数）、X Rotation（X 轴旋转）、Y Rotation（Y 轴旋转）、Z Rotation（Z 轴旋转）左侧的码表按钮，修改 Y Rotation（Y 轴旋转）的值为 105°，Z Rotation（Z 轴旋转）的值为 -1x，如图 12.48 所示。

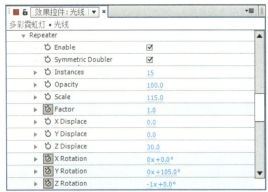

图 12.48 设置 Repeater（重复）参数属性

6 Step 将时间调整到 00:00:02:00 帧位置，在 Transform（变换）属性下，修改 Bend（弯曲）的值为 3，X Rotation（X 轴旋转）的值为 105°，Y Rotation（Y 轴旋转）的值为 1x+200°，Z Rotation（Z 轴旋转）的值为 320°，如图 12.49 所示。

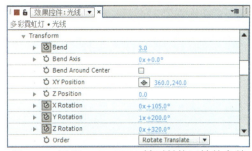

图 12.49 设置 00:00:02:00 帧时转换属性的参数

7 Step 在 Repeater（重复）属性下，修改 X Rotation（X 轴旋转）的值为 100°，Y Rotation（Y 轴旋转）的值为 160°，Z Rotation（Z 轴旋转）的值为 -1x-145°，如图 12.50 所示。

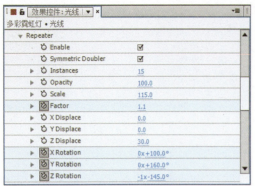

图 12.50 设置 00:00:02:00 帧时重复属性的参数

8 Step 将时间调整到 00:00:03:10 帧位置，在 Transform（变换）属性下，修改 Bend（弯曲）的值为 2，X Rotation（*X* 轴旋转）的值为 190°，Y Rotation（*Y* 轴旋转）的值为 1x+230°，Z Rotation（*Z* 轴旋转）的值为 300°，如图 12.51 所示。

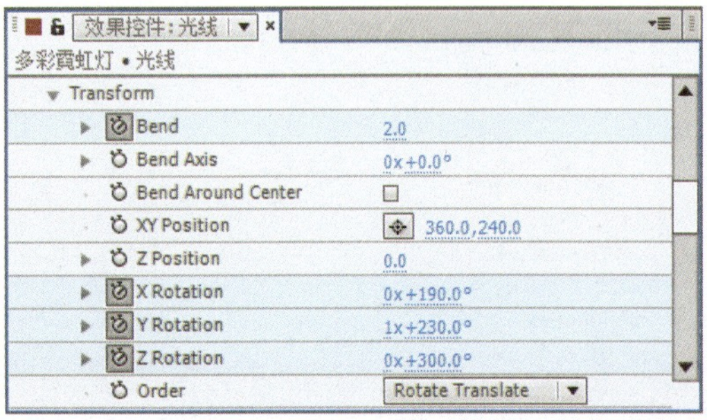

图 12.51 设置 00:00:03:10 帧时转换属性的参数

9 Step 在 Repeater（重复）属性下，修改 Factor（因数）值为 1.1，X Rotation（*X* 轴旋转）的值为 240°，Y Rotation（*Y* 轴旋转）的值为 130°，Z Rotation（*Z* 轴旋转）的值为 -1x-40°，如图 12.52 所示。

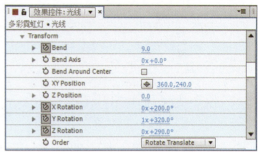

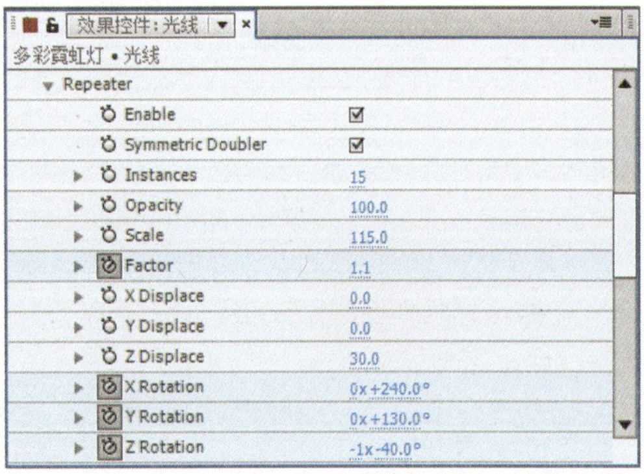

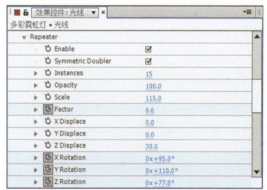

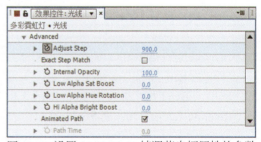

图 12.52 设置 00:00:03:10 帧时重复属性的参数

10 Step 将时间调整到 00:00:04:20 帧位置，在 Transform（变换）属性下，修改 Bend（弯曲）的值为 9，X Rotation（*X* 轴旋转）的值为 200°，Y Rotation（*Y* 轴旋转）的值为 1x+320°，Z Rotation（*Z* 轴旋转）的值为 290°，如图 12.53 所示。

图 12.53 设置 00:00:04:20 帧时转换属性的参数

11 Step 在 Repeater（重复）属性下，修改 Factor（因数）值为 0.6，X Rotation（*X* 轴旋转）的值为 95°，Y Rotation（*Y* 轴旋转）的值为 110°，Z Rotation（*Z* 轴旋转）的值为 77°，如图 12.54 所示。

图 12.54 设置 00:00:04:20 帧时重复属性的参数

12 Step 将时间调整到 00:00:01:00 帧位置，展开 Advanced（高级）选项组，单击 Adjust Step（调节步幅）属性左侧的码表按钮，在当前时间建立关键帧；修改 Adjust Step（调节步幅）的值为 900，如图 12.55 所示。

图 12.55 设置 00:00:01:00 帧调节步幅属性的参数

13 Step 将时间调整到 00:00:01:10 位置，设置 Adjust Step（调节步幅）的值为 200，如图 12.56 所示。

图 12.56 设置 00:00:01:10 帧调节步幅属性的参数

Step 14 将时间调整到 00:00:01:20 位置，修改 Adjust Step（调节步幅）的值为 2000，如图 12.57 所示。

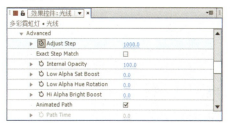

图 12.57 设置 00:00:01:20 帧调节步幅属性的参数

Step 15 将时间调整到 00:00:02:15 位置，设置 Adjust Step（调节步幅）的值为 1000，如图 12.58 所示。

图 12.58 设置 00:00:02:15 帧调节步幅属性的参数

Step 16 将时间调整到 00:00:04:05 位置，设置 Adjust Step（调节步幅）的值为 3000，如图 12.59 所示。

图 12.59 设置 00:00:04:05 帧调节步幅属性的参数

Step 17 将时间调整到 00:00:04:20 位置，设置 Adjust Step（调节步幅）的值为 2000。

12.3.3 添加星光特效

Step 1 确认选择"光线"纯色层。在 [效果和预设] 面板中展开 Trapcode 特效组，然后双击 Starglow（星光）特效，如图 12.60 所示。

图 12.60 添加 Starglow（星光）特效

Step 2 在 [效果控件] 面板中，设置 Presets（预设）为 White Star（白色星光），设置 Streak Length（光线长度）的值为 10，如图 12.61 所示。

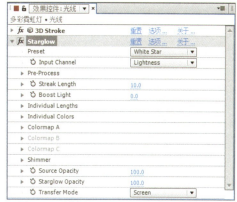

图 12.61 设置 Starglow（星光）特效参数

Step 3 这样就完成了多彩霓虹灯效果动画的制作，按小键盘上的 0 键预览动画效果。然后将文件保存并输出动画效果。

12.4 飞舞的精灵

难易程度：★★★☆
工程文件：配套光盘\工程文件\第12章\飞舞的精灵
视频位置：配套光盘\movie\12.4 飞舞的精灵.avi

技术分析

本例主要讲解飞舞的精灵动画的制作。首先使用 [钢笔工具] 绘制曲线路径，然后利用 [勾画] 特效制作出线条动画，最后通过 [湍流置换] 特效作出飞舞的精灵动画效果。本例最终动画流程如图 12.62 所示。

WOW! After Effects CC
完全自学宝典

图 12.62 动画流程画面

📖 学习目标

通过制作本例，学习 [勾画] 特效和 [湍流置换] 特效的使用，掌握飞舞的精灵的动画效果的制作。

✏️ 操作步骤

12.4.1 建立合成并制作描绘

1 执行菜单栏中的 [合成][新建合成] 命令，打开 [合成设置] 对话框，设置 [合成名称] 为"光线"，[宽度] 为 720px，[高度] 为 480px，[帧速率] 为 25 帧 / 秒，并设置 [持续时间] 为 00:00:05:00 秒，如图 12.63 所示。

图 12.63 合成设置

2 按 Ctrl+Y 组合键打开 [纯色设置] 对话框，修改 [名称] 为"拖尾"，设置 [颜色] 为黑色，如图 12.64 所示。

图 12.64 添加"拖尾"纯色层

3 确认选择"拖尾"层，选择工具栏中的 [钢笔工具] ✒，在合成窗口中绘制一条曲线路径，如图 12.65 所示。

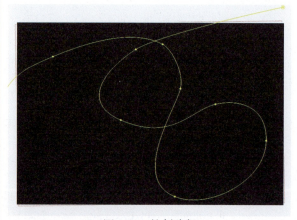

图 12.65 绘制路径

· 经验分享 ·

关于路径的起点

在绘制路径时，默认情况下第 1 次单击的点即是路径的起点，但对于其他几何形状来说，起点都是默认的，跟怎么绘制没有关系，而在创建动态的路径动画时，起点会直接影响动画的走向，有时就需要重新指定起点的位置，比如在应用 [描边] 等特效时，如何来设置路径的起点呢？首先选择要设置为起点的这个路径节点，然后执行菜单栏中的 [图层]|[蒙版和形状路径]|[设置第一个顶点] 命令，即可将选择的节点设置为起点，在外形上可以看出起点与其他节点在大小上完全不同。

6 Step 将时间调整到 00:00:04:00 帧的位置,修改 [旋转] 的值为 -1x-48°,如图 12.68 所示。

图 12.68 关键帧动画

7 Step 确认选择"拖尾"层,在 [效果和预设] 面板中展开 [风格化] 特效组,然后双击 [发光] 特效,如图 12.69 所示。

图 12.69 添加 [发光] 特效

4 Step 确认选择"拖尾"层,在 [效果和预设] 面板中展开 [生成] 特效组,然后双击 [勾画] 特效,如图 12.66 所示。

图 12.66 添加 [勾画] 特效

5 Step 将时间调整到 00:00:00:00 帧的位置,在 [效果控件] 面板中,在 [描边] 右侧的下拉菜单中选择 [蒙版/路径];展开 [蒙版/路径] 选项组,从 [路径] 右侧的下拉菜单中选择 [蒙版 1];展开 [片段] 选项组,设置 [片段] 的值为 1,并单击 [旋转] 左侧的码表按钮,在当前位置设置关键帧,修改 [旋转] 的值为 -47°;展开 [正在渲染] 选项组,设置 [颜色] 为白色,[宽度] 为 1.2,[硬度] 的值为 0.44,[中点不透明度] 的值为 -1,[中点位置] 的值为 0.99,如图 12.67 所示。

8 Step 在 [效果控件] 面板中,设置 [发光阈值] 的值为 20%,[发光半径] 的值为 6,[发光强度] 的值为 2.5,设置 [发光颜色] 为 [A 和 B 颜色],[颜色 A] 为红色(R:255,G:0,B:0),[颜色 B] 为黄色(R:255,G:190,B:0),如图 12.70 所示。

图 12.70 设置发光特效参数

12.4.2 复制纯色层并修改参数

1 Step 选择"拖尾"层,按 Ctrl+D 组合键复制出一个新层并命名为"光线",修改"光线"层的 [模式] 为 [相加],如图 12.71 所示。

图 12.67 设置 [勾画] 特效参数

图 12.71 设置层的叠加模式

Step 2 在 [效果控件] 面板中展开 [勾画] 选项组，修改 [长度] 的值为 0.07，[宽度] 的值为 6，如图 12.72 所示。

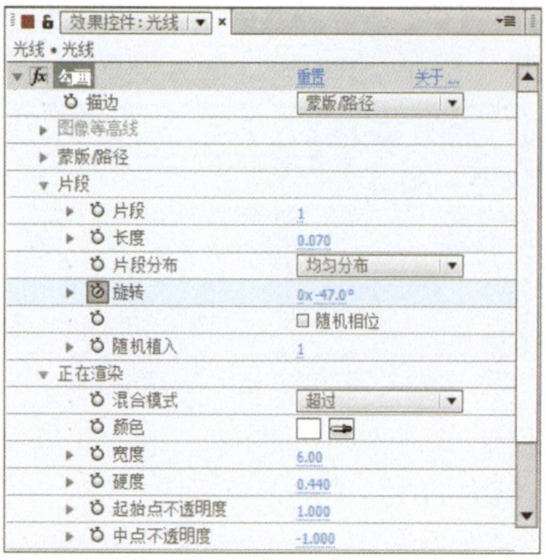

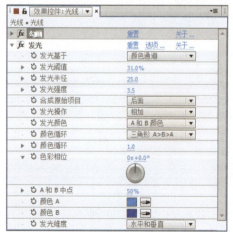

图 12.72 修改 [勾画] 特效参数

Step 3 展开 [发光] 选项组，修改 [发光阈值] 的值为 31%，[发光半径] 的值为 25，[发光强度] 的值为 3.5，修改 [颜色 A] 为浅蓝色（R：55，G：155，B：255），[颜色 B] 为深蓝色（R：20，G：90，B：210），如图 12.73 所示。

图 12.73 修改发光特效参数

12.4.3 建立总合成动画

Step 1 执行菜单栏中的 [合成][新建合成] 命令，打开 [合成设置] 对话框，设置 [合成名称] 为 "飞舞的精灵"，[宽度] 为 720px，[高度] 为 480px，[帧速率] 为 25 帧/秒，并设置 [持续时间] 为 00:00:05:00 秒，如图 12.74 所示。

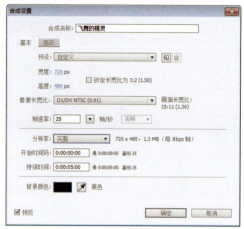

图 12.74 合成设置

Step 2 执行菜单栏中的 [文件][导入][文件] 命令，打开 [导入文件] 对话框，选择配套光盘中的"工程文件\第12章\飞舞的精灵\天空.jpg"素材，单击 [导入] 按钮，将"天空.jpg"素材导入到 [项目] 面板中，如图 12.75 所示。

图 12.75 [导入文件] 对话框

Step 3 将"天空.jpg"素材、"光线"合成拖动到"飞舞的精灵"合成的时间线面板中，修改"光线"层的 [模式] 为 [相加]，如图 12.76 所示。

图 12.76 设置层的叠加模式

· 经验分享 ·

快速将素材与合成宽度匹配

有时候在应用素材时,该素材的大小与合成并不一样,我们只需要将素材的宽度与合成匹配时,可以在该素材层上单击鼠标右键,从弹出的快捷菜单中选择[变换]|[适合复合宽度]命令,或按Ctrl+Alt+Shift+H组合键,即可伸展当前层素材的宽度与合成窗口的宽度相同。这个操作会同时改变层位置和缩放的信息。

Step 4 选择"光线"层,按Ctrl+D组合键复制出一个新的层并命名为"光线2",将时间调整到00:00:00:03帧的位置,选中"光线2"层,按[键,将入点设置到当前帧,如图12.77所示。

图12.77 复制光线合成层

Step 5 确认选择"光线2"层。在[效果和预设]面板中展开[扭曲]特效组,然后双击[湍流置换]特效,如图12.78所示。

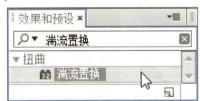

图12.78 添加[湍流置换]特效

Step 6 在[效果控件]面板中展开[湍流置换]选项组,设置[数量]的值为195,设置[大小]的值为57,设置[消除锯齿(最佳品质)]为[高],如图12.79所示。

图12.79 设置动态置换特效参数

Step 7 确认选择"光线2"层,按Ctrl+D组合键复制出一个新的层并命名为"光线3",将时间调整到00:00:00:06帧的位置,选中"光线3"层,按[键,将入点设置到当前帧,如图12.80所示。

图12.80 复制光线层

Step 8 在[效果控件]面板中展开[湍流置换]选项组,设置[数量]的值为180,设置[大小]的值为25,设置[偏移(湍流)]为(330,288),如图12.81所示。

图12.81 修改动态置换特效参数

Step 9 这样就完成了"飞舞的精灵"的动画的制作,按小键盘上的0键预览动画效果。

12.5 描边光线动画

难易程度：★★☆☆
工程文件：配套光盘\工程文件\第12章\描边光线动画
视频位置：配套光盘\movie\12.5 描边光线动画.avi

技术分析

本例主要讲解描边光线动画的制作。首先分别新建"光线 1"和"光线 2"合成并输入文字，作为勾画特效的轮廓图，然后利用 [勾画] 特效制作描边光线动画，并使用 [发光] 特效制作描边光线的亮边效果。本例最终动画流程如图 12.82 所示。

图 12.82 动画流程画面

学习目标

通过制作本例，学习 [勾画] 特效的使用，学习 [发光] 特效的使用，掌握描边光线效果的制作技巧。

操作步骤

12.5.1 建立"光线 1"和"光线 2"合成

1 执行菜单栏中的 [合成][新建合成] 命令，打开 [合成设置] 对话框，设置 [合成名称] 为"光线 1"，[宽度] 为 720px，[高度] 为 480px，[帧速率] 为 25 帧 / 秒，并设置 [持续时间] 为 00:00:05:00 秒，如图 12.83 所示。

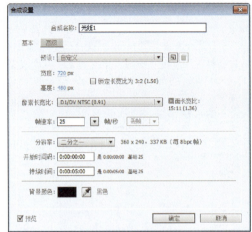

图 12.83 合成设置

2 单击工具栏中的 [横排文字工具]，在"光线 1"合成窗口中输入"44"。设置字体为"Arial"，大小为 700 像素，填充颜色为白色，并单击 [仿粗体] 按钮，如图 12.84 所示。

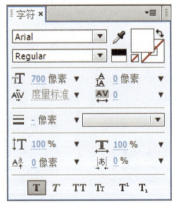

图 12.84 设置 [字符] 面板的属性

3 选择"44"文字层，将其移动到合成窗口的下方，如图 12.85 所示。

图 12.85 文字效果

4 新建一个 [合成名称] 为 "光线 2" 的层，[宽度] 为 720px，[高度] 为 480px，[帧速率] 为 25 帧 / 秒，并设置 [持续时间] 为 00:00:05:00 秒，如图 12.86 所示。

12.5.2 建立合成并制作光线动画

1 执行菜单栏中的 [合成][新建合成] 命令，打开 [合成设置] 对话框，设置 [合成名称] 为 "描边光线"，[宽度] 为 720px，[高度] 为 480px，[帧速率] 为 25 帧 / 秒，并设置 [持续时间] 为 00:00:05:00 秒，如图 12.89 所示。

图 12.86 合成设置

5 在 "光线 2" 合成窗口中输入 "4400"，设置字体为 "Arial"，大小为 300 像素，填充颜色为白色，并单击 [仿粗体] 按钮 T，如图 12.87 所示。

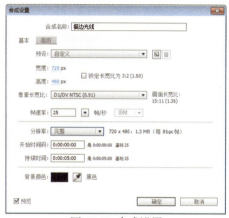

图 12.89 合成设置

2 执行菜单栏中的 [文件][导入][文件] 命令，打开 [导入文件] 对话框，选择配套光盘中的 "工程文件 \ 第 12 章 \ 描边光线动画 \ 背景 .jpg" 素材，如图 12.90 所示，单击 [导入] 按钮，"背景 .jpg" 素材将导入到 [项目] 面板中。

图 12.87 设置 [字符] 面板的属性

6 选择 "4400" 文字层，将其移动到合成窗口的上方，如图 12.88 所示。

图 12.90 [导入文件] 对话框

·经验分享·

拖动导入文件夹

素材文件可以直接从资源管理器中直接拖到 After Effects 的 [项目] 窗口中。如果需要将整个文件夹拖入到 After Effects 中，可以在按住 Alt 键的同时将文件夹拖动过来即可，否则，After Effects 会弹出一个提示。

图 12.88 文字效果

Step 3 在 [项目] 面板中选择"背景 .jpg"、"光线 1"、"光线 2" 3 个素材,将其拖动到时间线面板中,并单击左侧的眼睛按钮将"光线 1"、"光线 2"隐藏,如图 12.91 所示。

图 12.91 添加素材

Step 4 在"描边光线"合成的时间线面板中,按 Ctrl+Y 组合键打开 [纯色设置] 对话框,修改 [名称] 为"橙光",设置 [颜色] 为黑色,如图 12.92 所示。

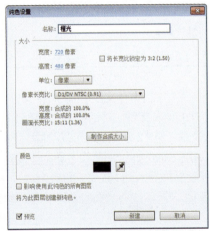

图 12.92 添加"橙光"纯色层

Step 5 选择"橙光"层,在 [效果和预设] 面板中展开 [生成] 特效组,然后双击 [勾画] 特效,如图 12.93 所示。

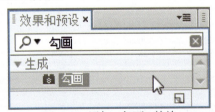

图 12.93 添加 [勾画] 特效

Step 6 将时间调整到 00:00:00:00 帧的位置,在 [效果控件] 面板中展开 [片段] 选项组,设置 [片段] 的值为 1,[长度] 的值为 0.25,并单击 [旋转] 左侧的码表按钮,在当前位置设置关键帧;勾选 [随机相位] 复选框,设置 [随机植入] 的值为 6,展开 [正在渲染] 选项组,设置 [颜色] 为白色,如图 12.94 所示。

图 12.94 设置 [勾画] 特效的参数

Step 7 将时间调整到 00:00:04:24 帧的位置,在 [效果控件] 面板中修改 [旋转] 的值为 -1x-240°,如图 12.95 所示。

图 12.95 关键帧动画

Step 8 确认选择"橙光"纯色层,在 [效果和预设] 面板中展开 [风格化] 特效组,然后双击 [发光] 特效,如图 12.96 所示。

图 12.96 添加 [发光]) 特效

Step 9 在 [效果控件] 面板中,设置 [发光阈值] 的值为 20%,[发光半径] 的值为 20,[发光强度] 的值为 2,设置 [发光颜色] 为 [A 和 B 颜色],设置 [颜色 A] 为红色(R:255, G:0, B:0),[颜色 B] 为橙色(R:255, G:138, B:0),如图 12.97 所示。

如图 12.100 所示。

图 12.97 设置发光特效参数

Step 10 在"描边光线"合成的时间线面板中选择"橙光"纯色层,按 Ctrl+D 组合键复制"橙光"纯色层,将复制出的"橙光"纯色层重命名为"蓝光",如图 12.98 所示。

图 12.98 复制出"蓝光"纯色层

Step 11 选择"蓝光"纯色层,在 [效果控件] 面板中,修改 [发光] 特效中 [颜色 A] 为蓝色(R:16,G:0,B:255),[颜色 B] 为浅蓝色(R:0,G:255,B:255),如图 12.99 所示。

图 12.99 设置"蓝光"层的发光属性

12.5.3 设置勾画特效的输入层

Step 1 选择"橙光"纯色层,打开 [效果控件] 面板,展开 [勾画] 特效中的 [图像等高线] 选项组,在 [输入图层] 右侧的下拉菜单中选择"光线 2",

图 12.100 设置"橙光"层的描绘特效输出层

Step 2 选择"蓝光"纯色层,在"蓝光"层的 [勾画] 特效中展开 [图像等高线] 选项组,在 [输入图层] 右侧的下拉菜单中选择"光线 1",如图 12.101 所示。

图 12.101 设置"蓝光"层的描绘特效输出层

Step 3 在时间线面板中选择"橙光"、"蓝光"2 个纯色层,将 2 个纯色层右侧的 [模式] 修改为 [相加];按 Ctrl+D 组合键复制"橙光"、"蓝光",并命名为"橙光 2"、"蓝光 2",如图 12.102 所示。

图 12.102 设置纯色层的叠加模式

Step 4 这样就完成了描边光线动画的制作,按小键盘上的 0 键预览动画效果。然后将文件保存并输出动画效果。

12.6 线条拼贴文字

- 难易程度：★★★☆
- 工程文件：配套光盘\工程文件\第12章\线条拼贴文字
- 视频位置：配套光盘\movie\12.6 线条拼贴文字.avi

技术分析

本例主要讲解线条拼贴文字动画的制作。首先建立合成并添加文字，然后利用 [卡片擦除] 特效制作出文字的线条拼贴效果，最后利用 [镜头光晕] 特效制作光晕，完成整个动画的制作。本例最终动画流程如图 12.103 所示。

图 12.103 动画流程画面

学习目标

通过制作本例，学习 [卡片擦除] 和 [镜头光晕] 特效的使用方法，掌握线条拼贴文字动画的制作技巧。

操作步骤

12.6.1 建立合成并添加文字

Step 1 执行菜单栏中的 [合成][新建合成] 命令，打开 [合成设置] 对话框，设置 [合成名称] 为 "文字"，[宽度] 为 720px，[高度] 为 480px，[帧速率] 为 25 帧/秒，并设置 [持续时间] 为 00:00:05:00 秒，如图 12.104 所示。

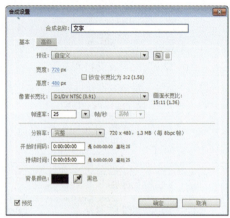

图 12.104 合成设置

Step 2 单击工具栏中的 [横排文字工具] T，在 "文字" 合成窗口中输入 "生化危机"。设置字体为 "长城特粗宋体"，字号大小为 74 像素，填充颜色为浅蓝色（R：140；G：218；B：251），如图 12.105 所示。

图 12.105 设置 [字符] 面板的属性

12.6.2 制作卡片擦除动画

Step 1 选择文字层，在 [效果和预设] 面板中展开 [过渡] 特效组，然后双击 [卡片擦除] 特效，如图 12.106 所示。

图 12.106 添加 [卡片擦除] 特效

Step 2 在 [效果控件] 面板中，修改 [卡片擦除] 特效的参数，修改 [行数] 的值为 1，修改 [列数] 的值为 20，设置 [随机时间] 的值为 0.5，如图 12.107 所示。

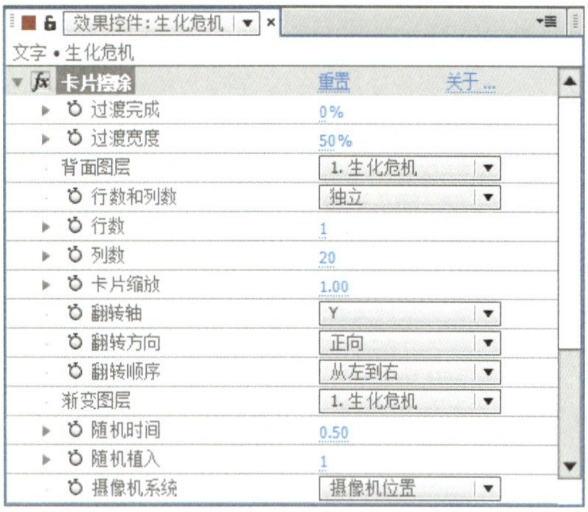

图 12.107 设置卡片擦除特效的参数

Step 3 调整时间到 00:00:00:00 的位置，展开 [摄像机位置] 选项组，单击 [Y 轴旋转] 左侧的码表按钮，修改 [Y 轴旋转] 的值为 285°；展开 [位置抖动] 选项组，单击 [X 抖动量] 和 [Z 抖动量] 左侧的码表按钮，在当前时间建立关键帧，修改 [X 抖动量] 为 5，[Z 抖动量] 为 5，如图 12.108 所示。

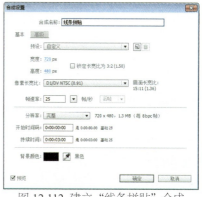

图 12.108 设置 00:00:00:00 帧时特效属性

Step 4 将时间调整到 00:00:01:00 帧的位置，修改 [过渡完成] 的值为 0%，单击 [过渡完成] 左侧的码表按钮，在当前位置为其设置关键帧，如图 12.109 所示。

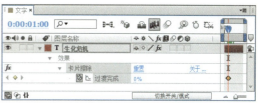

图 12.109 设置 00:00:01:00 帧时特效属性

Step 5 将时间调整到 00:00:02:00 帧的位置，修改 [Y 轴旋转] 的值为 0，[X 抖动量] 和 [Z 抖动量] 为 0，如图 12.110 所示。

图 12.110 设置 00:00:02:00 帧时特效属性

Step 6 将时间调整到 00:00:02:10 帧的位置，修改 [过渡完成] 的值为 100%，如图 12.111 所示。

图 12.111 设置 00:00:02:10 帧时特效属性

12.6.3 制作镜头光晕动画

Step 1 执行菜单栏中的 [合成][新建合成] 命令，打开 [合成设置] 对话框，设置 [合成名称] 为 "线条拼贴"，[宽度] 为 720px，[高度] 为 480px，[帧速率] 为 25 帧 / 秒，并设置 [持续时间] 为 00:00:03:00 秒，如图 12.112 所示。

图 12.112 建立 "线条拼贴" 合成

Step 2 执行菜单栏中的[文件]|[导入]|[文件]命令,打开[导入文件]对话框,选择配套光盘中的"工程文件\第12章\线条拼贴文字\电影.jpg"素材,单击[导入]按钮,"电影.jpg"素材将导入到[项目]面板中。

· 经验分享 ·

拖动导入文件设置

通过资源管理器拖动Photoshop和Illustrator的文件到After Effects中时,PSD和AI默认输入方式是[合成]方式。如果不想使用该方式,可以执行菜单栏中的[编辑]|[首选项]|[导入]命令,打开[首选项]对话框,在[通过拖动将多外项目导入为]右侧的下拉菜单中,指定导入文件的方式即可。

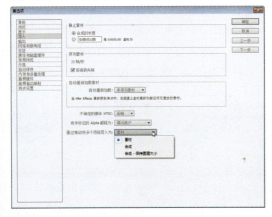

Step 3 将"文字"合成和"电影.jpg"拖入到"线条拼贴"的时间线面板中。选择"文字"层,按Ctrl+D组合键两次,复制出两个"文字"层并重命名为"文字2"、"文字3",如图12.113所示。

图12.113 复制文字层

Step 4 按Ctrl+Y组合键打开[纯色设置]对话框,修改[名称]为"镜头光晕",设置[颜色]为黑色,如图12.114所示。

图12.114 设置关键帧

Step 5 在[效果和预设]面板中展开[生成]特效组,然后双击[镜头光晕]特效,如图12.115所示。

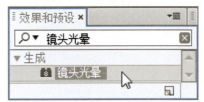

图12.115 添加[镜头光晕]特效

Step 6 在[效果控件]面板中修改[镜头光晕]特效的参数,将时间调整到00:00:01:10帧的位置,单击[光晕中心]和[光晕亮度]右侧的码表按钮 ⌚,在当前时间添加关键帧,修改[光晕中心]的值为(172, 96),[光晕亮度]的值为0%,如图12.116所示。

图12.116 设置00:00:01:10帧特效属性

Step 7 将时间调整到00:00:01:20帧的位置,修改[光晕亮度]的值为100%,如图12.117所示。

图12.117 设置00:00:01:20帧特效属性

Step 8 将时间调整到00:00:02:05帧的位置,修改[光晕中心]的值为(674, 128),[光晕亮度]的值为0%,在时间线面板中修改所有文字层和镜头光晕层的[模式]为[相加],如图12.118所示。

图 12.118 设置关键帧及叠加模式

12.6.4 为文字层添加特效

Step 1 选择"文字 3"层。在 [效果和预设] 面板中展开 [颜色校正] 特效组,然后双击 [色阶] 特效,如图 12.119 所示。

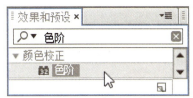

图 12.119 [色阶] 特效

Step 2 在 [效果控件] 面板中,修改 [色阶] 特效的参数,设置 [输入白色] 的值为 82,如图 12.120 所示。

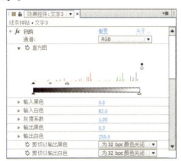

图 12.120 设置 [色阶] 特效参数

Step 3 在 [效果和预设] 面板中展开 [模糊和锐化] 特效组,然后双击 [定向模糊] 特效,如图 12.121 所示。

图 12.121 添加 [定向模糊] 特效

Step 4 在 [效果控件] 面板中修改 [定向模糊] 特效的参数,修改 [模糊长度] 的值为 150,如图 12.122 所示。

图 12.122 设置 [定向模糊] 特效参数

Step 5 在 [效果和预设] 面板中展开 [风格化] 特效组,然后双击 [发光] 特效,如图 12.123 所示。

图 12.123 添加 [发光] 特效

Step 6 在 [效果控件] 面板中修改 [发光] 特效的参数,修改 [发光阈值] 的值为 50%,[发光半径] 的值为 20,[发光强度] 的值为 1,设置 [发光颜色] 为 [A 和 B 颜色],设置 [颜色 A] 为黄色(R:255,G:240,B:0),[颜色 B] 为红色(R:255,G:0,B:0),如图 12.124 所示。

图 12.124 设置 [发光] 特效的属性

Step 7 将时间调整到 00:00:00:15 帧的位置,在时间线面板中展开"文字 3"的 [不透明度] 属性,单击 [不透明度] 属性左侧的码表按钮,修改 [不透明度] 属性值为 0%;将时间调整到 00:00:01:00 帧的位置,修改 [不透明度] 的值为 100%;将时间调整到 00:00:02:00 帧的位置,单击 [不透明度] 属性左侧的 [在当前时间添加或移除关键帧]按钮 为其添加延时帧;将时间调整到00:00:02:05帧的位置,修改[不透明度]的值为0%,如图12.125所示。

图12.125 设置不透明度关键帧

Step 8 确认选择"文字3"层。展开[效果控件]面板,选中[色阶]、[定向模糊]和[发光]3个特效,按Ctrl+C组合键复制特效;选择"文字2"层,按Ctrl+V组合键粘贴特效,如图12.126所示。

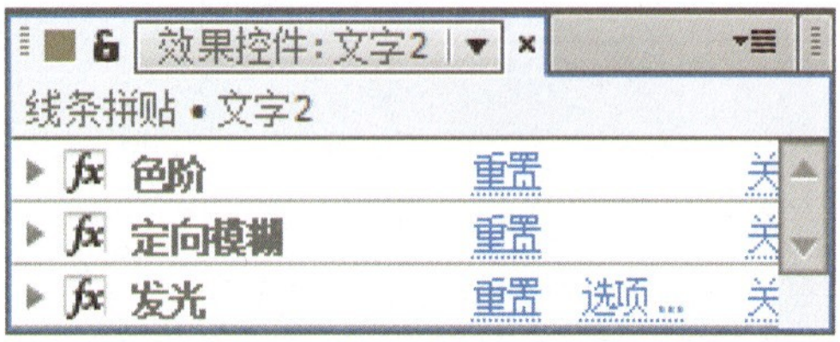

图12.126 为"文字2"层粘贴特效

Step 9 展开"文字3"层的[不透明度]属性,选中全部关键帧,按Ctrl+C组合键复制特效;将时间调整到00:00:00:15帧的位置,选择"文字2"层,按Ctrl+V组合键粘贴关键帧,如图12.127所示。

图12.127 复制透明度关键帧

Step 10 选择"文字2"层。展开[效果控件]面板,选中[发光]特效,按Ctrl+C组合键复制特效,如图12.128所示。

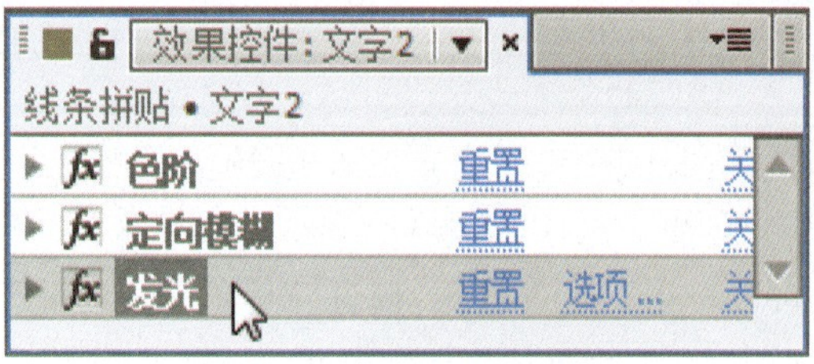

图12.128 复制[发光]特效

Step 11 选中"文字"层,按Ctrl+V组合键粘贴特效,如图12.129所示。

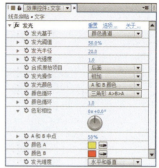

图12.129 粘贴[发光]特效

Step 12 这样就完成了"线条拼贴文字"动画制作,按空格键或小键盘上的0键可在合成窗口看到动画效果。

12.7
绚丽光带

难易程度:★★★☆
工程文件:配套光盘\工程文件\第12章\绚丽光带
视频位置:配套光盘\movie\12.7 绚丽光带.avi

技术分析

本例主要讲解绚丽光带动画的制作。首先建立合成并绘制路径,然后以路径为辅助对象制作粒子沿路径动画,利用Particular(粒子)特效制作出绚丽光带的动画,最后添加[发光]特效,完成动画的制作。本例最终动画流程如图12.130所示。

图 12.130 动画流程画面

学习目标

通过制作本例，学习 Particular（粒子）特效的使用，学习粒子沿路径运动的设置方法，掌握绚丽光带动画的制作技巧。

操作步骤

12.7.1 绘制光带运动路径

Step 1 执行菜单栏中的 [合成]|[新建合成] 命令，打开 [合成设置] 对话框，设置 [合成名称] 为"绚丽光带"，[宽度] 为 720px，[高度] 为 480px，[帧速率] 为 25 帧/秒，并设置 [持续时间] 为 00:00:10:00 秒，如图 12.131 所示。

图 12.131 合成设置

Step 2 执行菜单栏中的 [文件]|[导入]|[文件] 命令，打开 [导入文件] 对话框，选择配套光盘中的"工程文件\第 12 章\绚丽光带\背景图片 .jpg"素材，如图 12.132 所示，单击 [导入] 按钮，将"背景图片 .jpg"素材导入到 [项目] 面板中。

图 12.132 [导入文件] 对话框

Step 3 在 [项目] 面板中选择"背景图片 .jpg"素材，将其拖动到时间线面板中。

· 经验分享 ·

快速将素材与合成高度匹配

有时候在应用素材时，该素材的大小与合成尺寸并不一样，有时我们只需要将素材的高度与合成匹配时，可以在该素材层上单击鼠标右键，从弹出的快捷菜单中选择[变换]|[适合复合高度]命令，或按Ctrl+Alt+Shift+G组合键，即可伸展当前层素材的高度与合成窗口的高度相同。这个操作会同时改变层位置和缩放的信息。

Step 4 按 Ctrl+Y 组合键打开 [纯色设置] 对话框，修改 [名称] 为"路径"，设置 [颜色] 为黑色，如图 12.133 所示。

12.7.2 制作光带特效

图 12.133 添加纯色层

1 在时间线面板中按 Ctrl+Y 组合键,打开 [纯色设置] 对话框,设置纯色层 [名称] 为"光带",[颜色] 为黑色,如图 12.135 所示。
Step

图 12.135 添加纯色层

5 选择"路径"层,单击工具栏中的 [钢笔工具] ,在 [合成] 窗口中绘制一条路径,如图 12.134 所示。
Step

图 12.134 绘制路径

2 在时间线面板中选择"光带"层,在 [效果和预设] 面板中展开 Trapcode 特效组,然后双击 Particular(粒子)特效,如图 12.136 所示
Step

图 12.136 添加特效

3 选择"路径"层,按 M 键,选中 [蒙版路径],按 Ctrl+C 组合键,复制 [蒙版路径],如图 12.137 所示。
Step

图 12.137 复制蒙版路径

· 经验分享 ·

关于路径的闭合

绘制完成的路径,在绘制时没有闭合,在后期需要闭合时,可以首先选择该路径,然后执行菜单栏中的 [图层] | [蒙版和形状路径] | [已关闭] 命令,可以将一个开放的路径自动封闭。

4 将时间调整到 00:00:00:00 的帧位置,选择"光带"层,在时间线面板中展开 [效果] | [Particular(粒子)] | [Emitter(发射器)] 选项,选中 Position XY(XY 轴位置)选项,按 Ctrl+V 组合键,把"路径"层的路径复制给 Particular(粒子)特效中的 Position XY(XY 轴位置),并选择最后一个关键帧向右拖动,将其时间延长,如图 12.138 所示。
Step

图 12.138 粘贴蒙版路径

5 Step 在[效果控件]面板中修改 Particular（粒子）特效参数，展开 Emitter（发射器）选项组，设置 Particles/sec（每秒发射粒子数）的值为 1000。从 Position Subframe（子位置）右侧的下拉列表中选择 10xLinear（10x 线性）选项，设置 Velocity（速度）的值为 0，Velocity Random（速度随机）的值为 0%，Velocity Distribution（速度分布）的值为 0，Velocity From Motion（运动速度）的值为 0%，如图 12.139 所示。

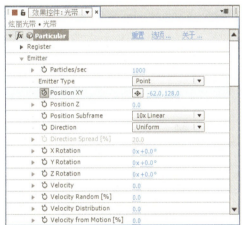

图 12.139 设置 Emitter（发射器）参数值

6 Step 展开 Particle（粒子）选项组，从 Particle Type（粒子类型）右侧的下拉列表中选择 Streaklet（条纹）选项，设置 Streaklet Feather（条纹羽化）的值为 100，Size（大小）的值为 49，如图 12.140 所示。

图 12.140 设置 Particle Type（粒子类型）

7 Step 展开 Size Over Life（生命期内的大小变化）选项，单击 ▬ 按钮，展开 Opacity Over Life（生命期内的透明度变化）选项，单击 ▬ 按钮，并将[颜色]改成橙色（R：114，G：71，B：22），从 Transfer Mode（模式转换）右侧的下拉列表中选择 Add（相加），如图 12.141 所示。

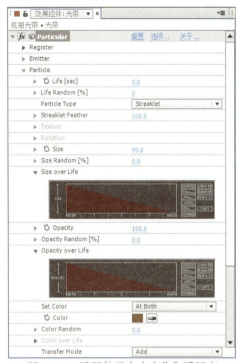

图 12.141 设置粒子大小变化和透明度

8 Step 展开 Streaklet（条纹）选项组，设置 Random Seed（随机植入）的值为 0，No Streaks（无条纹）的值为 15，Streak Size（条纹大小）的值为 11，具体设置如图 12.142 所示。

图 12.142 设置 Streaklet（条纹）参数值

12.7.3 添加发光特效

1 Step 在时间线面板中选择"光带"层，按 Ctrl+D 组合键复制出"光带"层，重命名为"粒子"，如图 12.143 所示。

图 12.143 复制"光带"层，重命名为"粒子"

Step 2 在 [效果控件] 面板中修改 Particular（粒子）特效参数，展开 Emitter（发射器）选项组，设置 Particles/sec（每秒发射粒子数）的值为 200，Velocity（速度）的值为 20，如图 12.144 所示。

图 12.144 设置 Emitter（发射器）参数值

Step 3 展开 Particle（粒子）选项组，设置 Life（生命）的值为 4，从 Particle Type（粒子类型）右侧的下拉列表中选择 Sphere（球形）选项，设置 Sphere Feather（球形羽化）的值为 50，Size（大小）的值为 2，展开 Opacity over Life（生命期内透明度变化）选项，单击 按钮，如图 12.145 所示。

图 12.145 设置 Particle（粒子）参数值

Step 4 在时间线面板中选择"粒子"层，设置混合模式为 [相加] 模式，如图 12.146 所示。

图 12.146 层混合模式的设置

Step 5 在时间线面板中按 Ctrl+Y 组合键，打开 [纯色设置] 对话框，设置纯色层 [名称] 为"辉光"，[颜色] 为黑色，如图 12.147 所示。

Step 6 在时间线面板中选择"辉光"层，设置混合模式为 [相加] 模式，在 [效果和预设] 面板，展开 [风格化] 特效组，双击 [发光] 特效，如图 12.148 所示。

图 12.147 添加纯色层　　图 12.148 添加特效

Step 7 在 [效果控件] 面板中修改 [发光] 特效参数，设置 [发光阈值] 的值为 60%，[发光半径] 的值为 30，[发光强度] 的值为 1.5，如图 12.149 所示。

图 12.149 设置 [发光] 特效参数

Step 8 这样就完成了"绚丽光带"动画的制作，按小键盘上的 0 键预览动画效果。

第13章
实用影视特效解析

内容摘要

随着数字技术的发展,越来越多的影视中加入更加真实的仿真特效镜头,以增加电影的精彩程度,本章通过几个实例,详细讲解常见影视仿真特效的制作技巧,如烟雾、流闪电、夕阳、流星等特效。

教学目标

➔ 学习烟雾效果的制作
➔ 学习闪电字的制作
➔ 掌握夕阳特效的制作
➔ 掌握占卜未来特效的制作
➔ 掌握流星划落的制作

13.1 烟雾效果

- 难易程度：★★☆☆
- 工程文件：配套光盘\工程文件\第13章\烟雾效果
- 视频位置：配套光盘\movie\13.1 烟雾效果.avi

技术分析

本例主要讲解烟雾效果的制作。首先利用 [分形杂色] 特效制作分形噪波效果，然后创建文字合成并利用轨道蒙版创建图形文字效果，最后利用 [复合模糊] 和 [置换图] 特效制作烟雾效果。本例最终动画流程效果如图 13.1 所示。

图 13.1 动画流程画面

学习目标

通过制作本例，学习 [分形杂色] 特效、[置换图] 特效、[复合模糊] 特效、[投影] 特效的使用。

操作步骤

13.1.1 建立"分形噪波"合成

Step 1 执行菜单栏中的 [合成][新建合成] 命令，打开 [合成设置] 对话框，设置 [合成名称] 为"分形噪波"，[宽度] 为 720px，[高度] 为 480px，[帧速率] 为 25 帧/秒，并设置 [持续时间] 为 00:00:04:00 秒，如图 13.2 所示。

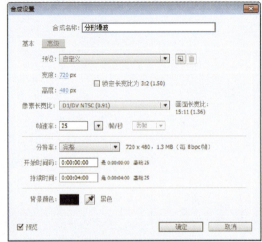

图 13.2 合成设置

经验分享

查看额外素材信息

如果想创建一个和选中素材同尺寸（长、宽、帧速率、宽高比等）的[合成]，只需要将该素材拖到[项目]面板底部的[新建合成]按钮 上或直接拖动到时间线面板中即可。

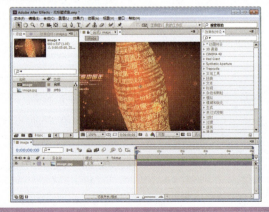

Step 2 在"分形噪波"合成的时间线面板中，按 Ctrl+Y 组合键打开 [纯色设置] 对话框，修

改[名称]为"噪波",设置[颜色]为黑色,如图 13.3 所示。

图 13.3 添加"噪波"固态层

Step 3 确认选择"噪波"层,在[效果和预设]面板中展开[杂色和颗粒]特效组,然后双击[分形杂色]特效,如图 13.4 所示。

图 13.4 添加[分形杂色]特效

Step 4 在[效果控件]面板中,设置[对比度]的值为 200,[亮度]的值为 10,如图 13.5 所示。

图 13.5 修改对比度和亮度参数

Step 5 展开[变换]选项栏,取消勾选[统一缩放]复选框,设置[缩放宽度]的值为 200,[缩放高度]的值为 150,如图 13.6 所示。

Step 6 将时间调整到 00:00:00:00 帧的位置,设置[偏移(湍流)]的值为(0,288),单击[偏移(湍流)]左侧的码表按钮 ;设置[演化]的值为 2x,单击[演化]左侧的码表按钮 ,在当前位置建立关键帧;将时间调整到 00:00:03:24 帧的位置,修改[偏移(湍流)]的值为(720,288),修改[演化]的值为 0°,如图 13.7 所示。

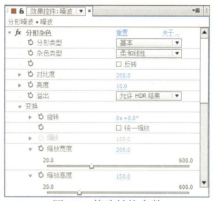

图 13.6 修改转换参数

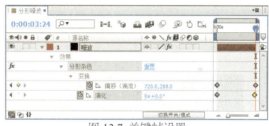

图 13.7 关键帧设置

·经验分享·

异常退出的解决方法

某些损坏的 aep 文件(例如出错的特效,出错的素材文件),在打开时会导致 After Effects 异常退出,通常情况是由于 After Effects 刷新[合成]导致异常退出,这时可以在打开 aep 文件的时按住 Shift 键不放,禁止任何[合成]打开,避免 After Effects 的异常退出,然后在[项目]窗口中将出错的部分删除后再打开[合成]窗口;另一种方法是事先按下 Caps Lock 键,也可以禁止所有[合成]窗口的刷新。

Step 7 确认选择"噪波"层,单击工具栏中的[矩形工具] ,在合成窗口上绘制矩形蒙版,如图 13.8 所示。

图 13.8 绘制蒙版

Step 8 在时间线面板中展开[蒙版 1]选项栏,修改[蒙版羽化]的值为(350,350),如图 13.9

所示。

图 13.9 设置蒙版属性的值

Step 9 确认选择"噪波"层,将时间调整到 00:00:00:00 帧的位置,展开 [蒙版 1] 选项栏,单击 [蒙版路径] 左侧的码表按钮 ,在当前位置建立关键帧;将时间调整到 00:00:03:05 帧的位置,选择蒙版路径,将其拖动到合成窗口的右侧,并适当调整大小,如图 13.10 所示。

图 13.10 调整蒙版路径位置和大小

Step 10 确认选择"噪波"层,在 [效果和预设] 面板中展开 [颜色校正] 特效组,然后双击 [色阶] 特效,如图 13.11 所示。

图 13.11 添加 [色阶] 特效

Step 11 在 [效果控件] 面板中,在 [通道] 右侧的下拉列表中选择 [蓝色],设置 [蓝色输出黑色] 的值为 150,如图 13.12 所示。

图 13.12 参数设置

13.1.2 建立"文字"合成

Step 1 执行菜单栏中的 [合成][新建合成] 命令,打开 [合成设置] 对话框,设置 [合成名称] 为"文字",[宽度] 为 720px,[高度] 为 480px,[帧速率] 为 25 帧 / 秒,并设置 [持续时间] 为 00:00:04:00 秒,如图 13.13 所示。

图 13.13 合成设置

Step 2 执行菜单栏中的 [文件][导入][文件] 命令,打开 [导入文件] 对话框,选择配套光盘中的"工程文件\第 13 章\烟雾效果\背景 .jpg",单击 [导入] 按钮,将"背景 .jpg"素材导入到 [项目] 面板中,如图 13.14 所示。

图 13.14 [导入文件] 对话框

Step 3 单击工具栏中的 [横排文字工具] ,在合成窗口中输入"SHERLOCK HOLMES",设置字体为"Britannic Bold",填充颜色为红色(R:238;G:11;B:38),如图 13.15 所示。

图 13.15 添加文字

· 经验分享 ·

切换查看器锁定

在某些窗口或面板的位置有一个锁形标志🔒，如[合成]窗口中的[切换查看器锁定]🔒标志，单击该标志可以将其锁定🔒，锁定后再次新建[合成]时，不会在当前[合成]窗口中显示图像，而是另开一个[合成]窗口。

4 在[项目]面板中选择"背景.jpg"素材，
Step 将其拖动到时间线面板中，如图 13.16 所示。

图 13.16 添加素材

5 确认选择"背景.jpg"层，在右侧的[轨
Step 道蒙版]下拉菜单中选择 Alpha 遮罩"SHERLOCK HOLMES"，如图 13.17 所示。

图 13.17 选项设置

13.1.3 建立"烟雾字"合成

1 执行菜单栏中的[合成][新建合成]命令，
Step 打开[合成设置]对话框，设置[合成名称]为"烟雾字"，[宽度]为 720px，[高度]为 480px，[帧速率]为 25 帧/秒，并设置[持续时间]为 00:00:04:00 秒，如图 13.18 所示。

图 13.18 合成设置

2 在[项目]面板中选择"背景.jpg"、"分形
Step 噪波"和"文字"合成，将其拖动到时间线面板中，如图 13.19 所示。

图 13.19 添加素材和合成

3 确认选择"文字"层，在[效果和预设]面
Step 板中展开[模糊和锐化]特效组，然后双击[复合模糊]特效，如图 13.20 所示。

图 13.20 添加特效

4 在[效果控件]面板的[模糊图层]的下拉
Step 列表中选择"2.分形噪波"，如图 13.21 所示。

图 13.21 参数设置

Step 5 在[效果和预设]面板中展开[扭曲]特效组,然后双击[置换图]特效,如图13.22所示。

图 13.22 添加特效

Step 6 在[效果控件]面板的[置换图层]下拉列表中选择"2.分形噪波",如图13.23所示。

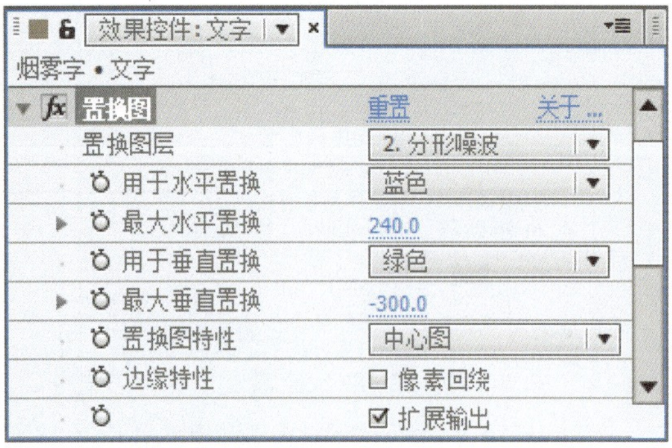

图 13.23 参数设置

Step 7 在[效果和预设]面板中展开[透视]特效组,然后双击[投影]特效,如图13.24所示。

图 13.24 添加特效

Step 8 这样就完成了"烟雾效果"动画的制作,按小键盘上的 0 键预览动画效果。

13.2 闪电字

难易程度:★★★☆
工程文件:配套光盘\工程文件\第13章\闪电字
视频位置:配套光盘\movie\13.2 闪电字.avi

技术分析

本例主要讲解闪电字动画的制作。首先输入文字并对文字使用[毛边]特效,制作出粗糙边缘效果;然后复制文字并添加[高级闪电]特效制作闪电字体动画效果。本例最终动画流程效果如图13.25所示。

图 13.25 动画流程画面

学习目标

通过制作本例,学习[发光]、[毛边]和[高级闪电]特效的使用,掌握闪电字动画的制作技巧。

操作步骤

13.2.1 新建合成

Step 1 执行菜单栏中的[合成]|[新建合成]命令,打开[合成设置]对话框,设置[合成名称]为"文字",[宽度]为720px,[高度]为480px,[帧速率]为25帧/秒,并设置[持续时间]为00:00:05:00秒,如图13.26所示。

Step 2 执行菜单栏中的[文件]|[导入]|[文件]命令,打开[导入文件]对话框,选择"工程文件\第13章\闪电字\背景.jpg"素材,如图13.27所示。单击[导入]按钮,将"背景.jpg"素材导入到[项目]面板中。

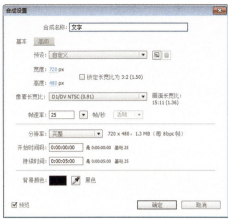

图 13.26 合成设置

图 13.27 [导入文件] 对话框

· 经验分享 ·

强制更新素材

当素材文件被其他软件修改后，不需要关掉当前工作的 After Effects 软件来更新素材信息，可以在 [项目] 面板中，在该素材上单击鼠标右键，从弹出的快捷菜单中选择 [重新加载素材] 命令即可强制更新素材信息。

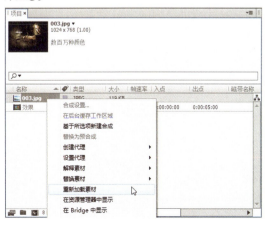

Step 3 单击工具栏中的 [横排文字工具] T，颜色为白色，字体大小为 100 像素，如图 13.28 所示。

Step 4 在合成窗口输入文字"THUNDER"，如图 13.29 所示。

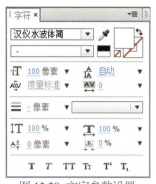

图 13.28 文字参数设置　　图 13.29 输入文字

Step 5 选中文字层，在 [效果和预设] 面板中展开 [风格化] 特效组，双击 [毛边] 特效，如图 13.30 所示。

图 13.30 [毛边] 特效

Step 6 将时间调整到 00:00:00:00 帧的位置，在 [效果控件] 面板中，从 [边缘类型] 右侧的下拉列表中选择 [剪切]，单击 [演化] 左侧的码表按钮，如图 13.31 所示。

图 13.31 设置参数

Step 7 将时间调整到 00:00:04:24 帧的位置，设置 [演化] 的值为 338，系统自动设置关键帧。

8 选中文字层，按 Ctrl+D 组合键复制文字层，重命名为"闪电"，在 [效果控件] 面板中删除 [毛边] 特效,在 [效果和预设] 面板中展开 [生成] 特效组，双击 [高级闪电] 特效，如图 13.32 所示。

图 13.32 [高级闪电]

9 将时间调整到 00:00:00:00 帧的位置，在 [效果控件] 面板中，单击 [源点] 和 [方向] 左侧的码表按钮，设置 [源点] 的值为（732, 411），[方向] 的值为（406, 270），[核心半径] 的值为 1，[核心不透明度] 的值为 100%，[发光半径] 的值为 12，[发光不透明度] 的值为 50%，[Alpha 障碍] 的值为 100，如图 13.33 所示。

图 13.33 高级闪电参数设置

13.2.2 制作闪电动画

1 选中"闪电"层，按 Ctrl+D 组合键复制"闪电"层，重命名为"闪电 1"，再按 Ctrl+D 组合键复制"闪电"层,重命名为"闪电 2"，选中"闪电"层、"闪电 1"层和"闪电 2"层，修改"闪电 1"层中 [源点] 的值为（-84, -45），修改"闪电 2"层中 [源点] 的值为（-44, 406），按 U 键将这三层的关键帧显示出来。

2 将时间调整到 00:00:01:05 帧的位置，修改"闪电"层中 [源点] 的值为（732, -8），[方向] 的值为（444, 214）；"闪电 1"层中 [源点] 的值为（-66, 106），[方向] 的值为（444, 214）；"闪电 2"层中 [源点] 的值为（328, 626），[方向] 的值为（444, 214），系统自动设置关键帧。

3 将时间调整到 00:00:02:05 帧的位置，修改"闪电"层中 [源点] 的值为（-15, -10），[方向] 的值为（310, 270）；"闪电 1"层中 [源点] 的值为（787, -58），[方向] 的值为（310, 270）；"闪电 2"层中 [源点] 的值为（877, 594），[方向] 的值为（310, 270），系统自动设置关键帧。

4 将时间调整到 00:00:03:04 帧的位置，修改"闪电"层中 [源点] 的值为（-82, 472），[方向] 的值为（345, 282）；"闪电 1"层中 [源点] 的值为（768, 580），[方向] 的值为（345, 282）；"闪电 2"层中 [源点] 的值为（810, -132），[方向] 的值为（345, 282），系统自动设置关键帧。

将时间调整到 00:00:04:24 帧的位置，修改"闪电"层中 [源点] 的值为（748, 505），[方向] 的值为（365, 291）；"闪电 1"层中 [源点] 的值为（-46, 573），[方向] 的值为（365, 291）；"闪电 2"层中 [源点] 的值为（-212, -131），[方向] 的值为（365, 291），系统自动设置关键帧，如图 13.34 所示。

图 13.34 00:00:04:24 帧参数设置

5 按 Ctrl+Alt+Y 组合键，建立调整层，选中调整层,在 [效果和预设] 面板中展开 [风格化] 特效组，双击 [发光] 特效，如图 13.35 所示。

图 13.35 添加 [发光] 特效

6 在 [效果控件] 面板中，设置 [发光阈值] 的值为 25%，[发光强度] 的值为 2，在 [发光颜色] 右侧的下拉菜单中选择 [A 和 B 颜色]，设置 [颜色 A] 为蓝色（R：54；G：92；B：

255），[颜色 B] 为白色，如图 13.36 所示。

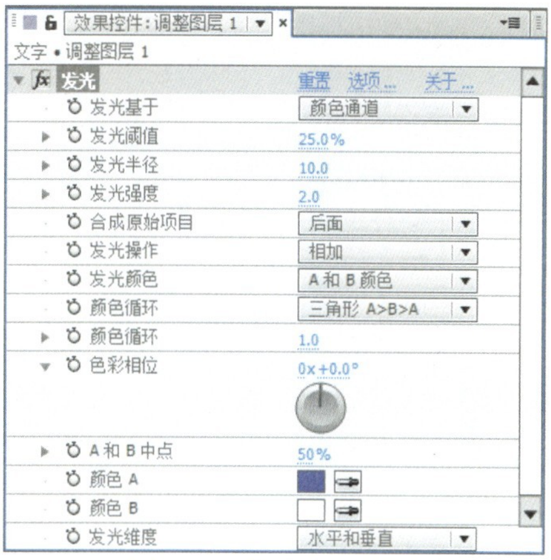

图 13.36 发光参数设置

· 经验分享 ·

空格键的功能

轻按键盘上的空格键，可以进行动画预演；如果按住空格键不放，就会出现一个手形标志，此时按住鼠标并移动，可以对时间线窗口或[合成]窗口进行拖动操作。

Step 7 执行菜单栏中的 [合成][新建合成] 命令，打开 [合成设置] 对话框，设置 [合成名称] 为 "效果"，[宽度] 为 720px，[高度] 为 480px，[帧速率] 为 25px，并设置 [持续时间] 为 00:00:05:00 秒，如图 13.37 所示。

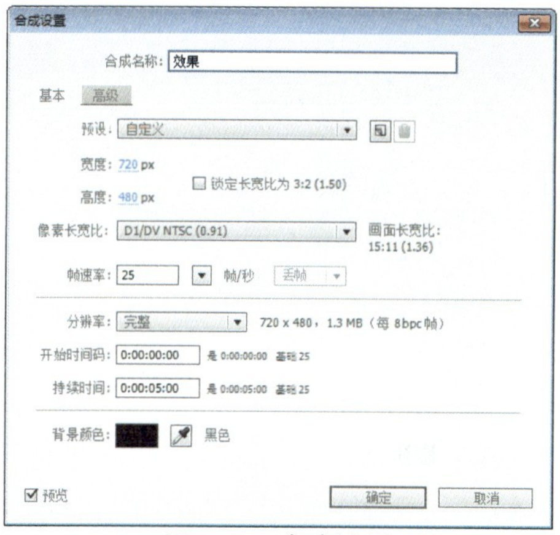

图 13.37 合成设置

Step 8 将 "文字" 合成和 "背景 .jpg" 拖入到时间线面板中，如图 13.38 所示。

图 13.38 添加素材

Step 9 这样就完成了闪电字效果的整体制作，按小键盘上的 0 键，即可在合成窗口中预览动画。

13.3 夕阳

难易程度：★★☆☆
工程文件：配套光盘\工程文件\第13章\夕阳
视频位置：配套光盘\movie\13.3 夕阳.avi

技术分析

本例主要讲解夕阳效果的制作。首先利用 [分形杂色] 特效制作出水面动画；然后使用 [动态拼贴]、[色相/饱和度] 和 [置换图] 特效制作夕阳下的水面动画效果。本例最终动画流程效果如图 13.39 所示。

图 13.39 动画流程画面

📖 学习目标

通过制作本例，学习利用 [分形杂色] 特效特效制作水面动画的方法；学习 [动态拼贴]、[色相 / 饱和度] 和 [置换图] 特效的使用，掌握下夕阳水面动画的制作技巧。

✎ 操作步骤

13.3.1 制作水面动画

Step 1 执行菜单栏中的 [合成]|[新建合成] 命令，打开 [合成设置] 对话框，设置 [合成名称] 为"水面"，[宽度] 为 720px，[高度] 为 480px，[帧速率] 为 25 帧 / 秒，并设置 [持续时间] 为 00:00:10:00 秒，如图 13.40 所示。

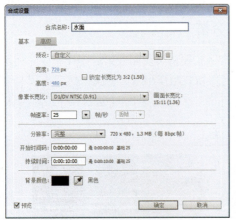

图 13.40 合成设置

Step 2 按 Ctrl+Y 组合键打开 [纯色设置] 对话框，修改 [名称] 为"水面"，设置 [宽度] 为 1200 像素，[高度] 为 1200 像素，[颜色] 为黑色，如图 13.41 所示。

图 13.41 [纯色设置] 对话框

Step 3 在 [效果和预设] 面板中展开 [杂色和颗粒] 特效组，双击 [分形杂色] 特效，如图 13.42 所示。

图 13.42 [分形杂色] 特效

Step 4 将时间调整到 00:00:00:00 帧的位置，在 [效果控件] 面板中，单击 [演化] 左侧的码表按钮，设置一个关键帧，如图 13.43 所示。

图 13.43 设置关键帧

13.3.2 制作总合成

Step 1 执行菜单栏中的 [合成]|[新建合成] 命令，打开 [合成设置] 对话框，设置 [合成名称] 为"海边"，[宽度] 为 720px，[高度] 为 480px，[帧速率] 为 25 帧 / 秒，并设置 [持续时间] 为 00:00:10:00 秒，如图 13.44 所示。

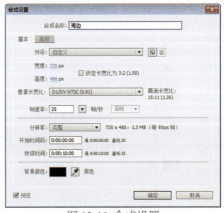

图 13.44 合成设置

Step 2 执行菜单栏中的 [文件]|[导入]|[文件] 命令，打开 [导入文件] 对话框，选择"工程文件 \ 第 13 章 \ 夕阳 \ 夕阳 .jpg"素材，如图 13.45 所示。单击 [导入] 按钮，将素材导入到 [项

目]面板中。

图 13.45 [导入文件]对话框

· 经验分享 ·

查看素材位置

在[项目]面板中单击选择要查看位置的素材，然后单击鼠标右键，从弹出的快捷菜单中选择[在资源管理器中显示]，会打开系统的资源管理器，显示该素材具体的位置。

3 将"夕阳.jpg"和"水面"合成拖动到时间线面板中，取消"水面"层显示，打开"夕阳.jpg"层三维属性开关，按Ctrl+D组合键复制"夕阳.jpg"层，修改名称为"下夕阳.jpg"；展开"夕阳.jpg"层的[变换]选项组，设置[位置]的值为（360，48，38）。

4 选中"下夕阳.jpg"层，在[效果和预设]面板中展开[风格化]特效组，双击[动态拼贴]特效，如图13.46所示。

图 13.46 [动态拼贴]特效

5 在[效果控件]面板中，设置[输出高度]的值为220，勾选[镜像边缘]复选框，如图13.47所示。

图 13.47 参数设置

6 在[效果和预设]面板中展开[颜色校正]特效组，双击[色相/饱和度]特效，如图13.48所示。

图 13.48 [色相/饱和度]特效

7 在[效果控件]面板中，设置[主色相]的值为-12，如图13.49所示。

图 13.49 参数设置

8 展开"下夕阳.jpg"层的[变换]选项组，设置[位置]的值为（360，528，38），[方向]的值为（180，0，0）。

9 执行菜单栏中的[图层][新建][摄像机]命令，打开[摄像机设置]对话框，设置[预设]为24mm，参数设置如图13.50所示，单击[确定]按钮。

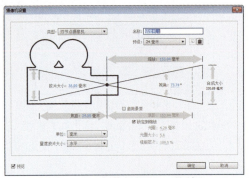

图 13.50 [摄像机设置]对话框

Step 10 展开"摄像机"层的【变换】选项组,设置[位置]的值为(360,240,-376)。

Step 11 按 Ctrl+Alt+Y 组合键建立一个调整层,层级顺序如图 13.51 所示。

图 13.51 新建调整层

Step 12 选中调整层,在[效果和预设]面板中展开[扭曲]特效组,双击[置换图]特效,如图 13.52 所示。

图 13.52 [置换图]特效

Step 13 在[效果控件]面板中,设置[置换图层]为"5. 水面",[最大水平置换]的值为 60,[最大垂直置换]的值为 239,如图 13.53 所示。

图 13.53 置换贴图参数设置

Step 14 这样就完成了夕阳效果的整体制作,按小键盘上的 0 键,即可在合成窗口中预览动画。

13.4 占卜未来

难易程度:★★★☆
工程文件:配套光盘\工程文件\第13章\占卜未来
视频位置:配套光盘\movie\13.4 占卜未来.avi

技术分析

本例主要讲解占卜未来动画的制作。首先利用 Particular(粒子)特效制作粒子动画,然后使用利用[曲线]特效调节亮度,并通过摄像机制作摄像机动画;最后利用简单的位移完成占卜未来动画的制作。本例最终动画流程效果如图 13.54 所示。

图 13.54 动画流程画面

学习目标

通过制作本例,学习[曲线]特效对图像色阶的调整方法,学习 Particular(粒子)特效的使用,学习摄像机动画的制作,掌握占卜未来动画的制作技巧。

操作步骤

13.4.1 创建粒子动画

Step 1 执行菜单栏中的 [合成]|[新建合成] 命令，打开 [合成设置] 对话框，设置 [合成名称] 为 "旋转"，[宽度] 为 720px，[高度] 为 480px，[帧速率] 为 25 帧/秒，并设置 [持续时间] 为 00:00:04:00 秒，如图 13.55 所示。

图 13.55 合成设置

Step 2 在时间线面板中，按 Ctrl+Y 组合键打开 [纯色设置] 对话框，设置 [名称] 为粒子，[颜色] 为白色，如图 13.56 所示。

图 13.56 [纯色设置] 对话框

Step 3 在时间线面板中选择 "粒子" 层，在 [效果和预设] 面板中展开 Trapcode 特效组，双击 Particular（粒子）特效，如图 13.57 所示。

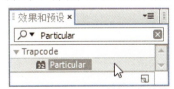

图 13.57 Particular（粒子）特效

Step 4 在 [效果控件] 面板中，展开 Aux System（辅助系统）选项组，在 Emit（发射器）右侧的下拉菜单中选择 Continuously（连续），设置 Particles/sec（每秒发射粒子数）的值为 235，Life（生命）的值为 1.3，Size（大小）的值为 1.5，Opacity（不透明度）的值为 30，如图 13.58 所示。

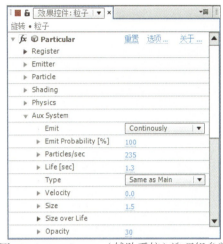

图 13.58 Aux System（辅助系统）选项组参数

Step 5 将时间调整到 00:00:01:00 帧的位置，展开 Physics（物理学）选项组，单击 Physics Time Factor（物理时间因素）左侧的码表按钮，在当前位置设置关键帧，展开 Air（空气）选项组中的 Turbulence Field（混乱场）选项，设置 Affect Position（影响位置）的值为 155，如图 13.59 所示。

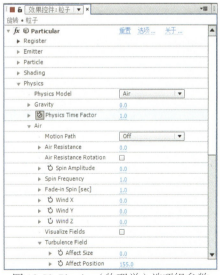

图 13.59 Physics（物理学）选项组参数

Step 6 将时间调整到 00:00:01:10 帧的位置，修改 Physics Time Factor（物理时间因素）的值为

0。

> **·经验分享·**
>
> **时间码输入技巧**
>
> 在After Effects所有的时间码输入对话框内输入时间时，可以忽略其中的"："，例如，在时间线的时间码中输入1000，就可以让时间指针到达10秒的位置。

7 将时间调整到00:00:00:00帧的位置，展开Particle（粒子）选项组，设置Size（大小）的值为0，展开Emitter（发射器）选项组，设置Particles/sec（每秒发射粒子数）的值为1800，单击Particles/sec（每秒发射粒子数）左侧的码表按钮，在当前位置设置关键帧，设置Velocity（速度）的值为160，Velocity Random（速度随机）的值为40%，如图13.60所示。

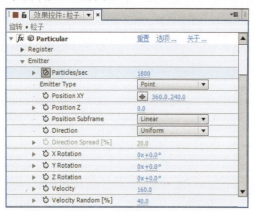

图13.60 Emitter（发射器）选项组参数

8 将时间调整到00:00:00:01帧的位置，修改Particles/sec（每秒发射粒子数）的值为0，系统将在当前位置自动设置关键帧。

9 执行菜单栏中的[图层][新建][摄像机]命令，打开[摄像机设置]对话框，设置[预设]为24mm，参数设置如图13.61所示，单击[确定]按钮。

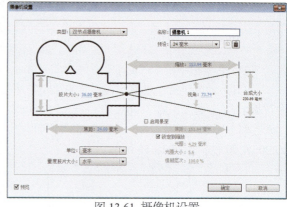

图13.61 摄像机设置

10 将时间调整到00:00:00:00帧的位置，选择"摄像机1"层，展开[变换]选项组。单击[位置]左侧的码表按钮，在当前位置设置关键帧，设置[位置]的值为（360，240，-1100），如图13.62所示。

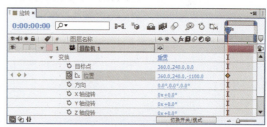

图13.62 设置位置参数

11 将时间调整到00:00:01:10帧的位置，修改[位置]的值为（-95，240，325），系统将在当前位置自动设置关键帧。

12 将时间调整到00:00:03:00帧的位置，修改[位置]的值为（-50，240，900），系统将在当前位置自动设置关键帧。

13 按Ctrl+Alt+Y组合键，创建一个[调整层1]，选择[调整层1]，在[效果和预设]面板中展开[颜色校正]特效组，双击[曲线]特效，如图13.63所示。

图13.63 [曲线]特效

14 在[效果控件]面板中，调整曲线效果，如图13.64所示。

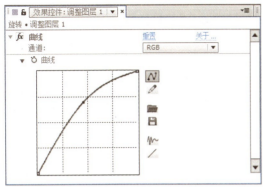

图 13.64 调整曲线

13.4.2 制作总合成动画

Step 1 执行菜单栏中的 [合成]|[新建合成] 命令，打开 [合成设置] 对话框，设置 [合成名称] 为"占卜未来"，[宽度] 为 720px，[高度] 为 480px，[帧速率] 为 25 帧 / 秒，并设置 [持续时间] 为 00:00:04:00 秒，如图 13.65 所示。

图 13.65 合成设置

Step 2 执行菜单栏中的 [文件]|[导入]|[文件] 命令，打开 [导入文件] 对话框，选择"工程文件\第 13 章\占卜未来\背景 .jpg"素材，如图 13.66 所示。单击 [导入] 按钮，将素材导入到 [项目] 面板中。

Step 3 将"背景 .jpg"和"旋转"层拖动到时间线面板中，选中"旋转"层，按 P 键打开 [位置]，将时间调整到 00:00:00:10 帧的位置，设置 [位置] 的值为（930，258），单击 [位置] 左侧的码表按钮 ，在当前位置设置关键帧；将时间调整到 00:00:01:01 帧的位置，设置 [位置] 的值为（338，206）；将时间调整到 00:00:03:19 帧的位置，设置 [位

置] 的值为（72，20），系统将在当前位置自动设置关键帧。

图 13.66 [导入文件] 对话框

Step 4 这样就完成了占卜未来效果的整体制作，按小键盘上的 0 键，即可在合成窗口中预览动画。

·经验分享·

在Bridge中预览素材

在[项目]面板中单击选择要在Bridge中查看的素材，然后单击鼠标右键，从弹出的快捷菜单中选择[在Bridge中显示]，会打开Bridge软件，显示该素材的预览效果。

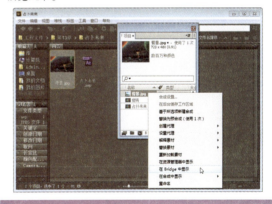

13.5 流星划落

难易程度：★★☆☆
工程文件：配套光盘\工程文件\第13章\流星划落
视频位置：配套光盘\movie\13.5 流星划落.avi

技术分析

本例主要讲解流星划落动画的制作。首先使用 [星形工具] 绘制五角形，并对其描边，然后为其制作简单的位移、缩放动画，最后利用 [残影] 特效制作星星拖尾效果，完成流星划落动画的制作。本例最终动画流程效果如图 13.67 所示。

图 13.67 动画流程画面

学习目标

通过制作本例，学习 [星形工具] 的使用，学习 [残影] 特效的参数设置及使用方法，掌握流星划落动画的制作技巧。

操作步骤

13.5.1 创建星星

Step 1 执行菜单栏中的 [合成]|[新建合成] 命令，打开 [合成设置] 对话框，设置 [合成名称] 为"星星"，[宽度] 为 720px，[高度] 为 480px，[帧速率] 为 25 帧/秒，并设置 [持续时间] 为 00:00:06:00 秒，如图 13.68 所示。

图 13.68 合成设置

Step 2 单击工具栏中的 [星形工具] ⭐，选择星形工具，设置 [填充] 为无，[描边] 颜色为绿色（R：117；G：177；B：0），描边大小的值为 10 像素，在 [合成] 窗口中，拖动绘制一个星形，如图 13.69 所示。

图 13.69 绘制星形

Step 3 选中"形状图层 1"层，按 Enter 键，将该图层重命名为"星星"，如图 13.70 所示。

图 13.70 重命名图层

Step 4 将时间调整到 00:00:00:00 帧的位置，选中"星星"层，设置 [位置] 的值为（85，100），[缩放] 的值为（10，10），[旋转] 的值为 -30°，分别单击 [位置]、[缩放]、[旋转] 左侧的码表按钮⏱，在当前位置添加关键帧，如图 13.71 所示。

图 13.71 关键帧设置

5 将时间调整到 00:00:03:00 帧的位置，设置 [位置] 的值为（420，190），系统会自动添加关键帧，如图 13.72 所示。

图 13.72 关键帧设置

6 将时间调整到 00:00:05:24 帧的位置，设置 [位置] 的值为（600，375），[缩放] 的值为（30，30），[旋转] 的值为 0°，系统会自动添加关键帧，如图 13.73 所示。

图 13.73 关键帧设置

· 经验分享 ·

快速添加或减少时间码

在 [转到时间] 对话框内或时间线的时间码位置，如果输入 +15，可以让时间指针到达当前时间的后 15 帧；如果输入 +−15，可以让时间指针到达当前时间的前 15 帧。

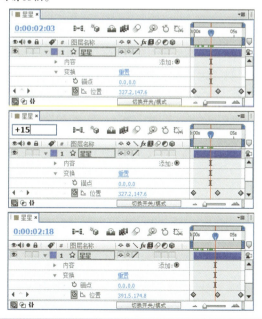

7 选中"星星"层，按 Ctrl + D 组合键，复制"星星"层得到"星星 2"层，如图 13.74 所示。

图 13.74 复制图层

8 将时间调整到 00:00:00:00 帧的位置，选中"星星 2"层，按 U 键打开所有关键帧，修改 [位置] 的值为（85，60），[缩放] 的值为（6，6），如图 13.75 所示。

图 13.75 00:00:00:00 帧的位置参数设置

9 将时间调整到 00:00:03:00 帧的位置，设置 [位置] 的值为（430，140），系统会自动添加关键帧，如图 13.76 如示。

图 13.76 00:00:03:00 帧的位置参数设置

10 将时间调整到 00:00:05:24 帧的位置，设置 [位置] 的值为（610，340），[缩放] 的值为（20，20），系统会自动添加关键帧，如图 13.77 所示。

图 13.77 关键帧设置

13.5.2 制作星星拖尾

1 执行菜单栏中的 [合成] | [新建合成] 命令，打开 [合成设置] 对话框，设置 [合成名称] 为 "星星拖尾"，[宽度] 为 720px，[高度] 为 480px，[帧速率] 为 25 帧 / 秒，并设置 [持续时间]

为 00:00:06:00 秒，如图 13.78 所示。

图 13.78 合成设置

2 Step 执行菜单栏中的 [文件][导入][文件] 命令，打开 [导入文件] 对话框，选择配套光盘中的"工程文件\第 13 章\流星划落\背景.jpg"素材，单击 [导入] 按钮，将素材导入到 [项目] 面板中，如图 13.79 所示。

图 13.79 [导入文件] 对话框

3 Step 在 [项目] 面板中，选择"星星"合成"背景.jpg"素材，将其拖动到"星星拖尾"合成的时间线面板中，如图 13.80 所示。

图 13.80 添加合成与素材

· 经验分享 ·

快速修改合成名称

要修改一个[合成]的名称，只需要在[项目]面板中选中该合成名称，然后按回车键将其激活并修改名字，完成后再按回车键即可。

4 Step 选中"星星"层，按 Ctrl + D 组合键，将"星星"层复制，并按 Enter 键，将该图层重命名为"星星拖尾"，如图 13.81 所示。

图 13.81 复制图层

5 Step 选中"星星拖尾"层，在 [效果和预设] 面板中展开 [时间] 特效组，双击 [残影] 特效，如图 13.82 所示。

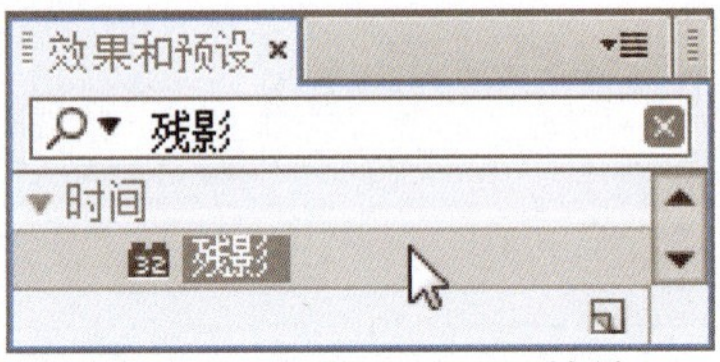

图 13.82 添加 [残影] 特效

6 Step 在 [效果控件] 面板中，设置 [残影数量] 的值为 2000，[起始强度] 的值为 0.6，[衰减] 的值为 0.95，如图 13.83 所示。

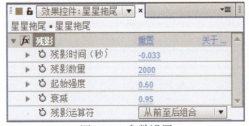

图 13.83 参数设置

7 Step 将时间调整到 00:00:00:00 帧的位置，选中"星星"层和"星星拖尾"层，按 T 键展开 [不透明度] 属性，设置 [不透明度] 的值为 0%，单击码表按钮，在当前位置添加关键帧，如图 13.84 所示。

图 13.84 00:00:00:00 帧的位置关键帧设置

Step 8 将时间调整到 00:00:00:20 帧的位置，设置 [不透明度] 的值为 100%，系统会自动设置关键帧，如图 13.85 所示。

图 13.85 00:00:00:20 帧的位置关键帧设置

Step 9 将时间调整到 00:00:05:00 帧的位置，单击 [不透明度] 左侧的 [在当前时间添加/移除关键帧] 按钮，为系统添加延时帧，如图 13.86 所示。

图 13.86 00:00:05:00 帧的位置关键帧设置

Step 10 将时间调整到 00:00:05:24 帧的位置，设置 [不透明度] 的值为 0%，系统会自动设置关键帧，如图 13.87 所示。

图 13.87 00:00:05:24 帧的位置关键帧设置

Step 11 这样就完成了"流星划落"的整体制作，按小键盘上的 0 键，可在合成窗口中预览当前动画效果。

第14章
商业栏目包装案例表现

内容摘要

本章详细讲解商业栏目包装案例表现。通过影视宣传片——旅游宣传片和电视节目包装和影视剧场2个大型专业动画，全面细致地讲解了商业栏目包装的制作过程，再现全程制作技法。通过本章的学习，让读者不仅可以看到成品的栏目包装效果，而且可以学习到栏目包装的制作方法和技巧。

教学目标

➜ 掌握影视宣传片——旅游宣传片的制作技巧
➜ 掌握电视节目包装——影视剧场制作技巧

14.1 影视宣传片——旅游宣传片

难易程度：★★★★
工程文件：配套光盘\工程文件\第14章\旅游宣传片
视频位置：配套光盘\movie\14.1 旅游宣传片.avi

技术分析

本例讲解旅游宣传片的制作，通过 [轨道遮罩] 属性的应用以及图片素材的 [位置]、[缩放] 动画，制作出旅游宣传片，本例最终的动画流程效果，如图 14.1 所示。

图 14.1 旅游宣传片动画流程效果

学习目标

通过本例的制作，学习素材的 [位置]、[缩放] 属性的应用，路径文字动画的应用，层的 [父级] 关系，[轨道遮罩] 的应用以及 [图层样式][描边] 命令、[生成]|[梯度渐变] 特效和 [过渡][百叶窗] 特效的应用及其参数的设置。

操作步骤

14.1.1 制作镜头 1

Step 1 执行菜单栏中的 [合成]|[新建合成] 命令，打开 [合成设置] 对话框，设置 [合成名称] 为"镜头 1"，[宽度] 为 720px，[高度] 为 480px，[帧速率] 为 25 帧 / 秒，并设置 [持续时间] 为 00:00:07:00 秒，如图 14.2 所示。

图 14.2 镜头 1 合成参数设置

Step 2 执行菜单栏中的 [文件]|[导入]|[文件] 命令，打开 [导入文件] 对话框，选择配套光盘中的"工程文件 \ 第 14 章 \ 旅游宣传片 \ 宝峰湖 .jpg、凤凰古城 .jpg、黄龙洞 .jpg、江垭温泉 .jpg、普光禅寺 .jpg、土家风情园 .jpg、刻度尺 .psd"素材，单击 [导入] 按钮，如图 14.3 所示，将素材导入到 [项目] 面板中。

图 14.3 导入素材

· 经验分享 ·

查看额外素材信息

在[项目]面板中，按住Alt键单击素材，可以看到素材的一些额外信息，例如压缩格式、比率等。

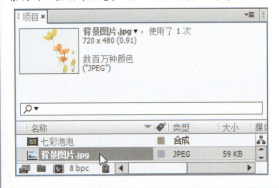

图 14.4 添加素材

Step 3 在 [项目] 面板中选择"刻度尺 .psd"素材，将其拖动到时间线面板中，如图 14.4 所示。

Step 4 执行菜单栏中的 [图层][新建][纯色] 命令，打开 [纯色设置] 对话框，设置 [名称] 为"白盘"，如图 14.5 所示。

Step 5 单击工具栏中的 [椭圆工具]，在新创建的纯色层"白盘"上绘制一个圆形蒙版区域，如图 14.6 所示。

图 14.5 创建"白盘"层

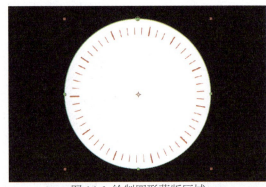

图 14.6 绘制圆形蒙版区域

Step 6 执行菜单栏中的 [图层][新建][纯色] 命令，打开 [纯色设置] 对话框，设置 [名称] 为"红圈"，[颜色] 为红色（R：167，G：0，B：0），如图 14.7 所示。在时间线面板中的位置如图 14.8 所示。

图 14.7 创建"红圈"层

图 14.8 "红圈"层的位置

7 单击工具栏中的 [椭圆工具] ，在新创建
Step 的纯色层"红圈"上绘制一个圆形蒙版区域，
如图 14.9 所示。

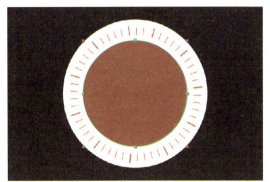

图 14.9 在"红圈"层上绘制圆形蒙版区域

8 在时间线面板中，选择"红圈"层，在 [效
Step 果和预设] 面板中展开 [生成] 特效组，然
后双击 [描边] 特效，如图 14.10 所示。

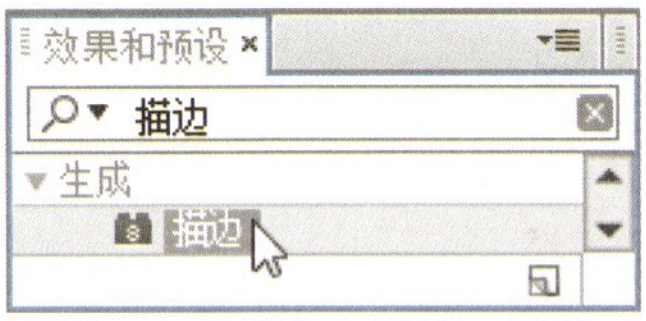

图 14.10 添加 [描边] 特效

9 在 [效果控件] 面板中，设置 [颜色] 为红
Step 色（R：167，G：0，B：0），[画笔大小]
的值为 7，[画笔硬度] 的值为 100%，在 [绘画样
式] 的下拉菜单中选择 [在透明背景上] 选项，如
图 14.11 所示。此时，合成窗口中的素材效果如图
14.12 所示。

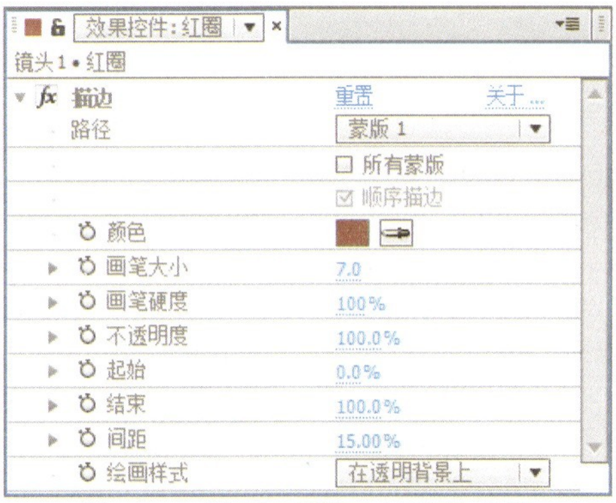

图 14.11 设置 [描边] 特效的参数

10 在时间线面板中，选择"红圈"层，在 [效
Step 果和预设] 面板中展开 [透视] 特效组，然
后双击 [投影] 特效，如图 14.13 所示。

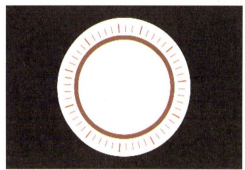

图 14.12 合成窗口中的素材效果

图 14.13 添加 [投影] 特效

11 在 [效果控件] 面板中，设置 [不透明度]
Step 的值为 60%，[距离] 的值为 2，[柔和度]
的值为 20，如图 14.14 所示。此时，合成窗口中
的素材效果如图 14.15 所示。

图 14.14 设置 [投影] 特效的参数

图 14.15 合成窗口中的素材效果

12 执行菜单栏中的 [图层][新建][纯色]命令，
Step 打开 [纯色设置] 对话框，设置 [名称] 为"宝
峰湖蒙版"，[颜色] 为白色，如图 14.16 所示。在
时间线面板中的位置如图 14.17 所示。

311

图 14.16 创建"宝峰湖蒙版"层

图 14.17 素材的位置

13 Step 在时间线面板中,选择"红圈"层,按 M 键展开 [蒙版] 选项组,单击 [蒙版 1],按 Ctrl+C 组合键复制 [蒙版 1],然后在时间线面板中选择"宝峰湖蒙版"层,按 Ctrl+V 组合键,粘贴 [蒙版 1],如图 14.18 所示。

图 14.18 复制 [蒙版 1]

14 Step 在 [项目] 面板中选择"宝峰湖"素材,将其拖动到时间线面板中,排列顺序如图 14.19 所示。此时,合成窗口中的素材效果如图 14.20 所示。

图 14.19 "宝峰湖"素材在时间线面板中的位置

图 14.20 合成窗口中的素材效果

15 Step 选择"宝峰湖"素材,按 S 键展开 [缩放] 选项,将 [缩放] 的值修改为(91,91),如图 14.21 所示。此时,合成窗口中的素材效果如图 14.22 所示。

图 14.21 修改 [缩放] 的值

图 14.22 合成窗口中的素材效果

16 Step 将时间调整到 0:00:03:12 帧的位置,在时间线面板中,选择"宝峰湖蒙版"、"宝峰湖"层,按 Alt+] 组合键,将"宝峰湖蒙版"、"宝峰湖"的出点设置在当前位置,如图 14.23 所示。

图 14.23 设置"宝峰湖蒙版"、"宝峰湖"的出点

17 Step 在时间线面板中,选择"宝峰湖"层,单击窗口左下角的 按钮,打开层"转换控制"窗格,单击"宝峰湖"层右侧 [轨道遮罩] 下方的 [无] 按钮,在弹出的菜单中选择 Alpha 遮罩"[宝峰湖蒙版]",如图 14.24 所示。

经验分享

锁定关键帧

按住Alt键双击关键帧，则可以打开[关键帧速度]调整对话框，对关键帧的速度进行调整。

峰湖蒙版]"，如图14.24所示。

图14.24 设置宝峰湖的[轨道遮罩]

18 Step 在时间线面板中，选择"宝峰湖蒙版"层，按Ctrl+D组合键复制一层，并修改名称为"凤凰古城蒙版"，排列顺序如图14.25所示。

图14.25 复制凤凰古城蒙版

19 Step 将时间调整到00:00:00:00帧的位置，在[项目]面板中选择"凤凰古城"素材，将其拖动到时间线面板中，排列顺序如图14.26所示。此时，合成窗口中的素材效果如图14.27所示。

图14.26 排列顺序

图14.27 合成窗口中的素材效果

20 Step 按S键展开[缩放]选项，将[缩放]的值修改为（87，87），如图14.28所示。此时，合成窗口中的素材效果如图14.29所示。

图14.28 修改[缩放]的值

图14.29 合成窗口中的素材效果

21 Step 将时间调整到0:00:03:12帧的位置，在时间线面板中，选择"凤凰古城"层，按Alt+]组合键，将"凤凰古城"的出点设置在当前位置，如图14.30所示。

图14.30 设置"凤凰古城"的出点

22 Step 将时间调整到0:00:03:13帧的位置，在时间线面中选择"凤凰古城蒙版"、"凤凰古城"层，按[键，将素材的入点设置在当前位置，如图14.31所示。

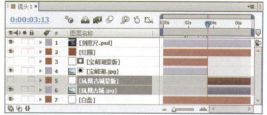

图 14.31 设置"凤凰古城蒙版"、"凤凰古城"的入点

23 Step 在时间线面板中,选择"凤凰古城"层,单击窗口左下角的 按钮,打开"转换控制"窗格,单击"凤凰古城"层右侧 [轨道遮罩] 下方的 [无] 按钮,在弹出的菜单中选择 Alpha 遮罩"[凤凰古城蒙版]",如图 14.32 所示。此时,合成窗口中的效果如图 14.33 所示。

图 14.32 设置 Alpha 遮罩"[凤凰古城蒙版]"

图 14.33 合成窗口中的素材效果

24 Step 在时间线面板中,选择"宝峰湖蒙版"层,按 Ctrl+D 组合键复制一层,并修改名称为"闪白",排列顺序如图 14.34 所示。

图 14.34 复制"闪白"层

25 Step 将时间调整到 0:00:03:05 帧的位置,选择"闪白"层,按 [键,将"闪白"的入点设置在当前位置,如图 14.35 所示。

图 14.35 设置"闪白"的入点

26 Step 将时间调整到 0:00:03:20 帧的位置,选择"闪白"层,按 Alt+] 组合键,将"闪白"的出点设置在当前位置,如图 14.36 所示。

图 14.36 设置"闪白"的出点

27 Step 在时间线面板中,选择"闪白"层,单击其左侧的 按钮,使素材在合成窗口中显示,如图 14.37 所示。此时,合成窗口中的素材如图 14.38 所示。

图 14.37 时间线面板中的素材

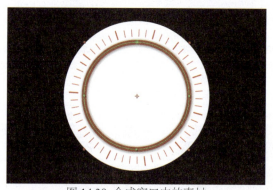

图 14.38 合成窗口中的素材

28 Step 将时间调整到 00:00:00:00 帧的位置,在时间线面板中选择"刻度尺.psd"层,按 R 键展开 [旋转] 选项,单击 [旋转] 左侧的码表按钮 ,在当前时间设置一个关键帧,如图 14.39 所示。

图 14.39 设置 [旋转] 属性的关键帧

29 Step 将时间线调整到 0:00:03:12 帧的位置,修改 [旋转] 的值为 40°,系统会自动添加关键帧, 如图 14.40 所示。

图 14.40 修改 [旋转] 的值

30 Step 将时间线调整到 0:00:06:24 帧的位置,修改 [旋转] 的值为 0°,系统会自动添加关键帧, 如图 14.41 所示。

图 14.41 修改 [旋转] 的值

31 Step 将时间调整到 00:00:00:00 帧的位置,按 S 键展开 [缩放] 选项,将 [缩放] 的值修改 为 (0,0),单击 [缩放] 左侧的码表按钮 ⏱,在 当前时间设置一个关键帧,如图 14.42 所示。此时, 合成窗口中的素材效果如图 14.43 所示。

图 14.42 设置 [缩放] 的关键帧

图 14.43 合成窗口中的素材效果

32 Step 将时间调整到 0:00:00:13 帧的位置,修改 [缩放] 的值为 (100,100),系统会自动添加 关键帧,如图 14.44 所示。

图 14.44 修改 [缩放] 的值的值

33 Step 将时间调整到 00:00:00:05 帧的位置,在时 间线面板中选择"红圈"层,按 S 键展开 [缩 放] 选项,修改 [缩放] 的值为 (0,0),单击 [缩放] 左侧的码表按钮 ⏱,在当前时间设置一个关键帧, 如图 14.45 所示。此时,此时合成窗口中的素材 效果如图 14.46 所示。

图 14.45 设置 [缩放] 的关键帧

图 14.46 合成窗口中的素材效果

· 经验分享 ·

选择所有关键帧

在属性的名字位置单击鼠标,可以选择该属性的所有关键帧。

34 将时间调整到 0:00:00:16 帧的位置,修改 [缩放] 的值为（135，135），系统会自动添加关键帧,如图 14.47 所示。此时合成窗口中的素材效果如图 14.48 所示。

图 14.47 修改 [缩放] 的值

图 14.48 合成窗口中的素材效果

35 将时间调整到 0:00:00:21 帧的位置,修改 [缩放] 的值为（100，100），系统会自动添加关键帧,如图 14.49 所示。此时合成窗口中的素材效果如图 14.50 所示。

图 14.49 修改 [缩放] 的值

图 14.50 合成窗口中的素材效果

36 将时间调整到 0:00:03:05 帧的位置,在时间线面板中,选择"闪白"层,按 T 键展开 [不透明度] 选项,单击 [不透明度] 左侧的码表按钮 ○,在当前时间设置一个关键帧,设置 [不透明度] 的值为 0%,如图 14.51 所示。

图 14.51 创建 [不透明度] 属性的关键帧

37 将时间调整到 0:00:03:11 帧的位置,修改 [不透明度] 的值为 100%,系统会自动添加关键帧,如图 14.52 所示。

图 14.52 修改 [不透明度] 的值

38 将时间调整到 0:00:03:14 帧的位置,单击 [在当前时间添加或移除关键帧] 按钮 ◆,在当前时间设置一个关键帧,如图 14.53 所示。

图 14.53 添加关键帧

39 将时间调整到 0:00:03:20 帧的位置,修改 [不透明度] 的值为 0%,系统会自动添加关键帧,如图 14.54 所示。此时，合成窗口中的素材效果如图 14.55 所示。

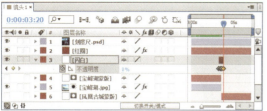

图 14.54 修改 [不透明度] 的值

图 14.55 合成窗口中的素材效果

40 Step　将时间调整到 00:00:00:00 帧的位置，在时间线面板中选择"白盘"层，按 S 键展开 [缩放] 选项，修改 [缩放] 的值为（0，0），单击 [缩放] 左侧的码表按钮，在当前时间设置一个关键帧，如图 14.56 所示。此时，此时合成窗口中的素材效果如图 14.57 所示。

图 14.56 创建 [缩放] 属性的关键帧

图 14.57 合成窗口中的素材效果

41 Step　将时间调整到 0:00:00:12 帧的位置，修改 [缩放] 的值为（100，100），系统会自动添加

关键帧，如图 14.58 所示。此时合成窗口中的素材效果如图 14.59 所示。

图 14.58 修改 [缩放] 的值

图 14.59 合成窗口中的素材效果

42 Step　在时间线面板中，选择"宝峰湖"层，在 [效果和预设] 面板中展开 [过渡] 特效组，然后双击 [百叶窗] 特效，如图 14.60 所示。

图 14.60 添加 [百叶窗] 特效

43 Step　将时间调整到 0:00:00:18 帧的位置，在 [效果控件] 面板中，设置 [方向] 的值为 -45°，[过渡完成] 的值为 100%，单击 [过渡完成] 左侧的码表按钮，在当前时间设置一个关键帧，如图 14.61 所示。此时，合成窗口中的素材效果如图 14.62 所示。

图 14.61 设置 [百叶窗] 特效的参数

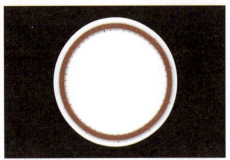

图 14.62 合成窗口中的素材效果

Step 44 将时间调整到 0:00:01:07 帧的位置,修改 [过渡完成] 的值为 0%,系统会自动添加关键帧,如图 14.63 所示。此时,合成窗口中的素材效果如图 14.64 所示。

图 14.63 修改 [过渡完成] 的值

图 14.64 合成窗口中的素材效果

Step 45 执行菜单栏中的 [图层][新建][纯色]命令,打开 [纯色设置] 对话框,设置 [名称] 为"遮幅",颜色为白色,放在"红圈"层的下面,如图 14.65 所示。

图 14.65 创建遮幅层

Step 46 单击工具栏中的 [矩形工具],在新创建的纯色层"遮幅"上绘制一个矩形蒙版区域,如图 14.66 所示。

图 14.66 绘制矩形蒙版区域

Step 47 将时间调整到 0:00:00:21 帧的位置,在时间线面板中,选"遮幅"层,按 T 键展开 [不透明度] 选项,设置 [不透明度] 的值为 0%,单击 [不透明度] 左侧的码表按钮,在当前时间设置一个关键帧,设置 [不透明度] 的值为 0%,如图 14.67 所示。此时,合成窗口中的素材效果如图 14.68 所示。

图 14.67 创建 [不透明度] 属性的关键帧

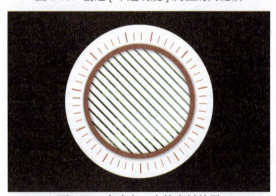

图 14.68 合成窗口中的素材效果

Step 48 将时间调整到 0:00:01:10 帧的位置,修改 [不透明度] 的值为 85%,系统会自动添加关键帧,如图 14.69 所示。此时,合成窗口中的素材效果如图 14.70 所示。

图 14.69 修改 [不透明度] 的值

图 14.71 在字符面板中设置文字属性

图 14.70 合成窗口中的素材效果

图 14.72 合成窗口中的素材效果

· 经验分享 ·

同时修改所有层的某个属性参数

选择所有层，然后修改需要调整的属性，可以改变所有层的该项属性。例如，选中需要调整的层，然后修改其中一个的[不透明度]，就可以改变所有选中层的不透明度值。

图 14.73 添加 [投影] 特效

Step 51 在 [效果控件] 面板中，设置 [不透明度] 的值为 20%，[距离] 的值为 2，[柔和度] 的值为 5，如图 14.74 所示。此时，合成窗口中的素材效果如图 14.75 所示。

图 14.74 设置 [投影] 特效的参数

Step 49 执行菜单栏中的 [图层] ‖[新建]‖[文本] 命令，或者单击工具栏中的 [横向文字工具] T，输入文字"宝峰湖"，在"红圈"层的下层，并改名为"文字 1"，设置文字的字体为"汉仪中隶书简"，字号为 45 像素，填充的颜色为（R:225，G:0，B:0），如图 14.71 所示。合成窗口中的素材效果如图 14.72 所示。

Step 50 在时间线面板中，选择"文字 1"层，在 [效果和预设] 面板中展开 [透视] 特效组，然后双击 [投影] 特效，如图 14.73 所示。

图 14.75 合成窗口中的素材效果

52 Step 将时间调整到 0:00:03:11 帧的位置，在时间线面板中，选择"文字1"层，按 Alt+] 组合键，将"文字1"的出点设置在当前位置，如图 14.76 所示。

图 14.76 设置"文字1"的出点

53 Step 将时间调整到 0:00:00:20 帧的位置，在时间线面板中，选择"文字1"层，按 T 键展开 [不透明度] 选项，单击 [不透明度] 左侧的码表按钮，在当前时间设置一个关键帧，设置 [不透明度] 的值为 0%，如图 14.77 所示。

图 14.77 设置 [不透明度] 属性的关键帧

54 Step 将时间调整到 0:00:01:10 帧的位置，修改 [不透明度] 的值为 100%，系统会自动添加关键帧，如图 14.78 所示。

图 14.78 修改 [不透明度] 的值

55 Step 将时间调整到 0:00:03:05 帧的位置，单击 [在当前时间添加或移除关键帧] 按钮，在当前时间设置一个延时关键帧，如图 14.79 所示。

图 14.79 添加延时关键帧

56 Step 将时间调整到 0:00:03:11 帧的位置，修改 [不透明度] 的值为 0%，系统会自动添加关键帧，如图 14.80 所示。

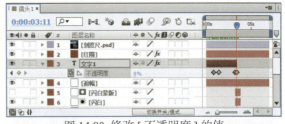

图 14.80 修改 [不透明度] 的值

57 Step 执行菜单栏中的 [图层][新建][文本] 命令，或者单击工具栏中的 [横向文字工具]，输入文字"凤凰古城"，在"文字1"的上层，并改名为"文字2"，如图 14.81 所示。设置文字的字体为"汉仪中隶书简"，字号为 45 像素，填充的颜色为红色（R:225,G:0,B:0），如图 14.82 所示。

图 14.81 修改素材名称

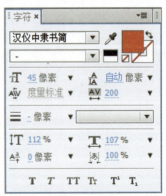

图 14.82 在 [字符] 面板中设置文字属性

58 Step 在时间线面板中，选择"文字2"层，在 [效果和预设] 面板中展开 [透视] 特效组，然后双击 [投影] 特效，如图 14.83 所示。

图 14.83 添加 [投影] 特效

| 59 Step | 在 [效果控件] 面板中，设置 [不透明度] 的值为 20%，[距离] 的值为 2，[柔和度] 的值为 5，如图 14.84 所示。此时，合成窗口中的素材效果如图 14.85 所示。

图 14.84 设置 [投影] 特效的参数

图 14.85 合成窗口中的素材效果

| 60 Step | 将时间调整到 0:00:03:15 帧的位置，在时间线面板中，选择"文字 2"层，按 [键，将"文字 2"的入点设置在当前位置，如图 14.86 所示。

图 14.86 设置"文字 2"的入点

| 61 Step | 在时间线面板中，选择"文字 2"层，按 T 键展开 [不透明度] 选项，单击 [不透明度] 左侧的码表按钮，在当前时间设置一个关键帧，设置 [不透明度] 的值为 0%，如图 14.87 所示。

图 14.87 创建 [不透明度] 属性的关键帧

| 62 Step | 将时间调整到 0:00:04:00 帧的位置，修改 [不透明度] 的值为 100%，系统会自动添加关键帧，如图 14.88 所示。此时，合成窗口中的素材效果如图 14.89 所示。

图 14.88 修改 [不透明度] 的值

图 14.89 合成窗口中的素材效果

· 经验分享 ·

同时修改所有层的某个属性参数

按 Shift+F2 组合键，可以取消所有关键帧的选择状态，这个操作在复制和粘贴大量关键帧的时候比较有用。

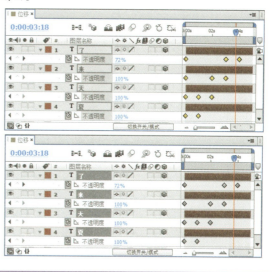

63 执行菜单栏中的 [图层][新建][文本] 命令，或者单击工具栏中的 [横向文字工具] T，输入文字"宝峰湖——世界湖波经典"，在"白盘"的下层，并改名为"文字 3"，如图 14.90 所示。设置文字的字体为"汉仪竹节体简"，字号为 25 像素，填充的颜色为红色（R:225，G:0，B:0），如图 14.91 所示。

图 14.90 创建文字层

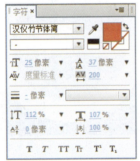

图 14.91 在 [字符] 面板中设置文字属性

64 将时间调整到 0:00:03:20 帧的位置，在时间线面板中，选择"文字 3"层，按 Alt+] 组合键，将素材的出点设置在当前位置，如图 14.92 所示。

图 14.92 设置"文字 3"层的出点

65 在时间线面板中，选择"文字 3"层，单击工具栏中的 [椭圆工具]，在"文字 3"层上绘制一个圆形蒙版区域，如图 14.93 所示。

66 绘制圆形蒙版后，在"文字 3"层列表中将出现一个 [蒙版] 选项；在"文字"层中展开 [文本][路径选项] 列表，单击 [路径] 右侧的 [无] 按钮，在弹出的菜单中选择 [蒙版 1]，将文字与路径相关联，如图 14.94 所示。

图 14.93 绘制圆形蒙版区域

图 14.94 创建文字路径

67 确认时间在 00:00:00:00，展开 [路径选项] 列表，单击 [首字边距] 左侧的码表按钮，建立关键帧并修改 [首字边距] 的值为 -250，如图 14.95 所示，此时在合成窗口中的效果如图 14.96 所示。

图 14.95 创建 [首字边距] 的关键帧

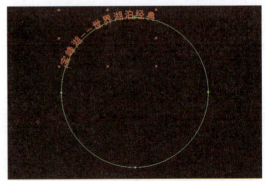

图 14.96 设置字首位置的效果

68 在时间线面板中，调整时间到 0:00:03:20 帧的位置，设置 [首字边距] 的值为 -550，系统将自动在该处创建一个关键帧，如图 14.97 所示。此时在合成窗口中的效果如图 14.98 所示。

图 14.97 修改 [首字边距] 的值

图 14.98 合成窗口中的素材效果

Step 69 将时间调整到 0:00:03:13 的位置，在时间线面板中，选择"文字 3"层，然后按 T 键展开 [不透明度] 选项，单击 [不透明度] 左侧的码表按钮 ◯，在当前时间设置一个关键帧，如图 14.99 所示。

图 14.99 设置透明度属性并建立关键帧

Step 70 将时间线调整到 0:00:03:20 帧的位置，修改 [不透明度] 的值为 0%，系统会自动添加关键帧，如图 14.100 所示。

图 14.100 修改 [不透明度] 的值

Step 71 在时间线面板中，选择"文字 3"层，展开"文字 3"层，在右侧的 [动画] 菜单中选择 [不透明度] 选项，如图 14.101 所示。

图 14.101 时间线面板中的素材效果

Step 72 在时间线面板中，选择"文字 3"层，展开 [文本] |[动画制作工具 1]|[范围选择器 1] 选项组，设置 [不透明度] 的值为 0%，如图 14.102 所示。

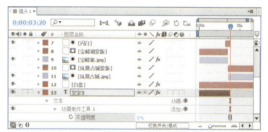

图 14.102 设置 [不透明度] 的值

Step 73 将时间调整到 0:00:00:15 帧的位置，单击 [偏移] 左侧的码表按钮 ◯，在当前时间设置一个关键帧，并修改 [偏移] 的值为 0%，如图 14.103 所示。此时，合成窗口中的效果如图 14.104 所示。

图 14.103 创建 [偏移] 的关键帧

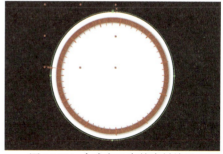

图 14.104 合成窗口中的素材效果

Step 74 将时间调整到 0:00:02:19 帧的位置，修改 [偏移] 的值为 100%，系统会自动添加关键帧，如图 14.105 所示。此时，合成窗口中的效果如图 14.106 所示。

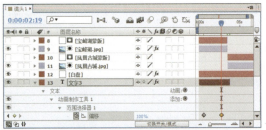

图 14.105 修改 [偏移] 的值

图 14.106 合成窗口中的素材效果

75 Step 执行菜单栏中的 [图层][新建][文本] 命令，或者单击工具栏中的 [横向文字工具]，输入文字"凤凰古城——国家历史文化名城"，在"文字 3"的上层，并改名为文字 4，如图 14.107 所示。设置文字的字体为"汉仪竹节体简"，字号为 25 像素，填充的颜色为红色（R:225，G:0，B:0），如图 14.108 所示。

图 14.107 创建文字 4 层

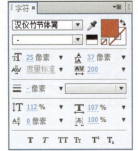

图 14.108 在 [字符] 面板中设置文字属性

76 Step 将时间调整到 0:00:03:13 帧的位置，在时间线面板中，选择"文字 4"层，按 Alt+[组合键，将素材的入点设置在当前位置，如图 14.109 所示。

图 14.109 设置"文字 4"层的入点

77 Step 在时间线面板中，选择"文字 4"层，单击工具栏中的 [椭圆工具]，在"文字 4"层上绘制一个圆形蒙版区域，如图 14.110 所示。

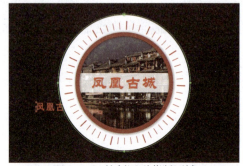

图 14.110 绘制圆形蒙版区域

78 Step 绘制圆形蒙版后，在"文字 4"层列表中将出现一个 [蒙版] 选项；在"文字"层中展开 [路径选项] 列表，单击 [路径] 右侧的 [无] 按钮，在弹出的菜单中选择 [蒙版 1]，将文字与路径相关联，如图 14.111 所示。

图 14.111 创建文字路径

79 Step 将时间调整到 0:00:03:13 帧的位置，展开 [路径选项] 列表，单击 [首字边距] 左侧的码表按钮，建立关键帧并修改 [首字边距] 的值为 -560，如图 14.112 所示，此时在合成窗口中的效果如图 14.113 所示。

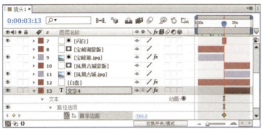

图 14.112 设置 [首字边距] 的关键帧

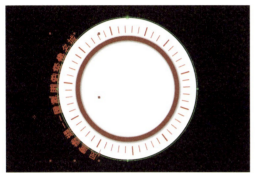

图 14.113 设置字首位置的效果

80 Step 在时间线面板中，调整时间到 0:00:06:24 帧的位置，设置 [首字边距] 的值为 -350，系统将自动在该处创建一个关键帧，如图 14.114 所示。此时在合成窗口中的效果如图 14.115 所示。

图 14.114 修改 [首字边距] 的值

图 14.115 合成窗口中的素材效果

81 Step 将时间调整到 0:00:03:13 的位置，在时间线面板中，选择"文字 4"层，然后按 T 键展开 [不透明度] 选项，单击 [不透明度] 左侧的码表按钮，在当前时间设置一个关键帧，并修改 [不透明度] 的值为 0%，如图 14.116 所示。

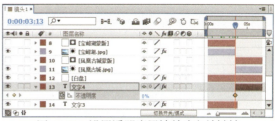

图 14.116 设置透明度属性并建立关键帧

82 Step 将时间线调整到 0:00:03:20 帧的位置，修改 [不透明度] 的值为 100%，系统会自动添加关键帧，如图 14.117 所示。

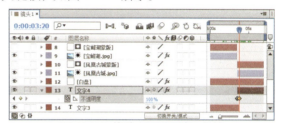

图 14.117 修改 [不透明度] 的值

· 经验分享 ·

轻移关键帧

选择某个关键帧后，按 Alt+键盘上的左右方向键，可以调整选中关键帧在时间线上的前后位置。每轻按一次，关键帧将向左或向右移动一帧的位置。

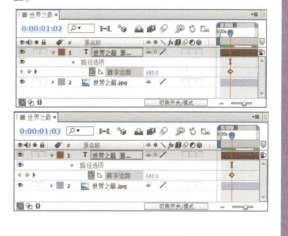

83 Step 在时间线面板中，选择"文字 4"层，展开"文字 4"层，在右侧的 [动画] 菜单中选择 [不透明度] 选项，如图 14.118 所示。

图 14.118 时间线面板素材效果

Step 84 在时间线面板中,选择"文字 4"层,展开 [文本][动画制作工具 1] 选项组,设置 [不透明度] 的值为 0%,如图 14.119 所示。

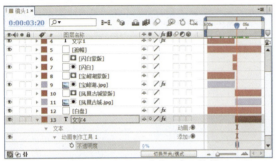

图 14.119 设置 [不透明度] 的值

Step 85 将时间调整到 0:00:03:13 帧的位置,单击 [偏移] 左侧的码表按钮,在当前时间设置一个关键帧,并修改 [偏移] 的值为 0%,如图 14.120 所示。此时,合成窗口中的效果如图 14.121 所示。

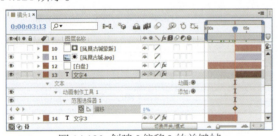

图 14.120 创建 [偏移] 的关键帧

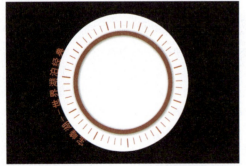

图 14.121 合成窗口中的素材效果

Step 86 将时间调整到 0:00:04:24 帧的位置,修改 [偏移] 的值为 100%,系统会自动添加关键帧如图 14.122 所示。此时,合成窗口中的效果如图 14.123 所示。

图 14.122 修改 [偏移] 的值

图 14.123 合成窗口中的素材效果

14.1.2 制作镜头 2

Step 1 在 [项目] 面板中选择"镜头 1"合成,按 Ctrl+D 组合键复制一个"镜头 2"合成,如图 14.124 所示。

图 14.124 复制镜头 2

Step 2 在 [项目] 面板中双击"镜头 2"合成,时间线素材效果如图 14.125 所示。

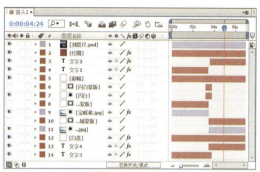

图 14.125 时间线素材效果

3 在时间线面板中,选择"刻度尺.psd"、"红
Step 圈"、"白盘"层,按 S 键展开 [缩放] 属性,
如图 14.126 所示。

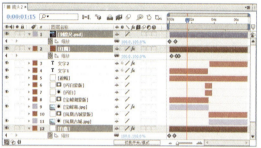

图 14.126 展开 [缩放] 属性

4 选中"刻度尺.psd"、"红圈"、"白盘"层的
Step [缩放] 属性的关键帧,按 Delete 键,删除 [缩
放] 属性的关键帧,如图 14.127 所示。

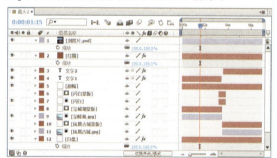

图 14.127 删除 [缩放] 属性的关键帧

5 在时间线面板中,选择"宝峰湖 .jpg"层,
Step 在 [效果控件] 面板中删除 [百叶窗] 特效,
如图 14.128 所示。

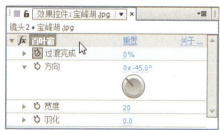

图 14.128 删除 [百叶窗] 特效

6 在时间线面板中,选择"文字1"、"遮幅"
Step 层,按 T 键展开 [不透明度] 属性,如图
14.129 所示。

图 14.129 展开 [不透明度] 属性

7 选中"文字1"、"遮幅"层的 [不透明度]
Step 属性的关键帧,按 Delete 键,删除部分 [不
透明度] 属性的关键帧,如图 14.130 所示。

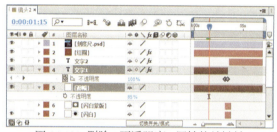

图 14.130 删除 [不透明度] 属性的关键帧

8 在时间线面板中选择"宝峰湖"层,在 [项目]
Step 面板中选择"黄龙洞"素材,按住 Alt 键的
同时将"黄龙洞"素材拖动到"宝峰湖"层上面,
将"宝峰湖"替换成"黄龙洞",如图 14.131 所示。
此时,合成窗口中的素材效果如图 14.132 所示。

图 14.131 时间线面板中的素材

图 14.132 合成窗口中的素材效果

· 经验分享 ·

独奏显示功能

独奏开关可以单独显示一个层或多个层。独奏开关的默认设置是累积的，切换下个层的独奏开关时不会去除已开独奏的层。在切换独奏开关的时候，如果按Alt键，切换操作就会自动清除其他层的独奏，而只保留当前层的单独显示。

图 14.135 合成窗口中的素材效果

Step 12 将时间调整到 0:00:05:00 帧的位置，在时间线面板中选择"凤凰古城"层，在 [项目] 面板中选择"江垭温泉"素材，按住 Alt 键的同时将"江垭温泉"素材拖动到"凤凰古城"层上面，将"江垭温泉"替换成"凤凰古城"，如图 14.136 所示。此时，合成窗口中的素材效果如图 14.137 所示。

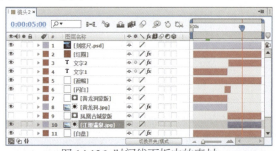

图 14.136 时间线面板中的素材

Step 9 在时间线面板中，选择"宝峰湖蒙版"层，修改名称为"黄龙洞蒙版"，如图 14.133 所示。

图 14.133 修改素材名称

Step 10 在时间线面板中，选择"文字 1"层，将合成窗口中的"宝峰湖"修改为"黄龙洞"，如图 14.134 所示。

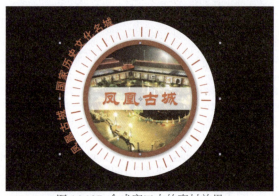

图 14.137 合成窗口中的素材效果

Step 13 在时间线面板中，选择"凤凰古城蒙版"层，修改名称为"江垭温泉蒙版"，如图 14.138 所示。

图 14.134 合成窗口中的素材效果

Step 11 在时间线面板中，选择"文字 3"层，将合成窗口中的"宝峰湖——世界湖泊经典"修改为"黄龙洞——世界奇观"，如图 14.135 所示。

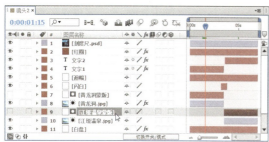

图 14.138 时间线面板中的素材

14 在时间线面板中,选择"文字 2"层,将合
Step 成窗口中的"凤凰古城"修改为"江垭温泉",
如图 14.139 所示。

图 14.139 合成窗口中的素材效果

15 在时间线面板中,选择"文字 4"层,将合
Step 成窗口中的"凤凰古城——国家历史文化名
城"修改为"江垭温泉——休闲、度假、旅游新
天地",如图 14.140 所示。

图 14.140 合成窗口中的素材效果

14.1.3 制作镜头 3

1 在 [项目] 面板中选择"镜头 2"合成,按
Step Ctrl+D 组合键复制一个"镜头 3"合成,如
图 14.141 所示。

图 14.141 复制镜头 3

2 在 [项目] 面板中双击"镜头 3"合成,时
Step 间线面板中的素材效果如图 14.142 所示。

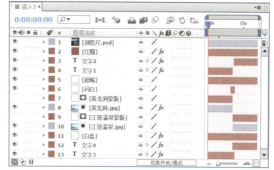

图 14.142 时间线面板中的素材

3 在时间线面板中,选择"文字 2"、"文字 3"、
Step "文字 4"、"闪白"、"江垭温泉"、"江垭温
泉蒙版"层,按 Delete 键删除,如图 14.143 所示。

图 14.143 时间线面板素材

4 将时间调整到 0:00:03:00 帧的位置,在时间
Step 线面板中,选择"刻度尺.psd"层,按 R 键,
展开 [旋转] 属性,将"刻度尺.psd"的第 2 个
关键帧与时间线对齐,并修改 [旋转] 的值为 20,
如图 14.144 所示。

图 14.144 调整关键帧的位置

5 Step 将时间调整到 0:00:05:24 帧的位置,将"刻度尺 .psd"的第三个关键帧与时间线对齐,如图 14.145 所示。

图 14.145 调整关键帧的位置

6 Step 按 Ctrl+K 组合键,修改"镜头 3"的持续时间为 6 秒,如图 14.146 所示。此时,时间线面板中的素材效果如图 14.147 所示。

7 Step 在时间线面板中,选择"文字 1"、"黄龙洞"、"黄龙洞蒙版"层,按 Alt+] 组合键,将素材的出点与时间线对齐,如图 14.148 所示。

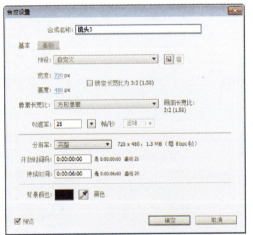

图 14.146 修改镜头 3 合成的持续时间

图 14.147 时间线面板中的素材

图 14.148 设置出点

8 Step 在时间线面板中,选择"文字 1"层,按 T 键,展开 [不透明度] 选项,选中 [不透明度] 属性的关键帧,按 Delete 键将其删除,并修改 [不透明度] 的值为 100%,如图 14.149 所示。

图 14.149 创建 [不透明度] 属性的关键帧

9 Step 在时间线面板中选择"黄龙洞"层,在 [项目] 面板中选择"普光禅寺"素材,按住 Alt 键的同时将"普光禅寺"素材拖动到"黄龙洞"层上面,将"黄龙洞"替换成"普光禅寺",如图 14.150 所示。此时,合成窗口中的素材效果如图 14.151 所示。

图 14.150 替换素材

图 14.151 合成窗口中的素材效果

10 Step 在时间线面板中,选择"黄龙洞蒙版"层,修改名称为"普光禅寺蒙版",如图 14.152 所示。

图 14.152 时间线面板替换素材

11 在时间线面板中,选择"文字1"层,将合成窗口中的"黄龙洞"修改为"普光禅寺",如图14.153所示。

图 14.153 合成窗口中的素材效果

· 经验分享 ·

关于取消层的选择

在动画制作过程中,有时候不需要选择任何层,比如在预览时,此时只需要按F2键,即可以取消所有层的选择状态。

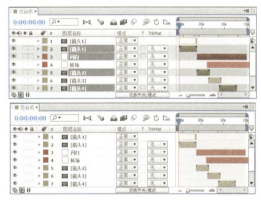

14.1.4 制作镜头4

1 在[项目]面板中选择"镜头3"合成,按Ctrl+D组合键复制一个"镜头4"合成,如图14.154所示。

图 14.154 复制镜头4

2 在[项目]面板中双击"镜头4"合成,时间线面板中的素材效果如图14.155所示。

图 14.155 时间线面板中的素材

3 在时间线面板中选择"普光禅寺"层,在[项目]面板中选择"土家风情园"素材,按住Alt键的同时将"土家风情园"素材拖动到"普光禅寺"层上面,将"普光禅寺"替换成"土家风情园",如图14.156所示。此时,合成窗口中的素材效果如图14.157所示。

图 14.156 替换素材

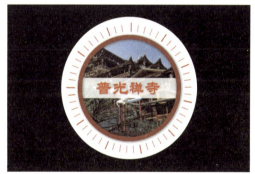

图 14.157 合成窗口中的素材效果

4 在时间线面板中,选择"普光禅寺蒙版"层,修改名称为"土家风情园蒙版",如图14.158所示。

图 14.158 修改素材名称

5 Step 在时间线面板中,选择"文字1"层,将合成窗口中的普光禅寺修改为土家风情园,如图14.159所示。

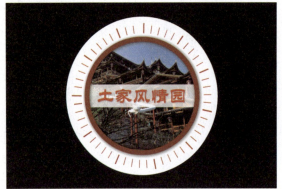

图 14.159 修改文字后合成窗口中的素材效果

14.1.5 制作背景

1 Step 执行菜单栏中的 [合成]|[新建合成] 命令,打开 [合成设置] 对话框,设置 [合成名称] 为"背景",[宽度] 为 720px,[高度] 为 480px,[帧速率] 为 25 帧/秒,并设置 [持续时间] 为 00:00:30:00 秒,如图 14.160 所示。

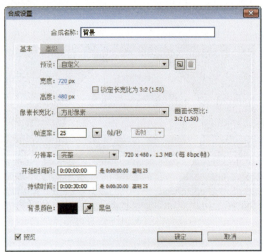

图 14.160 合成设置

2 Step 执行菜单栏中的 [图层][新建][纯色] 命令,打开 [纯色设置] 对话框,设置 [名称] 为"渐变",如图 14.161 所示。

3 Step 在时间线面板中,选择"渐变"层,在 [效果和预设] 面板中展开 [生成] 特效组,然后双击 [梯度渐变] 特效,如图 14.162 所示。

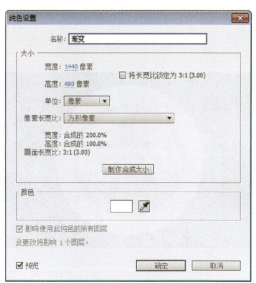

图 14.161 纯色层设置

图 14.162 [梯度渐变] 特效

4 Step 在 [效果控件] 面板中,设置 [渐变起点] 的值为(190,8),[起始颜色] 为浅蓝色(R:190,G:245,B:255),[渐变终点] 的值为(540,480)如图 14.163 所示。此时,合成窗口中的素材效果如图 14.164 所示。

图 14.163 渐变参数设置

图 14.164 填充渐变后的效果

5 Step 执行菜单栏中的[图层][新建][纯色]命令，打开[纯色设置]对话框，设置[名称]为“纹理”，如图14.165所示。

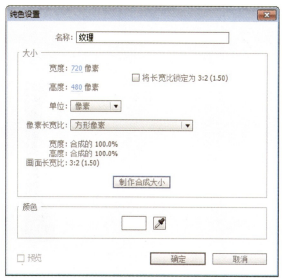

图14.165 纯色层设置

6 Step 在时间线面板中，选择“纹理”层，在[效果和预设]面板中展开[过渡]特效组，然后双击[百叶窗]特效，如图14.166所示。

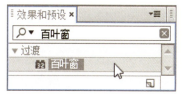

图14.166 双击[百叶窗]特效

7 Step 在[效果控件]面板中，设置[过渡完成]的值为60%，[方向]的值为-45°，[宽度]的值为5，如图14.167所示。此时，合成窗口中的素材效果如图14.168所示。

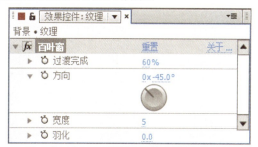

图14.167 百叶窗特效参数设置

图14.168 百叶窗效果

14.1.6 制作镜头5

1 Step 执行菜单栏中的[合成][新建合成]命令，打开[合成设置]对话框，设置[合成名称]为“镜头5”，[宽度]为720px，[高度]为480px，[帧速率]为25帧/秒，并设置[持续时间]为00:00:06:00秒，如图14.169所示。

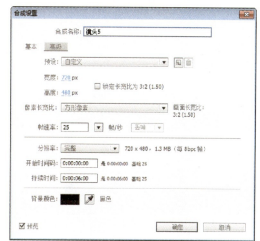

图14.169 镜头5的工程文件设置

2 Step 在[项目]面板中选择“背景”合成，拖动到时间线面板上，如图14.170所示。

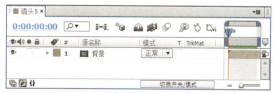

图14.170 时间线面板中的素材效果

3 Step 单击工具栏中的[椭圆工具]，在背景合成上绘制一个圆形蒙版区域，如图14.171所示。

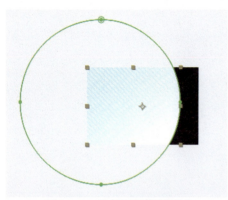

图 14.171 绘制圆形蒙版区域

Step 4 在时间线面板中,选择背景合成,按 Ctrl+D 组合键,复制一个背景合成,如图 14.172 所示。

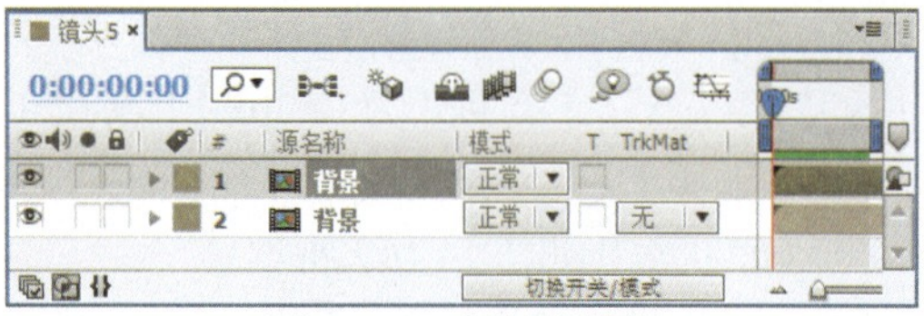

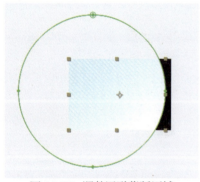

图 14.172 复制背景层

Step 5 选择新复制的背景合成,调整圆形蒙版区域,如图 14.173 所示。

图 14.173 调整圆形蒙版区域

Step 6 在时间线面板中,选择所有合成层,在 [效果和预设] 面板中展开 [透视] 特效组,然后双击 [投影] 特效,如图 14.174 所示。

图 14.174 添加 [投影] 特效

Step 7 在 [效果控件] 面板中,设置 [不透明度] 的值为 20%,[距离] 的值为 2,[柔和度] 的值为 40,如图 14.175 所示。此时,合成窗口中的素材效果如图 14.176 所示。

图 14.175 设置 [投影] 特效的参数

图 14.176 合成窗口中的素材效果

Step 8 执行菜单栏中的 [图层] |[新建]|[文本] 命令,或者单击工具栏中的 [横向文字工具] T,输入文字"湖南张家界旅游攻略",在镜头 5 合成的最上层,并改名为"文字 1",设置文字的字体为"汉仪竹节体简",字号为 40 像素,填充的颜色为红色(R:225,G:0,B:0),如图 14.177 所示。合成窗口的效果如图 14.178 所示。

图 14.177 在 [字符] 面板中设置文字属性

图 14.178 合成窗口中的素材效果

9 Step 在时间线面板中，选择“文字 1”层，在[效果和预设]面板中展开[透视]特效组，然后双击[投影]特效，如图 14.179 所示。

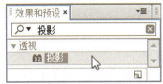

图 14.179 添加[投影]特效

10 Step 在[效果控件]面板中，设置[不透明度]的值为 20%，[距离]的值为 2，[柔和度]的值为 5，如图 14.180 所示。此时，合成窗口中的素材效果如图 14.181 所示。

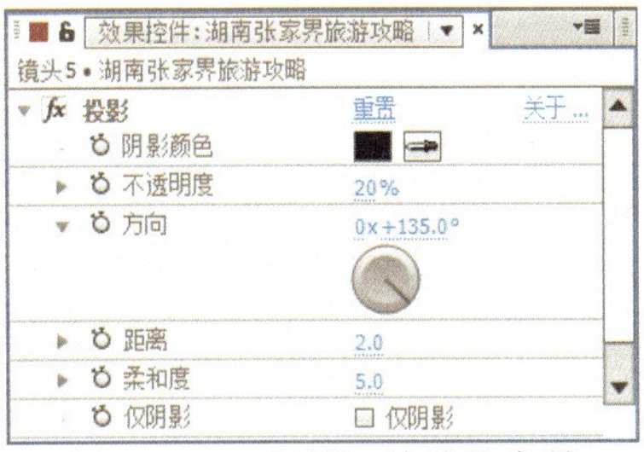

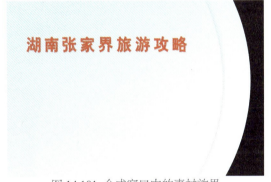

图 14.180 [投影]特效的参数

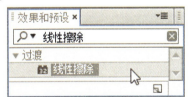

图 14.181 合成窗口中的素材效果

11 Step 在时间线面板中，选择“文字 1”层，在[效果和预设]面板中展开[过渡]特效组，然后双击[线性擦除]特效，如图 14.182 所示。

图 14.182 添加[线性擦除]特效

12 Step 将时间调整到 0:00:01:00 帧的位置，设置[过渡完成]的值为 100%，[擦除角度]的值为 -90°，单击[过渡完成]左侧的码表按钮，在当前时间设置一个关键帧，如图 14.183 所示。

此时，合成窗口中的素材效果如图 14.184 所示。

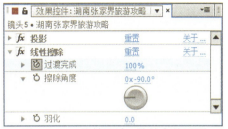

图 14.183 [线性擦除]特效参数设置

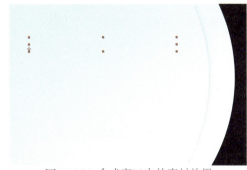

图 14.184 合成窗口中的素材效果

13 Step 将时间调整到 0:00:02:10 帧的位置，修改[过渡完成]的值为 0%，系统会自动添加关键帧，如图 14.185 所示。此时，合成窗口中的素材效果如图 14.186 所示。

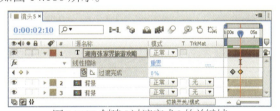

图 14.185 创建[过渡完成]的关键帧

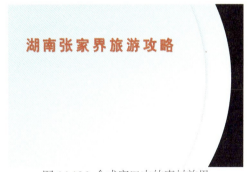

图 14.186 合成窗口中的素材效果

14 Step 在[项目]面板中选择“宝峰湖 .jpg”、“凤凰古城 .jpg”、“黄龙洞 .jpg”、“江垭温泉 .jpg”、“土家风情园 .jpg”、“普光禅寺 .jpg”素材，将其拖动到时间线面板中，排列顺序如图 14.187 所示，合成窗口效果如图 14.188 所示。

图 14.187 时间线面板中的素材

图 14.188 合成窗口中的素材效果

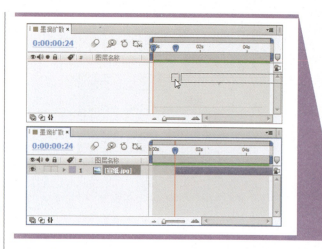

15
Step
将时间调整到 00:00:00:00 帧的位置，在时间线面板中选择"宝峰湖 .jpg"、"凤凰古城 .jpg"、"黄龙洞 .jpg"、"江垭温泉 .jpg"、"土家风情园 .jpg"、"普光禅寺 .jpg"层，按 S 键展开 [缩放] 选项将修改 [缩放] 的值为(0 , 0)，单击 [缩放] 左侧的码表按钮 ，在当前时间设置一个关键帧，如图 14.189 所示。

图 14.189 创建 [缩放] 属性的关键帧

· 经验分享 ·

拖动添加素材时的入点设置

　　将素材拖入时间线面板左侧时，素材的入点为当前时间指针的位置；将素材拖入时间线面板右面时，会在时间线的时间标尺位置出现一个新的指标，提示素材的入点位置，在合适的位置松开鼠标完成入点的操作。

16
Step
将时间调整到 0:00:00:15 帧的位置，修改 [缩放] 的值为（30，30），如图 14.190 所示；合成窗口效果如图 14.191 所示。

图 14.190 修改 [缩放] 属性的值

图 14.191 合成窗口中的素材效果

17
Step
在时间线面板中，选择"宝峰湖"层，按 P 键展开 [位置] 选项，修改 [位置] 的值为（105，215），如图 14.192 所示。

图 14.192 修改 [位置] 的值

18 Step 在时间线面板中，选择“凤凰古城”层，按P键展开[位置]选项，修改[位置]的值为（285，215），如图14.193所示。

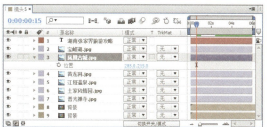

图 14.193 修改[位置]的值

19 Step 在时间线面板中，选择“黄龙洞”层，按P键展开[位置]选项，修改[位置]的值为（465，215），如图14.194所示。

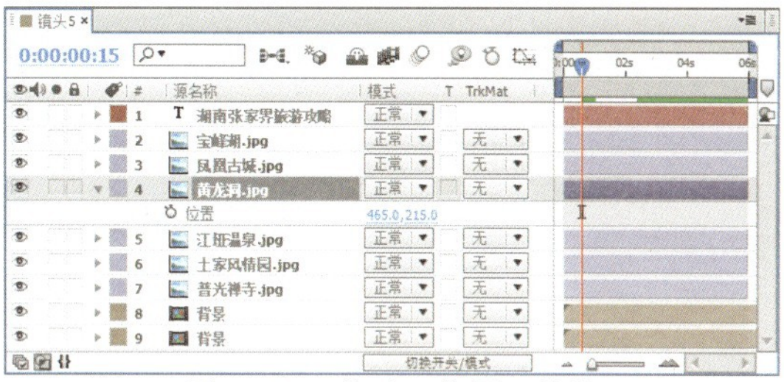

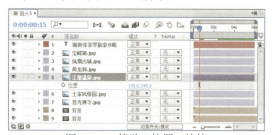

图 14.194 修改[位置]的值

20 Step 在时间线面板中，选择“江垭温泉”层，按P键展开[位置]选项，修改[位置]的值为（105，345），如图14.195所示。

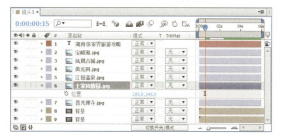

图 14.195 修改[位置]的值

21 Step 在时间线面板中，选择“土家风情园”层，按P键展开[位置]选项，修改[位置]的值为（285，345），如图14.196所示。

图 14.196 修改[位置]的值

22 Step 在时间线面板中，选择“普光禅寺”层，按P键展开[位置]选项，修改[位置]的值为（465，345），如图14.197所示。此时，合成窗口中的素材效果如图14.198所示。

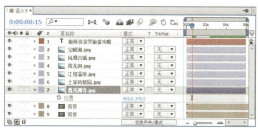

图 14.197 修改[位置]的值

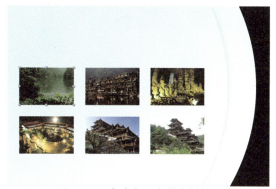

图 14.198 合成窗口中的素材效果

23 Step 在时间线面板中，选择“宝峰湖”层，单击鼠标右键从弹出的快捷菜单中选择[图层样式][描边]命令，在时间线面板中，展开[图层样式][描边]选项组，设置[颜色]为红色（R:225，G:0，B:0），[大小]为4，[不透明度]的值为60%，在[位置]下拉列表中选择[内部]，如图14.199所示。

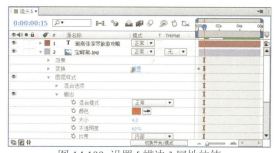

图 14.199 设置[描边]属性的值

24 Step 选中[图层样式]，按Ctrl+C组合键，复制[图层样式]，然后选择“凤凰古城.jpg”、“黄龙洞.jpg”、“江垭温泉.jpg”、“土家风情园.jpg”、“普光禅寺.jpg”层，按Ctrl+V组合键，粘贴[图层样式]，如图14.200所示。此时，合成窗口中的效果如图14.201所示。

图 14.200 复制 [图层样式]

图 14.201 合成窗口中的素材效果

25
Step 在时间线面板中选择"宝峰湖 .jpg"、"凤凰古城 .jpg"、"黄龙洞 .jpg"、"江垭温泉 .jpg"、"土家风情园 .jpg"、"普光禅寺 .jpg"层,设置在时间线面板中的入点,如图 14.202 所示。

图 14.202 时间线面板中的素材位置

14.1.7 制作圆圈扩散

1
Step 执行菜单栏中的 [合成][新建合成] 命令,打开 [合成设置] 对话框,设置 [合成名称] 为"圆圈扩散",[宽度] 为 720px,[高度] 为 480px,[帧速率] 为 25 帧/秒,并设置 [持续时间] 为 00:00:02:00 秒,如图 14.203 所示。

图 14.203 圆圈扩散的工程文件

2
Step 执行菜单栏中的 [图层][新建][纯色] 命令,打开 [纯色设置] 对话框,设置 [名称] 为"圆圈 1",如图 14.204 所示。

图 14.204 创建"圆圈 1"素材

3
Step 单击工具栏中的 [椭圆工具],在"圆圈 1"上绘制一个圆形蒙版区域,如图 14.205 所示。

图 14.205 绘制圆形蒙版区域

4
Step 将时间调整到 00:00:00:00 帧的位置,在时间线面板中选择"圆圈 1"层,按 M 键展开 [蒙版] 选项,单击 [蒙版路径] 左侧的码表按钮,在当前时间设置一个关键帧,如图 14.206 所示。调整 [蒙版] 的大小,如图 14.207 所示。

图 14.206 设置 [蒙版] 的关键帧

图 14.207 调整 [蒙版] 大小

5 Step 将时间调整到 0:00:01:00 帧的位置，调整 [蒙版] 的大小，如图 14.208 所示。此时，系统会自动添加关键帧，如图 14.209 所示。

图 14.208 合成窗口中的效果

图 14.209 添加 [蒙版] 的关键帧

6 Step 在时间线面板中，选择"圆圈 1"层，在 [效果和预设] 面板中展开 [生成] 特效组，然后双击 [描边] 特效，如图 14.210 所示。

图 14.210 添加 [描边] 特效

7 Step 在 [效果控件] 面板中，设置 [颜色] 为红色（R:225,G:0,B:0），[画笔大小] 的值为 6，如图 14.211 所示。

图 14.211 设置 [描边] 特效的参数

8 Step 在时间线面板中，选择"圆圈 1"层，按 Ctrl+D 组合键，复制一层，并修改名称为"圆圈 2"，如图 14.212 所示。

图 14.212 复制"圆圈 2"层

9 Step 在时间线面板中，选择"圆圈 2"层，按 Ctrl+D 组合键，复制一层，并修改名称为"圆圈 3"，如图 14.213 所示。

图 14.213 复制"圆圈 3"层

10 Step 在时间线面板中，设置所有图层的入点，位置如图 14.214 所示。

图 14.214 在时间线面板中设置所有图层的入点

· 经验分享 ·

快速将入点调整到开始位置

按 Alt＋Home 组合键，可以快速将素材层的入点移动到 [合成] 的开始位置。

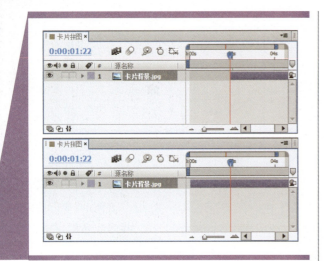

14.1.8 制作总合成

1 执行菜单栏中的 [合成]|[新建合成] 命令,打开 [合成设置] 对话框,设置 [合成名称] 为"总合成",[宽度] 为 720px,[高度] 为 480px,[帧速率] 为 25 帧/秒,并设置 [持续时间] 为 00:00:29:00 秒,如图 14.215 所示。

图 14.215 总合成的工程

2 在 [项目] 面板中选择"镜头 1"、"圆圈扩散"、"背景"合成素材,将其拖动到时间线面板中,如图 14.216 所示。此时,合成窗口中的素材效果如图 14.217 所示。

图 14.216 时间线面板中的素材

图 14.217 合成窗口中的素材效果

3 将时间调整到 0:00:01:03 帧的位置,在时间线面板中,选择"圆圈扩散"层,按键盘上的 [键,将"圆圈扩散"的入点设置在当前位置,如图 14.218 所示。

图 14.218 设置"圆圈扩散"的入点

4 在时间线面板中,选择"镜头 1"层,按 S 键展开 [缩放] 选项,修改 [缩放] 的值为(155,155),单击 [缩放] 左侧的码表按钮 ,在当前时间设置一个关键帧,如图 14.219 所示。此时,合成窗口中的素材效果如图 14.220 所示。

图 14.219 创建 [缩放] 属性的关键帧

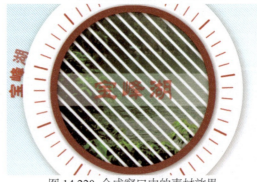

图 14.220 合成窗口中的素材效果

5 将时间调整到 0:00:01:07 帧的位置,修改 [缩放] 的值为(100,100),系统会自动添加关键帧,如图 14.221 所示。合成窗口中的素材效果如图 14.222 所示。

图 14.221 修改 [缩放] 属性的值

图 14.222 合成窗口中的素材效果

6 将时间调整到 0:00:03:07 帧的位置，单击 [在
Step 当前位置添加或移除关键帧] 按钮，在当
前时间设置一个关键帧，如图 14.223 所示。

图 14.223 添加 [缩放] 属性的关键帧

7 将时间调整到 0:00:03:13 帧的位置，修改 [缩
Step 放] 的值为（165，165），系统会自动添加
关键帧，如图 14.224 所示。合成窗口中的素材效
果如图 14.225 所示。

图 14.224 修改 [缩放] 属性的值

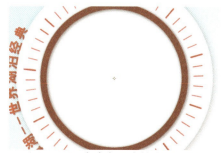

图 14.225 合成窗口中的素材效果

8 将时间调整到 0:00:05:08 帧的位置，修改 [缩
Step 放] 的值为（165，165），系统会自动添加
关键帧，如图 14.226 所示。

图 14.226 修改 [缩放] 属性的值

9 将时间调整到 0:00:05:12 帧的位置，修改 [缩
Step 放] 的值为（140，140），系统会自动添加
关键帧，如图 14.227 所示。合成窗口中的素材效
果如图 14.228 所示。

图 14.227 修改 [缩放] 属性的值

图 14.228 合成窗口中的素材效果

10 将时间调整到 0:00:05:15 帧的位置，修改 [缩
Step 放] 的值为（100，100），系统会自动添加
关键帧，如图 14.229 所示。

图 14.229 修改 [缩放] 属性的值

11 将时间调整到 0:00:05:23 帧的位置，在时
Stop 间线面板中，选择"镜头 1"层，然后按
P 键展开 [位置] 选项，单击 [位置] 左侧的码
表按钮，在当前时间设置一个关键帧，如图
14.230 所示。

图 14.230 创建 [位置] 属性的关键帧

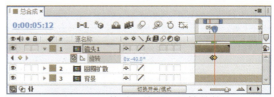

图 14.234 修改 [旋转] 属性的值

12 Step 将时间调整到 0:00:06:16 帧的位置，修改 [位置] 的值为（-237，240），系统会自动添加关键帧，如图 14.231 所示。修改完关键帧位置后，素材的位置也将随之变化，此时，在 [合成] 窗口中可以看到素材效果，如图 14.232 所示。

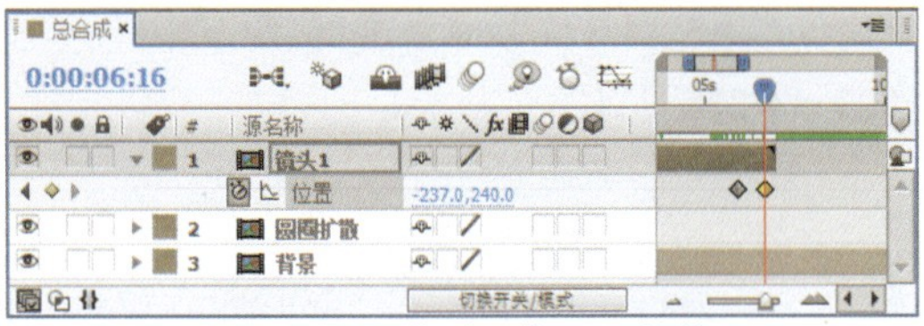

图 14.235 合成窗口中的素材效果

· 经验分享 ·

快速将出点调整到结束位置

按 Alt + End 组合键，可以快速将素材层的出点移动到 [合成] 的结束位置。

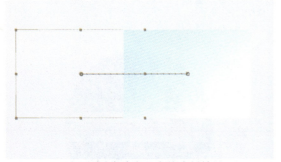

图 14.231 修改 [位置] 的值

图 14.232 合成窗口中的素材效果

13 Step 将时间调整到 0:00:05:07 的位置，在时间线面板中，选择"镜头 1"层，按 R 键展开 [旋转] 选项，单击 [旋转] 左侧的码表按钮，在当前时间设置一个关键帧，如图 14.233 所示。

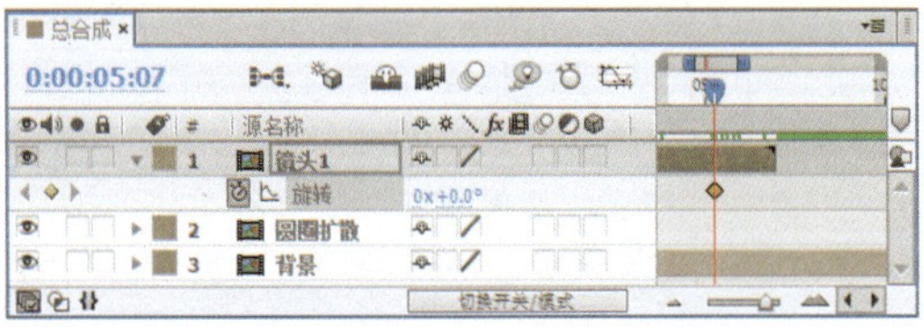

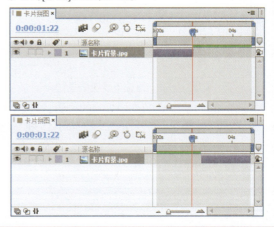

图 14.233 创建 [旋转] 属性的关键帧

14 Step 将时间调整到 0:00:05:12 帧的位置，修改 [旋转] 的值为 -40°，系统会自动添加关键帧，如图 14.234 所示。修改完关键帧位置后，素材的位置也将随之变化，此时，[合成] 窗口中可以看到素材效果，如图 14.235 所示。

15 Step 将时间调整到 0:00:05:15 帧的位置，修改 [旋转] 的值为 0°，系统会自动添加关键帧，如图 14.236 所示。修改完关键帧位置后，素材的位置也将随之变化，此时，在 [合成] 窗口中可以看到素材效果，如图 14.237 所示。

图 14.236 修改 [旋转] 属性的值

图 14.237 合成窗口中的素材效果

Step 16 将时间调整到 0:00:05:23 帧的位置,单击 [在当前时间添加或移除关键帧] 按钮 ◆ ,在当前时间设置一个关键帧,如图 14.238 所示。

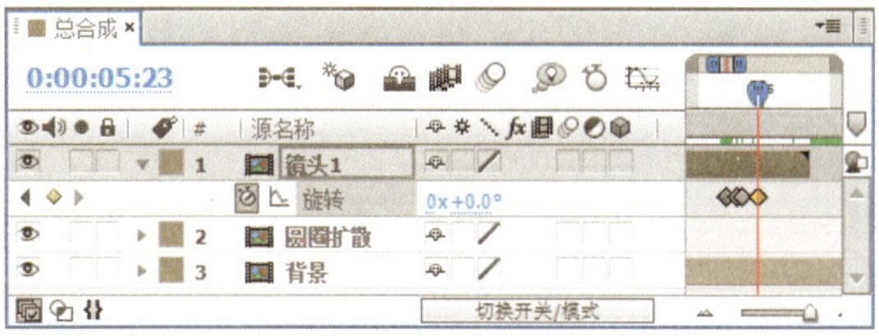

图 14.241 设置 [不透明度] 的值

图 14.238 添加 [旋转] 属性的关键帧

Step 17 将时间调整到 0:00:06:16 帧的位置,修改 [旋转] 的值为 -230°,系统会自动添加关键帧,如图 14.239 所示。修改完关键帧位置后,素材的位置也将随之变化,此时,在 [合成] 窗口中可以看到素材效果,如图 14.240 所示。

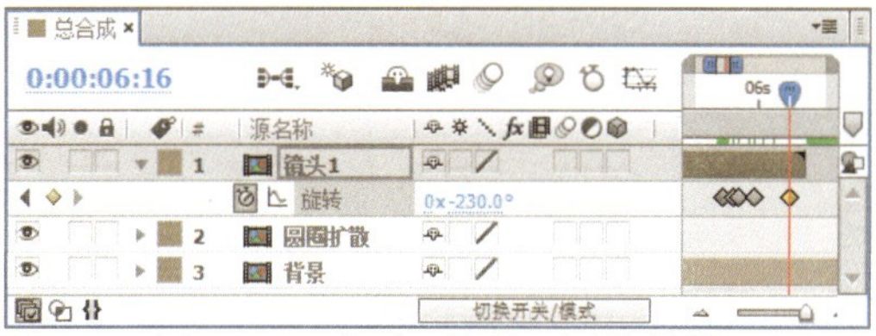

图 14.242 合成窗口中的素材效果

Step 19 将时间调整到 0:00:06:05 帧的位置,在 [项目] 面板中选择"镜头 2"合成素材,将其拖动到时间线面板中,如图 14.243 所示。此时,合成窗口中的素材效果如图 14.244 所示。

图 14.243 "镜头 2" 在时间线面板中的素材位置

图 14.239 修改 [旋转] 属性的值

图 14.240 合成窗口中的素材效果

Step 18 将时间调整到 0:00:02:05 的位置,在时间线面板中,选择"圆圈扩散"层,然后按 T 键展开 [不透明度] 选项,设置 [不透明度] 的值为 8%,如图 14.241 所示。合成窗口中的素材效果如图 14.242 所示。

图 14.244 合成窗口中的素材效果

Step 20 在时间线面板中,选择"镜头 2"层,然后按 P 键展开 [位置] 选项,修改 [位置] 的值为(945,240),单击 [位置] 左侧的码表按钮 ♢ ,在当前时间设置一个关键帧,如图 14.245 所示。此时,合成窗口中的素材效果如图 14.246 所示。

图 14.245 创建 [位置] 属性的关键帧

图 14.246 合成窗口中的素材效果

21 Step 将时间调整到 0:00:06:17 帧的位置,修改 [位置] 的值为（360，240），系统会自动添加关键帧，如图 14.247 所示。修改完关键帧位置后，素材的位置也将随之变化，此时，在 [合成] 窗口中可以看到素材效果，如图 14.248 所示。

图 14.247 修改 [位置] 属性的值

图 14.248 合成窗口中的素材效果

22 Step 将时间调整到 0:00:12:14 帧的位置,单击 [在当前时间添加或移除关键帧] 按钮◆，在当前时间设置一个关键帧，如图 14.249 所示。

图 14.249 添加 [位置] 属性的关键帧

23 Step 将时间调整到 0:00:13:02 帧的位置,修改 [位置] 的值为（-82，240），系统会自动添加关键帧，如图 14.250 所示。修改完关键帧位置后，素材的位置也将随之变化，此时，在 [合成] 窗口中可以看到素材效果，如图 14.251 所示。

图 14.250 修改 [位置] 属性的值

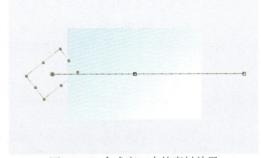

图 14.251 合成窗口中的素材效果

24 Step 将时间调整到 0:00:06:05 的位置，在时间线面板中，选择"镜头 2"层，然后按 R 键展开 [旋转] 选项，单击 [旋转] 左侧的码表按钮◎，并修改 [旋转] 的值为 142°，在当前时间设置一个关键帧，如图 14.252 所示。

图 14.252 创建 [旋转] 属性的关键帧

25 Step 将时间线调整到 0:00:06:17 帧的位置，修改 [旋转] 的值为 0°，系统会自动添加关键帧，如图 14.253 所示。此时，在 [合成] 窗口中可以看到素材效果，如图 14.254 所示。

图 14.253 修改 [旋转] 属性的值

图 14.254 合成窗口中的素材效果

Step 26 将时间调整到 0:00:11:10 帧的位置，单击 [在当前时间添加或移除关键帧] 按钮 ◆，在当前时间设置一个关键帧，如图 14.255 所示。

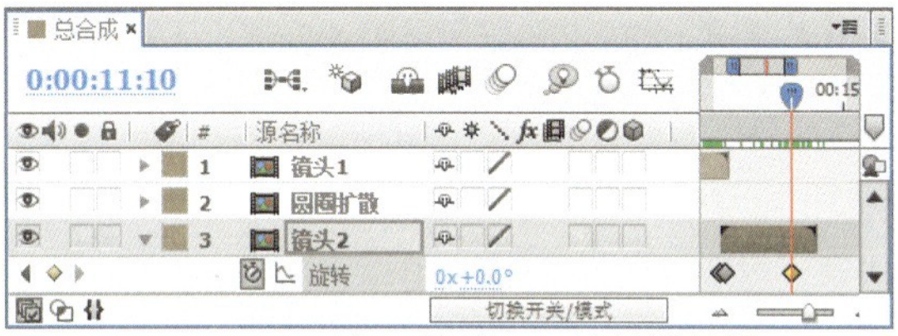

图 14.255 添加 [旋转] 属性的关键帧

Step 27 将时间线调整到 0:00:11:15 帧的位置，修改 [旋转] 的值为 -40°，系统会自动添加关键帧，如图 14.256 所示。此时，在 [合成] 窗口中可以看到素材效果，如图 14.257 所示。

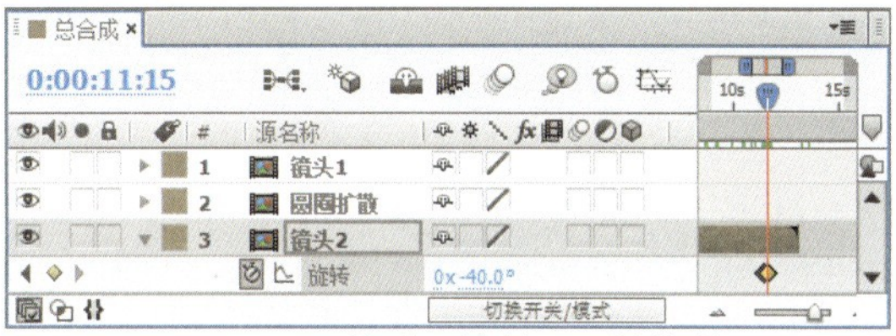

图 14.256 修改 [旋转] 属性的值

图 14.257 合成窗口中的素材效果

Step 28 将时间线调整到 0:00:11:20 帧的位置，修改 [旋转] 的值为 0°，系统会自动添加关键帧，如图 14.258 所示。

图 14.258 修改 [旋转] 属性的值

Step 29 将时间调整到 0:00:09:10 帧的位置，按 S 键展开 [缩放] 选项，单击 [缩放] 左侧的码表按钮 ⏱，在当前时间设置一个关键帧，如图 14.259 所示。

图 14.259 创建 [缩放] 属性的关键帧

Step 30 将时间调整到 0:00:09:17 帧的位置，修改 [缩放] 的值为（165，165），系统会自动添加关键帧，如图 14.260 所示。此时，在 [合成] 窗口中可以看到素材效果，如图 14.261 所示。

图 14.260 修改 [缩放] 属性的值

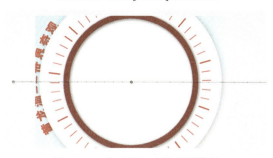

图 14.261 合成窗口中的素材效果

Step 31 将时间调整到 0:00:09:23 帧的位置，修改 [缩放] 的值为（100，100），系统会自动添加关键帧，如图 14.262 所示。

图 14.262 修改 [缩放] 属性的值

32 将时间调整到 0:00:11:13 帧的位置,单击 [在
Step 当前时间添加或移除关键帧] 按钮 ◆,在当
前时间设置一个关键帧,如图 14.263 所示。

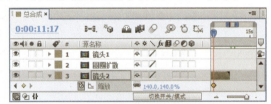

图 14.263 添加 [缩放] 属性的关键帧

33 将时间调整到 0:00:11:17 帧的位置,修改 [缩
Step 放] 的值为(140,140),系统会自动添加
关键帧,如图 14.264 所示。此时,在 [合成] 窗
口中可以看到素材效果,如图 14.265 所示。

图 14.264 修改 [缩放] 属性的值

图 14.265 合成窗口中的素材效果

34 将时间调整到 0:00:11:20 帧的位置,修改 [缩
Step 放] 的值为(100,100),系统会自动添加
关键帧,如图 14.266 所示。

35 将时间调整到 0:00:12:10 帧的位置,单击 [在
Step 当前时间添加或移除关键帧] 按钮 ◆,在当
前时间设置一个关键帧,如图 14.267 所示。

图 14.266 修改 [缩放] 属性的值

图 14.267 添加 [缩放] 属性的关键帧

36 将时间调整到 0:00:13:02 帧的位置,修改 [缩
Step 放] 的值为(32,32),系统会自动添加关键帧,
如图 14.268 所示。此时,在 [合成] 窗口中可以
看到素材效果,如图 14.269 所示。

图 14.268 修改 [缩放] 属性的值

图 14.269 合成窗口中的素材效果

37 在时间线面板中,选择"圆圈扩散"层,按
Step Ctrl+D 组合键,复制一层"圆圈扩散"层,
如图 14.270 所示。

图 14.270 复制"圆圈扩散"层

38 Step 在时间线面板中,选择刚复制的"圆圈扩散"层,将其放在"镜头2"的下层,如图14.271所示。

图 14.271 "圆圈扩散"层在时间线面板中的位置

39 Step 将时间调整到 0:00:07:10 帧的位置,在时间线面板中,选择"圆圈扩散"层,按 [键将"圆圈扩散"层的入点设置在当前位置,如图 14.272 所示。

图 14.272 设置"圆圈扩散"层的入点

40 Step 将时间调整到0:00:12:18帧的位置,在[项目]面板中选择"镜头3"合成素材,将其拖动到时间线面板中,如图 14.273 所示。此时,合成窗口中的素材效果如图 14.274 所示。

图 14.273 "镜头 3"在时间线面板中的位置

图 14.274 合成窗口中的素材效果

41 Step 在时间线面板中,选择"镜头3"层,然后按S键展开[缩放]选项,修改[缩放]的值为(160,160),如图14.275所示。此时,合成窗口中的素材效果如图14.276所示。

图 14.275 修改 [缩放] 属性的值

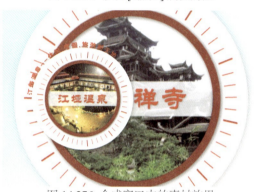

图 14.276 合成窗口中的素材效果

42 Step 在时间线面板中,选择"镜头3"层,然后按P键展开[位置]选项,修改[位置]的值为(130,232),如图14.277所示。此时,合成窗口中的素材效果如图14.278所示。

图 14.277 修改 [位置] 属性的值

图 14.278 合成窗口中的素材效果

Step 43 | 在时间线面板中,选择"镜头 3"层,在工具栏中选择 [向后平移"锚点"工具],将"镜头 3"的中心点拖动到如图 14.279 所示的位置。

图 14.279 移动"镜头 3"的中心点

Step 44 | 将时间调整到 0:00:13:10 帧的位置,在时间线面板中,选择"镜头 3"层,然后按 P 键展开 [位置] 选项,单击 [位置] 左侧的码表按钮 ,在当前时间设置一个关键帧,如图 14.280 所示。

图 14.280 创建 [位置] 属性的关键帧

Step 45 | 将时间调整到 0:00:12:18 帧位置,修改 [位置] 属性的值为(1307,700),系统将自动建立关键帧,如图 14.281 所示。

图 14.281 修改 [位置] 属性的值

Step 46 | 将时间调整到 0:00:17:23 帧的位置,在时间线面板中,选择"镜头 3"层,然后按 R 键展开 [旋转] 选项,单击 [旋转] 左侧的码表按钮 ,在当前时间设置一个关键帧,如图 14.282 所示。

图 14.282 创建 [旋转] 属性的关键帧

Step 47 | 将时间线调整到 0:00:18:15 帧的位置,修改 [旋转] 的值为 -105°,系统会自动添加关键帧,如图 14.283 所示。修改完关键帧位置后,素材的位置也将随之变化,此时,在 [合成] 窗口中可以看到素材效果,如图 14.284 所示。

图 14.283 修改 [旋转] 属性的值

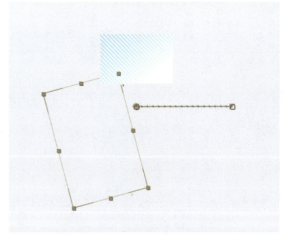

图 14.284 合成窗口中的素材效果

Step 48 | 执行菜单栏中的 [图层][新建][纯色] 命令,打开 [纯色设置] 对话框,设置 [名称] 为"方框符号 1",[宽度] 为 720px,[高度] 为 480px,[颜色] 为红色(R:225,G:0,B:0),如图 14.285 所示。

Step 49 | 将时间调整到 0:00:13:08 帧的位置,在时间线面板中,选择"方框符号 1"层,按 [键,将"方框符号 1"的入点设置在当前位置,如图 14.286 所示。

图 14.285 创建"方框符号 1"层

图 14.286 设置"方框符号 1"的入点

50 Step 将时间调整到 0:00:18:17 帧的位置,在时间线面板中,选择"方框符号 1"层,按 Alt+]组合键,将"方框符号 1"的出点设置在当前位置,如图 14.287 所示。

图 14.287 设置"方框符号 1"的出点

51 Step 在时间线面板中,选择"方框符号 1"层,按 S 键展开 [缩放] 选项,修改 [缩放] 的值为(3,3),然后按 P 键展开 [位置] 选项,修改 [位置] 的值为(455,98),如图 14.288 所示。

图 14.288 修改"方框符号 1"的缩放和位置的值

52 Step 将时间调整到 0:00:13:08 帧的位置,在时间线面板中,选择"方框符号 1"层,然后按 S 键展开 [缩放] 选项,修改 [缩放] 的值为(0,0),单击 [缩放] 左侧的码表按钮,在当前时间设置一个关键帧,如图 14.289 所示。

图 14.289 设置缩放属性并建立关键帧

53 Step 将时间调整到 0:00:13:14 帧的位置,修改 [缩放] 的值为(3,3),系统会自动添加关键帧,如图 14.290 所示。

图 14.290 修改 [缩放] 属性的值

54 Step 将时间调整到 0:00:13:20 帧的位置,修改 [缩放] 的值为(0,0),系统会自动添加关键帧,如图 14.291 所示。

图 14.291 修改 [缩放] 属性的值

55 Step 将时间调整到 0:00:14:00 帧的位置,修改 [缩放] 的值为(6,6),系统会自动添加关键帧,如图 14.292 所示。

图 14.292 修改 [缩放] 属性的值

56 Step 将时间调整到 0:00:14:07 帧的位置,修改 [缩放] 的值为（3，3），系统会自动添加关键帧,如图 14.293 所示。

图 14.293 修改 [缩放] 属性的值

57 Step 将时间调整到 0:00:15:10 帧的位置,在时间线面板中,选择除"方框符号 1"层,单击 [父级] 选项的 [无] 按钮,在下拉菜单中选择"镜头 3"选项,如图 14.294 所示。

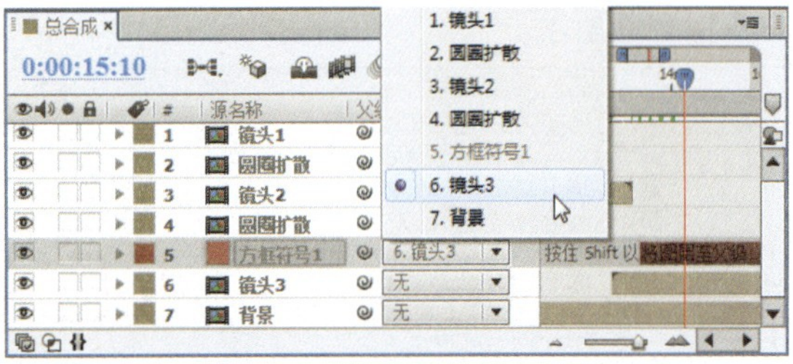

图 14.294 设置 [父级] 关系

58 Step 执行菜单栏中的 [图层]|[新建]|[文本] 命令,或者单击工具栏中的 [横向文字工具] T,输入文字"湖南张家界著名的佛教寺庙被定为湖南省重点文物保护单位",如图 14.295 所示。设置文字的字体为"汉仪竹节体简",字号为 25 像素,填充的颜色为红色（R:225，G:0，B:0）,如图 14.296 所示。

图 14.296 [字符] 面板属性

59 Step 在时间线面板中,选择文字层,在 [效果和预设] 面板中展开 [透视] 特效组,然后双击 [投影] 特效,如图 14.297 所示。

图 14.297 添加 [投影] 特效

60 Step 在 [效果控件] 面板中,设置 [不透明度] 的值为 20%，[距离] 的值为 2，[柔和度] 的值为 5,如图 14.298 所示。此时,合成窗口中的素材效果如图 14.299 所示。

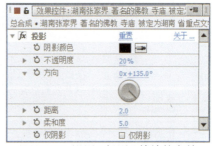

图 14.298 设置 [投影] 特效的参数

图 14.295 创建文字层

图 14.299 合成窗口中的素材效果

61 Step 将时间调整到 0:00:13:10 帧的位置,在时间线面板中,选择文字层,按 [键,将文字层的入点设置在当前位置,如图 14.300

所示。

图 14.300 设置文字的入点

Step 62 将时间调整到 0:00:18:17 帧的位置，在时间线面板中，选择文字层，按 Alt+] 键，将其出点设置在当前位置，如图 14.301 所示。

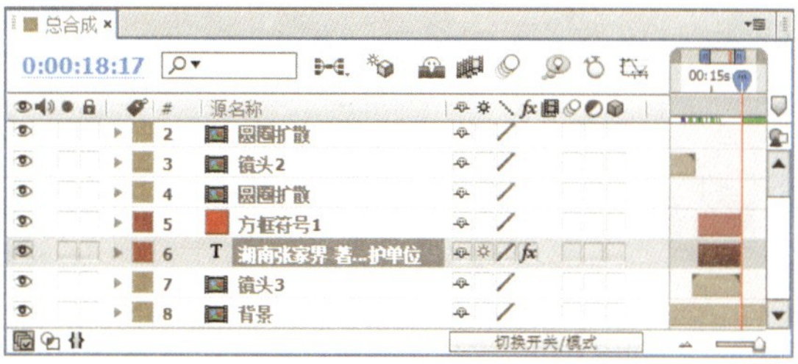

图 14.301 设置文字的出点

Step 63 在时间线面板中，展开文字层，在右侧 [动画] 菜单中选择 [缩放] 选项，如图 14.302 所示。

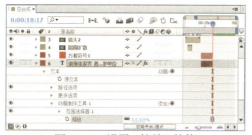

图 14.302 时间线面板的素材

Step 64 在时间线面板中，展开 [文本]|[动画制作工具 1]| 选项组，设置 [缩放] 的值为（0,0），如图 14.303 所示。

图 14.303 设置 [缩放] 的值

Step 65 将时间调整到 0:00:14:10 帧的位置，单击 [偏移] 左侧的码表按钮，在当前时间设置一个关键帧，并修改 [偏移] 的值为 0%，如图

14.304 所示。此时，合成窗口中的素材效果如图 14.305 所示。

图 14.304 创建 [偏移] 属性的关键帧

图 14.305 合成窗口中的素材效果

Step 66 将时间调整到 0:00:16:10 帧的位置，修改 [偏移] 的值为 100%，系统会自动添加关键帧，如图 14.306 所示。此时，合成窗口中的素材效果如图 14.307 所示。

图 14.306 修改 [偏移] 的值

图 14.307 合成窗口中的素材效果

Step 67 将时间调整到 0:00:18:04 帧的位置，在 [项目] 面板中选择"镜头 4"合成素材，将其拖动到时间线面板中，如图 14.308 所示。此时，合成

窗口中的素材效果如图 14.309 所示。

图 14.308 "镜头 4"时间线面板中的位置

图 14.309 合成窗口中的素材效果

68 在时间线面板中,选择"镜头 4"层,然后
Step 按 S 键展开 [缩放] 选项,修改 [缩放] 的值为(160,160),如图 14.310 所示。此时,合成窗口中的素材效果如图 14.311 所示。

图 14.310 修改 [缩放] 属性的值

图 14.311 合成窗口中的素材效果

69 在时间线面板中,选择"镜头 4"层,然后
Step 按 P 键展开 [位置] 选项,修改 [位置] 的值为(560,232),如图 14.312 所示。此时,合成窗口中的素材效果如图 14.313 所示。

图 14.312 修改 [位置] 属性的值

图 14.313 合成窗口中的素材效果

70 在时间线面板中,选择"镜头 4"层,在工具
Step 栏中选择 [向后平移"锚点"工具],将"镜头 4"的中心点拖动到如图 14.314 所示的位置。

图 14.314 移动"镜头 4"的中心点

71 将时间调整到 0:00:23:10 帧的位置,在时间
Step 线面板中,选择"镜头 4"层,然后按 P 键展开 [位置] 选项,单击 [位置] 左侧的码表按钮,在当前时间设置一个关键帧,如图 14.315 所示。

图 14.315 创建 [位置] 属性的关键帧

| 72 Step | 将时间调整到 0:00:24:03 帧的位置，修改 [位置] 属性的值为（1058，702），系统将自动建立关键帧，如图 14.316 所示。此时，合成窗口中的素材效果如图 14.317 所示。

图 14.316 修改 [位置] 属性的值

图 14.317 合成窗口中的素材效果

| 73 Step | 将时间调整到 0:00:18:05 帧的位置，在时间线面板中，选择"镜头 4"层，然后按 R 键展开 [旋转] 选项，修改 [旋转] 的值为 90°，单击 [旋转] 左侧的码表按钮，在当前时间设置一个关键帧，如图 14.318 所示。

图 14.318 创建 [旋转] 属性的关键帧

| 74 Step | 将时间线调整到 0:00:18:22 帧的位置，修改 [旋转] 的值为 0°，系统会自动添加关键帧，如图 14.319 所示。修改完关键帧位置后，素材的位置也将随之变化，此时，在 [合成] 窗口中可以看到素材效果，如图 14.320 所示。

图 14.319 修改 [旋转] 属性的值

图 14.320 合成窗口中的素材效果

| 75 Step | 在时间线面板中，选择"文字"、"方框符号 1"层，按 Ctrl+D 组合键，复制一层，并修改"方框符号 1"的名字为"方框符号 2"，如图 14.321 所示。

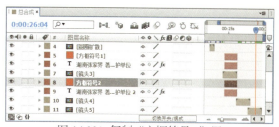

图 14.321 复制"方框符号 2"层

| 76 Step | 将时间调整到 0:00:24:03 帧的位置，在时间线面板中，选择"文字 2"、"方框符号 2"层，按] 键，将"文字 2"、"方框符号 2"层的出点设置在当前位置，如图 14.322 所示。

图 14.322 设置"文字 2"、"方框符号 2"层的出点

| 77 Step | 将时间调整到 0:00:22:10 帧的位置，在时间线面板中，选择"文字 2"、"方框符号 2"层，单击 [父级] 选项的 [无] 按钮，在下拉菜单中选择"镜头 4"选项，如图 14.323 所示。

图 14.323 设置"镜头 4"的 [父级] 关系

78 Step 在时间线面板中,选择"文字 2"层,将文字修改成"土家风情园是一座人文景观与自然景观相融合的大型综合性旅游服务企业",如图 14.324 所示。

图 14.324 修改完文字后合成窗口中的素材效果

79 Step 将时间调整到 0:00:23:00 帧的位置,在[项目]面板中选择"镜头 5"素材,将其拖动到时间线面板中,排列顺序如图 14.325 所示。

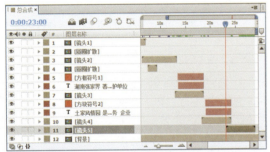

图 14.325 "镜头 5"在时间线面板中的位置

80 Step 在时间线面板中,选择"镜头 5"层,然后按 P 键展开 [位置] 选项,修改 [位置] 的值为(-340,240),单击 [位置] 左侧的码表按钮 ,在当前时间设置一个关键帧,如图 14.326 所示。

图 14.326 创建 [位置] 属性的关键帧

81 Step 将时间调整到 0:00:24:03 帧的位置,修改 [位置] 的值为(360,240),系统会自动添加关键帧,如图 14.327 所示。修改完关键帧位置后,素材的位置也将随之变化。此时,在 [合成] 窗口中可以看到素材效果,如图 14.328 所示。

图 14.327 修改 [位置] 属性的值

图 14.328 合成窗口中的素材效果

82 Step 这样,就完成了旅游宣传片动画的制作。按空格键或小键盘上的 0 键,可以在合成窗口中预览动画的效果。

14.2
影视节目包装——影视剧场

难易程度:★★★★
工程文件:配套光盘\工程文件\第14章\影视剧场
视频位置:配套光盘\movie\14.2 影视剧场.avi

技术分析

本例讲解影视剧场包装效果,通过使用 [描边] 命令、[梯度渐变]、CC Grid Wipe(CC 网格擦除)、Shine(扫光)特效及图片的动画,制作影视剧场包装,本例最终的动画流程效果,如图 14.329 所示。

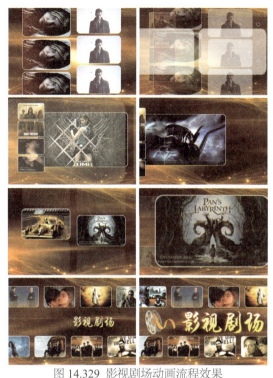

图 14.329 影视剧场动画流程效果

学习目标

通过本例的制作，学习素材的导入方式，[图层样式][描边] 命令、[生成][梯度渐变] 特效、、[透视][斜面 Alpha] 特效，[过渡]CC Grid Wipe（CC 网格擦除）特效，Trapcode 特效组 |Shine（扫光）的应用及其参数的设置。

操作步骤

14.2.1 制作镜头 1

1 执行菜单栏中的 [文件][导入][文件] 命Step 令，或在 [项目] 面板中双击，打开 [导入文件] 对话框，选择配套光盘中的"工程文件\第14 章\影视剧场\镜头 1.psd"素材，打开以素材名"镜头 1.psd"命名的对话框，在 [导入种类] 下拉列表中选择 [合成] 选项，将素材以合成方式导入，如图 14.330 所示。单击 [确定] 按钮，将素材导入到 [项目] 面板中，系统将建立以"镜头1"命名的新合成，如图 14.331 所示。

图 14.330 导入选项设置　　图 14.331 导入素材

2 选择"镜头 1"合成，按 Ctrl+K 组合键，打Step 开 [合成设置] 对话框，设置 [持续时间] 为 00:00:04:00 秒，如图 14.332 所示。

图 14.332 设置工程文件的持续时间

3 在 [项目] 面板中双击"镜头 1"合成，打开"镜Step 头 1"合成的时间线面板，如图 14.333 所示。

图 14.333 时间线面板中的素材

4 在时间线面板中，选择"大图"层，单击Step 鼠标右键从弹出的快捷菜单中选择 [图层样式][描边] 命令，在时间线面板中，展开 [图层样式][描边] 选项组，设置 [颜色] 为白色，[大小] 为 2，如图 14.334 所示。

图 14.334 设置描边的颜色和大小

· 经验分享 ·

快速将入点调整到开始位置

按[键，可以快速将素材层的入点移动到当前时间滑块的位置；按]键，可以快速将素材层的出点移动到当前时间滑块的位置。

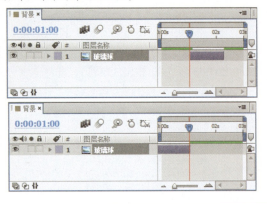

图 14.337 图层的排列顺序

Step 7 执行菜单栏中的 [图层] | [新建] [空对象] 命令，新建一个 "空 1" 层，如图 14.338 所示。

图 14.338 新建虚拟物体层

Step 5 选中 [图层样式]，按 Ctrl+C 组合键，复制 [图层样式]，然后选择其他层，按 Ctrl+V 组合键，粘贴 [图层样式]，如图 14.335 所示。此时，合成窗口中的效果如图 14.336 所示。

图 14.335 复制 [图层样式]

图 14.336 合成窗口中的效果

Step 6 在时间线面板中，选择 "小图 1"、"小图 2"、"小图 3"、"小图 4" 层，然后按 Ctrl+D 组合键复制图层，命名分别为 "小图 1 闪白"、"小图 2 闪白"、"小图 3 闪白"、"小图 4 闪白"，排列顺序如图 14.337 所示。

Step 8 将时间调整到 00:00:00:00 帧的位置，在时间线面板中，选择 "空 1" 层，然后按 P 键展开 [位置] 选项，修改 [位置] 的值为（360，222），单击 [位置] 左侧的码表按钮，在当前时间设置一个关键帧，如图 14.339 所示。

图 14.339 设置 [位置] 的关键帧

Step 9 将时间调整到 0:00:03:24 帧的位置，修改 [位置] 属性的值为（360，260），系统会自动添加关键帧，如图 14.340 所示。此时合成窗口中的效果如图 14.341 所示。

Step 10 将时间调整到 00:00:00:00 帧的位置，在时间线面板中，选择除 "大图" 和 "空 1" 层以外的所有层，单击 [父级] 选项的 [无] 按钮，在下拉菜单中选择 "空 1" 选项，如图 14.342 所示。

图 14.340 修改 [位置] 属性的值

图 14.344 修改 [缩放] 属性的值

图 14.341 合成窗口中的效果

Step 13 在时间线面板中,选择"大图"层,在[效果和预设]面板中展开[过渡]特效组,然后双击 CC Grid Wipe(CC 网格擦除)特效,如图 14.345 所示。

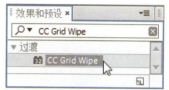

图 14.345 添加 CC 网格擦除特效

Step 14 将时间调整到 00:00:00:00 帧的位置,在[效果控件]面板中,设置[过渡完成]的值为 100%,单击[过渡完成]左侧的码表按钮,在当前时间设置一个关键帧,如图 14.346 所示。此时,合成窗口中的效果如图 14.347 所示。

图 14.342 创建 [父级] 关系

Step 11 在时间线面板中,选择"大图"层,然后按 S 键展开 [缩放] 选项,单击 [缩放] 左侧的码表按钮,在当前时间设置一个关键帧,如图 14.343 所示。

图 14.346 设置 [过渡完成] 的关键帧

图 14.344 创建 [缩放] 属性的关键帧

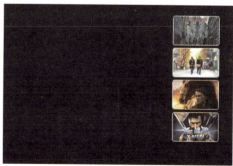

图 14.347 合成窗口中的效果

Step 12 将时间调整到 0:00:03:24 帧的位置,修改 [缩放] 的值为(91,91),系统会自动设置一个关键帧,如图 14.344 所示。

Step 15 将时间调整到 0:00:00:15 帧的位置,修改 [过渡完成] 的值为 0%,系统会自动添加关键帧,如图 14.348 所示。此时，合成窗口中的效果如图 14.349 所示。

图 14.348 修改 [过渡完成] 的值

图 14.349 合成窗口中的效果

· 经验分享 ·

轻移素材层

按 Alt + PageUp 组合键，可以向左轻移时间线上的素材层，每按一次可以向左移动一帧；按 Alt + PageDown 组合键，可以向右轻移时间线上的素材层，每按一次可以向右移动一帧。

16 Step 在时间线面板中，选择 "小图 1 闪白"，在 [效果和预设] 面板中展开 [生成] 特效组，然后双击 [梯度渐变] 特效，如图 14.350 所示。

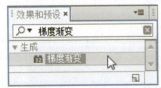

图 14.350 添加 [梯度渐变] 特效

17 Step 在 [效果控件] 面板中，设置 [起始颜色] 为白色，如图 14.351 所示。

图 14.351 设置 [起始颜色]

18 Step 在 [效果控件] 面板中，选中 [梯度渐变] 特效，按 Ctrl+C 组合键复制渐变特效，在时间线面板中分别选择 "小图 2 闪白"、"小图 3 闪白"、"小图 4 闪白" 层，按 Ctrl+V 组合键粘贴 [梯度渐变] 特效，如图 14.352 所示。此时，在 [合成] 窗口中可以看到素材效果，如图 14.353 所示。

图 14.352 复制 [梯度渐变] 特效

图 14.353 合成窗口中的素材效果

19 Step 在时间线面板中，将时间调整到 00:00:00:00 帧的位置，选择 "小图 1 闪白" 层，然后按 T 键展开 [不透明度] 选项，单击 [不透明度] 左侧的码表按钮，在当前时间设置一个关键帧，如图 14.354 所示。

图 14.354 设置 [不透明度] 属性的关键帧

20 Step 将时间调整到00:00:00:09帧的位置，修改[不透明度]的值为0%，系统会自动添加关键帧，如图14.355所示。

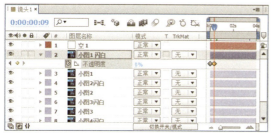

图14.355 修改[不透明度]的值

21 Step 将时间调整到00:00:00:00帧的位置，选择“小图1闪白”层的所有关键帧，按Ctrl+C组合键，然后选中时间线面板中的“小图2闪白”、“小图3闪白”、“小图4闪白”层，按Ctrl+V组合键，如图14.356所示。

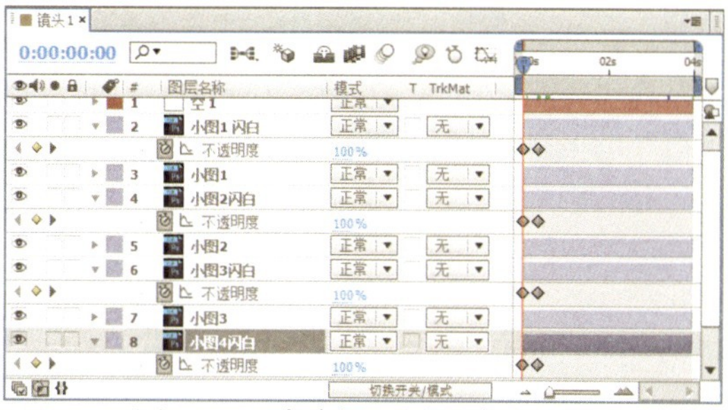

图14.356 复制[不透明度]的帧

22 Step 将时间调整到00:00:00:06帧的位置，选择“小图1”、“小图1闪白”层，按[键，将“小图1”、“小图1闪白”的入点设置在当前位置，如图14.357所示。

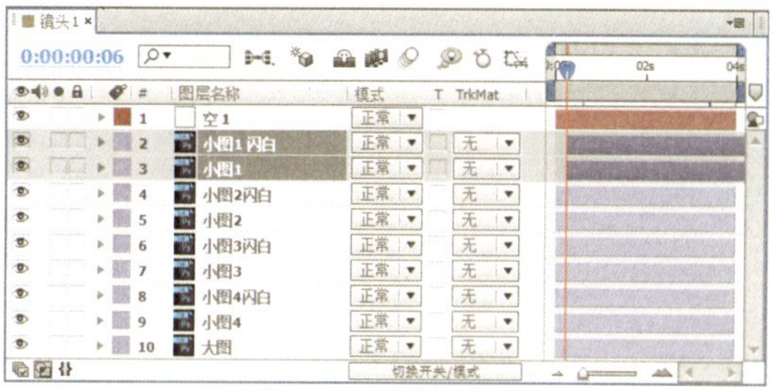

图14.357 设置入点

23 Step 将时间调整到0:00:00:23帧的位置，选择“小图2”、“小图2闪白”层，按[键，将“小图2”、“小图2闪白”的入点设置在当前位置，如图14.358所示。

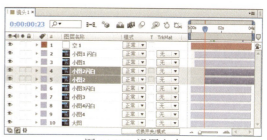

图14.358 设置入点

24 Step 将时间调整到0:00:01:15帧的位置，选择“小图3”、“小图3闪白”层，按[键，将“小图3”、“小图3闪白”的入点设置在当前位置，如图14.359所示。

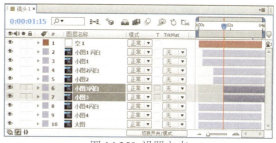

图14.359 设置入点

25 Step 将时间调整到到0:00:02:07帧的位置，选择“小图4”、“小图4闪白”层，按[键，将“小图4”、“小图4闪白”的入点设置在当前位置，如图14.360所示。此时，合成窗口中的效果如图14.361所示。

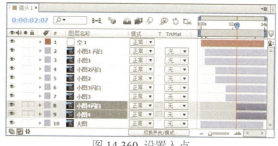

图14.360 设置入点

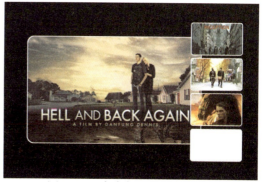

图14.361 合成窗口中的素材效果

· 经验分享 ·

剪切层入点、出点

按 Alt+[组合键，可以剪切层的入点到当前时间滑块位置；按 Alt+] 组合键，可以剪切层的出点到当前时间滑块位置。

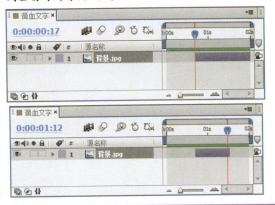

14.2.2 制作镜头 2

Step 1 执行菜单栏中的 [文件]|[导入]|[文件]命令，或在 [项目] 面板中双击，打开 [导入文件] 对话框，选择配套光盘中的"工程文件\第 14 章\影视剧场\镜头 2.psd"素材，打开以素材名"镜头 2.psd"命名的对话框，在 [导入种类] 下拉列表中选择 [合成] 选项，将素材以合成方式导入，如图 14.362 所示。单击 [确定] 按钮，将素材导入到 [项目] 面板中，系统将建立以"镜头 2"命名的新合成，如图 14.363 所示。

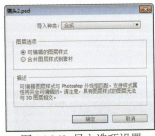
图 14.362 导入选项设置

图 14.363 导入素材

Step 2 按 Ctrl+K 组合键，打开 [合成设置] 对话框，设置 [持续时间] 为 00:00:03:00 秒，如图 14.364 所示。

Step 3 在 [项目] 面板中双击"镜头 2"合成，打开"镜头 2"合成的时间线面板，如图 14.365 所示。

图 14.364 修改合成的持续时间

图 14.365 时间线面板中的素材

Step 4 在时间线面板中，选择"图左 1"、"图左 2"、"图左 3"层，按 Ctrl+Shift+C 组合键，创建新的合成，设置 [新合成名称] 为左，如图 14.366 所示。

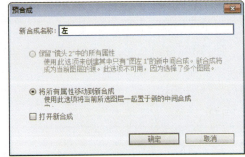
图 14.366 设置新的合成名称

Step 5 在时间线面板中，选择"图右 1"、"图右 2"、"图右 3"层，按 Ctrl+Shift+C 组合键，创建新的合成，设置 [新合成名称] 为右，如图 14.367 所示。

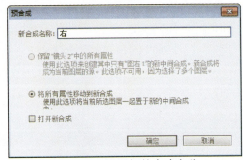
图 14.367 设置新的合成名称

6 在时间线面板中,选择"左"层,单击鼠标右键从弹出的快捷菜单中选择[图层样式][描边]命令,在时间线面板中,展开[图层样式][描边]选项组,设置[颜色]为白色,[大小]为2,如图14.368所示。

图14.368 设置描边的颜色及大小

7 在时间线面板中,选择"右"层,单击鼠标右键从弹出的快捷菜单中选择[图层样式][描边]命令,在时间线面板中,展开[图层样式][描边]选项组,设置[颜色]为白色,[大小]为2,如图14.369所示。此时,合成窗口中的素材效果如图14.370所示。

图14.369 设置描边的颜色及大小

图14.370 合成窗口中的效果

8 将时间调整到00:00:00:00帧的位置,在时间线面板中,选择"右"层,按S键,展开[缩放]属性,修改[缩放]属性的值为(91,91),然后选择"左"层,然后按P键展开[位置]选项,修改[位置]的值为(360,268),单击[位置]左侧的码表按钮，在当前时间设置一个关键帧,如图14.371所示。

图14.371 创建[位置]属性的关键帧

9 将时间调整到0:00:02:24帧的位置,修改[位置]的值为(360,218),系统会自动添加关键帧,如图14.372所示。

图14.372 修改[位置]属性的值

10 将时间调整到00:00:00:00帧的位置,在时间线面板中,选择"右"层,然后按P键展开[位置]选项,修改[位置]的值为(360,227),单击[位置]左侧的码表按钮，在当前时间设置一个关键帧,如图14.373所示。

图14.373 创建[位置]属性的关键帧

11 将时间调整到0:00:02:24帧的位置,修改[位置]的值为(360,253),系统会自动添加关键帧,如图14.374所示。

图14.374 修改[位置]属性的值

· 经验分享 ·

关于层标识点

层标识点在工作中非常有用,例如,可以通过打标识点标明该层不同位置的说明。选择一个层,按小键盘上的*键就可以给这个层在当前时间滑块位置添加标识点。双击或按Alt+*键,可以给这个标识点加上名称和注释,甚至还能加上网页连接。

14.2.3 制作镜头3

Step 1 执行菜单栏中的[文件]|[导入]|[文件]命令,或在[项目]面板中双击,打开[导入文件]对话框,选择配套光盘中的"工程文件\第14章\影视剧场\镜头3.psd"素材,打开以素材名"镜头3.psd"命名的对话框,在[导入种类]下拉列表中选择[合成]选项,将素材以合成方式导入,如图14.375所示。单击[确定]按钮,将素材导入到[项目]面板中,系统将建立以"镜头3"命名的新合成,如图14.376所示。

图14.375 导入选项设置

图14.376 导入素材

Step 2 选择"镜头3"合成,按Ctrl+K组合键,打开[合成设置]对话框,设置[合成名称]为"镜头3",并设置[持续时间]为00:00:03:00秒,如图14.377所示。

图14.377 修改合成的名称及持续时间

Step 3 在[项目]面板中双击"镜头3"合成,打开"镜头3"合成的时间线面板,如图14.378所示。

图14.378 时间线面板中的素材

Step 4 在"镜头2"合成中,选择"右"层,选中[图层样式],按Ctrl+C组合键,复制[图层样式],如图14.379所示。

图14.379 复制层样式

Step 5 在"镜头3"合成中,选中所有素材,按Ctrl+V组合键,粘贴[图层样式],如图14.380所示。此时,合成窗口中的素材效果如图14.381所示。

图14.380 粘贴层样式

图 14.381 合成窗口中的效果

6 将时间调整到 0:00:01:17 帧的位置，在时间线面板中，选择"图大 1"层，按 Alt+] 组合键，将"图大 1"的出点设置在当前帧位置，如图 14.382 所示。

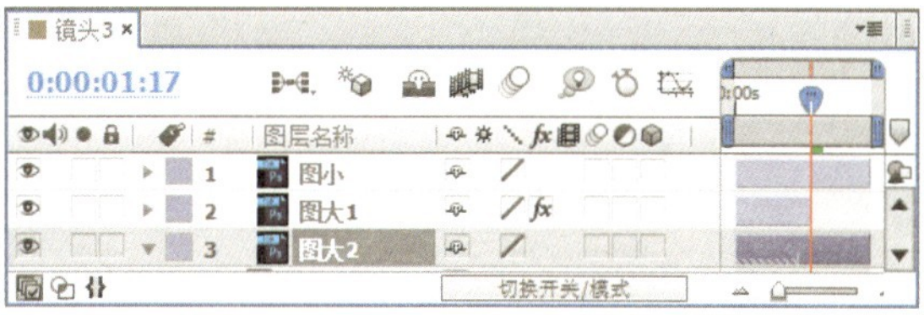

图 14.382 设置素材的出点

7 将时间调整到 0:00:01:10 帧的位置，在时间线面板中，选择"图大 2"层，按 [键，将"图大 2"的入点设置在当前帧位置，如图 14.383 所示。

图 14.383 调整素材的入点

8 将时间调整到 00:00:00:00 帧的位置，在时间线面板中，选择"图小"层，然后按 P 键展开 [位置] 选项，修改 [位置] 的值为（360，220），单击 [位置] 左侧的码表按钮，在当前时间设置一个关键帧，如图 14.384 所示。

图 14.384 创建 [位置] 的关键帧

9 将时间调整到 0:00:02:24 帧的位置，修改 [位置] 的值为（360，267），系统会自动添加关键帧，如图 14.385 所示。

图 14.385 修改 [位置] 的值

10 将时间调整到 00:00:00:00 帧的位置，在时间线面板中，选择"图大 1"层，然后按 S 键展开 [缩放] 选项，单击 [缩放] 左侧的码表按钮，在当前时间设置一个关键帧，如图 14.386 所示。

图 14.386 创建 [缩放] 的关键帧

11 将时间调整到 0:00:01:18 帧的位置，修改 [缩放] 的值为（93,93），系统会自动添加关键帧，如图 14.387 所示。

图 14.387 修改 [缩放] 的值

12 将时间调整到 0:00:01:10 帧的位置，在时间线面板中，选择"图大 2"层，然后按 S 键展开 [缩放] 选项并且修改 [缩放] 选项的值为（94,94），单击 [缩放] 左侧的码表按钮，在当前时间设置一个关键帧，如图 14.388 所示。

图 14.388 创建 [缩放] 的关键帧

13 将时间调整到 0:00:01:18 帧的位置，修改 [缩放] 的值为（93,93），系统会自动添加关键帧，如图 14.389 所示。

图 14.389 修改 [缩放] 的值

Step 14 将时间调整到 0:00:02:24 帧的位置,修改 [缩放] 的值为(88,88),系统会自动添加关键帧,如图 14.390 所示。

图 14.390 修改 [缩放] 的值

Step 15 在时间线面板中,选择"图大 1"层,在 [效果和预设] 面板中展开 [过渡] 特效组,然后双击 CC Grid Wipe(CC 网格擦除)特效,如图 14.391 所示。

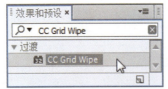

图 14.391 添加 CC 网格擦除特效

Step 16 将时间调整到 00:00:00:00 帧的位置,在 [效果控件] 面板中,设置 [过渡完成] 的值为 100%,单击 [过渡完成] 左侧的码表按钮,在当前时间设置一个关键帧,如图 14.392 所示。此时,合成窗口中的效果如图 14.393 所示。

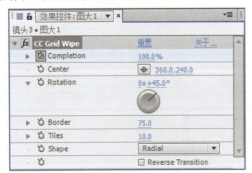

图 14.392 设置 [过渡完成] 的关键帧

图 14.393 合成窗口中的效果

Step 17 将时间调整到 0:00:00:18 帧的位置,修改 [过渡完成] 的值为 0.0%,系统会自动添加关键帧,如图 14.394 所示。此时,合成窗口中的效果如图 14.395 所示。

图 14.394 修改 [过渡完成] 的值

图 14.395 合成窗口中的效果

Step 18 将时间调整到 0:00:01:10 的位置,在时间线面板中,选择"图大 1"层,然后按 T 键展开 [不透明度] 选项,单击 [不透明度] 左侧的码表按钮,在当前时间设置一个关键帧,设置 [不透明度] 的值为 100%,如图 14.396 所示。

图 14.396 创建 [不透明度] 属性的关键帧

Step 19 将时间线调整到 0:00:01:17 帧的位置,修改 [不透明度] 的值为 0%,系统会自动添加关键帧,如图 14.397 所示。此时,合成窗口中的效果如图 14.398 所示。

图 14.397 修改 [不透明度] 的值

图 14.398 合成窗口中的效果

14.2.4 制作镜头 4

Step 1 执行菜单栏中的 [文件]|[导入]|[文件] 命令，或在 [项目] 面板中双击，打开 [导入文件] 对话框，选择配套光盘中的"工程文件\第 14 章\影视剧场\镜头 4.psd"素材，打开以素材名"镜头 4.psd"命名的对话框，在 [导入种类] 下拉列表中选择 [合成] 选项，将素材以合成方式导入，如图 14.399 所示。单击 [确定] 按钮，将素材导入到 [项目] 面板中，系统将建立以"镜头 4"命名的新合成，如图 14.400 所示。

图 14.399 导入选项设置　　图 14.400 导入素材

· 经验分享 ·

关于素材的编辑

在[项目]面板中选择要编辑的素材，然后执行菜单栏中的[编辑]|[编辑原稿]命令，或者按Ctrl＋E组合键，可以调用创建素材的软件对当前素材进行编辑。例如，PSD文件可以调出 Photoshop来编辑，AI文件可以调出 Illustrator来编辑。在这些软件下重新编辑后存盘，After Effects会自动更新[项目]面板内的素材。

Step 2 选择"镜头 4"，按 Ctrl+K 组合键，打开 [合成设置] 对话框，设置 [合成名称] 为"镜头 4"，并设置 [持续时间] 为 00:00:04:00 秒，如图 14.401 所示。

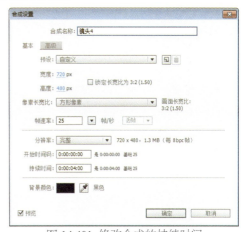

图 14.401 修改合成的持续时间

Step 3 在 [项目] 面板中双击"镜头 4"合成，打开"镜头 4"合成的时间线面板，如图 14.402 所示。

图 14.402 时间线面板中的素材

Step 4 在时间线面板中，选择"图左"层，单击鼠标右键从弹出的快捷菜单中选择 [图层样式]|[描边] 命令，在时间线面板中，展开 [图层样式]|[描边] 选项组，设置 [颜色] 为白色，[大小] 为 2，如图 14.403 所示。

图 14.403 设置描边的颜色及大小

Step 5 在时间线面板中，选择"图右"层，单击鼠标右键从弹出的快捷菜单中选择 [图层样式]|[描边] 命令，在时间线面板中，展开 [图层样式]|[描边] 选项组，设置 [颜色] 为白色，[大小] 为 2，如图 14.404 所示。

图 14.404 设置描边的颜色及大小

6 在时间线面板中,选择"图左"层,然后按 Ctrl+D 组合键复制,重命名为"图左半透明上",按 P 键展开 [位置] 选项,修改 [位置] 的值为(360,59),如图 14.405 所示。

图 14.405 修改 [位置] 的值

7 在时间线面板中,选择"图左"层,然后按 Ctrl+D 组合键复制,重命名为"图左半透明下",按 P 键展开 [位置] 选项,修改 [位置] 的值为(360,422),如图 14.406 所示。

图 14.406 修改 [位置] 的值

8 在时间线面板中,选择"图右"层,然后按 Ctrl+D 组合键复制,改名为"图右半透明上",按 P 键展开 [位置] 选项,修改 [位置] 的值为(360,59),如图 14.407 所示。

图 14.407 修改 [位置] 的值

9 在时间线面板中,选择"图右"层,然后按 Ctrl+D 组合键复制,重命名为"图右半透明下",按 P 键展开 [位置] 选项,修改 [位置] 的值为(360,421),如图 14.408 所示。

图 14.408 修改 [位置] 的值

10 将时间调整到 00:00:00:00 帧的位置,在时间线面板中,选择"图左"层,然后按 P 键展开 [位置] 选项,修改 [位置] 的值为(360,240),单击 [位置] 左侧的码表按钮,在当前时间设置一个关键帧,如图 14.409 所示。

图 14.409 创建 [位置] 的关键帧

11 将时间调整到 0:00:03:24 帧的位置,修改 [位置] 的值为(360,273),系统会自动添加关键帧,如图 14.410 所示。

图 14.410 修改 [位置] 的值

12 将时间调整到 00:00:00:00 帧的位置,在时间线面板中,选择"图右"层,然后按 P 键展开 [位置] 选项,修改 [位置] 的值为(360,187),单击 [位置] 左侧的码表按钮,在当前时间设置一个关键帧,如图 14.411 所示。

图 14.411 创建 [位置] 的关键帧

13 将时间调整到 0:00:03:24 帧的位置,修改 [位置] 的值为(360,114),系统会自动添加关键帧,如图 14.412 所示。

图 14.412 修改 [位置] 的值

Step 14 将时间调整到 00:00:00:00 帧的位置，在时间线面板中，选择"图左半透明上"和"图左半透明下"层，单击 [父级] 选项的 [无] 按钮，在下拉菜单中选择"图左"选项，如图 14.413 所示。

图 14.413 创建 [父级] 关系

Step 15 在时间线面板中，选择"图右半透明上"和"图右半透明下"层，单击 [父级] 选项的 [无] 按钮，在下拉菜单中选择"图右"选项，如图 14.414 所示。

图 14.414 创建 [父级] 关系

Step 16 在时间线面板中，选择"图左半透明上"层，在 [效果和预设] 面板中展开 [生成] 特效组，然后 [梯度渐变] 特效，如图 14.415 所示。

图 14.415 添加 [梯度渐变] 特效

Step 17 在 [效果控件] 面板中，设置 [起始颜色] 为白色，如图 14.416 所示。

Step 18 在 [效果控件] 面板中，选中 [梯度渐变] 特效，按 Ctrl+C 组合键，复制 [梯度渐变] 特效，然后在时间线面板中选择"图左半透明下、图右半透明上、图右半透明下"层，按 Ctrl+V 组合键，粘贴 [梯度渐变] 特效，如图 14.417 所示。

图 14.416 修改 [起始颜色]

图 14.417 复制 [梯度渐变] 特效

Step 19 在时间线面板中选择"图左半透明上"、"图左半透明下"、"图右半透明上"、"图右半透明下"层，按 T 键展开 [不透明度] 选项，设置 [不透明度] 的值为 10%，如图 14.418 所示。

图 14.418 修改 [不透明度] 的值

Step 20 按 Ctrl+N 组合键，创建新的合成，打开 [合成设置] 对话框，设置 [合成名称] 为"方框"，[宽度] 为 1440px，[高度] 为 480px，[帧速率] 为 25 帧/秒，并设置 [持续时间] 为 00:00:04:00 秒，如图 14.419 所示。

图 14.419 新建合成

21 执行菜单栏中的[图层][新建][纯色]命令,打开[纯色设置]对话框,设置[名称]为"方框",[宽度]为1440px,[高度]为480px,如图14.420所示。

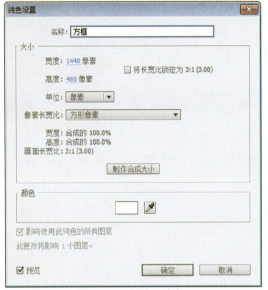

图14.420 新建[纯色]

22 单击工具栏中的[圆角矩形工具] ▢ ,在新创建的纯色层上绘制多个矩形蒙版区域,如图14.421所示。

图14.421 绘制矩形蒙版区域

23 回到"镜头4"合成,将"方框"合成拖动到该合成中,将时间调整到0:00:00:24帧的位置,选择"方框"层,然后按P键展开[位置]选项,修改[位置]的值为(727,240),单击[位置]左侧的码表按钮 ⏱ ,在当前时间设置一个关键帧,如图14.422所示。

图14.422 创建[位置]的关键帧

24 调整时间到0:00:03:24帧的位置,修改[位置]的值为(26,240),系统会自动添加关键帧,如图14.423所示。

图14.423 修改[位置]的值

25 调整时间到0:00:00:24帧的位置,在时间线面板中,选择"方框"层,然后按T键展开[不透明度]选项并修改[不透明度]的值为0%,单击[不透明度]左侧的码表按钮 ⏱ ,在当前时间设置一个关键帧,如图14.424所示。

图14.424 创建[不透明度]属性的关键帧

26 调整时间到0:00:02:09帧的位置,修改[不透明度]的值为50%,系统会自动添加关键帧,如图14.425所示。

图14.425 修改[不透明度]的值

14.2.5 制作镜头5

1 执行菜单栏中的[文件][导入][文件]命令,或在[项目]面板中双击,打开[导入文件]对话框,选择配套光盘中的"工程文件\第14章\影视剧场\镜头5.psd"素材,打开以素材名"镜头5.psd"命名的对话框,在[导入种类]下拉列表中选择[合成]选项,将素材以合成方式导入,如图14.426所示。单击[确定]按钮,将素材导入到[项目]面板中,系统将建立以"镜头5"命名的新合成,如图14.427所示。

图 14.426 导入选项设置

图 14.427 导入素材

2 Step 选择"镜头 5"合成，按 Ctrl+K 组合键，打开 [合成设置] 对话框，设置 [宽度] 为 720px，高度为 480px，并设置 [持续时间] 为 00:00:03:00 秒，如图 14.428 所示。

图 14.428 修改合成的持续时间

3 Step 在 [项目] 面板中双击"镜头 5"合成，打开"镜头 5"合成的时间线面板，如图 14.429 所示。此时，合成窗口中的素材效果如图 14.430 所示。

图 14.429 时间线面板中的素材

图 14.430 合成窗口中的素材效果

· 经验分享 ·

快速查找时间线对应素材

在时间线窗口内选择层，然后在该层上单击鼠标右键，从弹出的快捷菜单中选择 [在项目中显示图层源]，可以在[项目]面板中展示该层所在的位置。

4 Step 在时间线面板中，选择"图片上"层，单击鼠标右键，从弹出的快捷菜单中选择 [图层样式][描边] 命令，在时间线面板中，展开 [图层样式][描边] 选项组，设置 [颜色] 为白色，[大小] 为 2，如图 14.431 所示。

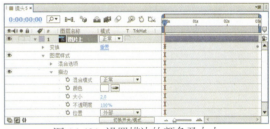

图 14.431 设置描边的颜色及大小

5 Step 在时间线面板中，选择"图片下"层，单击鼠标右键，从弹出的快捷菜单中选择 [图层样式][描边] 命令，在时间线面板中，展开 [图层样式][描边] 选项组，设置 [颜色] 为白色，[大小] 为 2，如图 14.432 所示。此时，合成窗口中的效果如图 14.433 所示。

图 14.432 设置描边的颜色及大小

图14.433 合成窗口中的素材效果

Step 6 将时间调整到00:00:00:00帧的位置,在时间线面板中,选择"图片上"层,然后按P键展开[位置]选项,修改[位置]的值为(222,240),单击[位置]左侧的码表按钮,在当前时间设置一个关键帧,如图14.434所示。

图14.434 创建[位置]的关键帧

Step 7 将时间调整到0:00:02:24帧的位置,修改[位置]的值为(501,240),系统会自动添加关键帧,如图14.435所示。修改完关键帧位置后,素材的位置也将随之变化,此时,在[合成]窗口中可以看到素材效果,如图14.436所示。

图14.435 修改[位置]属性的值

图14.436 合成窗口中的素材效果

Step 8 将时间调整到00:00:00:00帧的位置,在时间线面板中,选择"图片下"层,然后按P键展开[位置]选项,修改[位置]的值为(504,240),单击[位置]左侧的码表按钮,在当前时间设置一个关键帧,如图14.437所示。

图14.437 创建[位置]的关键帧

Step 9 将时间调整到0:00:02:24帧的位置,修改[位置]的值为(223,240),系统会自动添加关键帧,如图14.438所示。修改完关键帧位置后,素材的位置也将随之变化,此时,在[合成]窗口中可以看到素材效果,如图14.439所示。

图14.438 修改[位置]属性的值

图14.439 合成窗口中的素材效果

Step 10 执行菜单栏中的[图层][新建][文本]命令,或者单击工具栏中的[横向文字工具],输入文字"影视剧场",如图14.440所示。设置文字的字体为"汉仪雪君体简",字号为120像素,填充的颜色为白色,如图14.441所示。

图14.440 合成窗口中的素材效果

图 14.441 在 [字符] 面板中设置文字属性

11 然后在工具栏中选择 [向前平移（锚点）] 工
Step 具] ，将 "影视剧场" 的中心点拖动到如
图 14.442 所示。

图 14.442 移动中心点

12 在 [效果和预设] 面板中展开 [生成] 特效组，
Step 然后双击 [梯度渐变] 特效，如图 14.443 所示。

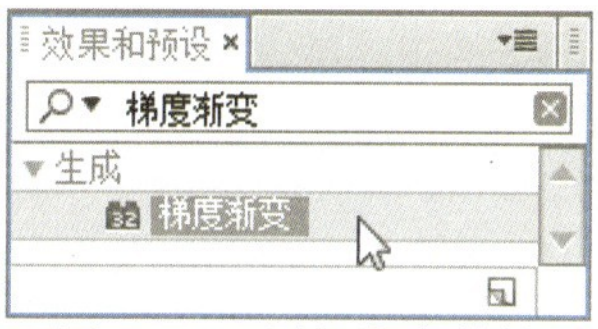

图 14.443 添加渐变特效

13 在 [效果控件] 面板中，设置 [渐变起点]
Step 的值为（480，170），[起始颜色] 为白色，
设置 [渐变终点] 的值为（492，323），[结束颜色]
为黄色（R:255，G:198，B:0），如图 14.444 所示。

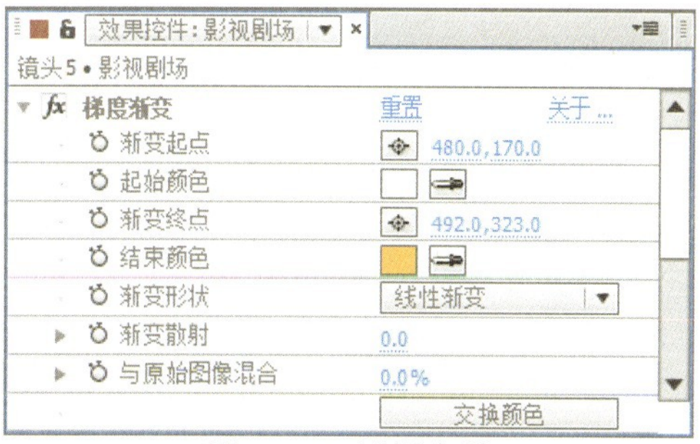

图 14.444 设置参数

14 在 [效果和预设] 面板中展开 [透视] 特效组，
Step 然后双击 [斜面 Alpha] 特效，如图 14.445
所示。

图 14.445 添加 [斜面 Alpha] 特效

15 在 [效果控件] 面板中，设置 [灯光颜色]
Step 为黄色（R：255；G：198；B：0）。此时，
合成窗口中的效果如图 14.446 所示。

图 14.446 合成窗口中的效果

16 将时间调整到 00:00:00:00 帧的位置，然后
Step 按 S 键展开 [缩放] 选项，修改 [缩放] 的
值为（0，0），单击 [缩放] 左侧的码表按钮，
在当前时间设置一个关键帧，如图 14.447 所示。

图 14.447 创建 [缩放] 的关键帧

17 将时间调整到 0:00:01:08 帧的位置,修改 [缩
Step 放] 的值为（100，100），系统会自动添加
关键帧，如图 14.448 所示。

图 14.448 修改 [缩放] 的值

18 在时间线面板中，选择 "影视剧场" 层，按
Step Ctrl+D 组合键，复制一层，改名为 "影视剧
场扫光"，如图 14.449 所示。

图 14.449 复制"影视剧场"层

Step 19 将时间调整到 0:00:01:09 帧的位置,在时间线面板中,选择"影视剧场扫光"层,按 Alt+[组合键,将"影视剧场扫光"的入点设置在当前位置,如图 14.450 所示。

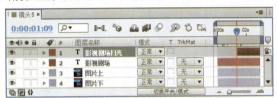

图 14.450 设置"影视剧场扫光"的入点

Step 20 将时间调整到 0:00:02:18 帧的位置,按 Alt+] 组合键,将"影视剧场扫光"的出点设置在当前位置,如图 14.451 所示。

图 14.451 设置"影视剧场扫光"的出点

Step 21 在时间线面板中,选择"影视剧场扫光"层,然后在 [效果和预设] 面板中展开 Trapcode 特效组,然后双击 Shine(扫光)特效,如图 14.452 所示。

图 14.452 添加 Shine(扫光)特效

Step 22 在 [效果控件] 面板中,设置 Source Point(源点)的值为(218,240),Ray Length(光线长度)的值为 0,Transfer Mode(模式)改为 Add(相加),如图 14.453 所示。

Step 23 将时间调整到 0:00:01:09 帧的位置,单击 Ray Length(光线长度)左侧的码表按钮 ,在当前时间设置一个关键帧,如图 14.454 所示。

图 14.453 修改 Shine(扫光)特效的值

图 14.454 创建 Ray Length(光线长度)的关键帧

Step 24 将时间调整到 0:00:01:19 帧的位置,修改 Ray Length(光线长度)的值为 4,单击 Source Point(源点)左侧的码表按钮 ,生成一个关键帧,如图 14.455 所示。

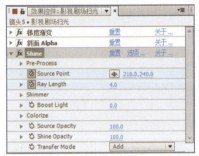

图 14.455 修改光线长度的值并且创建关键帧

Step 25 将时间调整到到 0:00:02:08 帧的位置,修改 Source Point(源点)的值为(670,255),如图 14.456 所示。

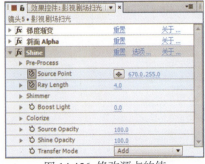

图 14.456 修改源点的值

26 将时间调整到到 0:00:02:18 帧的位置，修改 Ray Length（光线长度）的值为 0，如图 14.457 所示。

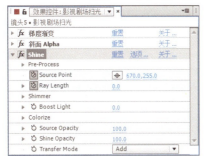

图 14.457 修改光线长度的值

27 执行菜单栏中的 [文件]|[导入]|[文件] 命令，或在 [项目] 面板中双击，打开 [导入文件] 对话框，选择配套光盘中的"工程文件\第 14 章\影视剧场\摄像机胶卷"素材，打开以素材名"摄像机胶卷.psd"命名的对话框，在 [导入种类] 下拉列表中选择 [素材] 选项，将素材以素材方式导入，如图 14.458 所示。

图 14.458 导入摄像机胶卷素材

28 在 [项目] 面板中选择"摄像机胶卷"素材，将其拖动到时间线面板中，排列顺序如图 14.459 所示。

图 14.459 排列顺序

29 将时间调整到 0:00:01:12 帧的位置，在时间线面板中，选择"摄像机胶卷"层，按 Alt+[组合键，将"摄像机胶卷"的入点设置在当前位置，如图 14.460 所示。

图 14.460 设置摄像机胶卷的入点

30 在时间线面板中，选择"摄像机胶卷"层，按 S 键展开 [缩放] 选项，修改 [缩放] 的值为（72，72），如图 14.461 所示。此时，合成窗口中的效果如图 14.462 所示。

图 14.461 修改 [缩放] 的值

图 14.462 合成窗口中的素材效果

31 将时间调整到 0:00:01:12 帧的位置，按 P 键展开 [位置] 选项，修改 [位置] 的值为(-73，243)，单击 [位置] 左侧的码表按钮，在当前时间设置一个关键帧，如图 14.463 所示。此时，合成窗口中的效果如图 14.464 所示。

图 14.463 创建 [位置] 的关键帧

图 14.464 合成窗口中的素材效果

32 将时间调整到 0:00:02:00 帧的位置,修改 [位
Step 置] 的值为（140,243）,系统会自动添加
关键帧,如图 14.465 所示。此时,合成窗口中的
效果如图 14.466 所示。

图 14.465 修改 [位置] 的值

图 14.466 合成窗口中的素材效果

14.2.6 制作总合成

1 执行菜单栏中的 [合成]|[新建合成] 命令,
Step 打开 [合成设置] 对话框,设置 [合成名
称] 为"总合成",[宽度] 为 720px,[高度] 为
480px,[帧速率] 为 25 帧 / 秒,并设置 [持续时间]
为 00:00:15:00 秒,如图 14.467 所示。

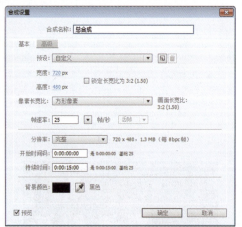

图 14.467 总合成的工程设置

2 在 [项目] 面板中选择"镜头 1"、"镜头 2"、
Step "镜头 3"、"镜头 4"、"镜头 5"合成,将其
拖动到时间线面板中,排列顺序如图 14.468 所示。

图 14.468 时间线面板中的合成

3 将时间调整到 00:00:03:20 帧的位置,在时
Step 间线面板中,选择"镜头 2"层,按键盘上
的 [键,将"镜头 2"的入点设置在当前位置,如
图 14.469 所示。

图 14.469 设置镜头 2 的入点

4 将时间调整到 0:00:06:10 帧的位置,在时
Step 间线面板中,选择"镜头 3"层,按 [键,
将"镜头 3"的入点设置在当前位置,如图 14.470
所示。

图 14.470 设置镜头 3 的入点

5 将时间调整到 00:00:08:20 帧的位置,在
Step 时间线面板中,选择"镜头 4"层,按 [键,
将"镜头 4"的入点设置在当前位置,如图
14.471 所示。

图 14.471 设置镜头 4 的入点

6 将时间调整到 00:00:12:07 帧的位置,在
Step 时间线面板中,选择"镜头 5"层,按
[键,将"镜头 5"的入点设置在当前位置,如
图 14.472 所示。

7 在时间线面板中,选择"镜头 1"层,按
Step Ctrl+D 组合键,复制一层,如图 14.473 所示。

图 14.472 设置镜头 5 的入点

图 14.473 复制镜头 1

8 Step 将时间调整到 00:00:03:15 帧的位置，按 Alt+[组合键，将"镜头 1"的入点设置在当前位置，如图 14.474 所示。

9 Step 在时间线面板中，选择"镜头 1"层，然后在 [效果和预设] 面板中展开 Trapcode 特效组，然后双击 Shine（扫光）特效，如图 14.475 所示。

图 14.474 设置镜头的入点

图 14.475 添加 Shine（扫光）特效

10 Step 在 [效果控件] 面板中，设置 Boost Light（光线亮度）的值为 30，在 Colorize（着色）卷展栏的下拉菜单中，修改 Highlights、Midtones、Shadows 颜色都为白色，如图 14.476 所示。

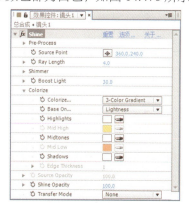

图 14.476 设置亮度增加和颜色

11 Step 修改 Ray Length（光线长度）的值为 0，单击左侧的的码表按钮，在当前时间设置一个关键帧，如图 14.477 所示。此时，合成窗口中的效果如图 14.478 所示。

图 14.477 设置关键帧　图 14.478 合成窗口中的效果

12 Step 将时间调整到 00:00:03:24 帧的位置，修改 Ray Length（光线长度）的值为 18，系统会自动添加关键帧，如图 14.479 所示。

图 14.479 修改光纤长度的值

13 Step 执行菜单栏中的 [图层][新建][纯色] 命令，打开 [纯色设置] 对话框，设置 [名称] 为"闪白"，在时间线面板中的位置如图 14.480 所示。

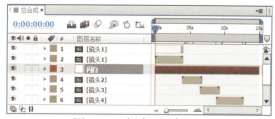

图 14.480 新建"闪白"层

14 Step 将时间调整到 00:00:03:24 帧的位置，按 Alt+[组合键，将"闪白"的入点设置在当前位置，如图 14.481 所示。

图 14.481 设置"闪白"的入点

15 Step 将时间调整到 00:00:03:24 帧的位置，按 T 键展开 [不透明度] 选项，单击 [不透明度] 左侧的码表按钮，在当前时间设置一个关键帧，如图 14.482 所示。

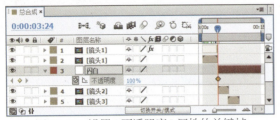

图 14.482 设置 [不透明度] 属性的关键帧

16 Step 将时间调整到 00:00:04:10 帧的位置，修改 [不透明度] 的值为 0%，系统会自动添加关键帧，如图 14.483 所示。

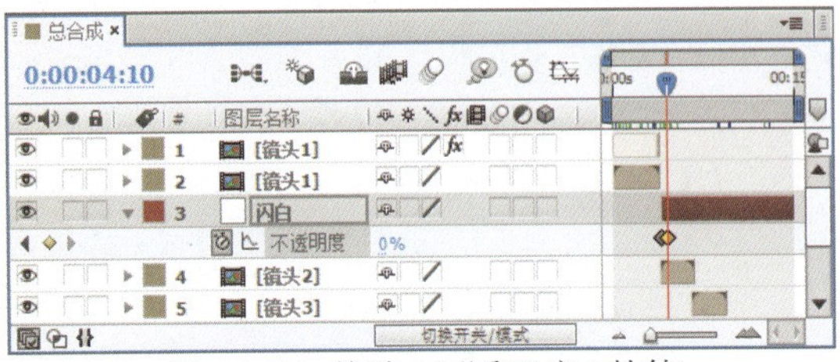

图 14.483 修改 [不透明度] 的值

17 Step 执行菜单栏中的 [图层][新建][纯色] 命令，打开 [纯色设置] 对话框，设置 [名称] 为“转场”，在时间线面板中的位置如图 14.484 所示。

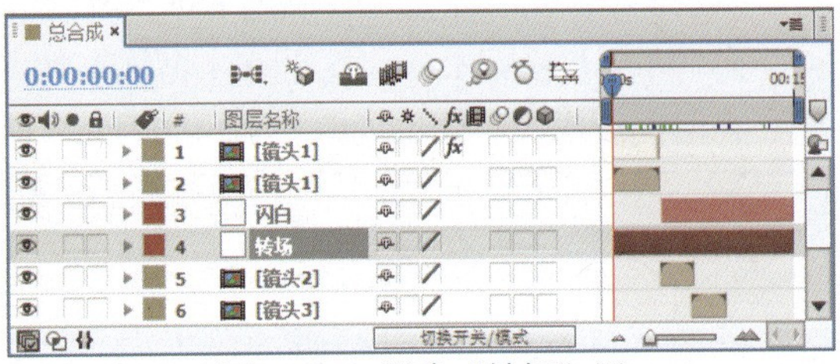

图 14.484 新建“转场”层

18 Step 将时间调整到 00:00:06:03 帧的位置，在时间线面板中选择“转场”层，按 [键，将“转场”的入点设置在当前位置，如图 14.485 所示。

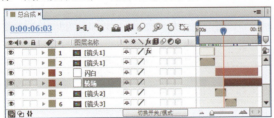

图 14.485 设置“转场”的入点

19 Step 单击工具栏中的 [圆角矩形工具]，绘制蒙版，如图 14.486 所示。

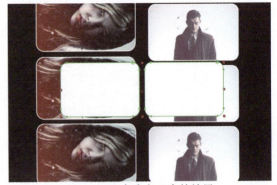

图 14.486 合成窗口中的效果

20 Step 在工具栏中选择 [向后平移“锚点”工具]，将“转场”的中心点拖动到如图 14.487 所示的位置。

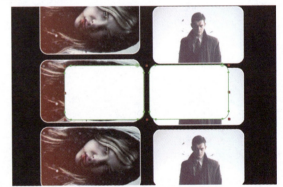

图 14.487 合成窗口中的效果

21 Step 在工具栏中单击选择工具，将“转场”拖动到如图 14.488 所示的位置。

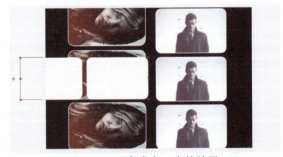

图 14.488 合成窗口中的效果

22 Step 将时间调整到 00:00:06:03 帧的位置，在时间线面板中，选择“转场”层，按 S 键展开 [缩放] 选项，修改 [缩放] 的值为（0，0），单击 [缩放] 左侧的码表按钮，在当前时间设置一个关键帧，如图 14.489 所示。此时，合成窗口中的效果如图 14.490 所示。

图 14.489 设置 [缩放] 属性的关键帧

图 14.490 合成窗口中的效果

23 将时间调整到 00:00:07:03 帧的位置，修改 [缩放] 的值为（364，364），系统会自动添加关键帧。修改完关键帧位置后，素材的大小也将随之变化，此时，在 [合成] 窗口中可以看到素材效果，如图 14.491 所示。

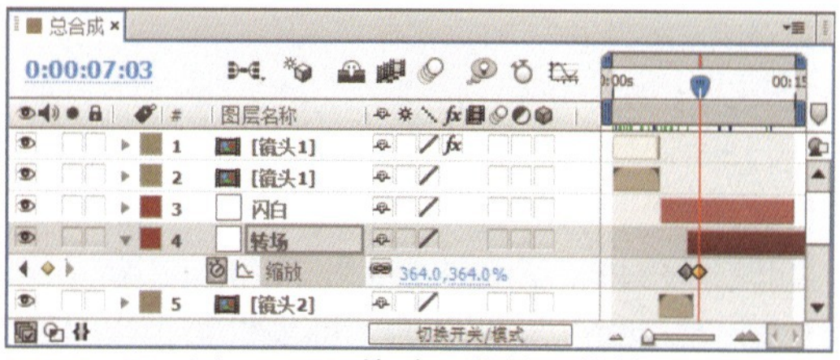

图 14.491 修改 [缩放] 的值

24 将时间调整到 00:00:06:06 帧的位置，在时间线面板中，选择"转场"层，然后按 T 键展开 [不透明度] 选项，单击 [不透明度] 左侧的码表按钮 ○，在当前时间设置一个关键帧，如图 14.492 所示。

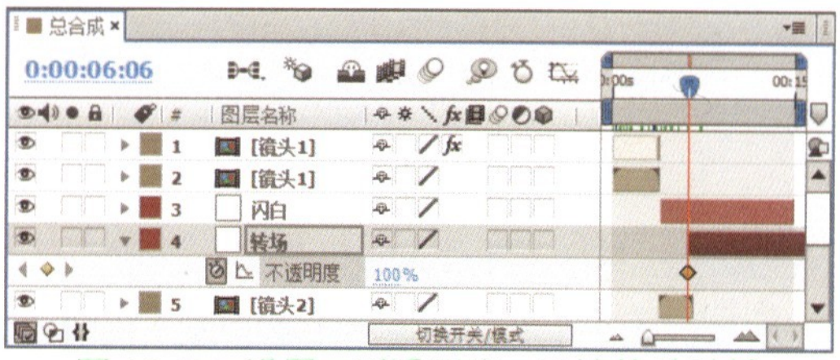

图 14.492 设置 [不透明度] 属性的关键帧

25 将时间线调整到 00:00:07:06 帧的位置，修改 [不透明度] 的值为 0%，系统会自动添加关键帧，如图 14.493 所示。

图 14.493 修改 [不透明度] 的值

26 将时间调整到 00:00:06:10 帧的位置，在时间线面板中，选择"镜头 2"层，然后按 T 键展开 [不透明度] 选项，单击 [不透明度] 左侧的码表按钮 ○，在当前时间设置一个关键帧，如图 14.494 所示。

图 14.494 设置 [不透明度] 属性的关键帧

27 将时间线调整到 00:00:06:20 帧的位置，修改 [不透明度] 的值为 0%，系统会自动添加关键帧，如图 14.495 所示。

图 14.495 修改 [不透明度] 的值

28 将时间调整到 00:00:06:10 帧的位置，在时间线面板中，选择"镜头 3"层，然后按 T 键展开 [不透明度] 选项，修改 [不透明度] 的值为 0%，单击 [不透明度] 左侧的码表按钮 ○，在当前时间设置一个关键帧，如图 14.496 所示。

图 14.496 设置 [不透明度] 属性的关键帧

29 将时间线调整到 00:00:06:20 帧的位置，修改 [不透明度] 的值为 100%，系统会自动添加关键帧，如图 14.497 所示。

图 14.497 修改 [不透明度] 的值

Step 30 将时间调整到 00:00:08:10 帧的位置，在时间线面板中，选择"镜头 3"层，按 P 键展开 [位置] 选项，修改 [位置] 的值为（360，240），单击 [位置] 左侧的码表按钮，在当前时间设置一个关键帧，如图 14.498 所示。

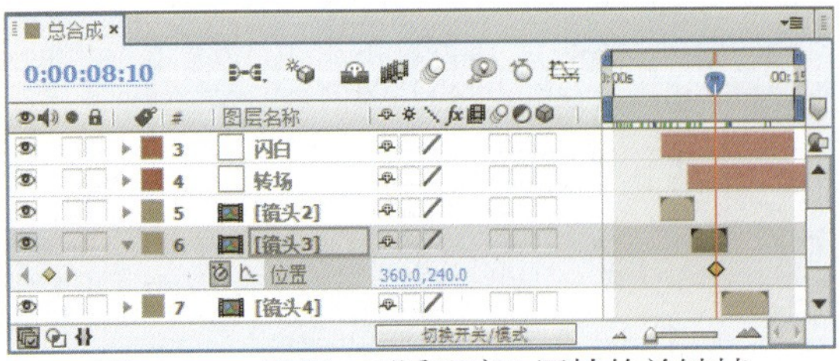

图 14.498 设置 [不透明度] 属性的关键帧

Step 31 将时间调整到 00:00:09:10 帧的位置，修改 [位置] 的值为（-331，240），系统会自动添加关键帧，如图 14.499 所示。

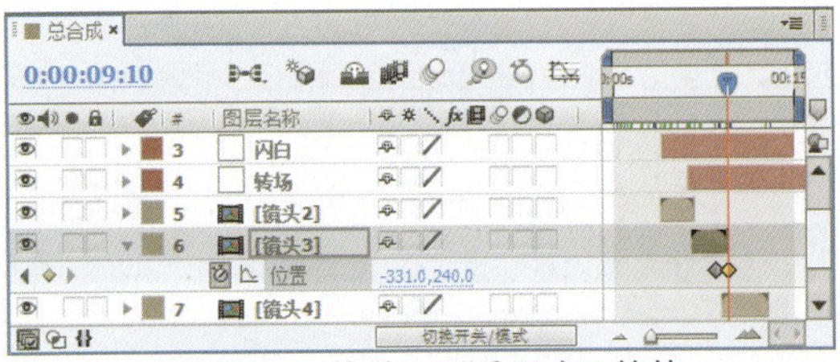

图 14.499 修改 [不透明度] 的值

Step 32 将时间调整到 00:00:08:20 帧的位置，在时间线面板中，选择"镜头 4"层，然后按 P 键展开 [位置] 选项，修改 [位置] 的值为（1022，240），单击 [位置] 左侧的码表按钮，在当前时间设置一个关键帧，如图 14.500 所示。此时，合成窗口中的素材效果如图 14.501 所示。

图 14.500 设置位置属性并建立关键帧

图 14.501 合成窗口中的效果

Step 33 将时间调整到 00:00:09:20 帧的位置，修改 [位置] 的值为（360，240），系统会自动添加关键帧，如图 14.502 所示。修改完关键帧位置后，素材的位置也将随之变化，此时，在 [合成] 窗口中可以看到素材效果，如图 14.503 所示。

图 14.502 修改 [位置] 的值

图 14.503 合成窗口中的效果

Step 34 将时间调整到 00:00:12:00 帧的位置，修改 [位置] 的值为（360，240），如图 14.504 所示。

图 14.504 修改 [位置] 的值

Step 35 将时间调整到 00:00:12:16 帧的位置，修改 [位置] 的值为（-122，417），系统会自动添加关键帧，如图 14.505 所示。

图 14.505 修改 [位置] 的值

36 将时间调整到 00:00:12:00 帧的位置，在时间线面板中，选择"镜头 4"层，然后按 S 键展开 [缩放] 选项，单击 [缩放] 左侧的码表按钮，在当前时间设置一个关键帧，如图 14.506 所示。

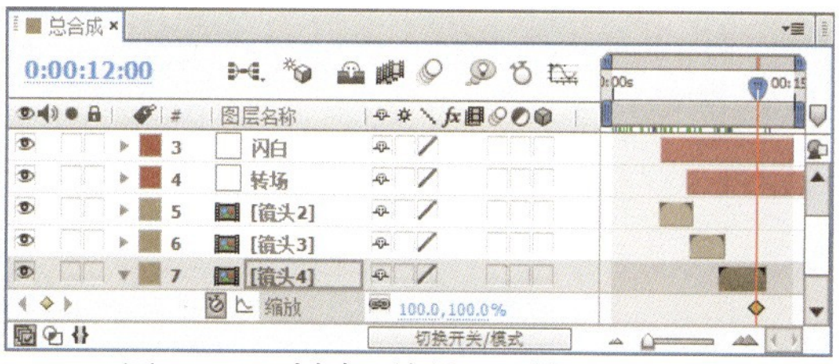

图 14.506 创建 [缩放] 属性的关键帧

37 将时间调整到 00:00:12:16 帧的位置，修改 [缩放] 的值为（295，295），系统会自动添加关键帧，如图 14.507 所示。此时，合成窗口中的素材效果如图 14.508 所示。

图 14.507 修改 [缩放] 的值

图 14.508 合成窗口中的效果

38 将时间调整到 00:00:12:08 的位置，在时间线面板中，选择"镜头 4"层，然后按 T 键展开 [不透明度] 选项，单击 [不透明度] 左侧的码表按钮，在当前时间设置一个关键帧，如图 14.509 所示。

图 14.509 创建 [不透明度] 属性的关键帧

39 将时间线调整到 00:00:12:20 帧的位置，修改 [不透明度] 的值为 0%，系统会自动添加关键帧，如图 14.510 所示。此时，合成窗口中的素材效果如图 14.511 所示。

图 14.510 修改 [不透明度] 的值

图 14.511 合成窗口中的效果

40 将时间调整到 00:00:12:07 的位置，在时间线面板中，选择"镜头 5"层，然后按 T 键展开 [不透明度] 选项，修改 [不透明度] 的值为 0%，单击 [不透明度] 左侧的码表按钮，在当前时间设置一个关键帧，如图 14.512 所示。

图 14.512 创建 [不透明度] 属性的关键帧

41 将时间线调整到 00:00:12:20 帧的位置，修改 [不透明度] 的值为 100%，系统会自动添加关键帧，如图 14.513 所示。

图 14.513 修改 [不透明度] 的值

42 Step 执行菜单栏中的 [文件]|[导入]|[文件] 命令，打开 [导入文件] 对话框，选择配套光盘中的"工程文件 \ 第 14 章 \ 影视剧场 \ 背景 .mov"素材，单击 [导入] 按钮，素材将导入到 [项目] 面板中。

43 Step 在 [项目] 面板中选择"背景 .mov"素材，将其拖动到时间线面板中，排列顺序如图 14.514 所示。此时，合成窗口中的素材效果如图 14.515 所示。

图 14.514 时间线面板的素材位置

图 14.515 合成窗口中的效果

44 Step 这样，就完成了影视剧场的制作。按空格键或小键盘上的 0 键，可以在合成窗口中预览动画的效果。

附录A
After Effects CC 外挂插件的安装

外挂插件就是其他公司或个人开发制作的特效插件，有时也叫第三方插件。外挂插件有很多内置插件没有的特点，它一般应用比较容易，效果比较丰富，受到用户的喜爱。

外挂插件不是软件本身自带的，它需要用户自行购买。After Effects CC 有众多的外挂插件，正是有了这些神奇的外挂插件，使得该软件的非线性编辑功能更加强大。

在 After Effects CC 的安装目录下，有一个名为 Plug-ins 的文件夹，这个文件夹就是用来放置插件的。插件的安装分为两种，分别介绍如下。

1. 后缀为 .aex

有些插件本身不带安装程序，只是一个后缀为 .aex 的文件，这样的插件，只需要将其复制、粘贴到 After Effects CC 安装目录下的 Plug-ins 的文件夹中，然后重新启动软件，即可在 [效果和预设] 面板中找到该插件特效。

 Tips

> 如果安装软件时，使用的是默认安装方法，Plug-ins 文件夹的位置应该是 C:\Program Files\Adobe\Adobe After Effects CC\Support Files\Plug-ins。

2. 后缀为 .exe

这样的插件为安装程序文件，可以将其按照安装软件的方法进行安装，这里以安装 Shine（光）插件为例，详解插件的安装方法。

Step 1 双击安装程序，即双击后缀为 .exe 的 Shine 文件，如图 A-1 所示。

图 A-1 双击安装程序

Step 2 双击安装程序后，弹出安装对话框，单击 Next（下一步）按钮，弹出确认接受信息，单击 Yes（确认）按钮，进入如图 A-2 所示的注册码输入或试用对话框，在该对话框中，选择 Install Demo Version 单选按钮，将安装试用版；选择 Enter Serial Number 单选按钮将激活下方的文本框，在其中输入注册码后，Done 按钮将自动变成可用状态，单击该按钮后，将进入如图 A-3 所示的选择安装类型对话框。

Step 3 在选择安装类型对话框中有两个单选按钮，Complete 单选按钮表示电脑默认安装，不过为了安装的位置不会出错，一般选择 Custom（自定义）单选按钮，以自定义的方式进行安装。

图 A-2 试用或输入注册码

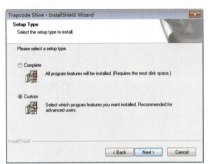

图 A-3 选择安装类型对话框

Step 4 选择 Custom（自定义）单选按钮后，单击 Next（下一步）按钮进入 A-4 选择安装路径对话框，在该对话框中单击 Browse 按钮，将打开如图 A-5 所示的 Choose Folder 对话框，可以从下方的位置中选择要安装的路径位置。

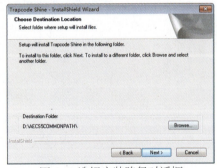

图 A-4 选择安装路径对话框

图 A-5 Choose Folder 对话框

5 依次单击[确定]、Next（下一步）按钮，插件会自动完成安装。

6 安装完插件后，重新启动 After Effects CC 软件，在[效果和预设]面板中展开 Trapcode 选项，即可看到 Shine（光）特效，如图 A-6 所示。

图 A-6 Shine（光）特效

外挂插件的注册

在安装完成后，如果安装时没有输入注册码，而是以试用形式安装，需要对软件进行注册，因为安装的插件没有注册在应用时，会显示一个红色的 X 号，它只能试用不能输出，可以在安装后再对其注册即可，注册的方法很简单，下面还是以 Shine（光）特效为例进行讲解。

1 在安装完特效后，在[效果和预设]面板中展开 Trapcode 选项，然后双击 Shine（光）特效，为某个层应用该特效。

2 应用完该特效后，在[效果和控件]面板中即可看到 Shine（光）特效，单击该特效名称右侧的【选项】选项，如图 A-7 所示。

图 A-7 单击【选项】

3 这时，将打开如图 A-8 所示的对话框。在 ENTER SERIAL NUMBER 右侧的文本框中输入注册码，然后单击 Done 按钮即可完成注册。

图 A-8 输入注册码

附录B
After Effects CC 默认键盘快捷键

表 1 工具栏

操作	Windows 快捷键
选择工具	V
手工具	H
缩放工具	Z（同时按 Alt 键缩小）
旋转工具	W
摄像机工具（统一摄像机工具、轨道摄像机工具、跟踪 XY 摄像机工具、跟踪 Z 摄像机工具）	C（连续按 C 键切换）
向后平移（锚点）工具	Y
遮罩工具（矩形、椭圆）	Q（连续按 Q 键切换）
钢笔工具（添加节点、删除节点、转换点）	G（连续按 G 键切换）
文字工具（横排文字、竖排文字）	Ctrl + T（连续按 Ctrl + T 组合键切换）
画笔、克隆图章、橡皮擦工具	Ctrl + B（连续按 Ctrl + B 组合键切换）
暂时切换某工具	按住该工具的快捷键
钢笔工具与选择工具临时互换	按住 Ctrl 键
在信息面板显示文件名	Ctrl + Alt + E
复位旋转角度为 0 度	双击旋转工具
复位缩放率为 100%	双击缩放工具

表 2 项目窗口

操作	Windows 快捷键
新项目	Ctrl + Alt + N
新文件夹	Ctrl + Alt + Shift + N
打开项目	Ctrl + O
打开项目时只打开项目窗口	利用打开命令时按住 Shift 键
打开上次打开的项目	Ctrl + Alt + Shift + P
保存项目	Ctrl + S
打开项目设置对话框	Ctrl + Alt + Shift + K
选择上一子项	上箭头
选择下一子项	下箭头
打开选择的素材项或合成图像	双击
激活最近打开的合成图像	\
增加选择的子项到最近打开的合成窗口中	Ctrl + /
显示所选合成图像的设置	Ctrl + K
用所选素材时间线窗口中选中层的源文件	Ctrl + Alt + /
删除素材项时不显示提示信息框	Ctrl + Backspace
导入素材文件	Ctrl + I
替换素材文件	Ctrl + H
打开解释素材选项	Ctrl + F
重新导入素材	Ctrl + Alt + L
退出	Ctrl + Q

表 3 合成窗口

操作	Windows 快捷键
显示 / 隐藏标题和动作安全区域	'
显示 / 隐藏网格	Ctrl + '
显示 / 隐藏对称网格	Alt + '
显示 / 隐藏参考线	Ctrl + ;
锁定 / 释放参考线	Ctrl + Alt + Shift + ;
显示 / 隐藏标尺	Ctrl + R
改变背景颜色	Ctrl + Shift + B
设置合成图像解析度为完整	Ctrl + J
设置合成图像解析度为二分之一	Ctrl + Shift + J
设置合成图像解析度为三分之一	Ctrl + Alt + Shift + J
设置合成图像解析度为自定义	Ctrl + Alt + J
快照（最多 4 个）	Ctrl + F5、F6、F7、F8
显示快照	F5、F6、F7、F8
清除快照	Ctrl + Alt + F5、F6、F7、F8
显示通道（RGBA）	Alt + 1、2、3、4
带颜色显示通道（RGBA）	Alt + Shift + 1、2、3、4
关闭当前窗口	Ctrl + W

表 4 文字操作

操作	Windows 快捷键
左、居中或右对齐	横排文字工具 + Ctrl + Shift + L、C 或 R
上、居中或底对齐	直排文字工具 + Ctrl + Shift + L、C 或 R
选择光标位置和鼠标单击处的字符	Shift + 单击鼠标
光标向左 / 向右移动一个字符	左箭头 / 右箭头
光标向上 / 向下移动一个字符	上箭头 / 下箭头
向左 / 向右选择一个字符	Shift + 左箭头 / 右箭头
向上 / 向下选择一个字符	Shift + 上箭头 / 下箭头
选择字符、一行、一段或全部	双击、三击、四击或五击
以 2 为单位增大 / 减小文字字号	Ctrl + Shift + </>
以 10 为单位增大 / 减小文字字号	Ctrl + Shift + Alt</>
以 2 为单位增大 / 减小行间距	Alt + 下箭头 / 上箭头
以 10 为单位增大 / 减小行间距	Ctrl + Alt + 下箭头 / 上箭头
自动设置行间距	Ctrl + Shift + Alt + A
以 2 为单位增大 / 减小文字基线	Shift + Alt + 下箭头 / 上箭头
以 10 为单位增大 / 减小文字基线	Ctrl + Shift + Alt + 下箭头 / 上箭头
大写字母切换	Ctrl + Shift + K
小型大写字母切换	Ctrl + Shift + Alt + K
文字上标开关	Ctrl + Shift + =
文字下标开关	Ctrl + Shift + Alt + =
以 20 为单位增大 / 减小字间距	Alt + 左箭头 / 右箭头
以 100 为单位增大 / 减小字间距	Ctrl + Alt + 左箭头 / 右箭头
设置字间距为 0	Ctrl + Shift + Q
水平缩放文字为 100%	Ctrl + Shift + X
垂直缩放文字为 100%	Ctrl + Shift + Alt + X

表 5 预览设置（时间线窗口）

操作	Windows 快捷键
开始 / 停止播放	空格
从当前时间点试听音频	.（数字键盘）
RAM 预览	0（数字键盘）
每隔一帧的 RAM 预览	Shift + 0（数字键盘）
保存 RAM 预览	Ctrl + 0（数字键盘）
快速视频预览	拖动时间滑块
快速音频试听	Ctrl + 拖动时间滑块
线框预览	Alt + 0（数字键盘）
线框预览时保留合成内容	Shift + Alt + 0（数字键盘）
线框预览时用矩形替代 Alpha 轮廓	Ctrl + Alt + 0（数字键盘）

表 6 层操作（合成窗口和时间线窗口）

操作	Windows 快捷键
拷贝	Ctrl + C
复制	Ctrl + D
剪切	Ctrl + X
粘贴	Ctrl + V
撤消	Ctrl + Z
重做	Ctrl + Shift + Z
选择全部	Ctrl + A
取消全部选择	Ctrl + Shift + A 或 F2
向前一层	Shift +]
向后一层	Shift + [
移到最前面	Ctrl + Shift +]
移到最后面	Ctrl + Shift + [
选择上一层	Ctrl + 上箭头
选择下一层	Ctrl + 下箭头
通过层号选择层	1 ~ 9（数字键盘）
选择相邻图层	单击选择一个层后再按住 Shift 键单击其他层
选择不相邻的层	按 Ctrl 键并单击选择层
取消所有层选择	Ctrl + Shift + A 或 F2
锁定所选层	Ctrl + L
释放所有层的选定	Ctrl + Shift + L
分裂所选层	Ctrl + Shift + D
激活选择层所在的合成窗口	\
为选择层重命名	按 Enter 键（主键盘）
在层窗口中显示选择的层	Enter（数字键盘）
显示隐藏图像	Ctrl + Shift + Alt + V
隐藏其他图像	Ctrl + Shift + V
显示选择层的特效控制窗口	Ctrl + Shift + T 或 F3
在合成窗口和时间线窗口中转换	\
打开素材层	双击该层
拉伸层适合合成窗口	Ctrl + Alt + F
保持宽高比拉伸层适应水平尺寸	Ctrl + Alt + Shift + H
保持宽高比拉伸层适应垂直尺寸	Ctrl + Alt + Shift + G
反向播放层动画	Ctrl + Alt + R
设置入点	[
设置出点	]
剪辑层的入点	Alt + [
剪辑层的出点	Alt +]
在时间滑块位置设置入点	Ctrl + Shift + ,
在时间滑块位置设置出点	Ctrl + Alt + ,
将入点移动到开始位置	Alt + Home
将出点移动到结束位置	Alt + End
素材层质量为最好	Ctrl + U

操作	Windows 快捷键
素材层质量为草稿	Ctrl + Shift + U
素材层质量为线框	Ctrl + Alt + Shift + U
创建新的固态层	Ctrl + Y
显示固态层设置	Ctrl + Shift + Y
合并层	Ctrl + Shift + C
约束旋转的增量为45度	Shift + 拖动旋转工具
约束沿 X 轴、Y 轴或 Z 轴移动	Shift + 拖动层
等比缩放素材	按 Shift 键拖动控制手柄
显示或关闭所选层的特效窗口	Ctrl + Shift + T
添加或删除表达式	在属性区按住 Alt 键单击属性旁的小时钟按钮
以 10 为单位改变属性值	按 Shift 键在层属性中拖动相关数值
以 0.1 为单位改变属性值	按 Ctrl 键在层属性中拖动相关数值

表 7 查看层属性（时间线窗口）

操作	Windows 快捷键
显示锚点	A
显示位置	P
显示缩放	S
显示旋转	R
显示音频电平	L
显示波形	LL
显示效果	E
显示蒙版羽化	F
显示蒙版路径	M
显示蒙版不透明度	TT
显示不透明度	T
显示蒙版属性	MM
显示所有动画值	U
显示在对话框中设置层属性值（与 P,S,R,F,M 一起）	Ctrl + Shift + 属性快捷键
显示时间窗口中选中的属性	SS
显示修改过的属性	UU
隐藏属性或类别	Alt + Shift + 单击属性或类别
添加或删除属性	Shift + 属性快捷键
显示或隐藏父级栏	Shift + F4
图层开关 / 转换控制开关	F4
放大时间显示	+
缩小时间显示	-
打开不透明对话框	Ctrl + Shift + O
打开定位点对话框	Ctrl + Shift + Alt + A

表 8 工作区设置（时间线窗口）

操作	Windows 快捷键
设置当前时间标记为工作区开始	B
设置当前时间标记为工作区结束	N
设置工作区为选择的层	Ctrl + Alt + B
未选择层时，设置工作区为合成图像长度	Ctrl + Alt + B

表 9 时间和关键帧设置（时间线窗口）

操作	Windows 快捷键
设置关键帧速度	Ctrl + Shift + K
设置关键帧插值法	Ctrl + Alt + K
增加或删除关键帧	Alt + Shift + 属性快捷键
选择一个属性的所有关键帧	单击属性名
拖动关键帧到当前时间	Shift + 拖动关键帧
向前移动关键帧一帧	Alt + 右箭头
向后移动关键帧一帧	Alt + 左箭头
向前移动关键帧十帧	Shift + Alt + 右箭头
向后移动关键帧十帧	Shift + Alt + 左箭头
选择所有可见关键帧	Ctrl + Alt + A
到前一可见关键帧	J
到后一可见关键帧	K
线性插值法和自动贝塞尔插值法间转换	Ctrl + 单击关键帧
改变自动贝塞尔插值法为连续贝塞尔插值法	拖动关键帧
定格关键帧转换	Ctrl + Alt + H 或 Ctrl + Alt + 单击关键帧
连续贝塞尔插值法与贝塞尔插值法间转换	Ctrl + 拖动关键帧
缓动	F9
缓入	Shift + F9
缓出	Ctrl + Shift + F9
到工作区开始	Home 或 Ctrl + Alt + 左箭头
到工作区结束	End 或 Ctrl + Alt + 右箭头
到前一可见关键帧或层标记	J
到后一可见关键帧或层标记	K
到合成图像时间标记	主键盘上的 0 ~ 9
到指定时间	Alt + Shift + J
向前一帧	PageUp 或 Ctrl + 左箭头
向后一帧	PageDown 或 Ctrl + 右箭头
向前十帧	Shift + PageDown 或 Ctrl + Shift + 左箭头
向后十帧	Shift + PageUp 或 Ctrl + Shift + 右箭头
到层的入点	I
到层的出点	O
拖动素材时吸附关键帧、时间标记和出入点	按住 Shift 键并拖动

表 10 精确操作（合成窗口和时间线窗口）

操作	Windows 快捷键
以指定方向移动层一个像素	按相应的箭头
旋转层 1 度	+（数字键盘）
旋转层 -1 度	-（数字键盘）
放大层 1%	Ctrl + +（数字键盘）
缩小层 1%	Ctrl + -（数字键盘）
缓动	F9
缓入	Shift + F9
缓出	Ctrl + Shift + F9

表 11 特效控制窗口

操作	Windows 快捷键
选择上一个效果	上箭头
选择下一个效果	下箭头
扩展 / 收缩特效控制	~
清除所有特效	Ctrl + Shift + E
增加特效控制的关键帧	Alt + 单击效果属性名
激活包含层的合成图像窗口	\
应用上一个特效	Ctrl + Alt + Shift + E
在时间线窗口中添加表达式	按 Alt 键单击属性旁的小时钟按钮

表 12 遮罩操作（合成窗口和层）

操作	Windows 快捷键
椭圆遮罩填充整个窗口	双击椭圆工具
矩形遮罩填充整个窗口	双击矩形工具
新遮罩	Ctrl + Shift + N
选择遮罩上的所有点	Alt + 单击遮罩
自由变换遮罩	双击遮罩
对所选遮罩建立关键帧	Shift + Alt + M
定义遮罩形状	Ctrl + Shift + M
定义遮罩羽化	Ctrl + Shift + F
设置遮罩反向	Ctrl + Shift + I

表 13 显示窗口和面板

操作	Windows 快捷键
项目窗口	Ctrl + 0
项目流程视图	Ctrl + F11
渲染队列窗口	Ctrl + Alt + 0
工具箱	Ctrl + 1
信息面板	Ctrl + 2
时间控制面板	Ctrl + 3
音频面板	Ctrl + 4
字符面板	Ctrl + 6
段落面板	Ctrl + 7
绘画面板	Ctrl + 8
笔刷面板	Ctrl + 9
关闭激活的面板或窗口	Ctrl + W

设计师案头必备的速查手册

像查字典一样随时查阅所需要的操作提示

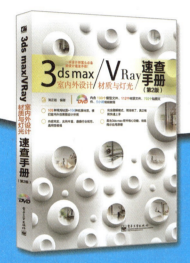

书号：978-7-121-23604-4
定价：59.80元

书号：978-7-121-23693-8
定价：59.80元

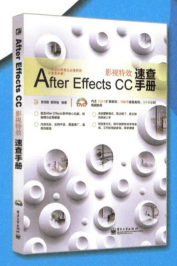

书号：978-7-121-23699-0
定价：59.80元

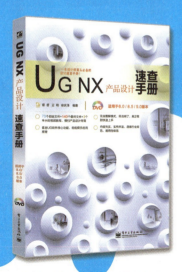

书号：978-7-121-23691-4
定价：59.80元

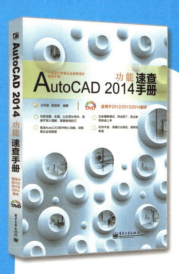

书号：978-7-121-23692-1
定价：59.80元

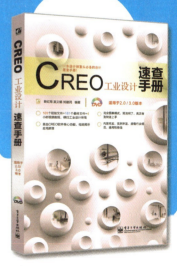

书号：978-7-121-23670-9
定价：59.80元